U0032594

臺灣研究叢刊

清代竹塹地區的在地商人及其活動網絡

林玉茹／著

黃　　序

　　一般人往往含糊籠統地說，「臺灣以前是農業社會，現在是工業社會」，這句話反映出我們對臺灣史的一知半解。不錯，農業在臺灣經濟史上扮演極為重要的角色，然而商業卻是引導它前進的火車頭。正如史家連雅堂所說的，「臺灣省農業之國，而亦商業之國也」，「商務之盛，冠絕南海」。遠自1624年荷人領臺，商業即為帶動經濟發展的主導力量，因此，臺灣商業史研究有必要加速展開。

　　林玉茹博士有鑑於此，進臺灣大學歷史研究所後，先研究清代臺灣港口獲碩士學位，進而探討清代竹塹地區的商業活動，取得博士學位。本書即自其博士論文修正付梓，以嘉惠學界。

　　本書主旨在探討清代臺灣商人與商業資本的在地化問題。以往一般人都引志書之語稱，郊商「店在此，家在彼」，意即郊商乃在臺灣投資的大陸商人。事實上，不盡然如此。隨著清代臺灣經濟的快速發展，本地商人崛起，資本迅速累積，逐漸可以抗衡甚至超越外地商人與資本。林博士大作即以竹塹地區為例，驗證此一歷史發展過程，修正以往含糊籠統的概念。

　　歷史是一門綜合性學問，一方面需要由上而下的宏觀研究，另一方面更需要由下而上的基礎與微觀研究，方能構造此一學術大殿堂。林博士為學勤奮、專注，大作得入選聯經學術作品之列，實至名歸，更盼她深化、廣化其研究，進一步提升臺灣史學術水準。付梓前夕，忝為其師，聊誌數語，以表嘉許期待之忱。

黃富三　謹誌於中研院臺史所

目　　次

圖　　次

表　次

第一章
導　論[*]

第一節　問題的緣起

　　過去大多數研究中國明清商業史的學者都曾指出：歷代以
來，在意識形態上，不論是官方或是民間對於商人都存有偏見，
官方不時宣導「重農抑商」的意念[1]，而居於社會與政治領導地
位的知識分子爲了保護他們的地位與特權，避免商人侵入他們的
地位團體，也採取防制與歧視商人的態度[2]。即使到了清代，皇
帝仍不時有「重農抑商」的諭令[3]，理論上民眾也仍帶有輕視商

---

[*] 本書以下所引臺灣銀行經濟研究室編「臺灣文獻叢刊」，均簡稱
文叢；「臺灣研究叢刊」則簡稱研叢。成文出版社所出版的中國
方志叢書臺灣地區之各方志，則簡稱成文本。

[1] 有關中國歷史上重農抑商的討論，參見：張維安，《政治與經濟
——中國近世兩個經濟組織之分析》（臺北：桂冠，1990年4月），
頁167-182；陳國棟，〈懋遷化居——商人與商業活動〉，收於劉
石吉主編，《中國文化新論經濟篇：民生的開拓》（臺北：聯經，
1982年10月），頁252-254。

[2] 瞿同祖，〈中國的階層結構及其意識型態〉，收於段昌國等譯，
《中國思想與制度論集》（臺北：聯經，1976年9月），頁286。

[3] 魯傳鼎，〈清代政府發展商業的措施〉，《國立政治大學學
報》，47期（1983年5月），頁95-96；黃克武，〈清季重商思想與
商紳階層的興起〉，《思與言》，21卷5期（1984年1月），頁488。

業的看法。然而，誠如多位學者提出的，明清以降，商人的實際地位已逐漸提高，他們透過捐官、培養子弟參與科舉，以及與士紳和官吏保持良好的關係，而直接或間接地提高了他們的社會地位 [4]。商人「睦淵任卹之風」不但使他們取代一大部分原屬於士大夫的社會功能，諸如：編族譜、修建宗祠、書院、寺廟、橋樑等，而且官方對他們的態度也有了改善 [5]。明清以降，商人的社會地位已有了明顯的變化，因此儘管自古以來，中國社會的階層順序是「士農工商」，但商人的實際地位高過於農工，僅次於士紳 [6]。

　　商人的社會地位既然已經獲得相當的提升，相對於大陸內地傳統男耕女織式的經濟體系，臺灣自荷治、明鄭以來即具有濃厚的商業傳統 [7]，清代一經開發，由於移民冒險趨利，經濟取向相當濃厚 [8]。在這種重商趨利的情況之下，商人的社會地位是不是

---

4 蘇雲峰，〈民初之商人，1912-1928〉，《中研院近史所集刊》，11期(1982年)，頁47。

5 余英時，《中國近世宗教倫理與商人精神》(臺北：聯經，1987年)，頁161。

6 同上註；蘇雲峰，〈民初之商人，1912-1928〉，頁47。

7 有關臺灣商業傳統的形成，黃富三教授提出荷治時期的重商主義，促成臺灣貿易導向傳統的發軔；明鄭時期農商並重政策，則移植閩南商業性格。參見：黃富三，〈臺灣的商業傳統——自荷治至清代〉，收於謝雲生等編，《吳大猷院長榮退學術研討會論文集》(臺北：中央研究院，1994年7月)，頁327-330。

8 有關清代移民開發具有高度的「貿易」、「功利」、「市場」、「經濟」或「資本主義」取向，和相當濃厚的「謀利」、「企業」或「冒險」精神的相關討論，可參閱：陳秋坤，〈十八世紀上半葉臺灣地區的開發〉(臺大歷史所碩士論文，1975年)，頁12；陳其南，《臺灣的傳統中國社會》，頁66；林滿紅，〈貿易與清末臺灣的經濟社會變遷〉，頁241-242；溫振華，〈清代臺灣漢人的企業精神〉，《師大歷史學報》，9期(1982年)，頁111-135；蔡淵絜，《清代臺灣的移墾社會》，《臺灣社會與文化變遷》，中研院民族所專刊乙種之16(1986年)，頁45-52。

將更爲提高？尤其是，清代臺灣具有後進性的移墾特質，隨著移民的進入與拓墾，逐漸形成漢人的街庄，清政府則隨後設官置縣，並引進中國式的文教制度操控地方。換言之，臺灣並非一開始即出現士紳階層，而在士紳階層形成以前，商人是否扮演更重要的角色或負擔更大的社會責任？這些都是值得探究的問題。

　　過去至今，有關清代臺灣商業史的研究大都將焦點擺在商業組織——行郊與洋行的討論上，而郊商與買辦似乎也就是清代臺灣商人的總合，行郊以外的商人則始終乏人問津。雖然部分的研究，往往引用日治初期的調查與研究成果，提出概括性的商人與商品流通的層級，卻很少具體落實到一個地域來討論其實際發展狀況，更遑論檢視各層級商人的屬性、彼此之間的關係，以及他們在地域社會中的地位，或是他們與地域社會之間的互動關係。即使僅就郊商而言，學者大多引用《彰化縣志》郊商「乃內地殷戶之人」[9]，或是徐宗幹所稱的「家在彼而店在此」的說法[10]，而指出郊商是漳、泉商人，是大陸資本[11]。這種說法事實上較適用於「一府、二鹿、三艋舺」等區域性大型港口城市的郊。至於，

9　周璽，《彰化縣志》（1835），文叢156種，頁290。

10　徐宗幹，〈論郊行商賈〉，《斯未信齋文編》（1841-1856），文叢87種，頁86。

11　林滿紅，〈臺灣資本與兩岸經貿關係(1895-1945)——臺商拓展外貿經驗之一重要篇章〉，收於宋光宇主編，《臺灣經驗(一)歷史經濟篇》（臺北：東大，1993年10月），頁90-91指出：清代之郊為大陸來臺商人所設，郊商以大陸資本為主體。不過，他在〈清末大陸來臺郊商的興衰——臺灣史、中國史、世界史之一結合思考〉一文中則指出，中南部郊商「根留大陸」的特質有逐漸淡化的趨勢，部分郊也有臺灣本地商人參與（《國家科學委員會研究彙刊：人文及社會科學》，4卷2期，1994年7月，頁174）。

在臺灣其他次級的傳統地區性市街中 [12]，郊商似乎具有相當不同
的特質，他們不一定都是大陸商人，而可能是土生土長的臺灣本
土商人。

　　或許受限於資料的不足，以往很少針對清代臺灣本土商人作
深入探究。東嘉生甚至認為臺灣商業資本的蓄積，大部分並非臺
灣內部生產力發展的必然結果，而是由中國匆促帶來的，再在臺
灣發展 [13]。這種說法，不禁令人產生這樣一個疑問：難道清代二
百餘年之間，沒有發展出臺灣本土的商業資本嗎？郊商真的都是
大陸商人嗎？再者，這些大陸商人經過長時期的發展，是否也產
生了變化？為了解答上述這些問題，顯然選擇一個特定的地域，
探討這個地區的商人，特別是臺灣本地商人的屬性與地位，應是
一個重要的研究課題。基本上，本書即選擇竹塹地區為研究區
域，以作深入的微觀探究。

　　自康熙五十年至清末割臺(1710-1895)近兩百年的時間，北自
社子溪南至中港溪之佸大地域，逐漸發展成一個以竹塹城為首要
城市，竹塹港為主要吞吐口的地區性市場圈，這個地區性市場圈
的範圍即是本書所謂的竹塹地區。相較於清代臺灣各自雄鎮南、

---

12 所謂次級的傳統地區性市街，是相對於清代的臺灣府(今臺南)、
　　鹿港以及艋舺等區域性大城市而提出的。這類型市街的等級僅次
　　於上述三種區域性大城市，從屬於區域性大城市廣義的市場圈
　　內。另一方面，相對於清末安平、淡水的開港，臺灣府與艋舺皆
　　受到洋商資本與商業制度的衝擊，然而這些地區性市街在官方政
　　策的防制之下，大概仍保存其傳統地區性市場圈樣態，本書因而
　　稱為次級地區性市街。這類市街，例如宜蘭、竹塹、笨港、鹽水
　　港……等。
13 東嘉生著，周憲文譯，《臺灣經濟史概說》(臺北：帕米爾書
　　店)，頁162。

中、北的區域性大港市：一府、二鹿、三艋舺，竹塹城的規模顯然較小，其政治和經濟的影響圈不但大部分局限於大甲溪以北至南崁溪一帶，而且真正密切相關的市場圈不過是中港溪至社子溪之間地域。清代竹塹地區大致上維持一個傳統的經濟地域形態，並未像臺南或艋舺在清末開港之後，由於西方資本的侵入，產生質變。在這種傳統的經濟地域中，郊商始終壟斷兩岸貿易，市街與鄉莊的商人大抵上一直維持其傳統樣態，罕受西方勢力的影響。相對於清代臺灣三大區域性港埠，由於臺灣島內地域的分隔與交通的不便 [14]，這種半封閉性的地區性市場圈不但分布全臺，也扮演著相當重要的角色。但是，過去大部分的研究偏重於三大港埠或是開港之後的南北四大港市，對於行郊或洋行的討論也以大港埠為重心，卻較少注意這種傳統地區性市場圈的研究。因此，本書選擇竹塹地區作為研究區域。在竹塹地區這種半封閉的地區性市場圈中，商人也顯現特別的意義。

　　從種種跡象顯示，對於一個地區性市場圈而言，在地開張店舖的商人對地域社會本身最具影響力。本書基本上以竹塹地區在地開張店舖商人作為分析焦點，這些商人大部分是本書所謂的「在地商人」。在地商人透過與地域社會之間的各種糾結和網絡，增進他們與來自大陸或是本島其他地區商人之間的競爭力。因此在地商人如何形成？在地域社會中進行何種活動，形成何種網絡，以及如何增進在地商人的競爭優勢，都是本書試圖論述的重點。

---

14 有關清代臺灣地域的分隔與交通不便的討論，參見：施添福，《臺灣的人口移動與雙元性服務部門》（臺北：國立臺灣師範大學地理系，1982年）；林玉茹，《清代臺灣港口的空間結構》（臺北：知書房，1996年12月），頁84

　　不過，本書並非僅片面地討論在地商人的活動與角色，爲了能夠確切掌握在地商人在竹塹地區的位置，仍必須釐清一個地區性市場圈的經濟特色，以及這個地區的商業活動情形，以便進一步說明在地商人的屬性究竟是什麼？他們在竹塹地區有何重要性？特別是在像竹塹地區這種傳統經濟地域中，在地商人如何產生？又如何發展出足以與本島商人以及大陸商人競爭的能力？

　　總之，本書研究的範圍，大致上不再把焦點擺在區域性大港市上，而是致力於觀察像竹塹地區這種地區性市場圈的特色。在這個傳統地區性市場圈中，並選擇商人，特別是在地商人作爲研究對象，以在地商人與地域社會中的關係爲主線，試圖釐清在地商人在竹塹地區這種傳統經濟地域中的活動、角色，以及透過這些活動所構成的網絡，並論述這些網絡對於在地商人在商業活動上的助力。

第二節　研究史的檢討

　　在前人的研究成果中，從未出現針對清代竹塹地區的在地商人作過專論。儘管如此，本書所探究的竹塹地區以及與研究主題相關的臺灣商業史的相關成果卻不少，前人的研究累積對於本書的完成有相當大的助益。因此，本節以下分由清代竹塹地區研究史和清代臺灣商業史等兩個面向來討論。

一、清代竹塹地區的研究史

　　相對臺灣其他地區，由於有關清代竹塹地區的研究素材極爲

豐富，近幾年來不但成為清代臺灣區域研究的新寵之一，而且也
累積不少豐碩的成果。這些研究主題，主要集中於竹塹地區的土
地拓墾、聚落的發展、新竹的建城、塹郊金長和、平埔族族群發
展以及鄭、林兩個大家族等方面。其中，有關塹郊的研究成果，
將於檢討清代臺灣商業史時一併討論，此處不再贅述。

　　竹塹地區土地的拓墾過程是最先被關注的議題，早在1970年
盛清沂已利用族譜和古文書進行土地拓墾史的重建[15]。1986年吳
學明利用北埔姜家文書，完成《金廣福墾隘與新竹東南山區的開
發（1835-1895）》一書，對於閩粵兩籍移民如何協力組成拓墾組
織，進行竹東丘陵的開發、土地拓墾的過程以及粵籍總墾戶北埔
姜家的發展，均有相當深入的探討[16]。然而，「竹塹地區」研究
之蔚為風潮，並成為一個研究的區域，起始於施添福、莊英章以
及張炎憲等於1989年提出的「清代竹塹地區聚落發展與土地租佃
關係」研究計畫[17]。其後施添福自1989年發表陸續發表六篇有關
竹塹地區的論文[18]，釐清了清代竹塹地區土地的拓墾型態、開墾

15　盛清沂，〈新竹、桃園、苗栗三縣地區開闢史〉（上）、（下），
　　《臺灣文獻》，31卷4期、32卷1期（1980年12月、70年3月）。

16　吳學明，《金廣福墾隘與新竹東南山區的開發（1835-1895）》（臺
　　北：臺灣師範大學歷史研究所，1986年）。

17　有關這個計畫的內容，參見張炎憲，〈清代竹塹地區聚落發展與
　　土地租佃關係〉，《臺灣史研究通訊》13期（1989年12月），頁9。

18　施添福所發表的有關竹塹地區的論文如下：〈臺灣歷史地理劄記
　　（二）：竹塹、竹塹埔和「鹿場半被流民開」〉，《臺灣風物》，
　　39卷4期（1989年12月）；〈清代竹塹地區的「墾區莊」：萃豐莊的
　　設立和演變〉，《臺灣風物》，39卷4期（1989年12月）；〈清代臺
　　灣「番黎不諳耕作」的緣由：以竹塹地區為例〉，《中研院民族
　　學研究所集刊》，69期（1990年6月）；〈清代竹塹地區的土牛溝和
　　區域發展〉，《臺灣風物》，40卷4期（1990年12月）；〈臺灣竹塹

組織的空間差異以及聚落的發展與分布狀態。此後，竹塹地區的研究乃逐漸受到重視。另一方面，前述研究計畫的副產品是1993年張炎憲、王世慶、李季樺等編的文獻資料選集，以及1995年他們陸續發表的有關竹塹社的專論[19]。這是有關平埔族—竹塹社的史料整理與研究論文。

　　竹塹地區家族史可以說是第二個較具成果的研究主題。1986、1987年張炎憲與蔡淵絜先後發表兩篇有關「開臺黃甲」鄭用錫家族的個別家族史研究專文[20]。至1995年黃朝進的《清代竹塹地區的家族與地域社會——以鄭林兩家為中心》一書，除了重建鄭、林兩個家族發展史之外，並討論一個新的議題，也就是家族與地域社會之間的關係，更確切的說，該書事實上特別著重家族中士紳階層分子在地域社會的活動[21]。「家族與地域社會」是1980年

──────────────────────（續）

　　地區傳統稻作農村的民宅：一個人文生態學的詮釋〉，《師大地理研究報告》，17期(1991年3月)；〈清代竹塹地區的聚落發展和分布形態〉，收於陳秋坤、許雪姬主編，《臺灣歷史上的土地問題》(臺北：臺灣史田野研究室出版品編輯委員會，1992年12月)，頁57-104。

19　這些文章是：張炎憲、王世慶、李季樺等編，《臺灣平埔族文獻資料選集──竹塹社(上)(下)》(臺北：中央研究院臺灣史田野研究室，1993年5月)；王世慶、李季樺，〈竹塹社七姓公祭祀公業與采田福地〉，收於潘英海、詹素娟主編，《平埔族研究論文集》(臺北：中研院臺灣史研究所籌備處，1995年6月)；張炎憲、李季樺，〈竹塹社勢力衰退之探討──以衛姓和錢姓為例〉，收於潘英海、詹素娟主編，《平埔族研究論文集》。

20　張炎憲，〈臺灣新竹鄭氏家族的發展型態〉，《中國海洋發展史論文集(二)》(臺北：中研院三民所，1986年)；蔡淵絜，〈清代臺灣的望族──新竹北郭園鄭家〉，《第三屆亞洲族譜學術研討會會議記錄》(臺北：國學文獻館，1987年)。

21　黃朝進，《清代竹塹地區的家族與地域社會──以鄭林兩家為中心》(臺北縣：國史館，1995年6月)。

代末葉以來日本地域社會論學者發展出來的新課題[22]，而在臺灣史研究中，也是一個新的研究取徑。

　　竹塹築城的過程或是城市的發展，也是研究者所關注的。1977年Harry J. Lamely首先比較新竹城、宜蘭、臺北府城等三個城市築城的動力與動機；1982年戴寶村則透過新竹由竹城、土城至磚城的建造與毀損過程，分析新竹成為北臺政治、經濟以及社會文化中心的歷程，並說明新竹城因他先天自然環境的限制，而影響聚落的發展[23]。接著，1991年李正萍是從行政、軍事、商業的歷史脈絡入手，探究清代至戰後新竹市街的源起和演變[24]。該文對於清代新竹市街的討論事實上相當有限，不過作者透過《土地申告書》所繪製的清末至日治初期的竹塹城地圖，卻是較具價值的[25]。

　　綜合上述，戰後有關竹塹地區的研究大致起自1970年代初期。但是，在1980年中葉以前，研究論文僅寥寥數篇，可以視為竹塹地區史研究的發軔期。此時研究的面向雖然包含土地拓墾、商業組織以及築城史等三種研究課題，但是研究者都是來自歷史學界。自1980年中葉起至1995年，研究論文數量大增，可以說是

22　東京大學文學部內史學會編，《1992年の歷史學界回顧と展望》，102編第5號（1993年5月），頁236。

23　Harry J. Lamely, "The Formation of Cities: Initiative and Motivation in Building Three Walled Cities in Taiwan", in G.W. Skinner ed., *The City in Late Imperial China*（Stanford: Stanford University Press, 1977）；戴寶村，〈新竹建城之研究〉，《教學與研究》4期（1982年6月）。

24　李正萍，《從竹塹到新竹：一個行政、軍事、商業中心的空間發展》（臺北：師大地理研究所，1991年6月）。

25　同上註，見圖七與七之一，頁24、32。

竹塹地區研究的蓬勃發展期。這段期間，最引人注意的是施添福
等人在國科會補助下，展開有關竹塹地區的研究計畫，特別是
1980年代末葉至1990初期，施添福一系列有關竹塹地區土地拓墾
組織與聚落發展的研究，可以說開啓了竹塹地區史研究的風潮。
此後，研究的取向也走向多面化，從土地拓墾、商業組織、築
城、家族發展的討論，到地方社會、平埔族群的探討，均有研究
者投入，並有相當豐碩的成果。此時的研究者，也不再局限於歷
史學者，其他學科學者如地理學者、人類學者，也各自採取不同
的研究取徑與觀點，探究竹塹地區。

　　竹塹地區研究的主題，大致上是由單純的土地拓墾史向社會
經濟史方面的議題發展。不過，有趣的是，雖然施添福已大概界
定所謂的竹塹地區的範圍是北至南崁溪南至中港溪 26，但是研究
者所指涉的「竹塹地區」事實上並不一致，這自然是以個人研究
問題的性質與研究取徑不同使然。然而，整體而言，竹塹地區最
大的範圍大致上仍不超過南崁溪至大甲溪之間。

　　除了概括的回顧竹塹地區史的研究之外，本書擬進一步深入
檢討在這些研究成果中與本書所處理問題有關的討論。

　　首先，值得討論的是吳學明的論述。吳學明在《金廣福墾隘
與新竹東南山區的開發(1835-1895)》一書中，曾論及道光十四年
(1834)金廣福墾號的成立，是在官方基於竹塹城全盤治安防番的
需要，飭諭在鄉的粵籍農墾民與塹城的閩籍商人合組而成。閩籍
商人中，除了鄭恆利家與李陵茂等少數幾家之外，大部分只是

26　施添福，〈竹塹、竹塹埔和「鹿場半被流民開」〉，頁80；〈清
　　代竹塹地區的土牛溝和區域發展〉，頁5。

「捐資墾戶」，也就是說他們大多僅提供開墾資金，並不實際參與田地的經營與開墾，是為不在地地主。吳學明應是第一位釐清塹城商人與邊區開墾關係的研究者。不過，作者對於隘墾組織仍未完全解明，他所謂的「承墾墾戶」似乎應是墾佃[27]。由於作者沒有完全釐清隘墾組織結構，又以陳其南的「佃戶層分化」理論為依歸，以致於無法掌握閩籍商人在整個開墾組織中的角色。其次，在作者經常混用的閩籍「殷戶」、「縉紳」、「舖戶」等集團中，其實有些根本就是塹城的郊商。換言之，這些捐資的閩籍商人的性質，作者並未作充分討論。因此，在這些閩籍商人中，郊商究竟佔有多少比例？這些從事兩岸貿易的郊商，從來被認為是大陸資本，然而他們卻又參與邊區土地開墾的投資與經營，這究竟代表什麼意義？再者，透過土地經營，是否也使得大陸商人產生質變，成為本書所謂的在地商人？這些都是可以再深入探究的問題。

　　施添福對於竹塹地區土地拓墾組織形態的討論，可以說已相當程度澄清了過去對於拓墾組織的模糊印象，特別是他透過田野實查與文獻資料的爬梳，提出竹塹地區三個人文地理區——漢墾區、保留區以及隘墾區，實在是一種突破性的創見。施添福的研究，雖然偏重於土地拓墾制度與聚落發展，但是部分論文也提到了竹塹地區城市商人與鄉街商人在土地拓墾中的角色。〈清代竹塹地區的「墾區莊」：萃豐莊的設立和演變〉一文，指出道光年間萃豐庄墾區莊業戶曾國興，是由不在地的閩籍殷戶與在地的粵

---

27 例如表3-3，稱為「同治十三年總墾戶金廣福所屬墾戶表」中，欄位即作「佃名」，此外，這244名「墾戶」所承墾的土地大多不及一甲，定義為墾戶並不妥。依其性質來看，應為墾佃。

籍地主所組成 28。儘管施添福並沒有在這篇論文中進一步分析商
業資本與土地開墾之關係，然而1992年〈清代竹塹地區的聚落發展
和分布形態〉一文，卻對商人與土地的關係作如下的說明 29：

1. 竹塹地區城內或城郊的商人，特別是郊商，在累積大量財
富之後，將部分資金轉投資於水田化後生產力大增的土地。這些
商人固然有部分也承買墾區莊業戶的大租權，但更多是搜購墾佃
墾成的水田。他們所搜購的土地，有些遠至苑裡和淡水，但主要
集中於中港溪至鳳山崎之間地區，特別是分布於鳳山溪和頭前溪
中下游的水田地帶。這些商人都是招佃代耕，而以不在地的小租
業主身分，坐收租谷。

2. 在保留區與隘墾區地帶，塹城的商人與新埔、九芎林、鹹
菜甕、頭份以及三灣等鄉街的商人，也以合股方式共同投資拓
墾。一旦拓墾完成，即照投資股份分地，成為擁有土地使用與支
配權的墾佃。但是，這些商人，志不在力農維生，而是以土地做
為投資對象，在劃界分管之後，往往將土地贌給耕佃耕作，只坐
收小租。

顯然，施添福先生比吳學明更清楚的掌握了竹塹地區商人在
土地拓墾中所扮演的角色，不過，由於其論文的重心不在於商人
與土地的關係，所引用的資料也以《淡新檔案》為主，因此他的
論點仍有待深入的驗證。特別是，商人除了投資的動機之外，參

---

28 曾國興的閩籍股夥為曾益吉（佔總股本44.91%）、曾龍順（11.86%）
以及曾通記（5.59%）。其中，曾通記是塹城的商舖（施添福，〈清
代竹塹地區的「墾區莊」：萃豐莊的設立和演變〉，頁53），曾益
吉則為塹城郊商。

29 施添福，〈清代竹塹地區的聚落發展和分布形態〉，頁93-94。

與土地拓墾是否還隱含其他意義？商人搜購土地，是否有明顯的地域限制？郊商爲何不像明清時期的徽商一般，主要是回到原籍置產[30]？這些閩籍商人投資邊區土地的開墾，是否與茶葉、樟腦利益有關？另一方面，竹塹地區是否也存在著地主兼營商業的現象？

黃朝進《清代竹塹地區的家族與地域社會——以鄭林兩家爲中心》一書，主要探討新竹鄭、林兩大望族由經商起家至士紳化的過程。該書一方面可視爲清代竹塹地區商人家族發展、上升流動以及商人士紳化的兩個個案。另一方面，作者所謂的家族與地域社會面向，事實上是著重於兩個家族如何在地方奠定社會聲望，如何建立和維持士紳地位，以及如何發展權力網絡等面向上。換言之，作者是以家族中士紳階層分子的活動爲觀察主體，強調兩個家族城市士紳的性格，因此，不但對於家族成員的商業經營活動著墨較少，也很少談及地域社會本身的特質，以及家族與地域社會雙向的互動關係。

整體而言，近年來清代竹塹地區史的研究，雖然已多多少少提到商人的上升流動、商人與土地開墾的關係，但是商人與商業活動一直不是討論的焦點，更遑論整體關照商人，特別是在地商人與地域社會的互動關係。

二、清代臺灣商業史的檢討

清代臺灣商業史的研究，長久以來，研究的焦點較偏重於商業組織以及島外貿易。島內貿易、商人、商業資本來源、商業活

---

30 劉淼，〈從徽州明清建築看徽商利潤的轉移〉，《徽商研究論文集》（合肥：安徽人民出版社，1985年10月），頁407-414。

動……等議題，則很少成爲一篇論文的研究重心。儘管如此，本
小節仍試圖概述清代臺灣商業史研究的歷程，並著重於討論與本
書相關的研究主題，以便釐清本書的研究位置。

　　清代臺灣商業史的研究，大抵可以追溯至日治時期，日人的
搜集整理大量商業史料，以及進行實際的調查訪問。1901年，在
臺灣總督府民政長官後藤新平所謂「生物學殖民政策」的原則
下，成立了「臨時舊慣調查會」（1901-1919），進行有系統的臺灣
本島人舊慣調查，以作爲直接統治的基礎 [31]。1910年該會第一部
所完成的《臨時臺灣舊慣調查會第一部調查第三回報告書臺灣私
法》第三卷，對於清末臺灣商人的種類、商業經營活動以及行郊
的組成，已做了相當詳細的討論 [32]，不過，卻較偏重於靜態的探
討，缺乏時間的動態，而且也忽略地域性的差異。《臺灣私法第
三卷附錄參考書》則保存相當多的商業慣習資料，成爲日後研究
臺灣商業史者所傳抄沿用的材料。戰後初期有關清代臺灣商業史
的討論，大多未超過《臺灣私法》第三卷的研究成果。

　　1942年任職於臺北帝國大學理學部的富田芳郎，發表〈臺灣
街の研究〉一文，討論臺灣鄉街的機能、發展、形態、組織以及
構造，爲臺灣鄉街研究之嚆矢。在這篇論文中，值得注意的是他
對於臺灣鄉街商業機能的分析。他指出臺灣鄉街是一種直接依存
於附近村落的「鄉村依存都市（local town）」，鄉街的商業大多是
零售商，而且主要是雜貨店，批發商則大多住在地方都市或中央

31　山根幸夫著，吳密察譯，〈臨時臺灣舊慣調查會的成果〉，《臺
　　灣風物》，32卷1期（1982年3月），頁23-25。
32　臨時臺灣舊慣調查會，《臺灣私法》（臺北：作者發行，明治43
　　年），第三卷（上），第四編，〈商事及債權〉。

都市 33。富田對於臺灣鄉街的研究，相當具有創見，但是他的研究偏重於點的研究，並未就市鎮的整體階層提出理論，對於從鄉街、地方都市到中心都市之間的商業網絡，也沒有做進一步說明。

日治時代對於臺灣商業史做系統性理論建構的，非東嘉生莫屬。1944年《臺灣經濟史研究》，前篇第四章〈近世的封建時代（1683-1895）〉以及後篇〈清代臺灣之貿易與外國商業資本〉，討論清代臺灣商業的特質、行郊的組織以及清末外國資本侵入之後對於臺灣經濟的破壞 34。東嘉生基本上是採取帝國主義論的觀點 35，分析清代臺灣商業與貿易的發展軌跡。他對於行郊與市場的討論，大概是利用《臺灣私法》第三卷或是1902年花岡伊之的《南部臺灣誌》的資料與研究成果，作進一步的發揮 36。不過，東嘉生有關清代臺灣商業資本的論述，卻是值得注意的。誠如上述，他認為臺灣商業資本的蓄積，大部分並非臺灣內部生產力發展的必然結果，而是由中國匆促帶來，再在臺灣發展。因此，中國高度發達的商業高利貸資本，導致臺灣封建地租關係解體，促

---

33 富田芳郎，〈臺灣街の研究〉，《東亞學》，第六輯（昭和17年8月）。

34 東嘉生著，周憲文譯，《臺灣經濟史概說》（臺北：帕米爾書店，1985年8月）。

35 「帝國主義論」或稱「社會主義派」，通常強調帝國主義對於臺灣的壓榨與剝削（薛化元，〈開港貿易與清末臺灣經濟社會變遷的探討（1860-1895）〉，《臺灣風物》，33卷4期，1983年12月，頁1）。

36 例如，東嘉生對於內郊、外郊的區分，是依據花岡伊之，《南部臺灣誌》（明治35年，成文本302號）的說法，再深入討論。

使臺灣土地業主權的封建性格轉變爲近代佃作制度[37]。姑且不
論,東嘉生對於清代臺灣拓墾組織性質的過分曲解,他實在太過
強調臺灣商業資本的外來性,而忽略地域差異以及本地地主資本
轉化爲商業資本的可能。

戰後對於清代臺灣商業史的討論,大概可以分成通論與專論
兩個方向來觀察。在通論研究方面,主要有1985年蔡淵絜的〈清
代臺灣移墾社會的商業〉一文,以及1990年出版的黃福才《臺灣
商業史》一書。

蔡淵絜〈清代臺灣移墾社會的商業〉一文,首先描述移墾社
會商業發展的條件和商業活動情況,然後再討論商業活動與土地
開拓、農工生產以及社會風氣的關係[38]。這篇短文,基本上將焦
點擺在移墾社會階段臺灣商業活動的特色,所採用的資料也以清
初的方志爲主,因此對於臺灣商業活動的討論有時間上的局限
性,無法看出清代臺灣商業發展的脈絡。不過,該文特別指出商
業活動對於土地的開闢、陴圳的修築有相當大貢獻,卻是較有價
值的。但是作爲一篇通論性文章,該文並無更爲深入的討論,因
此究竟商業資本如何轉投資土地,商人在邊區拓墾的情形,仍值
得再探究。

黃福才的《臺灣商業史》,是一種通史的寫法,分述宋、元
時代至日治時期各個階段商業的發展。其中,第四章「清政府治
理臺灣時期的商業」討論清領時期臺灣的開發、商品流通的擴
展、郊行的組織與興衰、市場與商人、臺灣商品經濟的萌芽與資

---

37 東嘉生著,周憲文譯,《臺灣經濟史概說》,頁50-51、161-163。
38 蔡淵絜,〈清代臺灣移墾社會的商業〉,《史聯》,7期(1985年
12月)。

本主義的發展關係、商業慣例的形成、商業管理與專賣業以及臺灣社會經濟結構對商業的影響等主題[39]。黃福才的這種商業史的寫法，包羅萬象，但是缺乏焦點，又流於瑣碎，結論則是扣緊資本主義萌芽與清末開港之後的半殖民地化兩個議題，具有目的論傾向。不過，去除文中部分先入為主的偏見，該書也大概可以呈現出清代臺灣商業的若干面貌。

　　在專論方面，最洋洋大觀的研究課題是商業組織，至於商人與商業活動的研究，往往只是各個區域開發史的副產品。清代臺灣的商業組織主要指郊和洋行兩種。郊是臺灣商業史最早的研究主題，成果也最豐碩。戰後對於郊作有系統研究的首推方豪，1972年起，他陸續發表了一系列有關行郊的專論。1975年又將這些研究成果，收於《六十至六十四自選待定稿》一書。方豪主要運用大量的古碑、方志、檔案資料，來探究全島各地郊的起源、組織、功能和沒落[40]，而開啟戰後郊研究之風氣，貢獻厥偉。不過，他的研究大致上較偏重於史料的纂輯與史實的考訂。

　　自1978-1990年，卓克華站在方豪的學術積累上，利用新蒐整的行郊規約與文獻的解析，陸續發表七篇有關清代臺灣郊的研究[41]，1990年並出版《清代臺灣的商戰集團》一書，綜合歸納行

39 黃福才，《臺灣商業史》（南昌：江西人民出版社，1990年8月），頁85-204。

40 方豪，《六十至六十四自選待定稿》（臺北：作者發行，1974年4月）。

41 卓克華有關行郊研究的文章如下：〈行郊考〉，《臺北文獻》直字第45、46期合刊（1978年2月），頁427-444；〈艋舺行郊初探〉，《臺灣文獻》，29卷1期（1978年3月），頁188-192；〈新竹行郊初探〉，《臺北文獻》直字第63、64期合刊（1983年），頁213-242；〈新竹塹郊金長和劄記三則〉，《臺北文獻》直字74期

郊的本質、功能、結構與營運。該書大致上屬於綜論性研究，對
於行郊功能的討論，往往將個別郊商與商業組織郊的活動混爲一
談。在完成該書之後，1984年卓克華又陸續發表有關新竹塹郊的
兩篇專論。這兩篇論文都是以塹郊金長和爲中心，前者討論塹郊
的興起、組織貿易、衰落原因以及功能，這種討論方式幾乎是作
者研究行郊的基本模式；後者，則是前篇論文的補述。整體而
言，卓克華寫的是塹郊沿革史，也大概掌握了出刊史料中塹郊的
記載，不過對於塹郊衰微的討論，與他大部分的文章一樣，都是
採用偶然性的因素：港口淤淺、戰爭、生理賠累……等，來證明
塹郊自光緒年間業已衰微[42]。事實上，只要兩岸貿易繼續存在，
郊，特別是新竹這種未開放作爲通商口岸的郊，並沒有衰退的理
由，他們依然操控著這個地域的進出口貿易。即使在清末碑文捐
題中，較少見到他們的蹤跡，也不能斷言郊已經衰落，而應考慮
的是：郊這種組織是否轉以另一種形式出現或是改變活動形態？
或者，在政治、經濟以及社會等整體條件皆改變之下，郊商不再
需要以集體行動來維護自己利益，而汲汲於建立個人或家族的社
會聲望與地位，以致於以個別家族爲單位比集體組織更爲有利？

此外，蔡淵挈對於郊的研究，也屢有新見。1985年他發表
〈清代臺灣行郊的發展與地方權力結構之變遷〉一文指出，代表
商人團體的郊逐漸崛起參與地方公務，導致地方權力分配形態產

――――――――――――――――――（續）

（1985年），頁29-40；〈試釋全臺首次發現艋舺「北郊新訂抽分條
約」〉，《臺北文獻》直字73期(1985年)，頁151-166；〈清代澎
湖臺廈郊考〉，《臺灣文獻》37卷2期(1986年)，頁1-34；《清代
臺灣的商戰集團》(臺北：臺原出版社，1990年2月)。

42 卓克華，〈新竹行郊初探〉，頁227-228；〈新竹塹郊金長和劄記
三則〉，頁31-38。

生兩個階段的變化。相對於方豪與卓克華的研究，該文呈現出一種新的思考方向，不但已區分出商人參與地方公務有團體參與和個人參與兩種形態，而且注意到郊活動範圍的局限性。他指出郊較少參與府縣級超社區的地方事務，即使有之，也是與士紳共同參與。另一方面，他也討論郊與士紳勢力在城市與市街的消長關係[43]。不過，該文僅從郊商角度來觀察，忽略了郊以外的街庄舖戶對於地方事務仍有一定的參與，以及郊也透過保結制度對於地方街莊自治組織有些影響力。其次，該文大多採用廟宇碑刻作為郊參與地方公務的證據，論證稍顯薄弱。

除了討論郊的組織與功能之外，郊商商業資本的屬性也是常被論及的。東嘉生、林滿紅、涂照彥大致上都強調郊商資本是大陸資本。涂照彥的觀點大多承襲東嘉生的論述，不過他已關照到臺灣本土資本產生的可能，甚至指出清末開港之後，本土資本並未遭受嚴重打擊，外國資本促使以對岸貿易為基礎的外郊郊商勢力衰退，但是以島內市場為基礎的內郊商人勢力，反而藉著茶、糖等出口商品的擴張而活躍[44]。涂照彥的論點，雖然缺乏史實的佐證，也沒有考慮到地區的差異，但是卻提出一個重點：究竟臺灣本土資本在進出口貿易中扮演什麼角色？臺灣本土商業資本又是如何蓄積的？

1983-1984年，澳洲學者唐立先後發表兩篇有關南部臺灣製糖業的論文，這兩篇文章是以清代臺灣南部製糖業為中心，討論製

43 蔡淵絜，〈清代臺灣行郊的發展與地方權力結構之變遷〉，《師大歷史學報》，14期(1985年)，頁141。

44 涂照彥著，李明俊譯，《日本帝國主義下的臺灣》(1975年)(臺北：人間出版社，1992年)，頁374-375。

糖業的生產過程、商業資本在製糖業中的角色，以及郊商資本、臺灣本土資本、外國資本之間的關係 [45]。他指出在清末開港之前，臺灣的貿易市場與華中、華北、華南沿海市場圈相結合，形成「臺灣南部—中國內地」的貿易結構，而主導這個貿易結構的是中國內地商人，亦即郊商。這些郊商提供臺灣南部本地仲介商人資金，向蔗農預先定買，以確保砂糖市場的穩定。換言之，郊商透過前貸金制度，形成「郊商—本地仲介商人—蔗農」的輸出貿易結構，而壟斷臺灣南部砂糖貿易。直至清末開港之後，外國銀行與中國高利貸資本結合，形成新的金融關係，這種新的金融關係與舊有的前貸金制度相結合，直接滲透入原來的生產、運銷結構，不但打破原來「郊商—仲介商人—蔗農」的貿易結構，也促使生產結構改變，商人直接控制生產與運銷，甚至生產者與糖價也受到國外市場的影響。唐立的研究，應是第一篇有關商人資本與產業關係的實證研究，不過由於他所使用的資料大多是日治初期的調查報告，因此他的論點大致上未脫日治時期各種調查報告書的說法。

至於郊商與土地的關係，1984年日本學者栗原純以鹿港八郊為中心，發現這些負責米穀輸出的商人，不僅掌握米穀的流通過程，而且也直接經營水利事業，例如八堡圳，作者因而認為郊商其實是農村再生產結構中不可欠缺的存在。另一方面，他認為必

---

45 クリスチャン.ダニエルス，〈清末臺灣南部製糖業と商人資本——一八七〇～一八九五年〉，《東洋學報》，64卷3、4號(1983年3月)，頁289-326；〈清代臺灣南部における製糖業の構造——とくに一八六〇以前を中心として〉，《臺灣近現代史研究》，第5號(1984年12月)，頁47-113。

須再檢討清末的土地所有問題以及郊商的活動實態，特別是開港
以降，洋行與郊商的關係[46]。栗原純是第一位指出郊商與水利開
發關係的研究者，他提出的問題的確是值得注意的。過去的研究
一直太過強調郊商資本的外部性質，卻未曾去思考像林日茂這種
郊商資本，最後為何積極的參與地域社會的活動？為何參與土地
或水利的經營？甚至，經過幾個世代的傳承之後，他們並未回去
大陸，而是定居本土，這些究竟隱含著什麼意義？或許，郊商與
土地、水利的經營究竟有何關聯，是解答這些問題的關鍵之一。

　　自1970年代至1980年代，郊研究逐漸成為一個研究焦點之
際，1980年代初期另一種商業組織──洋行，也開始受到研究者
的青睞。1982年至1984年之間，黃富三先後發表四篇有關美利士
洋行(Milisch & CO.)在淡水港經商活動的專論。透過對美利士洋
行經營體系的探討，作者企圖解釋外商與華商之間的多角競爭關
係，外商並非具有絕對優勢的競爭條件。此外，外國資本之入
侵，對臺灣經濟發展也有正面貢獻[47]。這是利用怡和洋行檔案，
研究清末洋行在臺活動的力作，更是戰後洋行研究之先驅。不過，
此後除了葉振輝在1987年發表〈天利行史事考〉一文之外[48]，洋
行研究至此乏人問津。相對於郊的研究，洋行的研究成果實在微

46　栗原純，〈清代臺灣における米穀移出郊商人〉，《臺灣近現代
　　史研究》，第5號(1984年12月)，頁5-45。

47　黃富三有關美利士洋行的論文如下：〈清代外商之研究──美利
　　士洋行〉(上)(下)(續補)，《臺灣風物》，32卷4期(1982年12
　　月)、33卷1期(1983年3月)、34卷1期(1984年3月)；〈清季臺灣外
　　商的經營問題──以美利士洋行為例〉，《中國海洋發展史論文
　　集》(南港：中研院三民所，1984年12月)。

48　葉振輝，〈天利行史事考〉，《臺灣文獻》，38卷3期(1987年9
　　月)。

乎其微，而且仍停留在個別洋行史的討論，尚未深入探究清末洋行究竟如何滲透各地區的商業網絡？洋行對於通商口岸以外地區是否仍然具有影響力？

　　除了商業組織的討論之外，臺灣島外貿易也是過去研究的重點。1976年林滿紅的碩士論文《茶、糖、樟腦業與晚清臺灣的經濟社會變遷(1860-1895)》，運用海關、領事報告等材料，並採用經濟學的方法和理論，分析開港之後茶、糖、樟腦的出口、生產及產銷組織，進而探討晚清臺灣的社會變遷。1978年他又應用有關貿易與經濟的發展理論，比較清末臺灣與大陸貿易型態的差異 [49]。這些論文奠定了林滿紅在清末臺灣對外貿易史研究權威的地位。進入1980年代，有關臺灣對外貿易的研究，大多站在他的研究基礎上，作進一步的論述 [50]。1986年李祖基《近代臺灣地方對外貿易》一書，基本貢獻在於分析清末臺灣進口商品與市場結構，至於出口貿易方面的討論也並未超越林滿紅的研究成果 [51]。

---

49 林滿紅的碩士論文後來發表於《臺灣銀行季刊》，並由臺灣銀行經濟研究室出版，列為研究叢刊第115種(《茶、糖、樟腦業與晚清臺灣》，臺北：臺灣銀行經濟研究室編印，臺灣研究叢刊第115種，1978年)；林滿紅，〈清末臺灣與中國大陸之貿易型態比較，1860-1894〉，《師大歷史學報》，6期(1978年5月)。

50 這方面的論文，如林滿紅，〈貿易與清末臺灣的經濟社會變遷〉，收於曹永和、黃富三主編，《臺灣史論叢》第一輯(臺北：眾文書局，1980年)；薛化元，〈開港貿易與清末臺灣經濟社會變遷的探討，1860-1895〉；林滿紅，〈光復以前臺灣對外貿易之演變〉，《臺灣文獻》，36卷3、4合期(1985年12月)；張家銘，〈農產品外貿與城鎮繁興──以清末臺灣北部地區的發展為例〉，《東海歷史學報》，7期(1985年12月)。

51 李祖基，《近代臺灣地方對外貿易》(南昌：江西人民出版社，1986年8月)。有關李文的評介，請參考：林玉茹，〈李著「近代臺灣地方對外貿易」評介〉，《臺灣史研究》，2卷1期(1996年)。

　　林滿紅在他的論文中所提出的論點，其實是值得再做進一步
的驗證，例如他指出清末茶與樟腦業的崛起，促使買辦與豪紳成
爲社會的新貴，地位高於開港前居於社會領導階層的地主與郊
商。有關中國買辦的研究至今已有相當的研究積累[52]，但是卻從
未出現一篇專論分析清末臺灣買辦的各種樣態。究竟買辦如何在
清末的臺灣社會建立地位？買辦與本地商人、地主屬性的異同關
係，甚至於有些買辦最後爲何定根於臺灣？這些都是值得再深究
的。其次，林滿紅指出貿易導致閩粵、漳泉籍民之間財富差距的
縮小。這個問題雖然相當複雜，但卻不失爲一個可以思考的方
向。

　　最後，過去雖然沒有專文討論清代臺灣商人在地域社會的地
位與角色這個問題，不過它往往是出現在士紳階層與社會領導階
層這類型的研究主題中。例如，1980年至1983年蔡淵絜有關「清
代臺灣社會領導階層」的研究論文提到[53]，在商業發達的城市，
富商是地方的領導階層，而且城市也出現郊商與紳士共同領導的
局面。溫振華則是落實到一個地區做實證的研究，他指出：臺北

52　有關中國買辦研究成果的討論，請參見：謝文華，〈「買辦研
　　究」之回顧與展望〉，《師大歷史學報》，22期，（1994年6月），
　　頁391-412。

53　蔡淵絜有關清代臺灣社會階層的討論有：〈清代臺灣社會上升流
　　動的兩個個案〉，《臺灣風物》，30卷2期(1980年)；〈清代臺灣
　　的社會領導階層〉，臺北：師大歷史所碩士論文(1980年)；〈清
　　代臺灣社會領導階層的組成〉，《史聯雜誌》2期(1983年)；〈清
　　代臺灣社會領導階層性質之轉變〉，《史聯雜誌》3期(1983年)；
　　〈清代臺灣基層政治體系中非正式結構之發展〉，《師大歷史學
　　報》11期(1983年)；蔡淵絜，〈清代臺灣行郊的發展與地方權力
　　結構之變遷〉，《師大歷史學報》，14期(1985年)。

盆地在道光年間以前，商人居於領導地位，道光以後商人並積極參與科舉功名，但是開港之後，買辦則取代了郊商的地位[54]。不過，由於該文大多取材於二手資料，對於商人、地主以及士紳作為地方領導人地位高低的論證，仍欠缺說服力。

綜合上述，清代臺灣商業史的研究事實上相當有限，也局限於幾個研究課題上，而每個研究課題事實上仍有相當多的問題尚未解決，有待進一步的釐清。另一方面，有關商人與商業活動、商人的角色與地位、商人與土地經營的討論，過去大多附屬於地區研究史或是其他研究課題之下，很少成為研究的焦點，因此是亟待深入探究的。

本書基本上並不打算處理上述所有的問題，而是針對過去比較被忽略的面向來做深入討論，亦即以臺灣本地商人，本書所謂的「在地商人」為主要研究對象，探究臺灣本地商業資本的蓄積、他們的商業組織以及他們在地域社會的活動型態作為論述的重點。

第三節　研究方法

一、名詞定義

本書主要以商人，特別是在地商人作為研究對象，並以「在地商人與地域社會」作為研究取徑，因此有必要對「商人」、

---

54 溫振華，〈清代後期臺北盆地士人階層的成長〉，《臺北文獻》，直字90期(1990年)。

「在地商人」以及「地域社會」等名詞下一個操作型定義。

　　商人係指專門從事商品或勞務交換活動的人。他們大多直接從事貨物、或是技術、或是勞務的買賣，以營取利潤爲目的，以懋遷有無爲能事[55]。在中國歷史上，有「商」、「賈」、「商人」、「賈人」之稱，有時也合稱「商賈」[56]。在清代臺灣民間慣用語中，則常使用「生理」與「生理人」來表示商業與商人[57]，經商爲業的人往往也自稱「生理維生」[58]。另外，尙有「舖戶」與「店」的用法，舖戶是官方登記職業用的，店則指商店或旅店（客店）[59]。舖戶事實上是在地開張店舖的商人，即所謂的坐賈，他們與一般的走販規模與性質並不相同。基本上，本書對於商人的定義是採取廣義定義，亦即從事商品買賣或勞務交換活動、以營取利益爲目的的人，都是本書所謂的商人。至於各式各樣的商人類型，將在第三章深入討論。

　　其次，本書的分析焦點主要是「在地商人」。「在地」不但相對於大陸商人與本島其他地區的商人，而且指涉一個生活空間，一種居民對其生活周遭，透過認知、參與以及關懷，而產生

55　蘇雲峰，〈民初之商人，1912-1928〉，頁48。

56　陳國棟，〈懋遷化居──商人與商業活動〉，收於劉石吉主編，《中國文化新論經濟篇：民生的開拓》，頁245；臨時臺灣舊慣調查會，《臺灣私法》，第三卷（臺北：作者發行，明治43年），頁204。

57　《臺灣私法》第三卷，頁204。

58　例如《淡新檔案》17341-47號：金福昌即劉武略，現住大肚庄，「生理爲活」。

59　楊聯陞，〈傳統中國政府對城市商人的統制〉，收於段昌國等譯，《中國思想與制度論集》（臺北：聯經，1976年9月），頁377。

認同感的心理狀態 60。「在地商人」則指涉在竹塹地區生活的商人，竹塹地區對他們而言，不僅是經濟活動的空間，也是生活的空間，他們與竹塹地區的聯繫性最強，對地域社會的影響力也最大。

地域社會是在地商人的活動舞臺，這個名詞於1980年代初期開始爲日本的明清史學界所注意。1981年森正夫首度將地域社會的理論系統化，1982年並完成〈中國前近代史研究における地域社會の視點〉一文 61。此後，地域社會的研究逐漸受到重視，成爲1980年代明清社會經濟史研究的支配潮流，一直持續到1990年代 62。「地域社會」這個名詞的涵義，森正夫認爲有兩種意義，一種是直接對應一定具體地理界限的實體概念，如省、府、縣……；另一種是體現某種特定的方法概念，如基層社會、地方社會……等 63。本書中地域社會範圍的界定則依據：以竹塹城爲中心市場的商人，包括在城市與在街庄的商人，他們在政治、經濟以及社會的整體活動空間。這個範圍既具有實際地理界限的意味，也對應一種分析的概念。在地理界限上，主要是指社子溪至中港溪之間地域，最大的範圍則是北至頭重溪(中壢溪)土牛溝，南至大甲

---

60 夏黎明，〈發刊詞：一個在地區域研究構想的提出與實踐〉，《東臺灣研究》，創刊號(1996年12月)，頁6。

61 本文相關評論見：東京大學文學部內史學會編，《1982年の歷史學界回顧と展望》，92編第5號，1983年，頁194；檀上寬，〈明清鄉紳論〉，收於劉俊文主編，《日本學者研究中國史論著選譯》第二卷專論(北京，中華書局，1993年10月)，頁476。

62 東京大學文學部內史學會編，《1992年の歷史學界回顧と展望》，102編第5號，1993年5月。

63 森正夫，〈中國前近代史研究における地域社會の視點〉，《名古屋大學文學部研究論集》，史學28號(1982年)，頁204-205。

溪的清代新竹縣轄境 [64]，而它所對應的分析概念則是竹塹地區性
市場圈。也就是說，本書地域社會的範圍主要是從其內部的經濟
網絡來考慮，但是它又大致上局限於一個行政轄區內。

二、資料來源與分析

　　過去對臺灣商業史的研究，主要以臺灣對外貿易和商業組織
為重點，因此在資料使用上大概也以海關報告、領事報告、《臺
灣私法》以及有關行郊的方志、碑刻為主。本書除了地毯式地蒐
集這些資料之外，將再使用相關的檔案、奏摺、輿圖、族譜、古
文書、碑刻資料、日人的調查報告以及日治初期的報紙、檔案。
其中，清代的《淡新檔案》與日治初期的《土地申告書》為本書
最重要的研究素材。

　　《淡新檔案》是清代淡水廳與新竹縣的官方檔案，日治初期
由新竹縣移交新竹地方法院，其後轉送覆審法院（後來改稱高等法
院），昭和十二年（1937）又由覆審法院贈送原臺北帝國大學文政
學部，以供學術研究。民國三十六年至四十二年（1947-1953），戴
炎輝才將這批檔案加以整理，為之分類編號。現存的《淡新檔
案》，共1163案，年代起自嘉慶十七年（1812），下迄光緒二十一
年（1895）割臺為止 [65]。這段時間內，清廷曾經幾次調整行政區

64　光緒元年（1875）新竹縣成立，光緒四年（1878）淡水、新竹分治，
　　光緒五年（1879）首任知縣劉元陛正式上任，當時新竹縣轄區是頭
　　重溪土牛溝至大甲溪之間地域。見：鄭鵬雲、曾逢辰，《新竹縣
　　志初稿》（1897），文叢61種，頁1、13；夏獻綸，《臺灣輿圖並
　　說》（1880），成文本59號。

65　戴炎輝，〈清代淡新檔案整理序說〉，《臺北文物》，2卷2期
　　（1953年8月），頁260-261。

劃，因此檔案的行政區域也有所改變。大致上，行政區域的最大範圍是大甲溪以北至雞籠，最小範圍則是中港溪以北至中壢溪[66]。檔案的內容包羅萬象[67]，是研究清代臺灣北部地區政治、經濟以及社會史相當有用的一手史料。在前人研究之中，對《淡新檔案》的運用，大多集中於開墾組織、縣衙門運作、地方行政組織以及犯罪形態的研究上[68]，而較少使用該檔案的商業素材。事實上，該檔案除了郊商之外，也提供了船隻貿易、街莊商人活動以及其他產業活動等資料，透過該檔案資料的整理、爬梳，有

---

66 《淡新檔案》行用區域的變化：自嘉慶十七年至光緒五年閏三月（1812-1879），檔案行用的區域為大甲溪以北至雞籠的淡水廳；光緒五年閏三月至十五年十一月(1879-1889)，行用於大甲溪以北至南崁溪的新竹縣；光緒十五年新苗分界之後至二十一年五月（1889-1895），則僅行用於中港溪以北至南崁溪以南的新竹縣。（高志彬，〈淡新檔案史料價值舉隅〉，收於國立臺灣大學編，《臺灣史料國際學術研討會論文集》〔臺北：臺大歷史系，1994年6月〕，頁327-330）。

67 有關《淡新檔案》的內容，本文不再贅述，請參考高志彬，〈淡新檔案史料價值舉隅〉一文，頁328-330。

68 使用《淡新檔案》研究開墾組織，如第二節吳學明與施添福諸篇論文；討論縣衙門運作的論文，如滋賀秀三，〈清代州縣衙門訴訟的若干研究心得〉一文(收於劉俊文主編，《日本學者研究中國史論著選譯》，第八卷，法律制度，北京：中華書局，1992年7月)；Mark Allee, *Law and Local Society in Late Imperial China: Northern Taiwan in the Nineteenth Century* (Stanford: Stanford University Press, 1994)一書則透過司法制度討論國家與地方社會的互動關係，有關該文的評介，參見：陳秋坤，〈晚清法律與地方社會——以十九世紀臺灣北部為例〉(《臺灣史研究》，2卷1期，1995年6月)以及王泰升與其學生合寫之評介(出處同上)。又，有關犯罪現象之論著，則是邱純惠，〈十九世紀臺灣北部的犯罪現象——以淡新檔案刑事類為例〉一文(臺北：臺灣大學歷史所碩士論文，1989年6月)。

助於重建清代竹塹地區商業史。

　　《土地申告書》是日治初期為確立臺灣土地所有權歸屬以及徵收賦稅所需，於明治三十一年至明治三十八年(1898-1905)，由臨時臺灣土地調查局一方面根據地主申告，一方面委由技士實際調查完成的報告書[69]。該文書在戰後已大半被銷毀，現存僅有八里坌堡、海山堡、桃澗堡、竹北一堡、竹北二堡、竹南一堡、苗栗一堡、苗栗二堡、苗栗三堡以及臺中、彰化、臺南等少數地區案卷。其中，以新竹廳與苗栗廳最為完整，總冊數近一千本[70]。除了申告業主權(小租戶)的《土地申告書》之外，隨著土地調查事業的完成，也完成相關書冊，如《土地業主查定名簿》、《大租權補償金臺帳》，《大租權補償金仕譯簿及補助簿》、《民有大租名寄帳》等，都是研究臺灣地政、土地制度、家族與宗族不動產制度、寺廟與神明會財產的重要資料[71]。《土地申告書》也常夾帶許多的理由書，這種理由書是在缺乏證書或契字的情況下所寫的文字說明書，內容相當豐富，透露了清代至日治初期社會經濟層面的資料[72]。總之，透過這批資料，不但可以重建這些地區清代土地的拓墾、轉讓情形，而且可以整理出一些在此地區活動的商號與公號的系譜及其土地所有型態，甚至於商人與土地之

69　李宜洵，〈「土地申告書」內容要項介紹〉，《臺灣風物》，38卷1期(1988年3月)，頁113。

70　李文良，《日治時期臺灣林野整理事業之研究——以桃園大溪地區為中心》(臺北：臺灣大學歷史學研究所碩士論文，1996年6月)，附錄三。

71　莊英章，〈日據時期「土地申告書」檔案資料評介〉，《臺灣風物》，35卷1期(1985年3月)，頁91。

72　李宜洵，〈「土地申告書」內容要項介紹〉，頁116-117。

間的關係也在這些資料中表露無遺。過去明清中國史研究，曾約
略指出傳統中國商人大多將剩餘的商業資本，轉投資到土地買賣
上，然而其真實內容卻很難談得清楚。這自然是因為，在傳統中
國歷史中，從未產生詳盡的土地資料。臺灣則因其歷史的特殊
性，在日治時期殖民地政府為確立其國家支配，建立了完整的土
地資料，因而成為今日學術研究的最佳素材。本書即企圖透過
《土地申告書》，來釐清商人與土地的諸種關係。

　　除了文獻資料的蒐集之外，透過田野實查，不但對於研究區
域有想像力或問題的啟發，更重要的是可以進一步驗證文獻資料
的正確性。此外，也可能發掘出相關的古文書資料，而有新的發
現。因此，本書也以田野實查補助文獻資料之不足。

　　至於在資料處理上，主要以文字分析為主，並輔以地圖、量
表和簡單的描述統計，以便較有系統、條理地顯現文獻資料中的
若干意義或特徵。由於清代文獻資料本身不但缺乏充分的數據，
而且史料編輯年代不一，記載水準又參差不齊，很難達到絕對精
確完整的比較或分類，因而本書研究主要以描述性討論為主，而
無法進一步做較深入的量化分析，或是使用現代的經濟學理論與
模式來討論。

三、研究課題與觀點

　　本書是以竹塹地區在地商人的商業活動形態、商業資本的組
成、商業組織以及其在地域社會中的活動與網絡作為研究課題，
並以「商人在地化」作為研究的潛在軸線。商人在地化的概念，
隱含著商人在地域社會中政治、經濟以及社會等三種網絡的建立

與擴張的過程。

其次，本書對於資料的處理、概念的運用以及問題的解析，大致上採取如下的論證過程：

竹塹地區是本書的主要研究範圍，而自康熙二十三年（1684）臺灣正式劃入清朝版圖，至光緒二十一年（1895）割讓予日本之間，竹塹地區經歷了質變的過程，在不同的時空之下，竹塹地區性市場圈也有不同的內涵。第二章首先釐清竹塹地區市場圈的形成及發展。

在地商人雖然是本書的主要研究對象，但是在探討在地商人的活動之前，有必要對竹塹地區的商業活動作深入的探討，以便掌握在地商人的確切位置。因此，第三章將針對竹塹地區商人的行業和商業經營形態作一解析，以釐清竹塹地區這種傳統地區性市場圈中商人與商業活動的特色。

在地商人的形成，可以透過竹塹地區商業資本的發展過程來觀察。因此，第四章首先描述竹塹地區商業資本的形成與演變，然後再討論在地商業資本的構成形態。

在地商人彼此之間並非完全處於獨力經營或競爭狀態，他們會因實際需要產生結社行為，形成組織。組織基本上是商人的集團，透過組織，商人以集體活動方式活躍於地域社會中。因此，第五章將先說明竹塹地區在地商人商業組織的類型與形成過程，再針對塹郊金長和的成員與組織、運作與功能作深入探討。

在地商人除了進行商業活動、組成商業組織之外，也參與地域社會中政治、經濟以及社會文化等各項活動，而逐漸構成其在地的社經網絡。這些網絡對於商人的各種經濟活動不但產生正面的作

用，而且強化他們的競爭優勢。因此，第六章將探討商人在地域社會中的各種活動、所扮演的角色，以及這些活動所形構的網絡。

　　本書的完成，感謝新竹中學張德南老師慷慨提供資料與指正。又，邵雅玲與曾新容費心為本書做校對，謹此致謝。

第二章
竹塹地區市場圈的形成與發展

　　市場圈是商人進行商業活動的舞臺。因此本書有必要首先說明清代竹塹地區市場圈的形成與發展過程，並進一步釐清這個市場圈的特性。清代竹塹地區是以竹塹城為首要城市，竹塹港為首要吞吐口，而形成一個地區性的市場圈[1]。不過，這個地區性市場圈的範圍並無法截然劃出，而且它也隨著時間而經歷了漸變的過程。大致上，以竹塹城為中心的主要市場圈範圍，北至社子溪南至中港溪，大概包含竹北二保部分、竹北一保以及竹南一保，亦即相當於今日桃園縣南部、新竹縣以及苗栗縣

1　清代臺灣港口歷經兩百餘年的發展，港口與港口之間由於港口等
　　級大小的差異、互動關係的強弱程度以及近鄰原則的作用之下，
　　可以區分成以區域性港口如淡水、鹿港為中心的主系統，以及地
　　區性港口如竹塹、後龍為中心的次系統⋯⋯。而以一個區域性港
　　口（主系統港口、正口）為中心的市場圈，即形成一個區域性市場
　　圈；在區域性市場圈之下，是以地區性港口（次系統港口、小口）
　　為中心的市場圈，稱為地區性市場圈。在地區性市場圈之下，又
　　有以鄉街為中心的地方性市場圈。有關這方面的討論，參見：林
　　玉茹，《清代臺灣港口的空間結構》一書（臺北：知書房，1996
　　年）。

北部地區。

　　竹塹地區市場圈是隨著移民的拓墾，農產品生產量的增加，商業貿易的發展以及市街體系的構成而逐漸成形的。土地的拓墾與商品的生產，一方面使得竹塹地區有對外貿易的條件；另一方面隨著移民的聚居，內陸鄉街的興起，自竹塹城至內陸鄉街之間逐漸發展出一個緊密的市街體系，作為商品流通的網絡。於是，以竹塹城和竹塹港為中心，透過外部聯結與內部聯結，逐漸形成一個地區性市場圈。因此，本章分別從土地的拓墾、貿易的發展、市街體系的形成等三部分，來討論這個地區性市場圈特性以及其形成與發展。

第一節　土地的拓墾

　　清聖祖康熙二十三年(1683)臺灣正式成為清朝版圖，置一府三縣。起初，原明鄭文武官員、部將兵卒以及各籍難民「相率還籍，近有其半，人去業荒」[2]，而清政府政令所及僅止於臺灣縣(今臺南)而已。臺灣南北兩路地區則是草萊未闢，「一望盡綠草黃沙，綿緲無際」[3]。康熙三十五年(1696)，臺灣北路仍因山深土燥，「煙障愈厲，人民鮮至」[4]，斗六門(今斗六)以北地區則荊棘遍地，麋鹿成群，竹塹地區更是「不見一人一屋，求一樹就蔭不

2　施琅，〈壞地初闢疏〉，《靖海紀事》，文叢13種，頁67。
3　蔣毓英，《臺灣府志》(1684)(北京：中華書局，1985年5月)，頁99。
4　高拱乾，《臺灣府志》(1696)(北京：中華書局，1985年5月)，頁869。

得」[5]。康熙四十年(1701)以後，冒險渡臺者日眾，臺灣北路的開
墾已漸過斗六門以北，但是彰化半線地區仍是「無稠密之屋，有
生番之異類」[6]。康熙五十年(1711)，清廷風聞洋盜鄭盡心潛伏於
淡水地區為亂，於是設分防千總於淡水，增大甲、竹塹以上七
塘。隨著官方的軍事駐防，漢人移民逐漸越過大肚溪，向大甲溪
以北地區開墾[7]，竹塹地區的拓墾即始於康熙五十年代。

　　康熙五十年以前，竹塹地區遲遲未開發的原因，一方面是由
於移民的拓墾方向是由南向北發展，初期的官治、軍防以及郵傳
又僅止於大肚溪岸，無法吸引移民越過大肚溪以北開墾；另一方
面，清初官方規定移民必須縣令給照，始能出入大甲溪以北地
區。因此，直至康熙五十年，大甲溪以北地區設塘置兵之後，移
民的拓墾活動才擴張至竹塹地區[8]。

　　有關清代竹塹地區的土地拓墾活動與開墾組織，施添福在其
大作中已有相當精闢的討論。他並指出乾隆二十六年(1761)、乾
隆五十五年(1790)陸續出現的土牛溝(原番界)和番界將清代竹塹
地區劃分出三個人文地理區：漢墾區、保留區以及隘墾區[9]。本

5　郁永河，《裨海紀遊》(1700)，文叢44種，頁32。
6　宋永清，〈形勢總論〉，收於劉良璧，《重修臺灣府志》，頁27。
7　周鍾瑄，《諸羅縣志》(1719)，文叢141種，頁110。
8　施添福，〈清代竹塹地區的「墾區莊」：莘豐莊的設立和演
　　變〉，《臺灣風物》，39卷4期(1989年12月)，頁35-36。
9　漢墾區為漢墾戶拓墾區，是由墾戶向官方、竹塹社取得墾照與墾
　　批，再招佃開墾；保留區是官方保留給竹塹社熟番墾獵維生之
　　地，原則上屬於番地；隘墾區則是官方基於保護墾佃安全，防範
　　生番逸出為害，而鼓勵或准許有力之家在新番界外緣設隘防番、
　　招佃開墾的隘墾拓墾區。有關施添福對於竹塹地區拓墾組織的
　　討論，參見：施添福，〈清代竹塹地區的土牛溝和區域發展〉，
　　頁23-48(《臺灣風物》，40卷4期，1990年12月)。

文基本上採用其分類,來描述竹塹地區土地拓墾過程。自康熙末年至光緒二十一年割臺爲止(1711-1985),竹塹地區土地的開墾大概可以分成三個階段。以下分述之。

一、康熙末年至乾隆中葉(1711-1760):漢墾區的形成與水田化

康熙五十年前後,泉州人王世傑首先來到竹塹開墾竹塹城的東門街與暗街地方,然後向西北與西南方向開墾,而成立竹塹北庄與南庄兩個墾區庄 [10]。其時,在官治未及與民防有限之下 [11],拓墾活動主要局限於竹塹溪(今頭前溪)與隙子溪(今客雅溪)之間的沖積平原(新竹平原)[12](圖2-1)。至於竹塹溪以北與隙仔溪以南地區,則仍蠻荒未加開闢 [13]。

進入雍正朝以後,竹塹地區進入積極開墾的階段。雍正元年(1723)清廷設立淡水捕盜同知管轄大甲溪以北地區,並鼓勵移民開墾。翌年(1724),允准番地鹿場閒曠地方租與漢人耕種,雍正

---

10 有關墾區庄的討論,參見施添福,〈清代竹塹地區的「墾區莊」:荳豐莊的設立和演變〉一文。

11 康熙末年黃淑璥《臺海使槎錄》(文叢4種)即載:「崩山八社所屬地,橫亙兩百餘里。高埠居多,低下處少。番民擇沃土可耕者,種芝麻、黍、芋;餘為鹿場,或任拋荒,不容漢人耕種。竹塹、後龍交界隙地中有水道,業戶請墾無幾,餘皆依然草萊。」(頁134)

12 施添福,〈臺灣歷史地理劄記(二):竹塹、竹塹埔和「鹿場半被流民開」〉,《臺灣風物》,39卷4期(1989年12月),頁77-78。

13 康熙末年因朱一貴之亂來臺的藍鼎元,在〈記竹塹埔〉一文中有言:「竹塹埔寬長百里,行竟日無人煙。」(《東征集》,文叢12種,頁87);《諸羅縣志》:「北上南崁,有鳳山崎之險。一路寂無人煙。」(頁118)

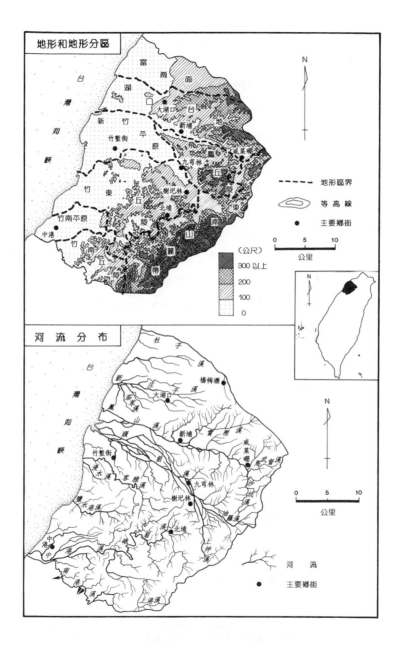

圖2-1　竹塹地區地形與水系分布圖

十年(1732)又進一步開放移民搬眷入臺。在官治、軍備以及拓墾
條件的改善之下，促使閩粵移民願意進入竹塹地區墾荒[14]。

雍正初年移民的拓墾活動，仍以竹塹溪沖積平原以及中港溪
的沖積平原(竹南平原)爲中心。雍正末年至乾隆十三年(1748)之
間，一方面由於漢人積極入墾的意願提高，另一方面熟番則因課
餉、花紅陋規、雜派需索無度，勞役與供差又相當繁重，以致社
番居無寧日，無心力農[15]，自雍正末年起，紛紛杜賣番界(土牛溝)
以西沿海的大片草地予漢業戶。於是，自社子溪以南至中港溪之
間遂陸續成立了六個墾區庄。這些漢墾區的初步拓墾活動，在墾
戶與墾佃的協力之下，於乾隆中葉陸續完成，並進行水田化，竹
塹地區幾條主要的大陂圳，在乾隆中葉以前已陸續構築(表2-1)。
不過，漢墾區的拓墾活動，大概持續至乾隆末葉[16]。

二、乾隆中葉至嘉慶年間(1761-1820)：保留區的拓墾與水田化

乾隆中葉以降，漢墾區的開墾大致完成，部分的漢人又藉著
在土牛溝側設隘防番之便，不斷逾越番界私墾，加上社番因守隘
與官方給與的養贍埔地太遠，無暇耕作，紛紛出典或杜讓番地予
漢佃耕作[17]。此時移民的拓墾，一方面已越過乾隆二十六年(1761)

---

14 有關清代竹塹地區熟番杜賣漢墾區草地的原因，參見：施添福，
〈清代臺灣「番黎不諳耕作」的緣由：以竹塹地區爲例〉，《中
研院民族學研究所集刊》，69期(1990年6月)，頁77-81。

15 同上註。

16 林玉茹，〈清代竹塹地區的在地商人及其活動網絡〉(臺北：臺灣
大學歷史所博士論文，1997年)，附表1-1。

17 施添福，〈清代竹塹地區的土牛溝和區域發展〉，《臺灣風
物》，40卷4期(1990年12月)，頁27。

開築的土牛溝，朝向鳳山溪、竹塹溪以及中港溪中游發展，另一方面則南下開墾與竹東丘陵交界之狹長的鹽水港地帶。至於鳳山溪以北的湖口臺地與桃園臺地，也僅餘鄰近番界與山腳的高地猶處於初期開墾狀態，移民的拓墾活動事實上已逐漸轉向土牛溝以東的番地發展。

表2-1　清代竹塹地區主要陂圳構築時間與灌溉面積表 [a]

築圳年代	陂圳數	文獻記載清末最大/最小總面積 [b]	佔清末總灌溉面積最大/最小百分比	平均每圳灌溉面積(甲) [c]
雍正元年～13年(1723-35)	2	530/333.72	6.3/5.57	265/166.86
乾隆元年～25年(1736-60)	10	2891/2187	34.48/31.26	289.1/218.7
乾隆26年～60年(1761-95)	15	1859.6/1726.6	22.18/24.68	123.97/115.11
嘉慶元年～25年(1796-1820)	20	883.9/770.9	10.54/11.02	44.2/38.55
道光元年～30年(1821-50)	34	1578.4/1437.1 [d]	18.83/20.54	46.4/43.33
咸豐元年～光緒21年(1851-95)	23	639.5/540.4	7.63/7.7	27.8/23.5
咸豐朝	14			
同治朝	6			
光緒朝	3			
總計	104			

註：[a] 根據林玉茹，〈清代竹塹地區的在地商人及其活動網絡〉附表2作成。
　　[b] 灌溉面積依光緒二十年《新竹縣采訪冊》與明治四十年《新竹廳志》記載，算出最大面積與最小面積。
　　[c] 每圳灌溉面積隨時間演變而不同，此處是以清末灌概面積計算所得。
　　[d] 有兩條陂圳未詳其灌溉面積。

乾隆中葉移民大多只是在土牛溝界邊一帶開墾，然後順著鳳山溪與竹塹溪開墾中游的枋寮、六張犁地方，鳳山溪以北則沿著新庄仔溪開墾至婆羅汶與大湖口一帶。乾隆末年，以鹽水港溪、鳳山溪為界，已逐漸區分出竹北一保、竹南一保以及竹北二保等三個區域 [18]。竹北一保地區，移民順著竹塹溪，再向前挺進至九芎林鄰近的犁頭山、石壁潭等地(今竹北市、新埔鎮)開墾；竹北二保地區，移民沿著社子溪開墾上游的楊梅壢；竹南一保地區則開墾土牛溝以西、竹南平原頂端的頭份和東興庄 [19]。

乾隆末年，移民主要沿著竹塹地區幾條源遠流長的大溪，開墾其中、上游較寬廣的河谷平原。嘉慶朝以後，自河谷平原上溯各溪流支流的峽谷地區也進入拓墾狀態。嘉慶年間，移民始墾竹北二保湖口臺地中段地帶(今關西一帶)；另一方面，竹北一保飛鳳丘陵北緣與南緣(今芎林鄉一帶)以及竹南一保中港溪中游的內灣、三灣地區(今三灣鄉)也正如火如荼地展開拓墾活動，並逐一開闢陂圳，進行水田化 [20]。

自雍正年間至嘉慶年間，竹塹地區較平緩的沖積平原與河谷平原已完全開墾。嘉慶初年以降，水田化的過程已自大溪下游的河谷平原地區，逐漸向鄰近的臺地和丘陵地擴散 [21]，此時已開築

---

18 乾隆五十三年(1788)，立於中港天后宮(慈裕宮)的「嚴禁差役藉端擾民與勘丈碑」，已可看到竹南一保的成立(邱秀堂，《臺灣北部碑文集成》，臺北：臺北文獻委員會，1986年6月，頁4)。
19 林玉茹，〈清代竹塹地區的在地商人及其活動網絡〉，附表1-2。
20 同上註。
21 施添福，〈清代竹塹地區的聚落發展和分布形態〉，收於陳秋坤、許雪姬主編，《臺灣歷史上的土地問題》(臺北：中研院臺灣史田野研究室，1992年12月)，頁50。

陂圳的灌溉面積也已達全區的72%至73%（表2-1）。由此可見，嘉慶年間竹塹地區大致上已完成水田化。不過，部分保留區內接近乾隆五十五年(1790)番界的屯埔外緣地帶，如竹北二保的大旱坑庄、竹北一保石壁潭與倒別牛部分地方以及竹南一保斗換坪庄(今頭份鎮)，由於生番的強烈抵抗，阻止墾民進墾，直到道光年間，甚至於咸豐年間才進行開墾[22]。

三、嘉慶中葉至光緒二十一年(1806-1895)：隘墾區的全面進墾

乾隆五十五年(1790)正式設屯以後，官方一方面將所有漢人在保留區的私墾田園收歸屯有，另一方面為了保護保留區內墾佃安全與防範生番逸出為害，乃鼓勵或准許有力之家於屯埔外緣的山麓地帶，出資設隘防番，招佃開墾[23]，而成為漢人進一步向內山拓墾的契機，隘墾區因此產生。

事實上，早在乾隆四十年間，已有漢人試圖進入隘墾區內的樹杞林(今竹東鎮)地方開墾[24]，然而直至乾隆六十年(1795)，連際盛始奉憲示諭在鳳山溪上游的咸菜硼(又作鹹菜甕，今關西)設隘防番，成立隘墾區內的第一個墾區庄新興庄(美里庄)[25]，而開啟飛鳳丘陵邊緣地帶河谷平原開墾之先河。

嘉慶中葉以降，墾民又陸續開墾飛鳳丘陵沿鳳山溪河谷隙地的店子岡等地。道光末年，拓墾活動已蔓延到鳳山溪上游的另一

---

22 林玉茹，〈清代竹塹地區的在地商人及其活動網絡〉，附表1-2。
23 施添福，〈清代竹塹地區的土牛溝和區域發展〉，頁30。
24 根據《蕭氏族譜》，乾隆43年蕭特揚已經進入樹杞林拓墾。
25 施添福，〈清代竹塹地區的土牛溝和區域發展〉，頁30。

條支流馬武督溪流域的老社寮地區。自乾隆末年至光緒初年,歷經多位墾戶與隘首的經營,鳳山溪流域上游地區始漸墾成[26]。

　　嘉慶十一年(1806),塹城商人與在地的粵籍富農合夥十四股經營樹杞林惠興庄墾務。樹杞林位於竹東丘陵與飛鳳丘陵交界的竹塹溪上游河谷,是竹東丘陵北邊較早開墾的地方。道光年間由於樟腦利益的催化,移民又溯溪開墾竹塹溪上游上坪溪流域一帶(今竹東鎮),同治年間移民已進入更內山的崩山下、竹圍開拓[27]。另一方面,道光二十年(1840)左右,衛成宗等竹塹社番成立金興庄,開墾上坪溪東邊矺子、田寮坑(今橫山鄉)等地,咸豐八年(1858)墾戶金泰成續墾此地區。光緒中葉,移民已進墾至上坪溪上游的濫仔[28]。

　　嘉慶十二年(1807),劉可富和劉引源沿著竹塹溪上游另一支流油羅溪繼續深入,組中興庄開墾猴洞、大肚、油羅(今橫山鄉)一帶河谷。道光年間至光緒中葉,拓墾的活動逐漸進入上坪溪與油羅溪合抱的東南山麓橫山、頭份林、大山背。光緒中葉以降,移民再深入東南山麓,開墾油羅、南河等地[29]。

　　隘墾區內竹東丘陵的全面開墾,始於道光十四年金廣福墾號南興庄的成立。道光十四年(1834),官方基於塹城全盤治安防番的需要,鳩集塹城的閩籍商人與在地的粵籍農墾民合組金廣福[30],

---

26 林玉茹,〈清代竹塹地區的在地商人及其活動網絡〉,附表1-3。
27 《新竹文獻會通訊》(1954年原刊),成文本92號(1983年),頁145。
28 林玉茹,〈清代竹塹地區的在地商人及其活動網絡〉,附表1-3。
29 同上註。
30 吳學明,《金廣福墾隘與新竹東南山區的開發(1835-1895)》(臺北:臺灣師範大學歷史研究所,1986年),頁77。

成立南興庄，開墾隘墾區內的竹東丘陵。最初兩年，主要開墾接近塹城外圍舊隘寮地區的雙溪、寶斗仁（今寶山鄉）地方，道光十六年（1836）墾民已由北埔順著中港溪往下游（今峨眉鄉）等河谷低地進墾。咸豐年間，移民續墾北埔至峨眉之間峨眉溪上游支流的大份林、社寮坑（今北埔鄉）等地。同治年間，又繼續深入開墾大、小南坑和石硬子（今峨眉鄉），至此，金廣福墾區已大致墾成。光緒年間，由於樟腦利源的誘引，拓墾行動更向東南山麓推進，拓墾大坪、番婆坑至獅頭山一帶籐坪地區，直指中港溪源頭五指山區[31]。

竹南一保隘墾區的開墾，始於道光六年（1826）北路竹日武三灣屯營奉憲示諭設隘，開墾中港溪中游的三灣屯隘地區沿溪的河谷平原。至同治、光緒朝，三灣屯隘的拓墾活動已轉向丘陵、山區發展。至於三灣屯隘北邊屬於竹東丘陵的銅鑼圈與崁頂寮（今苗栗三灣鄉）也於道光十四年左右進入開墾狀態。咸豐年間，漢人又順著中港溪繼續深入，拓墾上游四灣至東南山麓邊緣地帶。同治元年（1862），黃南球等合組金萬成墾號積極進墾中港溪南段支流南港溪上游的大坪林、大河底一帶（今三灣鄉）。至此，竹南丘陵大致進入全面拓墾狀態。光緒年間，因熬腦需要，漢人又沿著中港溪上游的南河溪，南下開墾南庄和北獅里興一帶[32]。

自乾隆末年咸菜硼成立第一個墾區庄起始，至嘉慶年間樹杞林、南河以及猴洞等地先後成立三個墾區庄，隘墾區已逐漸成形。但是，嘉慶年間的拓墾卻相當有限，直至道光年間以後隘墾

---

31 同上註，頁219-220。

32 林玉茹，〈清代竹塹地區的在地商人及其活動網絡〉，附表1-3。

區始由北至南逐漸進入全面拓墾狀態，墾民隘線的向東邊山區推進更持續到光緒末年。

總之，清代竹塹地區的平原、河谷以及低緩的臺地等地區最先獲得墾民的青睞，積極開發的時間大概始於雍正末年，而完成於嘉慶年間。嘉慶中葉至道光朝以降，移民的拓墾方向則開始轉向東邊的丘陵地與山麓地帶 [33]。直到同、光年間仍繼續向東南山麓進墾，直指各大溪流域的水源源頭。

第二節　貿易的發展

清代進入竹塹地區開墾的閩粵移民，大半屬於經濟性移民。他們渡海來臺，胼手胝足地從事開墾拓荒，甚至甘冒生命危險進入邊區拓墾，與生番作浴血搏鬥，主要在於追求經濟利益或是企圖改善他們的生活條件 [34]。因此，移民土地開墾的形態、水利的投資以及經濟作物的種植，都充分反映他們從事土地拓墾的目的並非只是為了謀生，而是重商趨利，農業生產也具有濃厚的商品化特性 [35]。竹塹地區一經開發，農產品乃以商品的形態對外出口 [36]，

---

33 施添福，《清代在臺漢人的祖籍分布和原鄉生活方式》，頁83。

34 蔡淵絜，〈清代臺灣的移墾社會〉，《臺灣社會與文化變遷》（臺北：中研院民族所，中研院民族所專刊乙種之16，1989年6月），頁47-48。

35 施添福，《臺灣的人口移動與雙元性服務部門》（臺北：國立臺灣師範大學地理系，1982年），頁23；陳孔立，《清代臺灣移民社會研究》（廈門：廈門大學出版社，1990年10月），頁12。

36 竹塹地區在康熙五〇年代始進入拓墾狀態，當時開墾的範圍局限於竹塹城附近地區，然而康熙末年，周鍾瑄《諸羅縣志》已記載：竹塹港，「商船到此載脂麻五穀」（頁14）。由此可見，竹塹地區一經開墾收成，已將米穀商品化，並對外輸出。

顯現高度的市場取向和商品經濟性質。

臺灣各地由於開發先後有別,加上官方特定港口對渡政策的限制,各地域與大陸之間的貿易關係也有所差異。各地域主要港口的規模以及與島內島外各港的貿易發展情形,也反映其市場圈的形成與發展過程。是以,本節首先討論竹塹地區港口的外部聯結。其次,進出口貿易的商品結構不但隨著土地拓墾的進展以及對外貿易的發展而改變,也反映這個地區性市場圈的性質,因此有必要作進一步的說明。以下分別從港口貿易的進行與商品的種類和變化兩個面向來討論。

一、港口貿易的進行

清代竹塹地區,曾先後出現十個港口,這些港口中以竹塹港(後稱舊港)、香山港以及中港最為重要(表2-2),其他小港則主要與之互易。竹塹港與中港雖然早在荷治、明鄭時期已出現,但是直至康熙三十五年(1696)仍是「舟楫未通,雖入職方,無異化外」[37]。兩港的進一步發展,是伴隨著腹地拓墾活動的進行而產生的。

康熙末年,竹塹港由於腹地竹塹平原面積較廣、有豐富的水源、又最早開發,因此最先成為移民登陸的門戶,康熙末年並逐漸成為始墾地區對外進出的港口。其後,位於中港溪口的中港,也成為竹南平原出入口。自康熙末年至嘉慶中葉,竹塹港與中港逐漸發展為地方性吞吐口[38]。不過,礙於官方特定港口對渡管制

---

37 周鍾瑄,《諸羅縣志》,頁110。
38 林玉茹,〈清代竹塹地區的在地商人及其活動網絡〉,表2-3。

政策[39]，竹塹港和中港僅能從事臺灣沿岸貿易活動，乾隆中葉以前，往來於兩港的船隻主要是來自南部鹿耳門的臺郡沿岸航行小商船。這些小商船於春夏季西南風盛行時，往來於臺灣北部沿海

表2-2　清代竹塹地區港口表

港口名稱	文獻始見與出現時間	等				級		
		1683-1710	1711-1730	1731-1783	1784-1830	1831-1860	1861-1870	1871-1895
笨仔港	1871-1895							五
蠔殼港	1735-1894			五	五	五	五	五
紅毛港	1735-1895			五	五	五	五	五
竹塹港	荷鄭-1895	五	四	三	三	三	三	三
油車港	1759-1895			五	五	五	五	五
洴水港	1834-1895					五	五	五
香山港	1821-1895				五	四	三	三
鹽水港	1704-1895	五	五	五	五	五	五	五
崁仔腳港	1892-1895							五
中港	荷鄭-1895	五	四	四	三	三	三	三

資料來源：林玉茹，《清代臺灣港口的空間結構》（臺北：知書房，1996），附錄一。

39　清廷對於臺灣港口的島外聯結，是繼承明代貢舶貿易中對渡口岸的傳統，以特定港口為互渡地點，以利稽查和徵稅。有關臺灣與大陸對渡口岸的演變，參見：林玉茹，〈清代臺灣港口的發展與等級劃分〉，《臺灣文獻》，44卷4期（1993年12月），頁100-101。

較大港口 40，採集各地物產，集中到臺灣府城之後，再由官方指定的對渡港口鹿耳門向大陸地區輸出。

乾隆年間，竹塹地區沿海的平原與臺地進入全面拓墾狀態，乾隆中葉平原地帶已進行水田化，水田稻作也逐漸由單冬(一年一作)向雙冬(一年二作)發展 41。由於米穀生產日豐，移民聚居越多，對於日常用品的需求量增加，遠自府城、鹿耳門取汲物資漸感不便，於是逐漸有私販乘南風之際偷運米穀到對岸 42，大陸沿海地區的漁民往往也於非漁季來到竹塹地區進行非法貿易 43。乾隆五十三年(1788)，官方為了杜絕私販和港口控制的需要，開放八里坌港(後為淡水港)對渡福州五虎門 44，竹塹港和中港依例改由八里坌港轉運貨物。不過，八里坌港最初並未配運米穀至大陸，因此竹塹各港與八里坌港密切的聯結關係主要基於官方政策和聚集經濟效應使然 45。此外，竹塹港、中港與鹿港之間也時有往來。

---

40 林玉茹，〈清代臺灣港口的互動與系統的形成〉，《臺灣風物》，44卷1期(1994年3月)，頁110-111。

41 施添福，〈臺灣竹塹地區傳統稻作農村的民宅：一個人文生態學的詮釋〉，《師大地理研究報告》，17期(1991年3月)，頁54。

42 朱景英，《海東札記》(1773)，文叢19種，頁8。

43 日治初期有關竹塹、後龍、大安等港的資料記載：「在泉州附近沿岸冬季專門捕魚的翻身船，夏季常來本島(臺灣)通航，運載貨物。」(淡水稅關編纂，《明治三十年淡水港外四港外國貿易景況報告》，神戶：明輝社，明治31年9月，頁156)；明治29年《臺灣新報》：「泉州惠安縣及蚶江沿岸，有數百艘的小帆船，俗稱翻身仔，冬季專門從事捕魚事業，春夏之交，空船馳行臺中、臺北沿岸，積載煤炭粉與其他雜貨者頗多。……」(91號(三)，明治29年12月20日)

44 林玉茹，〈清初與中葉臺灣港口系統的演變：擴張期與穩定期(1683-1860)〉，《臺灣文獻》，45卷3期(1994年9月)，頁51。

45 有關區域性港口與地區性港口之間聚集經濟效應的論證，參見：林玉茹，〈清代臺灣港口的互動與系統的形成〉，頁91-96。

　　嘉慶中葉以降，竹塹地區平原地帶的水田化已大致完成，雙
冬稻作極為盛行 46。米穀的大量生產，加上內山丘陵地的進墾，
蔗糖產量漸增，而使得竹塹地區的主要港口具有與大陸直接貿易
的條件。另一方面，嘉慶年間，商船為了逃避官方配運內地兵米
眷穀的煩累，捨棄北、中、南三大正口八里坌、鹿港以及鹿耳門
等區域性港口，而以遭風為藉口，往來於臺灣西部竹塹、後龍、
大安等地區性的港口（私口）。嘉慶年間到道光年間，是這些私口
最盛行的時期 47。道光初年左右，由於竹塹港與大陸內地對渡頻
仍，私船時常往來，官方惟恐因無人稽查管理，船隻私自偷漏禁
物或附搭匪徒，危害地方治安，遂開放竹塹港為小口，設澳甲、
口書管理 48。自此竹塹港得以正式對渡大陸，貿易往來。儘管如
此，此時竹塹港與鹿港、淡水港（仍稱八里坌口）之間仍有一定的
貿易關係，艋舺、新庄等地的行郊在竹塹地區也極為活躍 49。換

46　施添福，〈臺灣竹塹地區傳統稻作農村的民宅：一個人文生態學
　　的詮釋〉，頁54。

47　嘉慶22年（1817），《福建省例》（文叢199種）：「如廈防廳所稱同
　　安、汕州、石潯、……等處均可偷越臺灣之大安、中港、後龍、
　　竹塹……等處偷運米穀，避配官穀。」（頁78）；道光十三年（1833）
　　《軍機檔》（064867號）〈戶部為「內閣抄出閩浙總督程祖洛」移
　　會〉記載：「……又臺、鹿、淡三口之外，沿海偏港甚多，當春
　　夏風汛平穩之時，內地小船往往私越販貨不歸正口，漏配兵
　　穀……。」

48　有關竹塹港小口的經營管理問題，參見：林玉茹，〈清末新竹縣
　　文口的經營──一個港口管理活動中人際脈絡的探討〉，《臺灣
　　風物》，45卷1期（1995年3月），頁65。

49　道光十六年（1836）新竹「義塚碑」，載：「新艋泉郊金進順、艋
　　舺廈郊金福順」；道光十八年（1838）義渡碑記，載「新艋泉廈
　　郊」（陳朝龍、鄭鵬雲，《新竹縣采訪冊》〔1894〕，文叢145種，
　　頁197、213）。新庄、艋舺郊商參與竹塹慈善活動的捐款，顯見其
　　在竹塹地區商業活動的活躍。

言之，道光年間，以竹塹港爲首要吞吐口，以竹塹城爲首要城市的次系統地區性市場圈已形成。這個地區性市場圈一方面與大陸直接往來貿易；另一方面，竹塹地區事實上從屬於淡水—艋舺主系統區域性市場圈，爲艋舺大商人採集和銷售商品的地區。

　　道光末年至咸豐年間，竹塹港已漸淤淺，而被南邊的香山港所取代[50]。事實上，早在嘉慶年初年竹塹港即一度淤塞，嘉慶中葉淡水同知薛志亮飭諭商民籌組老開成，疏浚竹塹港，其後改稱舊港[51]。咸豐年間，竹塹港再度淤淺，香山港由於港口泊船條件較佳，成爲竹塹港的外口，並由官方正式開爲兩岸對渡小口。自大陸來的商船主要停駁於香山港，再以小船轉運到舊港，因此兩港常常合稱「香舊」[52]。另一方面，中港大概也於咸豐末年左右被官方開爲小口，成爲竹南一保的吞吐口，該港與後龍港、舊港也有相當頻繁的互動關係[53]。道光、咸豐年間，舊港、香山港與中港等三港，已先後成爲竹塹地區與大陸對渡的小口，得以直接輸出土產至大陸港口，運載日常用品或大陸土產回航，具有與對岸直接貿易的功能。咸豐五年（1855），洋商已私自運鴉片和銀錠到香山港和中港，再載運當地盛產的樟腦、米等物產回香港[54]。

50　林東辰，《臺灣貿易史》（臺北：日本開國社臺灣支局，昭和7年），頁304。

51　老開成籌組時間，現存記載説法不一，一説嘉慶十八年（1813），一説是嘉慶二十年（1815）（《臺灣新報》，209號（一），明治30. 5. 22；伊能嘉矩，《大日本地名辭書續編》（東京：富山房，明治42年2月），頁52-53；《臺灣の港灣》，昭和13年，頁159）。

52　林玉茹，〈清代新竹縣文口的經營〉，頁66。

53　有關中港的討論，參見：林玉茹，〈清代臺灣中港與後龍港港口市鎮之發展與比較〉一文（《臺北文獻》，111期，1995年3月）。

54　黃嘉謨，《美國與臺灣》（臺北：中研院近代史研究所，1966年2月），頁93-104。

　　咸豐十年（1860），臺灣的淡水、基隆、安平以及打狗等四港正式開作對外通商港，洋船和洋商得以至四港停泊貿易。臺灣對外貿易對象，由以大陸爲主轉而遍及世界各地，並被納入世界經濟體系中運作[55]。由於官方不准洋船至非通商口岸貿易，竹塹各港又無法停泊大輪船，以致於由洋船運來的商品必須經由淡水港轉口至竹塹各港，另一方面洋商所需要的樟腦、米或其他雜貨也必須集中到淡水、基隆，再對外輸出[56]。

　　不過，當竹塹地區對外國商品的需求量增加時，直接自大陸進口比由淡水港轉口更有利可圖，外國商品往往也由大陸各港以中式帆船（戎克船）直接運來，而不再完全依賴淡水港的轉口。1880年代以降，外國商品已時常直接進口至竹塹地區[57]。光緒十二年(1886)以後，由於清廷在臺實行釐金制，中式帆船因出口可以逃避關稅，釐金稅率又減半，進口則除了鴉片之外一概免稅，導致臺灣非通商口岸與大陸各港的中式帆船貿易極爲盛行[58]。

55　林滿紅，《茶、糖、樟腦業與晚清臺灣》（臺北：臺灣銀行經濟研究室編印，臺灣研究叢刊第115種，1978年），頁1；張家銘，〈農產品外貿與城鎮繁興——以清末臺灣北部地區的發展爲例〉，《東海歷史學報》，7期(1985年12月)，頁173。

56　竹塹地區與淡水港、基隆港的沿岸貿易是相當盛行的。1868年的海關報告如此記載：「……另一種重要的地方貿易是沿岸貿易，由載重大約250噸的中式帆船搬運，這種貿易很少在嚴寒的冬季進行，但大部分時期，淡水、基隆以及臺灣東、西部海岸其他小港之間有大量的船隻在活動，它們帶來米、樟腦和其他貨物，再以大中式帆船或外國輪船輸出至大陸。」(1868, *Chinese Imperial Maritime Customs Publications 1860-1948*, Shanghai Chinese Maritime Customs.本文簡稱作 "C.M.C.P.", Tamsui, p. 160.)

57　1882, C.M.C.P., p. 260.

58　林玉茹，〈清末臺灣港口系統的演變：巔峰期的轉型(1861-1895)〉，《臺灣文獻》，46卷1期(1995年3月)，頁105。

1890年左右，官方又規定自淡水港轉口至沿岸港口的商品必須課徵出口稅 [59]，使得北部非通商口岸與大陸之間的中式帆船進口貿易更加興盛，幾乎佔北部總貿易額的一半 [60]，竹塹港與淡水港的轉口貿易更加式微，甚至部分洋船也直接到此交易。

　　整體而言，由於官方港口管制政策和聚集經濟效應使然，自乾隆末年以降，竹塹地區各港與淡水港的關係相當密切，竹塹地區性市場圈始終從屬於淡水港（艋舺）區域性市場圈 [61]。不過，由於淡水地區和竹塹地區的物產同屬初級農產品，淡水港與竹塹各港之間的往來主要基於轉口關係，亦即：淡水港一方面向北部各地集中物產對外輸出，另一方面則是向各地分配進口商品，而並非是地域之間物產的交換。隨著竹塹地區商品經濟的發展，一旦竹塹各港與大陸直接貿易越盛，足以供給地區性市場圈的大部分需求時，與淡水港區域性市場圈的依存關係即降低，竹塹地區市場圈也更獨立自主。

　　竹塹港的陸地貨物集散範圍是社子溪流域至中港溪流域之間的地域，特別是社子溪至竹塹溪之間可以視為竹塹港的主要市場圈。中港溪流域則是中港和竹塹港市場圈重疊區。中港溪中、下游的頭份、三灣地方大多以中港為吞吐口，部分商品也集中到竹塹港、香山港或後龍港，上游的北埔地方則以竹塹港或中港為出口港。此外，清末竹塹南邊後龍溪流域的南湖、大湖地方與竹塹

59　H. B. Morse著，謙祥譯，〈1882-1891年臺灣淡水海關報告書〉（《臺灣銀行季刊》，9卷1期，1957年6月），頁155、170。

60　1892, C.M.C.P., Taiwan, p. 361.

61　林玉茹，〈清末臺灣港口系統的演變：巔峰期的轉型（1861-1895）〉，頁100-101。

城也有集散關係[62]，是爲竹塹港次要市場圈。竹塹地區北邊南崁溪至社子溪之間地域，也是一個次要市場圈[63]，同時依存於淡水港和竹塹港，但與淡水港、艋舺往來較密切。

就島外聯結而言，竹塹港始終是清代竹塹地區的首要吞吐口，清末時期與大陸沿岸航行範圍南至香港北達天津，互動最頻繁的地區則以泉州爲首，福州居次。泉州與竹塹港交通頻繁的港口有惠安縣的獺窟、頭北，晉江縣的祥芝、永寧、深滬以及馬巷廳的蓮荷（圖2-2）。自道光年間竹塹港爲官方開爲小口之後，與大陸華南地區直接貿易的頻率遞增，對大陸華南市場的依存度也加重，清中葉以降竹塹地區大概已被納入大陸華南貿易圈。

二、商品的種類與變化

清代竹塹地區在近兩百年的發展之中，始終保持一個傳統經濟地域的特色，也可以在商品的結構上取得例證。基本上，一個地區性市場圈的商品種類和變化，遠不如淡水港（艋舺）區域性市場圈來得複雜，這是本小節所要論述的重點。

清代竹塹地區流通的商品主要有三大類：對外輸出的商品、對內輸入商品以及主要供應地方消費的地區性商品。其中，由於主要供應地方消費的商品微不足道，僅於最後附述，因此以下分成輸出商品、輸入商品兩項來討論。

---

62 臨時臺灣舊慣調查會，《調查經濟資料報告（下）》（東京：作者發行，明治38年5月），頁152。

63 社子溪以北至南崁溪之間地域，可以說是淡水與竹塹市場的重疊區，地域內的商品主要運至淡水，有時亦集中到竹塹港。日治初期，中壢和大料崁也以竹塹城爲集散地（村上玉吉，《臺灣紀要》，成文本118號，明治32年，頁265-266）。

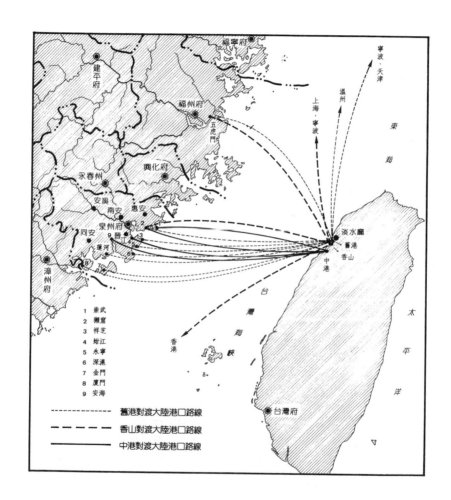

圖2-2　清代竹塹地區港口對渡大陸港口路線圖

資料來源：根據《調查經濟資料（下）》（頁150-153、200）、《淡新檔案》、
　　　　　《臺灣總督府公文類纂》、《臺灣新報》91號（三）、《臺灣紀
　　　　　要》（頁198-199）等資料繪製而成。

(一)輸出的商品

清代竹塹地區開始對外輸出商品，始於康熙四十年(1700)以降 [64]。在康熙五十年(1710)竹塹地區始墾以前，臺屬從事島內沿岸貿易的「埃邊船」已來到此地向熟番採買鹿脯、鹿筋、鹿皮、芝麻、水籐、紫菜以及通草等土產 [65]。其中，尤以芝麻爲主要出口商品。康熙末年，王世傑始墾竹塹地區之後，出口貨物轉以五穀、芝麻爲主 [66]。

此後並無文獻記載竹塹地區出口的物產，直到道光十四年(1834)，鄭用錫的《淡水廳志》才提供了一些訊息：

> 淡廳貨之大者，莫如油、米，次麻、豆，次糖、菁；至茄籐、薯榔、通草、藤、苧之屬，多出於內山，樟腦、茶葉惟淡北內港始有之，商人僱船裝載，擇內地可售之處，本省則運至漳、泉、福州，往北則運至乍浦、寧波、上海，往南則運至蔗林、澳門等處，幾港路可通者，無不爭相貿易 [67]。

---

64 康熙末年的《諸羅縣志》記載：「斗六門以上胡麻尤多，歲數十萬石；臺、鳳、漳、泉各路資焉」，而「番故種苧，間以麻」(頁137-138)，顯然在漢人未至之前，芝麻已是熟番所生產的物產之一。康熙四十三年，漢人開墾已越過斗六門以北地區(頁110)，臺地的小船來竹塹地區運載芝麻，應不無可能。

65 黃淑璥，《臺海使槎錄》，頁134。

66 周鍾瑄，《諸羅縣志》(1719)，文叢141種，頁14。

67 鄭用錫，《淡水廳志稿》(1834)(臺灣分館藏本)，卷二，頁106。這段記載與同治十年(1871)成書的陳培桂，《淡水廳志》卷十〈風俗〉「商賈」之記載(文叢172種，頁298-299)，大致雷同，顯然陳志主要根據道光十四年鄭志寫成。然而，過去以來研究者卻多以此段記載描述同治時期臺灣北部的產業活動，事實上這些記載應視爲道光中葉以前北部的產業狀況才合理。

此段記載所指涉的地方雖然是整個大甲溪以北地區，但是應該大略揭示了道光中葉鄭用錫所住的竹塹地區之對外出口商品。這些商品大概是：油、米、芝麻、豆、糖、菁(藍靛)、籐、通草、薯榔、苧、樟腦等。

乾隆年間至道光中葉以前，竹塹地區的平原和河谷地帶逐漸開發殆盡，稻米既是平原地區的主要作物，自然成為出口大宗。事實上，由於大陸華南市場對稻米的需求甚殷切，乾隆中葉之際，米穀應已是竹塹地區最重要的出口商品。再由清末至日治初期舊港對外輸出商品情形來看（表2-3），米始終是出口商品之一，米作為竹塹地區的主要出口商品的地位顯然持續至清末[68]。

除了種稻米之外，平原地區的旱田大多種植落花生、芝麻、

---

68 雖然一般認為臺灣北部地區至清末已無米出口，反而是進口米。但是根據領事報告(B.P.P.)和海關報告(C.M.C.P.)自1864至1894年二十年之間，除了1872、1879、1889、1892、1893五年之外，臺灣北部地區一直有米穀出口，這個記錄還不包括由中式帆船載運出口的數字。大體上，1872年以前是米穀出口蓬勃期，1873-1881年為停滯期，1887年起北部地區開始持續大量進口稻米(1887, C.M.C.P., Tamsui, p. 281)。在1887年以前，影響米穀進出口的原因，主要在於收成狀況，當荒年的時候只有從大陸進口米(1879, *British Parliamentary Papers: Essays and Consular Commercial Reports*, Irish University Press, 1971. Area Studies Series, China, 本文簡稱作 "B.P.P.", Tamsuy and Kelung, p. 345)。1890年之後，淡水港的確已很少出口米，1890年代米的出口量也比不上1870年代(1893, B.P.P., Tamsui, p. 582)，這自然是因為淡水地區人口增加極速，已有三、四萬人，加上清末建省、開山撫番大批的軍隊進駐以及每年茶季來自大陸的茶工人口，都使得米的內銷增加。反觀，竹塹地區這種現象，則極不顯著，除了荒年之外，米的出口一直持續到日治初期。

表2-3　1895-1897年舊港對大陸輸出入商品表

時	1895年 （明治28年）			1896年 （明治29年）			1897年 （明治30年）		
	品名	數量	價值	品名	數量	價值	品名	數量	價值
輸	樟腦	4,200擔	12,600元	樟腦	—	—	樟腦	1,900斤	475元
出	茶	300擔	7,200元	茶	—	—	茶	1,700斤	170元
商	苧麻	2,550擔	25,500元	苧麻	—	121,422元	苧麻	—	124,294元
品	米	2,500擔	62,500元	米	3,833石	9,607元	米	4,909石	15,756元
	砂糖	5,000擔	15,000元						
輸	白布	2,000擔	90,000元	唐苧布	7,899匹	6,874元	唐苧布	21,559匹	23,403元
	紅布	300擔	10,800元	土布	86,565匹	26,003元	土布	102,318匹	35,233元
	呢	20擔	1,800元	米	2,393擔	7,318元	米	759擔	2,341元
	羽毛紗	30擔	1,680元	麵粉	—	487元	麵粉	—	154元
入	洋布	450擔	19,800元	白沙糖	152,125斤	8,154元	白砂糖	85,733斤	5,675元
	木料	1,500平?	3,000元	石油	7,600瓦	1,670元	石油	14,115瓦	3,208元
	豆類	3,000擔	9,000元	刻煙草	71,355斤	7,540元	刻煙草	80,440斤	10,730元
				豬	—	9,522元	豬	—	33,205元
				鹹魚	64,780斤	1,852元	鹹魚	65,720斤	2,682元
				木材	—	—	木材	—	14,839元
商				豆類	264,405斤	5,564元	豆類	291,368斤	7,442元
				素麵	—	8,113元	素麵	—	10,574元
				線香	—	—	線香	—	2,303元
				鉛	—	—	鉛	—	44元
				唐紙	—	11,742元	唐紙	—	21,168元
品				中國酒	—	3,049元	中國酒	—	6,699元

資料來源：淡水稅關編纂，《明治三十年淡水港外四港外國貿易景況報告》
（神戶市：明輝社，明治31年9月），頁12、17-18、55、58、62、
74、114；《臺灣總督府公文類纂》，明治28年，乙種永久，3
卷。

藍靛、地瓜、豆類等雜糧作物和經濟作物 [69]，其中落花生、芝麻、豆類皆可榨油 [70]，因此油的出口也極盛。至於薯榔、籐、通草、苧、樟（樟腦）一向是未開墾地區自然的產物，隨著內山的進墾，這些土產的出口量也遞增。

樟林的分布範圍向來是由平原遍及山地，移民開墾平原初期的景觀常常是砍下樟木，種上水稻 [71]。因此，乾隆中葉，移民在平原地區進行拓墾時，竹塹地區也開始生產樟腦 [72]。道光中葉以後，當土地拓墾方向朝中港溪流域中、上游的竹東丘陵和竹南丘陵進行時，墾民也入山「採取醵、籐、什木、柴炭、栳項稍資補貼」[73]。此時，整個臺灣北部地區，每年樟腦出口數量已達到四十萬斤 [74]，道光末年竹塹地區已有商人直接運樟腦到大陸內地販售 [75]。咸豐

---

69 雖然無法找到清代的文獻來證明旱田區的作物為何，但是日治初期所看到的牛埔區旱田的景觀，應該可以是個佐證。當時，牛埔區旱田種的雜糧作物與經濟作物有落花生、木藍、醃瓜、胡麻以及地瓜（臺灣總督府農事試驗場，《臺灣重要農作物調查》普通作物，臺北：作者印行，明治39年3月，頁236）。

70 臺地可以榨油的經濟作物有芝麻、菜子、落花生以及篦麻數種（劉良璧，《重修臺灣府志》〔1741〕，臺中：臺灣省文獻會，1977年2月，頁122；鄭用錫，《淡水廳志》，卷二，頁95）。鄭用錫，《淡水廳志》卷二又載：「芝麻即胡麻，有黑白二種，可作油」，「土豆即落花生……，堪充果品，以榨油，可代蠟」。（頁80-81）

71 林滿紅，《茶、糖、樟腦業與晚清臺灣》，頁29。

72 余文儀，《續修臺灣府志》（1762），文叢121種，頁616：「樟腦，北路甚多。」

73 道光十五年二月姜秀鑾、林德修仝立合約字，北埔姜家史料二，轉引自吳學明，《金廣福墾隘與新竹東南山區的開發（1835-1895）》（臺北：臺灣師範大學歷史研究所，1986年），頁28。

74 鄭用錫，《淡水廳志》卷二，頁96。

75 例如：道光二十五年（1845），東勢庄鄭迪買樟腦運赴內地販賣。（《淡新檔案》，第22601-5號，道光25年7月23日）

五年(1855)樟腦的產量更大，軍工匠首金和合並與美國瓊記洋行
訂定樟腦買賣合約，咸豐六年至咸豐八年(1856-1858)開港之前，
外商已多次來到香山港和中港私運樟腦至香港[76]。

　　此外，樟柴、枸檜、紫荊、楠枋、茄苳及蒲榔等木料，或用來
造船，或用作器具，「南北漳、泉多來採買」[77]。而在砍伐樟木熬
腦之後的丘陵地，往往種上了甘蔗、苧麻、花生、蔬菜及地瓜[78]。

　　甘蔗一般種植於平原地帶的旱田，但是竹南丘陵和竹東丘陵
也盛產蔗糖，甚至於大坪林地區海拔近千尺的高地，也有甘蔗栽
植的痕跡[79]。乾隆初年，竹塹地區已有蔗廍存在，乾隆中葉，
蔗廍迅速增加，蔗糖的產量應已不少，然可能僅供地方消費[80]。

76　黃嘉謨，《美國與臺灣》，頁93-104。
77　鄭用錫，《淡水廳志》卷二，頁96。
78　現今並無直接記載清中葉以前竹塹地區丘陵地作物的文獻，但是
　　由《海關報告》開港初期的記載，北部地區(淡水至基隆)在海拔
　　1,200呎的丘陵地上可以看到地瓜、花生、蔬菜、甘蔗、茶、藍
　　靛、苧麻等作物(1867, C.M.C.P., Tamsui, p. 82)。竹塹地區與淡北
　　地區的氣候大同小異，大概可以推測當時竹塹地區丘陵地的土地
　　利用，應該是大致相同的。再者，光緒十八年(1882)竹南一保永
　　和山庄沙坑和北坑兩山埔，即種甘蔗、苧麻、薯、薑等物(《淡新
　　檔案》，22226-3，光緒18年10月13日)。此外，明治三十年(1897)
　　《臺灣新報》181號(二)，也記載：大湖地區新開墾地的主要產物
　　是樟腦、砂糖以及苧麻。而樟木伐採之後，往往種上甘蔗和苧麻
　　(明治30年4月20日)。大湖地區雖屬苗栗一保，但是部分產品也經
　　由舊港出口，而且濱臨竹南一保，與竹南一保生長條件相似，應
　　可為佐證。
79　《臺灣新報》，182號(二)版，明治30年4月21日；石阪莊作，
　　《臺嶼踏查實記》，大阪市，同社大阪出張所，明治32年3月初
　　版，頁161。
80　鄭鵬雲、曾逢辰，《新竹縣志初稿》記載：乾隆九年(1744)報升
　　蔗廍二張，至三十六年(1771)增為十張，乾隆五十七年(1792)共
　　二十六張半(頁73-74)。這些資料雖然包含整個淡水廳地區，但是
　　由於移民通常以多報少，故該記載大概可以顯現出清初竹塹地區
　　已栽蔗熬糖的事實。

至嘉慶中葉拓墾活動轉向丘陵地之後，甘蔗產量漸增，加上大陸華中市場的需求，逐漸成爲重要的出口商品。道光中葉以降，墾民入墾竹東和竹南丘陵，除了取得樟腦利益之外，更重要的是煮蔗熬糖，以獲得出口的鉅利[81]。

苧麻最初由生番所栽種，用於製造番布[82]。自道光中葉左右，除了內山自然生長之外，移民也開始嘗試栽種於農地[83]，而成爲重要的農業副作物。道光中葉已進入開墾狀態的竹北二保鹹菜甕、新埔地方以及竹北一保、竹南一保的丘陵地大概已開始試栽苧麻。

同治、光緒年間，竹塹港、香山港以及中港的出口商品仍是「半米半貨」[84]，亦即除了米的出口之外，其他經濟作物和土產的出口也佔有近一半的比例。這些貨物主要是盛產於臺地、丘陵地的芝麻、苧麻、籐、通草、藍靛、糖、樟腦[85]。（表2-4）

---

81 例如道光中葉參與金廣福大隘開墾月眉的陳拔運，即「耕種兼圖糖生理」（陳煌霖，《陳姓族譜》〔月眉〕，1973年寫本，臺灣分館藏微卷1365472號）。又如北埔姜家第五世的姜榮華（姜華舍），同治年間也參與糖的直接出口（《淡新檔案》第33503-2號）。由此可見，在伐木熬腦之後，竹東丘陵與竹南丘陵除了河谷低地種稻之外，更重要的是生產出口市場亟須的蔗糖。

82 James W. Davidson著，蔡啓恒譯，《臺灣之過去與現在》(*The Island of Formosa: Past and Present*)，研叢107種，頁365。

83 鄭用錫《淡水廳志》卷二：「苧內山最多，近來淡北地之沃者，亦多種之。」（頁81）

84 《淡新檔案》，12404-8號，光緒5年7月。

85 日治初期(1898)林百川、林學源的《樹杞林志》（文叢63種）記載：「然該地(樹杞林)所出之楮、茶、米、糖、豆、麻、苧、菁等項，商人擇地所宜，雇工裝販，由新竹配運大陸者甚夥，運諸各國者亦復不少；布、帛、雜貨則自福州、泉、廈返配；甚至遠至寧波、上海、乍浦、天津、廣東，亦為梯航之所及者。」（頁98-99）

表2-4　清末竹塹地區已知物產分布表

物產名稱	產地			集散市街
	竹北二保	竹北一保	竹南一保	
苧麻	鹹菜甕、新埔	樹杞林	大河底、大坪林、永和山、三灣	塹城、新埔、樹杞林、三灣
胡麻		牛埔	南港庄	
米	大平山下庄	頭重埔、二重埔、三重埔、牛埔、橫山、石壁潭、大崎	濫坑	
甘蔗	大眉、崁仔腳	鹿子坑、豆仔埔、苦苓腳、橫山、富興	三灣、大河底、中港、濫坑、南港庄、頭份、大坪林、永和山	
落花生		鹿子坑、牛埔、九芎林	南港庄、三灣、內灣、斗換坪	
鹽		虎子山		
藍靛		頭重埔、二重埔、三重埔、牛埔	三灣、大河底、大坪林、濫坑、南港庄	
地瓜	枋寮、坪頂埔、湖肚庄	牛埔、九芎林、柴梳山庄、金山面庄、埔頂庄	南港庄、三灣、內灣、斗換坪、永和山	
豆			南港庄	
水果	五份埔、茅仔埔、大茅埔、店子崗	韭菜阬、稷子阬、南隘庄、石壁潭、九芎林	濫坑	
枇杷	旱坑仔、樟樹林、四座屋、五份埔、打鐵坑、太平窩、石頭坑、犁頭山、枋寮	下山、草山、大壢、雞油凸、月眉、石井、中興、赤柯坪、富興、十二寮、石硬仔、藤坪、大山背、濫仔、田寮坑、橫山、頭份林、油羅、上山、中坑、水坑、九芎林、倒別牛、石壁潭、鹿寮坑、內立	尖山下庄、濫坑庄、東興、三灣、內灣、北埔、大河底、永和山、大坪林	中港、塹城

表2-4　清末竹塹地區已知物產分布表（續）

物產名稱	產地			集散市街
	竹北二保	竹北一保	竹南一保	
綠竹筍	五份埔、大茅埔、茅仔埔	茄苳湖、九芎林		
薪炭			三灣、內灣、斗換坪	
木料		油羅		
樟腦	馬武督山、彩和山	油羅、北埔、樹杞林、五指山、加禮山區	獅頭山、大坪林、南庄	塹城、北埔、樹杞林、鹹菜甕、南庄、三灣、頭份
茶	店子崗、鹹菜甕、大平山下庄、崩坡庄、頭湖、三湖、四湖、長崗嶺、水坑口、大旱坑、太平窩、大湖口、枋寮、坪頂埔、新埔 1897：石崗仔、老庚寮、大茅埔、汶水坑、照門、鹿鳴坑、打鐵坑、坪林、上橫坑、下橫坑、四座屋、旱坑仔、五份埔、太平窩、羊喜窩、糞箕窩、北窩、鳳山崎、牛欄河、十六張、湖肚、下三墩、芎仔園、樟樹林、大坪、石門	頭重埔、二重埔、三重埔、大山背、橫山、北埔 1897：水漧子、大湖、老社寮、大坪、南埔、寶山、大壢、富興、寶斗仁、赤柯坪、沙坑、十二寮、月眉、沙坑、內立、石頭坑	三灣、濫坑、大坪林、內灣、斗換坪、頭份 1897：員林、大埔、興隆、大南埔、崁頂寮、田尾、大河底	塹城、北埔、鹹菜甕、樹杞林、頭份、新埔、大湖口、中港、三灣

資料來源：《新竹縣采訪冊》，頁18-39；《樹杞林志》，頁109；《淡新檔案》；《臺灣新報》；《臺灣農作物調查》，頁236；《新竹縣制度考》，頁98；《臺灣商報》，明治32年；《明治三十年淡水港外四港外國貿易景況報告》，頁60；《殖產報文》，2卷2冊，頁32-47、243-248；《土地申告書》；《臺灣實業地誌》，頁191；《臺灣果物調查》，頁76-81。

　　芝麻向來爲原住民的主作物之一，清末內山的生番仍常種植芝麻[86]，而漢人則可能以芝麻爲副作物，故仍持續對外輸出，但是產量已大不如從前[87]。反觀苧麻，不但栽培不太費力，又具有高度的經濟價值[88]，自道光年間試栽於旱田地區之後，只要有旱田存在，多多少少都會種植，而成爲主要作物之一[89]。同治年間以降，由於苧麻價格較大陸便宜，北部地區苧麻的出口急遽增加，每年中式帆船大約載走五萬擔[90]。這些苧麻大量被運往大陸，然後在那裡製成夏布，再輸回臺灣[91]。苧麻所製的夏布由於纖維細緻，光澤亮麗，深獲臺灣市場的青睞，在市場需求甚殷之下，出口自然逐年增加[92]，日治初期更成爲竹塹港輸出商品的首位（表2-3）。除了苧麻之外，比苧麻更耐濕，常種植於河川氾濫地

86 林百川、林學源，《樹杞林志》，頁104。

87 雖然無確切的清代文獻資料可以證明芝麻的出口情形，但是《調查經濟資料報告》（上）明治31、32、33年（1898-1900）臺北地區（包括新竹）芝麻產量分別是：571石、1021石、1570石，雖然芝麻產量有所增加，但是與米、糖等其他出口大宗產量相比，顯然微不足道。再者，明治34年、35年（1901-1902）新竹地區產量不過是155石、157石（頁298-300）。顯然，芝麻雖仍有生產，並對外出口，但推測產額已大量減少。

88 C. Imbault-Huart著，黎烈文譯，《臺灣島之歷史與地誌》（L'ile Formose, Histoireet Description）（1885），研叢56種，頁100-101。

89 安東不二雄，《臺灣實業地誌》（大阪：吉崗寶文軒，明治29年3月），頁214。

90 1867，C.M.C.P.，Tamsuy，p. 79.

91 C. Imbault-Huart著，黎烈文譯，《臺灣島之歷史與地誌》，頁100；臺灣總督府民政局殖產部，《臺灣產業調查錄》（東京：金城書院，明治29年3月），頁121；安東不二雄，《臺灣實業地誌》，頁215。

92 James W. Davidson著，蔡啓恒譯，《臺灣之過去與現在》（The Island of Formosa: Past and Present），研叢107種，頁366。

的黃麻，也一直是竹塹地區出口商品之一 [93]。

　　內山所生產的籐條，早在官方施行封山之時，墾民即不顧禁令，私入番界伐木、抽籐，不過在1875年以前籐條亦屬軍工料，交易依例必須於官方特許的籐行進行，受官方專賣制度的約束。直到牡丹社事件之後，沈葆楨來臺始通行開禁，裁革籐行，籐條得以自由買賣 [94]。籐條主要作為裝糖、樟腦等箱籠的材料，開港之後，樟腦和糖在國際市場大放異采，籐條的需求量應相當大。1870年代，北部地區的藤甚至供應汕頭地區的糖包裝商裝載貨物 [95]。同、光年間，竹塹地區再向東南山麓進墾，此時除了出口木料與樟腦之外，籐的出口自然不少 [96]。

　　通草是一種製紙的材料，生長於內山之中 [97]，竹東丘陵、飛鳳丘陵、竹南丘陵以及東南山麓都是產地。其中，大料崁至鹹菜甕附近的通草品質最佳，最適合製成通草紙 [98]。清初通草已是出口商品之一，主要運往中國大陸，製成人造花，或是遮陽帽，或是作為畫紙 [99]。清末農人通常將通草搬運下山，集中至鹹菜甕、

93　同上註，頁366。

94　陳國棟，〈「軍工匠首」與清領時期臺灣的伐木問題〉，《人文及社會科學集刊》，7卷1期(1995年3月)，頁128-129。

95　 1874, C.M.C.P., Tamsui, p. 126.

96　1882年海關報告記載：竹塹藤的出口已成長。(1882, C.M.C.P., Tamsui, p. 260)

97　James W. Davidson著，蔡啓恒譯，《臺灣之過去與現在》，頁377。

98　林百川、林學源，《樹杞林志》，頁99；臺灣慣習研究會原著，劉寧顏等譯，《臺灣慣習紀事》七卷八號(臺中：臺灣省文獻會，1986年6月)，頁389-390。

99　James W. Davidson著，蔡啓恒譯，《臺灣之過去與現在》，頁377。

樹杞林、南庄等地,然後轉運到大科崁或是竹塹城,再對外出口銷往香港、廈門以及泉州[100]。

藍靛分成山藍(大菁)和木藍(小菁)兩種,木藍是農業的副產品。一般而言,易於灌溉的水田以種稻米爲主,土壤貧瘠、缺水的旱田則種植甘蔗、落花生、五穀,農民往往僅利用土地的一小角落種植木藍。山藍生長於邊區地帶,隨著墾民向邊區的進墾,山藍的出口量也增加[101]。自道光年間以來藍靛在出口貿易上始終佔有一定的地位,常運到漳、泉,再向大陸南北地區發賣[102],咸豐年間更達於鼎盛的地位,大量對外輸出[103]。再由清末竹塹城已出現菁仔行街來看[104],道光至咸、同年間,竹塹地區的藍靛出口應是逐年增加的。不過,自從1870年北部茶葉在國際市場上大放異采之後,茶葉的栽植迅速蔓延開來,原來種植藍靛的丘陵地逐漸爲茶所佔據[105]。同治十一年(1872),淡水地區首先產生茶爭靛

---

100 臺灣慣習研究會原著,劉寧顏等譯,《臺灣慣習紀事》七卷八號,頁389-390。

101 James W. Davidson著,蔡啓恒譯,《臺灣之過去與現在》,頁359-361。

102 道光中葉,鄭用錫《淡水廳志》卷二已載:「菁澱(靛)常運漳泉,南北發賣。」(頁96)

103 陳國棟,〈清代中葉臺灣與大陸之間的帆船貿易〉,《臺灣史研究》,1卷1期(1994年6月),頁85。J. W. Davidson,《臺灣之過去與現在》也記載:藍靛在1850年間已經是常有的產品,比較大數量的藍靛在此年間由此島運出,1856年數量達到7,000包(931,000磅)。(頁358)

104 《臺灣總督府公文類纂》,甲種永久,三卷二門,官規官職,明治三十年。

105 C. Imbault-Huart著,黎烈文譯,《臺灣島之歷史與地誌》,頁94記載:墾民在清除丘陵地的荊棘和野草之後,首先栽培一年的藍靛,然後即改種茶葉。

園的現象[106]。反觀竹塹地區茶的栽培，晚至同治末年才試植，光
緒十年(1884)左右始盛行於竹北二保的丘陵、臺地地區[107]，顯然
竹塹地區茶爭靛園的現象很晚才出現。因此，直到光緒六年
(1880)，藍靛仍佔北部地區中式帆船輸出商品的第三位，僅次於
米和煤，而在價值上常常是第一位，每年由中式帆船裝運出去的
藍靛平均約21,000擔（約210萬斤），總價達150,000元[108]。光緒中
葉，竹塹地區積極引進茶的種植以後，部分木藍的產地逐漸被茶
所佔，加上藍靛內需市場的擴大[109]，出口量迅速減退，1896年以
後自汕頭進口藍靛已成為常事[110]。大體而言，竹塹地區在道光年
間已出口藍靛，咸豐年間逐漸興盛，出口逐年增加，一直持續到

---

106 《清季申報臺灣紀事輯錄》（文叢247種，頁8-9）記載：「淡水地
方，向多種植靛樹，參天黛色，一望如染，顧居人之藝此者，其
利雖薄，然較之栽植龍團、雀舌者，誠未若也。茲者該境人心慕
業茶之利，而又審厥風土甚宜於茶，乃改植茶樹；凡高隴平壤，
多云此焉。今該境生理漸廣於前，實由此巨宗之所致也。」

107 現行可見的竹北二保茶園開闢契字，以光緒十四年至二十一年最
多(施添福，〈清代竹塹地區的聚落發展和分布形態〉，頁99)，
大概可以佐證竹塹地區以竹北二保最先植茶。光緒十年至日治初
期，竹塹地區茶葉栽培始開始盛行。

108 光緒初年由於藍靛染成的黑色布不容易褪色，受到大陸市場的喜
愛，光緒五年(1879)北臺灣各地紛紛出現新的染坊，並從大陸雇
用有經驗的染匠來臺，由於臺灣本地可以染出紅、綠色，藍靛的
本地需求量增加，本地所染的紡織品除了供應地方所需之外，也
以中式帆船運到大陸福州地區(1880, C.M.C.P., Tamsui, p. 188.)。
換言之，1880年以後，藍靛由於內需市場需求增加，又直接將染
好的紡織品再進口至大陸，藍靛的出口量遂減少。

109 1881, C.M.C.P., Tamsui, p. 9; James W. Davidson著，蔡啟恒譯，
《臺灣之過去與現在》，頁359。

110 同上註。

光緒中葉左右[111]。

甘蔗始終是竹塹地區旱田或丘陵山坡地的重要產物[112]。直至光緒十二年(1886)竹南一保中港頭份街庄鄉耆的呈稟中，仍明顯的展現竹塹地區丘陵地種蔗熬糖的景觀：

> ……竊維南港山、河背山，以及溪埔內外等處一切地方，山多田少，依山耕種者不乏其人，有本者備資整廍，無本者出力耕種，廍主現佃相依栽蔗，研糖出息，以作生涯[113]。

竹南一保地區向來即盛產蔗糖，臺南糖郊甚至遠至頭份、中港地區搜購蔗糖[114]。光緒二年(1876)，竹塹和淡水地區之間，糖的出口大約45,000擔，主要運銷到溫州、寧波及上海地區[115]。1895年竹塹地區糖的出口佔居重要的地位。不過，1896年竹塹地區所產的砂糖已僅供地方消費[116]，甚至開始進口白砂糖（表2-3）。這種現象的產生，除了清末竹塹地區人口增加，糖的消費量增大之外，可能與藍靛相同，部分地區產生茶爭蔗田的現象。光緒中

---

111 雖然前人研究指出：大菁的最盛期在咸豐年間，同治年間沒落。但是由清末淡水海關報告和Davidson《臺灣之過去與現在》的記載可知，直到清末藍靛仍有可觀的出口，同治至光緒年間出口量也有逐年增長趨勢。不過，值得注意的是，藍靛的確受到茶栽培的影響，因此茶葉引進各地栽植的先後，也造成各地藍靛出口量多寡的差異。

112 例如，同治四年(1865)徐敏俊在橫山中隘地方埔地（為丘陵山坡地）備本建造蔗廍一座，收集附近甘蔗熬糖（《淡新檔案》，22415-13，光緒4年12月15日）。

113 《淡新檔案》，12516-1，光緒12年9月12日。

114 《淡新檔案》，14102-1之2，光緒6年6月。

115 1876, C.M.C.P., Tamsui, p. 90; 1867, C.M.C.P., Tamsuy, p. 78.

116 上野專一，《臺灣視察復命》（明治27年，1894），成文本103號，頁39；大藏省理財局，《臺灣經濟事情視察復命書》（東京：忠愛社，明治32年8月），頁201、205。

葉以降，當茶的栽培逐漸盛行於竹北二保的丘陵、臺地地區之後，多少也產生茶爭蔗田的現象。但是，由於茶與甘蔗所生長的環境稍有異，茶爭蔗田應較茶爭藍園的情形緩和[117]。特別是竹南一保和竹北一保地區茶葉的栽種較晚，茶的品質又不如竹北二保地區優良，直至光緒十八年(1892)甘蔗仍為此地丘陵、山坡地的主要產物。光緒二十年左右至日治初期(1897年)，茶葉的栽種始逐漸取代甘蔗[118]，遍布於竹塹地區的丘陵和臺地。1896年以降，舊港也不再對外輸出蔗糖(表2-3)。

樟腦和樟木之利是促進道光中葉進墾竹東丘陵的動力之一，熬腦區往往也是隨著土地拓墾的方向而變遷的[119]。同治年間，拓墾方向繼續朝竹南丘陵的邊緣地帶和東南山麓地區進墾之際，不少孤客隻身「入山抽籐、採樵、煎腦、作料」[120]。不過，當時樟

---

117 一般而言，茶性喜於生長在排水良好的礫質黏土或是黏質土壤所構成的傾斜地或高地，因此具有同樣生長條件的藍靛，自然較容易被茶所取代。甘蔗(竹蔗)則以沙質土壤為宜，其他類別的甘蔗(紅蔗、蠟蔗)則種於沃土(波越重之，《新竹廳志》，頁513)。但是，在重商趨利的傳統之下，當清末茶葉市場一片看好、有利可圖之下，原來是甘蔗主要產地的低矮丘陵地，也有改種茶的現象。

118 清末日治初期，茶佔蔗園的情形，可以再以竹南一保為例。誠如前述，清代竹南一保的山坡丘陵地多種甘蔗，但是明治三十年初自中港經頭份、斗換坪、三灣、南埔、龍門口諸莊，除了沿溪流的平地，熟田相連之外，沿岸高地多茶園、蕃薯園、落花生園的旱田以及點點的相思樹林(《臺灣新報》，180號(二)，明治30年4月18日)，而不再以蔗田為主。

119 吳學明，《金廣福墾隘與新竹東南山區的開發(1835-1895)》，頁27-28、220-221。

120 《淡新檔案》，22407-7，同治9年4月13日；波越重之，《新竹廳志》(新竹：新竹廳總務課，明治40年3月)，頁499。

木、樟腦以及水籐都必須交由料館的軍工匠首收買，再運至廣
東、香港散售，或是由洋商到軍工廠購買[121]。因此，早在咸豐五
年(1855)以前，中港已設置料館小館一所[122]，負責收買竹南一保
地區的樟腦。同治二年(1863)，官方改料館爲腦館，又於塹城設
小館，包商贌辦，每年收買的樟腦產額約一千二、三百石[123]。同
治七年(1868)左右，清廷准許外商自行入山採買之後，料館和軍
工匠首制度已名存實亡[124]。光緒十三年(1887)官方厲行樟腦專賣
政策，北部樟腦俱歸大料崁腦棧兌收配運，竹塹地區的樟腦也大
都集中至該地[125]。光緒中葉以降，南庄、五指山、油羅、馬武督
等內山地區的積極進墾，已因伐樟熬腦之利所驅使[126]。光緒十五
年(1889)樟腦貿易利潤更高[127]，竹塹地區每月約產四萬斤(400擔)
的樟腦，製腦業相當興盛[128]。光緒十六年(1890)，樟腦成爲賽璐

---

121 《淡新檔案》14304-4，同治7年1月21日；陳國棟，〈「軍工匠
　　首」與清季領時期臺灣的伐木問題〉，頁132。

122 淡水地區匠首金和合與美國瓊記洋行合約，轉引自黃嘉謨，《美
　　國與臺灣》(臺北：中研院近代史研究所，1966年2月)，頁107。

123 波越重之，《新竹廳志》，頁501。

124 陳培桂，《淡水廳志》，頁114。

125 日治初期所編的《新竹廳治》(頁503)以光緒十三年(1877)設腦
　　務總局於大料崁，新竹則設支局的說法是錯誤的。由《臺灣通
　　志》(頁259-260)或是《淡新檔案》14311和14312號案件，均可
　　見新竹並未設支局，樟腦仍須於大料崁集散。

126 吳育臻，〈新竹縣大隘三鄉聚落與生活方式的變遷〉(臺北：臺
　　灣師範大學地理研究所碩士論文，1988年6月)，頁19-21。

127 光緒十五年(1889)，香港的腦價每百斤七十圓，上海每百斤六十
　　圓，時官方原來以八元買入，十二元賣出，也調整爲十二元買
　　入，三十元賣出，包買樟腦者至少獲得十八元的利潤(波越重
　　之，《新竹廳志》，頁503)。

128 波越重之，《新竹廳志》，頁502-503。

珞（Celluloid）的主要原料，在國際市場上的需求量大增，獲利更高，出口量也遽增。1889年至1894年割臺之前，臺灣北部樟腦的出口幾乎是直線成長[129]。1896年樟腦已是竹塹港的出口大宗，從福州和廈門來的中式帆船輸出甚多[130]。大體而言，自清中葉以降，竹塹地區樟腦時有出口，至咸、同年間出口量遽增，1890年以降達到高峰。樟腦的買賣，雖然受官方專賣政策的限制，但是由於樟腦一直具有市場價值，利潤又不低，自咸豐年間至割臺之前，私腦由竹塹港直接出口至大陸屢見不鮮[131]。

臺灣北部地區茶葉的生產與出口大概始於道光中葉，當時產地主要是在淡水內港地區，而且僅對臺灣島內發售[132]，竹塹地區並未開始種茶。竹塹地區茶葉的栽種大概始於咸豐末年，但是當時產量極少，僅供農民自己消費。同治末年至光緒初年，竹北二保地區首開大量種茶之風氣，然而直至光緒十年左右（1884）大稻埕茶商來此買茶，各地茶的栽植才日益興盛[133]。光緒十一年

---

129 H.B. Morse著，謝祥譯，〈1882-1891年臺灣淡水海關報告書〉，《臺灣銀行季刊》，9卷1期（1957年6月），頁154；林滿紅，《茶、糖、樟腦業與晚清臺灣》，頁13、20、27，表。

130 《臺灣新報》，71號（一），明治29年11月27日。這些中式帆船較大者運載量七百石，大約四、五十噸。一個月的收入近兩千元。

131 咸豐年間至光緒年間樟腦走私情形，可參見：《淡新檔案》第14301、14303、14305號。

132 鄭用錫，《淡水廳志》卷二：「茶出太平山、大屯山、南港仔山最盛，年約出十萬餘觔，每觔價銀一錢至三、四錢不等，挑運彰、嘉、臺、鳳發售甚多焉。」（頁96）

133 〈臺北臺中縣下に於ける茶葉實況〉，《臺灣協會會報》21號（明治31年月），頁53。竹北二保種茶大概不會早於咸豐年間左右，在《淡新檔案》中不但有相同的佐證，而且也可以得知在開闢茶園以前，土地的利用情形。以竹北二保枋寮坪頂埔為例，由22510、22514案可知，該地原是竹塹社社地，乾隆四十一年

(1885)竹塹城附近的高地已見茂盛的茶園 [134]，光緒十二年(1886)
竹塹城設置茶釐驗卡 [135]，顯然茶葉已開始對外輸出。不過，也許
由於竹塹地區所產茶葉的品質較淡水河系地區差，清末竹塹地區
茶的產量遠不及淡水地區，各市街也並未出現茶市，茶葉主要轉
運至大稻埕製成精製茶，再對外輸出至廈門 [136]。清末竹塹地區
的茶園主要分布於竹北二保鹹菜甕、新埔、大湖口等地區 [137]，這
些地區的茶葉品質也最好 [138]。至於竹北一保和竹南一保的丘陵
地，則仍以甘蔗、苧麻以及地瓜為主要產物 [139]，茶產量並不多，

--------（續）

(1776)竹塹通事等將該山埔給予漢佃作為牧牛埔場。嘉慶九年
(1804)錢榮和將該埔地給予劉福祉等人開墾。咸豐七年(1857)
劉、藍兩人因乏力開墾，又將埔地出讓與金六和，金六和買此埔
地最初是種植地瓜。光緒三年(1877)開始種茶，約數十萬餘株。
光緒十二年(1886)此地小租戶種茶二十萬株，並佃人共又六十萬
株，此外，也種地瓜(《淡新檔案》22510-8、22510-5、22510-4、
22514-89、119)。

134 C. Imbault-Huart著，黎烈文譯，《臺灣島之歷史與地誌》，頁
85。
135 薛紹元、蔣師轍，《臺灣通志》(1894)，文叢130種，頁255-
256。
136 波越重之，《新竹廳志》，頁513。
137 根據明治二十九年(1896)、割臺之初完成的《臺灣產業調查錄》
記載，竹塹地區的鹹菜甕、大湖口、新埔以及北埔等地的丘陵地
都是茶的重要產地，這些地區所產為良茶，但是淡水河盆地的大
料崁、三角湧、擺接等地為更重要的產地；至於橫山地區則是中
等茶產地(臺灣總督府民政局殖產部，《臺灣產業調查錄》，東
京：金城書院，明治29年3月，頁2-3；安東不二雄，《臺灣實業
地誌》，頁33、191)。由此可見，竹塹地區茶的栽種是源起於有
良茶產地、又接近大料崁的竹北二保地區。今日清末存留的茶契
字，也主要分布於竹北二保地區。
138 波越重之，《新竹廳志》，頁513。
139 光緒十八年(1882)竹南一保永和山庄沙坑和北坑兩山埔，仍種甘
蔗、苧麻、薯、薑等物(《淡新檔案》，22226-3，光緒18年10月
13日)。

直至日治初期茶的栽種始遍布於丘陵地區。其中，竹北二保茶的產額與製茶戶數仍最多，佔竹塹地區的75%；竹南一保和塹城地區產量最少，僅佔1%-2%左右(表2-5)。

表2-5　明治30年(1897)竹塹地區製茶產額表

地名	製茶戶數	製茶斤數	茶園甲數	製茶產額(元)
新竹	11(0.6%)	22(0.6%)	25(1.3%)	10,000(1.3%)
北埔(竹北一保)	421(22.8%)	840(22.8%)	396(20.4%)	158,000(20.4%)
新埔(竹北二保)	1,380(74.9%)	2,760(74.9%)	1,470(75.7%)	588,000(75.7%)
頭份(竹南一保)	31(1.7%)	62(1.7%)	50(2.6%)	20,000(2.6%)
合計	1,843(100%)	3,684(100%)	1,941(100%)	776,000(100%)

資料來源：〈臺北臺中縣下に於ける茶葉實況〉，《臺灣協會會報》21號，明治31年，頁53。

根據日治初期(1895-1897年)舊港輸出入商品記錄(表2-3)，竹塹地區對外輸出的主要商品有：米、糖、樟腦、苧麻、茶等五項。其中，米、糖顯然始終是清代竹塹地區最重要的出口商品，樟腦在清末時期漸成為主要出口商品，苧麻和茶的出口則呈現遞增趨勢，日治初期，苧麻超越米、糖、樟腦成為首要輸出產品。蔗糖的出口在清末時期，仍佔有相當份量，割臺之後則已不再對外出口。

清代竹塹地區出口商品結構的改變，事實上充分反應出移民重商趨利的傳統。移民以出口為目的，總是選擇市場上獲利最高的商品生產，對於商品生產的選擇具有極高的機動性。康熙末年至嘉慶年間，平原地區與河谷地帶陸續開發，在大陸漳、泉地區對於米穀的強烈需求之下，稻米成為主要出口商品。道光中葉之

後，米的輸出仍穩定成長，但是由於內山的開拓，糖、樟腦、木料、苧麻以及藍靛的出口也逐漸嶄露頭角，其中蔗糖更是丘陵地的新寵。米、糖成為清中葉以降竹塹地區最重要的出口商品。咸、同年間臺灣開港之後，米的出口雖然仍佔出口的一半，苧麻與藍靛在出口市場上也日益重要。然而，受到世界市場的影響，特別是1890年以後臺灣樟腦壟斷世界市場[140]，竹塹地區樟腦的出口也大量增加，漸成為主要出口商品。相形之下，茶的出口在清代的竹塹地區顯得微不足道，直至日治初期才大為興盛。

其次，清代竹塹地區所出口的商品都是農產品、農業副產品以及土產等初級商品。這些商品主要透過直接出口或是經淡水港轉口方式輸出至大陸，出口市場仍以大陸地區為主。出口商品種類與淡水港區域性市場圈不盡相同，而且變化較為緩和，大致上維持一個傳統地區性市場圈的特色，在清代大部分時間始終以大陸地區需求甚殷的米、糖、油以及雜貨為主要出口商品[141]。清末開港之後，米、糖、苧麻、藍靛等物產仍以中式帆船直接運輸到大陸各地，或是轉運到淡水港再對外出口，這些貿易也控制在本地商人或是淡水商人手中，外國商人大多無法介入[142]。茶和樟腦則直接出口較少，大多依例集中到淡水地區，再對外出口。整體而言，竹塹地區與大陸市場的依存度較高，受到外商及世界市場的影響則較低。

---

140 林滿紅，《茶、糖、樟腦業與晚清臺灣》，頁13。

141 由塹郊對糖、油、米以及什貨抽分來看，這些物品長期以來即為竹塹地區對大陸的主要出口商品（《淡新檔案》，第14301-6號，咸豐7年4月17日）。

142 1867, C.M.C.P., Tamsui, p. 78; 1869-72, C.M.C.P., Tamsui, p. 165; 安東不二雄，《臺灣實業地誌》，頁109。

（二）輸入商品

相對於輸出商品，有關清代竹塹地區輸入商品的種類和變化，在文獻的記載更少。不過，可以確定的是，在1860年開港以前，進口商品的變化並不如出口商品大。開港之前，清代竹塹地區的進口商品應如鄭用錫所言，是一些「飲食、衣服及日用必需要物」[143]。這些商品的種類，根據清末和日治初期的資料推測[144]，大概主要有下面幾類：

　　1.手工業製品類：絲綢、土布、唐苎布、紙、陶器

　　2.金屬製品類：鍋、農具、牛鐵

　　3.建築器材類：磚、瓦、木材

　　4.飲食果品類：素麵、鹹魚、鹽、豆類、豬

　　5.其他雜貨類：線香、酒、藥材、雨傘

這些商品中，應以手工業製品和金屬製品最為重要。誠如上述，清代臺灣與大陸有貿易分工現象，手工業向來不發達，手工業製品始終居進口商品的第一位，特別是布帛、衣服等紡織品為首要輸入商品。其次，鍋類、農具都是土地開墾、煮蔗、熬腦以及日常家用必備的工具，但這些器具卻被官方嚴格限制僅能自大陸進口，並採取每戶定額分配制度，限制各家戶擁有鐵鍋器具的數量[145]。移民取得所需的鐵鍋器具，也必須向官方特許的鑄戶購

143　鄭用錫，《淡水廳志》卷二，頁106-107。

144　有關大陸進口商品資料，參見表2-3以及第三章表3-3清末竹塹地區船隻航運表。

145　官方對於臺地金屬製品的嚴格管制可以在乾隆十四年(1749)福州將軍馬爾拜的奏摺中一覽無疑，見：國學文獻館主編，《臺灣研究資料彙編》(臺北：聯經，1993年)，頁11978-11981。

買。官方對於鐵鍋器具買賣的管制,顯現清代臺灣與大陸之間緊密的依存關係,除了兩地的貿易分工之外,官方的政策事實上是一隻「看不見的手」。

　　清中葉以降,自大陸進口的商品中,鹽是相當重要的一項。清初官方實行鹽專賣政策,於鳳山、臺灣以及諸羅三縣設立鹽場曬鹽。清初至中葉,竹塹地區的鹽主要由臺灣府的瀨北和瀨東場配運,直至同治六年(1867)香山海邊的虎仔山鹽場收歸官辦,始由竹塹鹽館統籌供鹽,不過產量不多,銷路不暢,仍需進口。由於南鹽時常不足接濟北部,在有利可圖之下,內地商、漁船往往運載私鹽來到香山港各口販售,再轉易樟腦、米穀而去 [146]。道光四年(1824),爲徹底解決北鹽不足問題,特立收買福建長泰、南靖鹽之例,稱作唐鹽 [147]。唐鹽主要由福建沿岸港口於春夏之際運至淡水港或基隆港,再配銷到北部各地 [148]。儘管如此,由於私鹽獲暴利極鉅,直到清末泉州惠安縣頭北地區的中式帆船仍經常夾帶私鹽至香山港販賣 [149]。私鹽問題相當嚴重,也顯現出鹽始終是重要的進口商品。

　　咸豐十年(1860)開港之後,臺灣的進口商品結構產生變化,輸入商品不再只有大陸華貨,洋貨也開始大量進口。自淡水港進

146　陳培桂,《淡水廳志》,頁109。

147　孫爾準、陳壽祺,《重纂福建通志臺灣府》(1829),文叢84種,頁197;劉銘傳,〈陳請銷假至閩省會商協款情形摺〉,《劉壯肅公奏議》,文叢27種,頁282-283。

148　1877, B.P.P., Tamsui and Kelung, p. 153; 1878, C.M.C.P., Tamsui, p. 233;《淡新檔案》,14202-1號、14202-3,光緒8年;〈臺北官鹽取調書〉,《臺灣總督府公文類纂》,乙種永久,8卷4門,明治28年;《臺灣新報》,389(一),明治30年12月25日。

149　《淡新檔案》,第14209-5號,光緒12年2月5日。

口的洋貨中，以鴉片為第一位，其次為紡織品，再次為金屬製品
以及雜貨[150]。開港之初，外國商船無法直接來舊港或中港貿易，
外國商品主要透過淡水港轉口至舊港，少部分洋貨則直接由大陸
口岸走私來到竹塹地區。清末鴉片和外國紡織品可能已大量直接
自中國大陸輸至竹塹。由1891、1893年的海關報告可見（表2-6），
當時淡水港輸至舊港的洋貨僅有石油、火材以及食品雜貨等項，

表2-6　1891-1894年舊港對淡水港輸出物產與輸入外國商品表

時間	1891		1893		1894	
	品　名	重　量	品　名	重　量	品　名	重　量
輸出					樟腦	1420.2石
價值						26,906元
輸	墨魚	6石	墨魚	6石		
	麵粉	571石	麵粉	38石		
	乾百合	3石				
入	日本火柴	7,400石				
	美國煤油	56,520石				
	俄國油	1,500石	俄國油	2,000石		
商	紙	11石				
	乾蝦	32石				
	芝麻子	10石				
品	細麵條	13石	紅樹皮	107石		
價值		11,809元		518元		

資料來源：1891, Tamsui, C.M.C.P., pp. 351-353; 1893, Tamsui, C.M.C.P., p.
　　　　367; 1894, Tamsui, C.M.C.P., p. 374.

150　戴寶村，《清季淡水開港之研究》（臺北：師大歷史研究所專刊
　　　（11），1984年6月），頁43；李祖基，《近代臺灣地方對外貿易》
　　　（南昌：江西人民出版社，1986年8月），頁67-72。

卻不見外國紡織品和鴉片。顯然，當鴉片和外國紡織品的需求量大增之際，直接進口比轉口更有利可圖，商人更樂意直接自大陸進口。因此，光緒十六年(1890)以後竹塹地區大宗進口商品的轉口可能變得不太重要。

作爲進口商品大宗的鴉片，早在開港之前，已由美國瓊記洋行運載來到香山港和中港販售。開港之後，鴉片的進口依例必須由淡水轉運到竹塹地區，但是由於自香港直接以中式帆船運到竹塹地區的利潤極高，因此部分鴉片是直接進口的 [151]。清末鴉片的吸食已相當普遍，人們對於鴉片的喜愛甚至超過布匹和奢侈品 [152]。北部臺灣約有三分之一的成人吸食鴉片，市鎮地區更高達70% [153]，各地村莊也大都設有鴉片煙館 [154]。當鴉片成爲重要的消費商品之後，直接自大陸地區走私外國鴉片進口自然更能獲取暴利，光緒六年(1880)以降鴉片的走私已相當普遍。另一方面，光緒七年(1881)以後，中國華南各省自產的鴉片也由溫州、同安直接運至香山港進口 [155]。國產鴉片由於品質較差，必須摻混其他外國鴉片，因此主要提供下層民眾消費，上層階級則仍以外國鴉片爲主 [156]。

---

151 1868, C.M.C.P., Tamsui, p. 160.

152 1877, C.M.C.P., Takow, p. 174.

153 戴寶村，《清季淡水開港之研究》，頁60。另外，1877年的《海關報告》估計更高，認為有一半的人口吸食鴉片(1877, C.M.C.P., Tamsui, p. 162)。

154 C. Imbault-Huart著，黎烈文譯，《臺灣島之歷史與地誌》，頁103。

155 1881, B.P.P., Tamsui; H. B. Morse著，謙祥譯，〈1882-1891年臺灣淡水海關報告書〉，頁158。

156 戴寶村，《清季淡水開港之研究》，頁56-57。

　　同治年間左右，雖然竹塹地區已自行生產棉布帶和腰帶 [157]，
但是紡織品仍是竹塹地區重要的進口商品。開港之後，外國紡織
品和大陸紡織品互相競爭。外國紡織品主要分成棉織品和毛織
品，棉織品特別受歡迎，毛織品主要是供應上層階級的婦女消
費。大陸紡織品則以夏布、南京布以及綢類為主 [158]。以往大陸紡
織品一直是首要進口商品，開港之後市場卻被外國紡織品所瓜
分。同治七年(1868)竹塹城已是外國紡織品的最大市場，但是外
國棉布的使用仍限制在最上階層，以配合其社會地位和身分，農
人和勞工階層主要使用來自寧波、較為耐用的土布和南京布。
英國的毛織品則為生番所喜愛，常以鹿角、鹿皮、鹿肉與之交
換[159]。進入光緒朝之後，下層的民眾已有能力購買外國進口的衣
服 [160]。開港之後，外國紡織品，特別是棉織品，雖然打破了大陸
紡織品長久以來市場的獨佔地位，但是外國紡織品並未因此而取
代了大陸紡織品的地位。尤其是在竹塹地區這種非通商口岸，大
陸紡織品的進口數量遠比外國紡織品更大 [161]。另一方面，開港之

---

157 陳培桂，《淡水廳志》，頁298；1869-72, C.M.C.P., p. 158。

158 1868, C.M.C.P., Tamsui, p. 161；H. B. Morse著，謙祥譯，〈1882-
　　1891年臺灣淡水海關報告書〉，頁150-151。

159 1868, C.M.C.P., Tamsui, p. 161.

160 1876, C.M.C.P., Tamsui, p. 86：「本島北部的農民、船夫和普通的
　　街頭苦力，在冷天都穿三或四件好的外衣，其中一或二件是由歐
　　洲製造的。」

161 雖然在淡水海關報告中，外國紡織品的進口數量常高於大陸紡織
　　品(戴寶村，《清季淡水開港之研究》，頁66)，但是並不能因此
　　斷定外國紡織品已取代了大陸紡織品，事實上海關報告並未統計
　　中式帆船所載的大陸紡織品數量，而大陸紡織品長久以來卻是由
　　中式帆船載運進口的。其次，由於以中式帆船進口不必繳納關
　　稅，因此以中式帆船載運大陸紡織品較具有競爭力(H. B. Morse

初，外國紡織品主要由淡水港轉口運至竹塹地區，大陸紡織品則除了江浙絲綢類由淡水供應之外，大部分直接由中式帆船運載進口。光緒六年(1880)之後，竹塹地區的商人也直接由大陸地區進口外國紡織品，不再完全依賴淡水港的轉口。

總之，清代竹塹地區與臺灣各地相同，在貿易分工和官方政策作用之下，對於大陸商品的依存度相當高。咸豐十年(1860)開港之前，進口商品以大陸手工製品與金屬製品最為重要，呈現大陸商品壟斷進口市場現象。開港之後，鴉片與外國紡織品成為新興的進口商品，打破了大陸商品獨佔市場的局面。這些商品，除了由大陸直接輸入之外，也透過淡水港輸入。自淡水港轉口至竹塹地區的進口商品，包含大陸華貨與洋貨。自大陸直接進口至竹塹地區的商品則以華貨最多，光緒六年(1880)以降也有部分洋貨自大陸地區走私進口。但是，整體而言，由於來到舊港和中港等非通商口岸的船隻，向來即以大陸中式帆船為主，除了少量走私洋貨之外，進口商品也以華貨為主，大陸紡織品也始終居進口第一位（表2-3）。

除進出口商品之外，竹塹地區也有專供地區性市場圈消費的物產，這些物產主要是：魚、蔬菜、木炭、水果等，它們主要由各鄉庄的產地運到鄰近鄉街的市場販賣。魚貨主要產自竹塹地區沿岸的漁村，這些漁村中以舊港、油車港、香山港以及中港等四

────────────────────（續）

著，謙祥譯，〈1882-1891年臺灣淡水海關報告書〉，頁151）。再者，自大陸進口的紡織品中，以上層階級為消費對象的綾羅綢緞，主要來自於江、浙、漳、粵；其他各色布帛大多購於泉州同安縣，同安地區的布帛因物廉價美，而受到臺人所喜愛，消費普及，進口量也相當大(林百川、林學源，《樹杞林志》，頁99)。

個漁港最具規模，漁夫所捕獲的各種魚貨，大多送到竹塹城和中港街的魚市販賣[162]。另外，基隆港也自鄰近的各港採集魚貨，沿岸運載到竹塹地區發售[163]。至於水果則種類相當繁多，產地遍布於竹東丘陵、竹南丘陵、飛鳳丘陵以及湖口臺地等地區(表2-4)，主要搬運到竹塹城及幾個鄰近鄉街的果市販賣。木炭的來源，以散布於竹塹地區山坡丘陵地的相思樹為主，除了野生的相思樹外，農民也採用人工植林方式，例如香山附近的丘陵即可見相當多的相思樹苗圃[164]。農民往往在砍伐相思樹製成木炭之後，才運到各鄉街的炭市販賣。

總之，清代竹塹地區在咸豐十年開港以前，形成一個透過淡水港轉口或直接對大陸輸出米穀、糖、油等初級產品，輸入手工業製品、金屬製品及其他雜貨的貿易結構。此時竹塹地區性市場圈一方面依附於淡水港區域性市場圈，另一方面與大陸地區，特別是華南市場有相當密切的聯結關係。清末開港以後，竹塹地區依然直接與大陸貿易，也透過淡水港轉口各種進出口商品，但是進出口的商品結構受到世界市場的影響略有轉變。在出口商品方面，雖然仍以半米半貨為主，但是割臺前後，樟腦卻漸漸取代米、糖、藍靛成為轉口大宗，茶則直至光緒中葉始漸嶄露頭角。另一方面，竹塹地區直接出口的商品向來以米、糖、油及雜貨為主，割讓之際，苧麻有超越稻米成為出口大宗之趨勢。在進口商品方面，開港以前大陸商品幾乎壟斷進口市場，開港之後洋貨透

---

162 臺灣總督府民政局殖產部，《殖產報文》，第一卷一冊，〈水產之部〉(東京：大日本水產會，明治29年12月)，頁24-42。

163 同上註，頁166。

164 《臺灣新報》，184號(二)，明治30年4月23日。

過通商口埠淡水港轉口至竹塹地區,而打破大陸商品壟斷的局面,光緒六年(1880)以降鴉片和外國紡織品有時也自大陸各港直接進口。整體而言,大陸華貨的進口數量始終超越洋貨,佔進口第一位。再者,相對於淡水通商港,清代竹塹地區受到世界市場的影響較小,卻始終與大陸市場有相當密切的依存關係,而維持一個傳統地區性市場圈特色。

第三節 市街體系的構成

竹塹地區港口的外部聯結與商品結構的變化,反映了竹塹地區性市場圈的特質。然而,這個地區性市場圈的形成,則是透過以竹塹城為中心的內部聯結而產生的。本節基本上著重於描述以竹塹城為首要城市的商品流通網絡──市街體系的構成。

隨著土地拓墾的進行,移民聚居消費的需要,商業貿易乃日益繁榮。竹塹地區各鄉莊商品逐漸集中到一個交通便利的地方交換,商人也來到該地聚居,從事農副產品和日常用品的買賣銷售,市街於是興起。

市街的形成是漸進的,最初可能僅於聚落的中心:廟前或是墾(業)戶、佃首的公館前,出現一、二間以零售為主的庄店。隨後,當鄰近村庄日漸開闢,消費的需求增加,又吸引一些攤販店舖來此聚集,提供鄰近村庄各種商業或手工業的服務,而形成小市 165。接著,土地拓墾進一步發展,小市的腹地擴張,服務的人

---

165 例如,《樹杞林志》記載清末樹杞林地區在石壁潭和田寮坑各有小市(頁126-127)。

口增多，商品的集散數量更大，小市乃發展成爲鄉街。鄉街比小市具有更多樣的經濟機能和中心性，所服務的腹地也比小市更大。它又可以根據規模大小與發展的先後，分成小鄉街和大鄉街。大鄉街通常已具備集散各項商品的市場，特別是以提供地方消費爲主的米市、炭市、柴市、果市等。大鄉街之中，區位最佳，交通最便利，發展最迅速者，可能進一步成爲地區性的中地，甚至具有城市的形態。在清代兩百餘年的演變中，竹塹地區北自社子溪南達中港溪，大致形成「城市—鄉街—小市—庄店」的市鎮階層體系。在村庄、鄉街以及城市之間，透過道路交通聯結成一個以市街爲節點的商品流通網絡。

市街的建立和商品流通網絡的擴張是隨著墾民的足跡，由平原地區向丘陵、內山地區前進的。J. O. Wheeler和C. W. Pannell曾指出臺灣在清末已發展出三帶南北縱列的鄉街市鎮群：西部沿海鄉街市鎮群、西部臺地平原鄉街市鎮群，以及西部山麓地帶的鄉街市鎮群[166]。竹塹地區大致上也由西向東，形成這樣一個以竹塹城爲中心的市街體系。以下說明清代竹塹地區市街體系的演變情形。

一、乾隆年間：沿海港口市街體系的形成（圖2-3）

港口是臺灣市鎮的起源[167]，雍正末年竹塹地區最先形成的

166　James O. Wheeler and Clifton W. Pannell, "A Teaching Model of Network Diffusion: The Taiwan Example", *The Journal of Geography*, Vol. 72, No. 5（1973）, pp. 27-29.

167　富田芳郎，〈臺灣鄉鎮之研究〉，《臺灣銀行季刊》（7卷3期，1955年6月），頁102。

鄉庄，即是具有港口機能與作爲物資集散中心的竹塹庄和中港
庄[168]，兩者也是竹塹地區最早成立的市街。

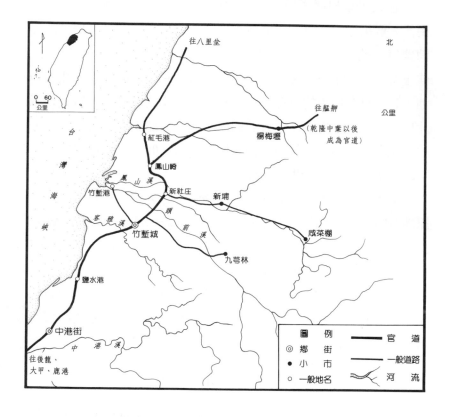

圖2-3　清初竹塹地區的市街體系

資料來源：根據表2-7及《臺灣堡圖》重繪。

---

168 夏黎明，《臺灣文獻書目解題——地圖類（一）》（臺北：中央圖
　　書館臺灣分館，1992年3月），頁92。

　　雍正元年(1723)清廷有鑑於斗六門以北地區移民漸聚，爲了治安上的需要，增設彰化縣和淡水分防廳。雍正九年(1731)進一步將大甲溪以北地區刑名、錢穀劃歸淡水同知管理，並將廳治由半線移駐竹塹[169]，卜治於竹塹庄。儘管淡水廳同知最初因「竹塹未墾，無村落民居」，寄寓於彰化，並未歸治[170]，而以巡檢代之駐紮，稽查港口兼司地方治安[171]。雍正十一年(1733)，淡水廳同知徐治民卻已以莿竹環城，建立四城門，確立廳治竹城的型制[172]，並添置北路協右營守備，領兵弁駐防於竹塹城[173]。此時，竹塹庄雖然只不過是一個由巡檢與部分軍隊駐紮的小而人口少的地方[174]，但是由於作爲廳治所在，不但具有其轄區的中心性，居於人文發展中心的優勢位置[175]，而且軍隊的駐防也確保該地的安全，並帶來部分的消費人口，促使竹塹庄成爲竹塹地區最早形成的市街。再者，竹塹庄又是竹塹港的物資集散中心，因此，雍正末年竹塹庄已具備港口市街和行政城市的雛型，乾隆初

---

169 〈閩浙總督那揭帖〉，《臺案彙錄丙集》，文叢176種，頁294。

170 藍鼎元，〈謝郝制府兼論臺灣番變書〉，《平臺紀略》，文叢14種，頁62。

171 《清世宗實錄選輯》，文叢167種，頁36。

172 陳培桂，《淡水廳志》，頁43。

173 劉良璧，《重修臺灣府志》(1741)，頁366；許雪姬，《清代臺灣的綠營》(臺北：中研院近史所，1987年5月)，頁433。

174 Harry J. Lamely著，李永展譯，〈城市的形成：臺灣三個城市營建的推動力及動機〉(The Formation of Cities: Initiative and Movtiation in Building Three Walled Cities in Taiwan)，《國立臺灣大學建築與城鄉研究學報》，3卷1期(1987年9月)，頁250。

175 施添福，〈清代臺灣市街的分化與成長：行政、軍事和規模的相關分析〉(上)，《臺灣風物》，39卷2期(1989年6月)，頁33。

年成爲大甲溪以北至南崁溪以南唯一的市街 176。

隨著市街規模的擴大，竹塹城的街道也產生分化，城內最早
發展的地方大概是漢人始墾的暗街至打鐵巷街附近 177。乾隆十三
年(1748)，官方興建城隍廟和內天宮后 178，以城隍廟爲中心的太
爺街至鼓樓街附近以及媽祖宮口附近也陸續出現街肆 179。除了城
內的街道發展之外，由於竹塹城北門是直達舊港的要道，因此竹
塹城北門外也是發展迅速的地方。乾隆七年(1742)同知莊年於北
門外興建外天后宮(長和宮) 180，北門外地區應已出現店舖。乾隆
中葉左右竹塹城北門外已形成街肆 181，爲塹城商品交換最活絡的
地方。

乾隆二十一年(1756)，竹塹城已是具有相當規模的城市，淡
水同知王錫縉遂自彰化歸治，移建淡水廳衙署於太爺街。乾隆四
十年以降，關帝廟、書院、竹蓮寺也陸續興建 182。乾隆末年竹塹
城內重要的政治、文教以及商業設施已大致完備，加上港口的發
展與核心腹地的率先墾成，奠定了竹塹城作爲北部政治、文教中
心以及南崁溪以南的首要商業市鎮的地位。

---

176 劉良璧，《重修臺灣府志》(1741)，頁90、94。

177 臨時臺灣土地調查局，《臺灣土地慣行一斑》，第一卷(臺北：
臺灣日日新報社，明治38年3月)，頁12。

178 陳培桂，《淡水廳志》，頁149-150。

179 波越重之，《新竹廳志》，頁127。

180 陳培桂，《淡水廳志》，頁149。

181 〈乾隆臺灣輿圖〉(1759-1762)。

182 關帝廟(武廟)乾隆四十一年(1776)同知王右弼建；明志書院於乾
隆四十九年(1784)由新莊山腳移建於塹城西門(陳培桂，《淡水
廳志》，頁137、149)；竹蓮寺乾隆四十六年(1781)建於南門外
(鄭鵬雲、曾逢辰，《新竹縣志初稿》，頁112-113)。

　　乾隆中葉，竹塹城南邊的中港由於附近的村庄陸續墾成 183，而成為地方性的吞吐港，提供腹地商品的交換與服務，也逐漸形成市街 184。

　　然而，乾隆中葉至末葉，除了沿海的兩個市街陸續成立之外，竹塹地區部分區位較優的鄉庄亦開始出現庄店。這些鄉庄主要位於交通要道或是墾戶的公館所在。

　　自康熙五十年，官方在大甲溪以北設塘、汛之後，由於各個塘、汛之間並非各自獨立，而是必須互相聯繫的 185，因此大甲溪以北沿著各汛塘形成北部地區第一條貫通南北的官路。這條道路經過沿海的大甲、房裡、吞霄、中港、竹塹等汛塘，至竹塹城北邊的鳳山崎則分成兩條交通線，東邊通往霄裡社，西邊則繼續沿海邊而行，經南崁塘至八里坌 186。乾隆初年原來僅止於彰化大肚的郵傳，也沿著此條沿海官路往北設立舖遞 187。乾隆中葉，自竹塹城至新庄、艋舺地區，除了沿著南崁至八里坌的舊道之外，自大溪墘(楊梅壢附近)經中壢、桃仔園、龜崙至新庄的道路已經形成。由於交通位置重要以及旅人、兵弁歇腳的需要，沿著南北主要道路的香山、飯店以及大溪墘，即首先出現庄店 188。

　　另一方面，隨著土地拓墾活動的進行，港口與其腹地之間，

183 張炎憲，〈漢人移民與中港溪流域的拓墾〉，《中國海洋發展史論文集》，第三輯(臺北：中研院三研所，1988年12月)，頁36。
184 林玉茹，〈清代臺灣中港與後龍港港口市鎮之發展與比較〉，《臺北文獻》，111期(1995年3月)，頁65。
185 許雪姬，《清代臺灣的綠營》，頁325。
186 周鍾瑄，《諸羅縣志》(1719)，文叢141種，頁12-18，圖。
187 劉良璧，《重修臺灣府志》(1741)，頁366。
188 〈乾隆臺灣輿圖〉(1756-1759)，國立中央圖書館典藏。

往往沿著河系發展出樹枝狀的中地體系 [189]。乾隆四十年以降，竹塹地區的拓墾活動自竹塹平原往東邊發展，而在東西向道路尚未開通之下，河流往往是重要的交通動線，所謂「路即溪，溪即路」[190]，沿著溪流可至的河谷平原常常最先開發，聚落往往也出現於河谷低地。因此，自港口至內陸腹地之間的鄉庄、市街，最初也以溪流爲主要通路。

竹塹地區河流眾多（圖2-1），自北而南的幾條大溪是：社子溪、新庄子溪、鳳山溪、竹塹溪以及中港溪。其中，中港溪、竹塹溪、鳳山溪支流錯綜複雜，除了成爲豐富的灌溉水源之外，也是貨物流通的管道。這些溪流河幅不廣，溪流湍急，不利舟楫 [191]，但是大概尚可以利用竹筏作短程運載，或是利用溪水向下游放流貨物到港口 [192]。因此，也許是爲了運送產品或是取汲水源的方便，業戶、番社、佃首以及墾戶收租的公館通常位於河岸或距離河岸不遠的地方。而每到繳租季節，散布各地的佃戶，即或

---

189 Steven Sangren, "Social Space and the Periodization of Economic History: A Case from Taiwan", *Comparative Studies in Society and History*, Vol. 27, No. 3（July, 1985), pp. 533-534；戴寶村，〈近代臺灣港口市鎮之發展——清末至日據時期〉（臺北：師大歷史所博士論文，1988年6月），頁45。

190 《臺灣總督府公文類纂》，乙種永久，24卷12門，殖產：新竹地方觀察報文，明治29年。

191 清代竹塹地區的河流中，僅有中港溪自港口至流水潭一段可通小船（同上註）。

192 內山木材的輸出即利用春季多雨、河川暴漲之際，放流而下（《臺灣總督府公文類纂》，乙種永久，24卷12門，殖產：新竹地方觀察報文，明治29年）；又如《淡新檔案》第33119-1、23601-1號：光緒七年(1881)、八年(1882)將內山木料溪放至竹塹港，再出口至天津。

附近村庄交通的節點，而自然容易發展成鄉街[193]。此外，開墾之初，墾、業戶或佃首往往招徠商人在公館前興建店屋，提供墾民日常物資之所需，其後隨著土地拓墾活動的開展，鄰近鄉庄需求的增加，漸具鄉街的雛型，成立小市。乾隆末年社子溪上游的楊梅壢、鳳山溪中、上游的新埔、鹹菜甕以及竹塹溪中游的九芎林大致已陸續出現庄店，並向小市發展[194]。這些各流域內重要的鄉庄，透過溪流通路，與竹塹城之間的商品流通網絡，漸具雛型（圖2-3）。

　　大體而言，乾隆年間，竹塹地區大致上以沿海的兩個市街為中心，形成兩個地方性的市場圈，中港和竹塹城分別是鄰近鄉庄的物資集散中心。另一方面，隨著南北交通的需要與港口腹地土地拓墾的進行，中港與竹塹城透過河流的流路與內地的鄉庄之間的交通網絡仍在形成中。

二、嘉慶至道光年間：平原與臺地地區市街體系的形成（圖2-4）

　　嘉慶年間，竹塹地區的平原地帶已陸續完成水田化，拓墾的活動轉向丘陵、臺地地區。因此，乾隆年間原來作為開墾據點的墾戶、佃首的公館，如新埔、九芎林以及鹹菜甕，由於鄰近村庄已大概墾成，而陸續擴張規模，形成鄉街（表2-7）。這些鄉街，大

---

193 施添福，〈清代竹塹地區的土牛溝和區域發展〉，頁59。

194 以楊梅壢為例，乾隆五十二年(1787)楊梅壢始墾之際，業主諸協和准許佃戶劉顯發、劉榮狄建店屋，生理為業，年納地主地租銀二錢。乾隆六十年(1795)，楊梅壢業主黃燕禮也將公館前店基租與佃人熊世基前去架造店宇，居住生理。至嘉慶十五年(1810)，楊梅壢已出現公館前上街，而且由其四至可知，上街大概已成為一列街肆，不再是孤立或是零星的庄店（臨時臺灣土地調查局，《大租取調書附屬參考書》（下），臺北：臺灣日日新報社，明治37年9月，頁30-32、37）。

表2-7　清代竹塹地區市街表

市街名	成街時間*a	郊	鹽館	倉儲	釐卡	市場	舖遞汛防	腹地開墾時間
竹塹城	1742年	金長和(1819)	竹塹課館(1868)；新竹總館(1885)	官倉(1817)；義倉(1867)	釐金分局(1886)；茶釐驗卡(1891)	米市2、柴市2、炭市3、腦市1、魚市2、菜市5、草市2、土豆市1、瓜市1、芋市1	海防舖(1741)；竹塹塘(1711)；竹塹汛(1733)	雍正～嘉慶中葉
舊港船頭街(舊港街)	1891							
香山街	1823	郊(1860年以前)	子館(1868)				香山塘(1759前)；香山汛(1834)	
九芎林街(公館街)	1834		子館(1868)	義倉未建		米市、果市、柴市、炭市		乾隆末年～道光
樹杞林街	1870		子館(1868)	義倉未建		米市、果市、柴市、炭市、腦市		嘉慶中葉～光緒年間
北埔街	1846		子館(1868)			米市、柴市、炭市、腦市		道光中葉～光緒？
月眉街	1897							
新埔街	1797		子館(1868)	義倉未建		米市、果市、柴市、炭市		乾隆中～道光
鹹菜甕街(石店街)	1808					米市、柴市、炭市		乾隆～道光
大湖口街	1809？		子館(1868)	義倉未建			舖，腰站(1875)	乾隆～道光

表2-7　清代竹塹地區市街表(續)

市街名	成街時間*a	郊	鹽館	倉儲	釐卡	市場	舖遞汛防	腹地開墾時間
楊梅壢街（公館前上街）	1810						楊梅壢汛(1809)；舖(1834)；腰站(1875)；汛(1809)	乾隆末
中港街	1762		鹽館(1868)	義倉木建		米市、柴市、炭市、魚市	海防舖(1741,1888裁)；塘(1711)；汛(1733)	雍正～乾隆～道光
頭份街	1871		子館(1868)			米市、柴市、炭市		乾隆末
斗換坪街	1894						斗換坪汛(1833)	嘉慶中～光緒
三灣街	咸、同年間						三灣屯(1826)	嘉慶～同治
南埔街	1894							
南庄街	1894					腦市		道光中～光緒

資料來源：《新竹縣志初稿》，頁18-22、81；《新竹縣采訪冊》，頁65-98、101-106；《臺陽見聞錄》，頁72；劉良璧，《重修臺灣府志》，頁366；薛紹元，《光緒臺灣通志》，頁529；《殖產報文》，2卷1冊；盧嘉興，〈清季臺灣北部之鹽務〉，頁60-62；《臺灣鹽專賣志》，頁14-16；《乾隆臺灣輿圖》；《軍機檔》，064825號；丁紹儀，《東瀛事略》，頁39-40；《臺灣私法物權篇》，頁942；《臺灣私法附錄參考書》第一卷(上)、(中)；《臺灣平埔族文獻資料選集—竹塹社(上)》，頁161；鄭用錫，《淡水廳志》，頁12-13、116-117、175；《咸菜硼沿革史》；《淡新檔案》；《新竹文獻會通訊》，頁173；《淡新檔案》，11503-3。

註：*a 表示文獻首見時間。

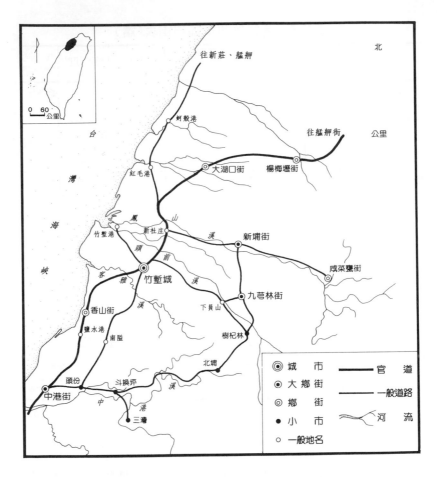

圖2-4　清中葉竹塹地區的市街體系

資料來源：根據表2-7及《臺灣堡圖》重繪。

　　都如富田芳郎所說的，位於地方都市的最下層，是附近村落的
商、工業中心，也是一種直接依存於附近村落的「鄉村依存型都

市」，大都不具備中心批發功能 [195]。因此，這些鄉街雖然與鄰近鄉庄形成一個地方性的市場圈，仍必須至地區性城市竹塹城或是區域性都市艋舺取得日常所需商品，並輸出土產至竹塹城或艋舺，再對外輸出。

嘉慶年間，九芎林街和新埔街，分別是竹塹溪流域與鳳山溪流域的兩大鄉街，新埔、九芎林與竹塹城之間的道路，也是竹塹城進入內山地區最重要的交通網絡。嘉慶中葉，樹杞林地區成立惠興庄墾區庄之後，可能隨之出現庄店，但是由於該地鄰近九芎林街，地方又初墾，人口不多，從屬於九芎林市場圈。

另一方面，竹塹往北通往艋舺的南北官路，不再以沿海官路為主要幹道，而是改由竹塹城往東北，經大湖口、楊梅壢、中壢、桃仔園，穿過龜崙嶺，至新庄、艋舺 [196]。位於社子溪尾的楊梅壢與位於新庄子溪的大湖口，因為交通位置重要，於嘉慶中葉左右先後形成鄉街。這兩個鄉街，除了透過陸路交通與竹塹城聯結之外，也可以順著溪流透過河口的紅毛港、笨仔港與竹塹港聯結。

道光中葉，竹塹東南廂的竹東丘陵進入拓墾狀態，作為金廣福大隘公館所在的北埔，自然成為商品的集散中心，與竹塹城也有直接的通道往來。而原先聯絡北埔公館與各隘寮之間的隘路，

---

195 富田芳郎，〈臺灣街の研究〉，《東亞學》，第六輯（昭和17年8月），頁39-44指出這種「鄉村依存型都市」的特質是：鄉街在規模、人口數量、機能上皆比城市少，並未具備批發功能，商業大多是零售商，往往以食品雜貨店佔大多數，至於批發商大多集中於地方都市或中央都市。

196 〈道光臺灣輿圖〉（1834）。

隨著聚落的形成，隘路也成爲各庄之間的道路 197。道光末年，北埔大概已出現鄉街雛型，由於它也是鄉村依存型市街，鄉街的規模是隨著腹地內鄉庄的開墾而擴張。道光年間，竹東丘陵因尚屬於初墾狀態，北埔街的規模並不大，日常用品仍須仰賴鄰近鄉街供應，而與樹杞林、九芎林街有相當密切的關係，也從屬於九芎林市場圈。

塹城南邊的中港溪流域，向來以中港爲出入口，與竹塹城的聯繫較不緊密。嘉慶年間，頭份地區鄰近村庄大概墾成之後，中港與頭份之間的內陸連線逐漸形成，其時東邊的斗換坪並成爲漢番交易的地點 198。道光年間，頭份由於腹地陸續成墾，土產出口日豐，自頭份至塹城之間的隘路也漸成爲往來的要道。此外，自道光十六年金廣福墾號成立至道光三十年(1836-1850)之間，墾民以北埔爲起點，陸續往中港溪下游的中興、月眉、富興開墾 199，遂與中港溪下游的三灣、斗換坪、頭份地區連成一線，中港、頭份地方與竹塹城的關係變得更爲密切，而納入竹塹地區性市場圈內。

隨著腹地的擴張，商品需求量的大增，過去主要透過新庄、艋舺地區轉運的商品，已日益不敷所需。嘉慶末年左右，塹郊金長和已出現於竹塹城 200，從事沿岸貿易以及與大陸的直接貿易活

197 吳學明，《金廣福墾隘與新竹東南山區的開發(1835-1895)》，頁260。
198 陳運棟，〈三灣墾戶張肇基考〉，《史聯》13期(1988年12月)，頁26-32。
199 吳學明，《金廣福墾隘與新竹東南山區的開發(1835-1895)》，頁216-217。
200 嘉慶二十四年(1819)塹郊金長和已存在(參見本文第五章第一節)。

動。由於腹地之拓墾與商業活動的活絡，竹塹城規模更加擴張，
財富聚集更多，道光六年(1826)在紳商共同出面請求下，官方准
許修築磚城[201]。道光中葉，塹城的四城門皆已出現街肆(圖2-5)。

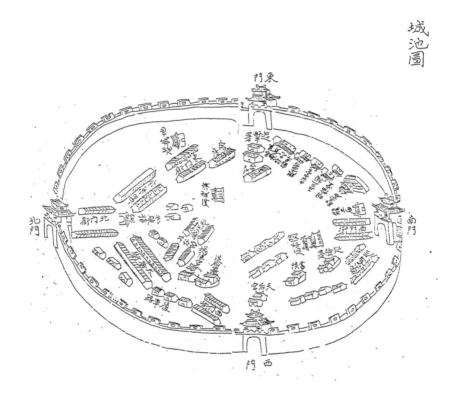

圖2-5　道光中葉淡水廳(竹塹城)城池圖

資料來源：鄭用錫，《淡水廳志》，卷一，頁14-15。

---

201 有關淡水廳城的興築過程，參見：戴寶村，〈新竹建城之研究〉
　　一文(《教學與研究》4期，1982年6月)。

四街之中，北門街由於是直通舊港與大湖口、艋舺的必經要道，不但最早出現街肆，而且城外又分化出水田街。東門和西門各為通往新埔和中港的要道，也先後成街。至於南門街，因東南山區道光中葉始進行拓墾，所以最晚成街。此外，環繞縣衙署周圍也再分化出多條街道，其中尤以北門街至衙門口街最為熱鬧[202]。道光元年(1820)左右，竹塹城人口已達二千餘戶[203]，是北臺灣地區僅次於艋舺的第二大城市，也是竹塹地區的中心市鎮。

總之，嘉慶、道光年間，竹塹城已由地方性的市街變成地區性的城市，具有中心集散的功能，自社子溪至中港溪之間均納入這個竹塹城的市場圈內。中港雖然仍是中港溪流域的主要市街，卻隨著中港溪上游的拓墾，與竹塹城關係日益密切，而納入竹塹地區性市場圈內。另一方面，因交通位置重要或是拓墾所需，在臺地與丘陵地區陸續出現新埔、九芎林、鹹菜甕、楊梅壢、大湖口等鄉街，不但與港口市街之間形成東西向的交通網絡，而且鄉街彼此之間也互相聯結，形成與南北官路平行的內山南北向要道。

三、同治、光緒年間：沿山鄉街的形成（圖2-6）

同、光年間，竹塹城的規模更加擴大，清末日治初期至少有十六條街道[204]，是北部臺灣三大都市之一[205]。明治三十年(1897)

---

202 《臺灣新報》210號(一)，明治30年5月23日。

203 姚瑩，〈臺北道里記〉《東槎紀略》(1829)，文叢7種，頁89-90。

204 《臺灣總督府公文類纂》，甲種永久，三卷二門，官規官職，明治30年。

205 G. L. Mackay著，周學普譯，《臺灣六記》(*From Far Formosa*)，研叢69種，頁47。

城市人口有17,827人，位居全臺第四位；反觀，竹塹地區的其他
鄉街，人口則大多未超過二千人[206]。由此可見，竹塹城是竹塹地

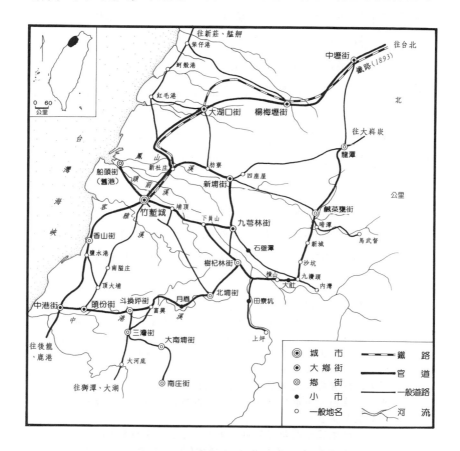

圖2-6　清末竹塹地區的市街體系

資料來源：根據表2-7及《臺灣堡圖》重繪。

---

206 章英華，〈清末以來臺灣都市體系之變遷〉，《臺灣社會與文化
　　變遷》，中研院民族所專刊乙種之16(1986年6月)，頁240。

區具有最大的商業規模的首要城市，也是地域內首要的物資集散中心。竹塹地區的產品大多集中到竹塹城，再由舊港對外輸出到大陸或是沿岸集中到淡水；而輸入的商品也以竹塹城為中心，向內陸各市街分配 [207]。

此時，無論是進口或是出口的商品，主要是透過鄉街來集散分配 [208]。清末竹塹地區的鄉街，又因規模之差異，分化成大鄉街和小鄉街。大鄉街具有較高的商品集散機能，通常具有各類市場。這種市場，一方面是因官方的規定而設立，另一方面也是基於在市場有經官署檢驗合格、公共認同的公秤和公斗，作為買賣的公器，而更能吸引商人或農人來此聚集買賣 [209]。不過，這種市場並非如現代市場一般，是具有公共設施的固定市場，而是自然出現於街路、店舖的亭仔腳以及廟前的廣場，各自擺陳飲食、薪炭諸類 [210]，每日按時聚散。以米市為例，清末竹塹地區在塹城、

---

207 清代竹塹地區以竹塹城為首要城市，也可以其商店的往來商號略窺端倪。以塹城的合裕號為例，其在咸豐七年至同治十年之間（1857-1871），往來的商舖小販所涵蓋的活動圈域，大致上是竹北一保和竹北二保地區（王世慶編，《臺灣公私藏古文書彙編影本》，第四輯第八冊，頁462）。

208 《臺灣總督府公文類纂》，乙種永久，24卷12門，殖產，明治29年：「在部分街市的商行，特別是在新竹（塹城），樟腦、茶、砂糖的交易甚盛。」

209 例如，竹塹城北門外有炭市、米市，計量薪炭和米穀的石秤、量斗即放在長和宮，並由長和宮保管（城南外史，〈臺灣市場大觀〉，《法院月報》，3卷7號〔明治42年7月〕，頁107；臺灣總督府殖產局，《臺灣之魚菜市場》〔臺北：臺灣總督府殖產局，大正4年〕，頁16）。

210 城南外史，〈臺灣市場大觀〉，《法院月報》，3卷11號（明治42年11月），頁174-175；《臺灣總督府檔案》，第四輯（臺中：臺灣省文獻委員會，1993年），頁729，明治29年1月。

九芎林街、樹杞林街、北埔街皆有米市，這些米市「皆城廂舖戶及各村莊農人用竹籃挑運到此，排設於街中為市。每日辰時畢集，日晚則散。」[211]

　　清末市街的分化更為明顯，市場種類和數量的多寡，也反映市街的大小。清末竹塹城有米市、柴市……等共二十個市場，市場種類最完整，數量也最多，位居竹塹地區各市街之冠（表2-7）。竹塹城以外，具有三至五種市場的鄉街，如九芎林、樹杞林、北埔、新埔、鹹菜甕、頭份都是各流域的大鄉街，其與鄰近小鄉街之間也有集散關係，為地方性的鄉街。這些大小規模不一的鄉街與竹塹城形成一個地區性的市街體系（圖2-6）。

　　以竹塹城為中心向腹地內各鄉街聯結的網絡，是隨著內陸鄉街的建立逐漸擴張的。同、光年間，樟腦成為國際性商品，為了熬製樟腦，內山進墾更為積極，具有集散樟腦功能的沿山的鄉街因而興起。這些因樟腦熬製與買賣而興起的鄉街，以南庄最為典型，設有腦市[212]。另一方面，北埔街、樹杞林街原來只是因墾戶公館所在而建立庄店或小市，提供鄰近村庄消費性商品，但仍以九芎林街為主要市場[213]，或是直接至塹城交易。同、光年間這兩

211　陳朝龍、鄭鵬雲，《新竹縣采訪冊》（1894），文叢145種，頁103。

212　根據日治初期（1896年）的調查：南庄海拔大約二百尺，鄰接生番界，位於北港溪支流南河溪上游四里，有三百餘家屋。清代南庄地區有腦灶三百餘份，桫館六所，從事腦業者一千餘人，其中腦長二、三十人，腦丁四、五百人，熬腦幫手三、四百人，搬腦者一、二百人，隘丁七、八十人（《臺灣總督府公文類纂》，明治29年，乙種永久，14卷4門）。由此可見，清末南庄可以說是一個因樟腦交易而存在的鄉街。

213　林百川、林學源，《樹杞林志》，頁126。

個小鄉街也因腹地熬腦的進行，成為樟腦集散中心，設有腦市。
清末兩鄉街，除了腦市之外，尚具有米市、柴市、果市以及炭
市。由此可見，清末北埔街和樹杞林街已躍居為大鄉街，樹杞林
街並凌駕九芎林街，成為竹塹溪流域最大鄉街[214]，塹城至樹杞林
街之間的道路也變成主要交通要道。自樹杞林街往西北可至九芎
林街、新埔街；往東則經過大肚小市直至五指山樟腦熬製區，或
是往北直達鹹菜甕街；往南則可聯絡北埔、三灣街[215]。此外，鳳
山崎溪上游的鹹菜甕街，也因地當竹塹內山地區樟腦搬運至大料
崁的要道，而極為興盛[216]。

　　大體而言，同、光年間，以竹塹城為中心的商品流通網絡更
加擴張，竹塹城通往舊港、新埔、樹杞林以及頭份的道路，為東
西向的主要交通運輸要道[217]。此外，聯絡這些鄉街之間的山中官
路，為南北向的第二條重要道路。再者，官方也因開山撫番以及
製腦的需要，開鑿內山官路。內山官路使沿山的鹹菜甕街、樹杞
林街、北埔街、三灣街以及南庄街得以連成一線，沿山的鄉街網
絡大抵於此時完成。竹塹地區各地的物產以及由舊港和中港輸入
的商品，即是透過這些交通網絡流通，而流通的方式除了平原、
河谷、丘陵平坦地區以牛車運載之外，大都是以人力肩挑為主。

　　竹塹地區的產品除了運載到首要城市竹塹城之外，由於竹塹
地區從屬於淡水—艋舺區域性市場圈，因此部分商品也往北集中

---

214 林百川、林學源，《樹杞林志》，頁126。

215 《新竹縣制度考》(1895)，文叢101種，頁10-12。

216 《臺灣總督府公文類纂》，乙種永久，24卷12門，殖產：新竹地
　　方觀察報文，明治29年。

217 《臺灣總督府檔案》，第四輯，明治29年1月，頁728。

到新庄、艋舺地區。由於水運比陸運經濟、便利 [218]，陸運不但道路狀況不佳 [219]，又盜賊橫行 [220]，因此竹塹地區往臺北的通道以水運爲主，陸運爲輔。陸運的管道主要有三：一是由南北官路，即由塹城，經大湖口、楊梅壢、中壢、桃園至臺北；一是由鹹菜甕往北經過龍潭陂、中壢、桃園至臺北；一是由鹹菜甕，經龍潭陂至大料崁，再透過大料崁溪運到下游的艋舺、大稻埕 [221]。清末樹杞林和鹹菜甕內山的樟腦和茶葉，除了沿河谷官路集中至塹城之外，有相當部分是以人力肩挑由山中官路和內山新墾官路運到臺北 [222]。此外，光緒十九年(1893)臺北至新竹的鐵路終於完工，但是尚不十分穩妥可靠，商人並不願意將茶葉和樟腦等貴重物品

---

218 由淡水至竹塹，沿著海岸向南航行，費時五小時，經陸路則需三十六小時。清末開港之後，艋舺每天有客船航行於竹塹與淡水之間，航程僅三至四小時(1867, C.M.C.P., Tamsui, p. 83)。由此可見，水運比陸運方便又經濟。

219 清代臺灣島內道路，雖然以竹塹到淡水地區的道路較佳(C. Imbault-Huart著，黎烈文譯，《臺灣島之歷史與地誌》，頁90)，但是道路凹凸，多坑洞。如中壢至新竹之間，最狹隘處僅能兩人並行，至新竹邊境廣至六、七呎，乃至九呎，且處處敷石；其以南雖大多屬坦路，稍狹，至後龍、吞霄地方，不過三呎(《臺灣產業略誌》，明治28年，頁109-110)。

220 有關竹塹城往艋舺之間盜賊橫生實例，詳見《淡新檔案》第三門。

221 由鹹菜甕經龍潭至中壢的道路，據稱是乾隆五十三年(1788)由墾戶連際盛所開設，龍潭至大料崁的道路亦由墾首林本源等於同年開築(富永編，〈大溪志〉〔昭和19年，1944〕，大溪郡役所，成文本234號)。乾隆五十三年林本源家號尚未成立，因此這段記載是否正確，是值得懷疑的，姑且錄之。

222 《臺灣總督府公文類纂》，乙種永久，24卷12門，殖產，明治29年；富永編，〈大溪志〉，頁135。

交鐵路運輸 [223]。直至明治二十九年(1896),這條自香山經塹城到臺北的鐵路,鋪設仍不完全,不堪積載軍用以外的貨物 [224]。換言之,清末完成的鐵路對於竹塹與臺北的聯結,尚未產生積極的作用。

綜合上述,清代竹塹地區市街體系大致上是隨著土地的拓墾,市街的興起,而逐漸完成的。位於竹塹平原的竹塹城,由於鄰近的竹塹港(舊港)具有較佳的港口機能,不但最早成為移民上陸定居的地方,雍正九年更進一步成為管理大甲溪以北地區的淡水廳治所在,奠定其成為竹塹地區首要城市的地位。以竹塹城—竹塹港為頂點,竹塹城腹地內的鄉街為商品流通的節點,逐漸發展出一個商品流通的市街體系。這個市街體系的範圍,正是本文所謂在地商人的主要活動範圍。

其次,由外部聯結關係以及貿易結構的變化,都反映竹塹地區這個市場圈一方面從屬於淡水港區域性市場圈,透過淡水港與區域性大城市艋舺集散或轉口商品;另一方面對於大陸華南市場始終具有相當依存性。即使清末開港之後,由於米糖等傳統商品始終是竹塹地區最重要的出口商品,茶葉的產量則微不足道,洋商勢力對竹塹地區的直接影響乃極為有限。因此,歷經清代近兩百年的演變,竹塹地區大致上仍維持一個傳統地區性市場圈形態。

---

223 1893, C.M.C.P., Tamsui, p. 354;H. B. Morse著,謙祥譯,〈1882-1891年臺灣淡水海關報告書〉,《臺灣銀行季刊》,9卷1期(1957年6月),頁163。

224 《臺灣總督府公文類纂》,乙種永久,24卷12門,殖產,明治29年。

第三章
竹塹地區的商業活動

由上一章的討論可知，清代竹塹地區在清代近兩百年的發展，無論是對外的貿易形態、商品的結構以及市鎮體系的形成，都確立它是一個傳統地區性市場圈。而在這種市場圈中究竟有那些商人在此活動？他們所經營的商品種類為何？經營的形態又如何？這些問題都是必須再進一步說明的。因此，本章試圖放棄過去以區域性大城市商人和商業活動為主的研究取向，而轉以竹塹地區的商業活動形態為討論重點，以釐清本書所謂「在地商人」在竹塹地區商業活動的位置。

前近代傳統商人與商業活動是相當複雜和多樣化的，為了掌握這些商人的特色，常常必須將之加以分類。一般對於商人的分類，可以採取不同的指標，諸如：商人經營的商品類別、經營方式、活動區域、商業規模和資產、資本組成[1]。本章基本上著重於討論清代竹塹地區商人的所進行的商業活動，因此將分別由行

---

1 對於傳統商人的分類，唐力行提出八種指標：商人經營活動方式、經營的商品類別、活動區域、資產、組織形態、商人與政治權力、商人身分以及受教育程度等。見：唐力行，《商人與中國近世社會》（杭州：浙江人民出版社，1993年），頁17-19。

業與分布、商業經營形態兩個面向來分析。

第一節　行業與分布

　　商人的行業意指商人所經營的商品或營業類別。本節是從商人的行業來說明清代竹塹地區商人與商業活動的類別。不過，由於商業資料十分零散，今天很難完全如實地重建清代竹塹地區商人所從事的行業，而僅能從有限的文獻資料中盡量拼湊出一個輪廓。基本上，本書是以《淡新檔案》中有關商人的素材爲主，輔以其他日治初期或是戰後人物傳記、族譜，作成附表1「商人基礎資料表」。接著，根據此表，並配合日治初期的調查資料，整理出清代竹塹地區商人的基本行業種類表（表3-1）。然後根據這些量表，討論行業的種類、性質、演變以及分布。

表3-1　清代竹塹地區商人的行業種類與層級

行業別	層級（由大規模至小規模）
米商	米棧間（海口棧）、礱戶（土礱間）、米店、米販（刈米）
魚商	魚行（九八行）、海產商（魚什貨商、魚脯行）、魚架、魚販、漁夫
豬商	船頭行、豬砧（屠戶）
油商	油行、油車舖
糖商	糖行、糖間（糖中間商）、蔗廍
茶商	不在地茶販、在地茶販（仲介商）
麻商	苧麻行、麻販
麵粉商	船頭行、麵店（牛磨）
酒商	船頭行、酒店

行業別	層級（由大規模至小規模）
檳榔商	檳榔店
餅商	餅店
乾果商	乾果舖
布商	彩帛舖、布店、布販
染料商	菁行、染坊、菁販
鞋帽商	鞋帽店
磁商	磁店
皮箱商	皮箱店
金銀紙商	金箔店
紙商	紙箔店
錫商	錫店
銀商	銀店
香商	香舖店
木材商	杉行、木料店、料館、木匠店
藥材商	藥材行、藥舖（藥店）、藥販
鴉片商	船頭行、洋煙館（洋煙局）
雜貨商	篏舖
腦商	洋行、腦棧、腦戶
鹽商	課館、鹽館（子館）、販館（瞨館）
鑄戶	鑄戶、鐵店
典當商	當舖、典舖
客店業	客店、自爨店、販仔間
運輸商	夫店、轎店

資料來源：根據本書附表1。

註：有關各行業層級、出現時間以及分布說明，參見同上附表1。

一、行業的種類

根據表3-1，清代竹塹地區曾經出現的商人行業，至少有：米商、魚商、豬商、油商、糖商、腦商、茶商、麻商、麵粉商、酒商、檳榔商、乾果商、布商、染料商、鞋帽商、磁商、皮箱商、金銀紙商、紙商、錫商、銀商、香商、木材商、藥材商、鴉片商、篏舖商、雜貨商、鹽商、鑄戶、當舖商、運輸商等31種。

竹塹地區商人的行業種類，大概揭示一個地區性市場圈商人的特色。一般而言，商業多樣性往往能表現一個聚落特質或市街的規模 2。市街的規模越大，商業的分工越細，專業化現象也越明顯，商店種類和數目自然也越多。因此，這種地區性市場圈內商人的行業種類自然比區域性市場圈少，地區性首要城市的商人行業數也比區域性首要城市少，商業多樣性也較低。以日治初期《臺灣私法》對於中、北部市街的調查為根據，區域性大城市的大稻埕和鹿港的商人行業分別是 75 種和 57 種，竹塹城則僅有 25 種 3。除了行業多樣性和商店數目有明顯差異之外，由於供貨範圍與消費人口多寡不同，竹塹城商業的專業化程度明顯的比區域性大城市低。舉例而言，大稻埕有專業的鴉蛋店、藤椅店、製顏粉店、糕品店、雨傘店、麻油店、爆竹店……，竹塹城卻都沒有，而大多合併於相關的商店中，如糕品店屬於餅店，爆竹、鴨

---

2 L. W. Crissman著，夏黎明、隋麗雲譯，〈彰化平原的交易活動〉（Marketing on the Changhua Plain），《師大地理教育》，10期（1984年），頁115-117。

3 臨時臺灣舊慣調查會，《臺灣私法》，第三卷（下）（臺北：作者發行，明治43年），頁136-145。

蛋則僅由雜貨店或簸舖販售[4]。

　　竹塹地區同一種行業的商人根據資本、規模大小以及經銷方式的差別，而出現層級的區分。以魚商為例，竹塹地區魚商至少有魚行、魚什貨商、魚架、魚販等四種，其中魚行資本和規模最大，從事魚貨的進口批發、收購以及委託販賣；魚架是向魚行買魚零售給消費者；魚販則是走販魚脯、魚類的小販。另外，竹塹沿岸各港的漁夫也會直接將鮮魚運到塹城與中港的魚市販賣[5]。行業層級的區分也隨著地域不同而有異，艋舺、大稻埕地區同一行業商人的層級遠比塹城複雜得多。以茶商為例，大稻埕是清末臺灣北部最重要的茶葉集散中心，該地的茶商至少包含茶販、茶棧、茶館、媽振館、洋行等五個層級[6]；竹塹地區則由於茶葉栽種直至割臺前後始盛行，茶葉貿易不太重要，僅有茶販一級。他們主要向本地茶農買茶或自己運茶至大稻埕、大嵙崁販賣。

　　竹塹地區不同層級的市街鄉庄，同一行業商人的複雜性也有不同。以米商為例，竹塹地區從事米穀販賣的商人主要有米販、米店、礱戶以及米棧間等四級。其中，經營米穀出口的米棧間僅出現於沿海的港口市街，而不會出現在內陸的鄉街，鄉街和村庄的米商最多僅有礱戶或米店。因此，通常僅有港口市街完整地包含各層級的米商。

　　再者，不論是在城市、鄉街，或是村庄，商人大多不只經營

4　同上註，頁141-142。

5　〈漁業經濟〉，《臺灣協會會報》，4卷23號(明治33年)，頁443-448；荻田平三，〈水產商業情況〉，《臺灣產業雜誌》，4號(明治32年1月)，頁12。

6　林滿紅，《茶、糖、樟腦業與晚清臺灣》(臺北：臺灣銀行經濟研究室編印，臺灣研究叢刊，第115種，1978年)，頁50。

一家店面，或是一種商品，而是採取多角化的經營策略，極力擴
張商業規模，經營多項商品的交易。在港口市街的海口棧間，通
常是同時經營進出口商品貿易，如光緒十二年(1886)在香山街開
設德盛號的蕭揚馨，即從事糖、油、米、苧的配運生理。後龍街
素負盛名的魏泉安號，也在塹城經營金銀、紙、米、木料等生
意。又如竹塹地區唯一的鑄戶永金號，除了作爲官商鑄戶身分之
外，也兼營藥舖。上述這些例子都顯現城市商人同時經營多家店
舖、多種行業的現象極爲普遍。鄉街的商人同樣地也有多角化經
營的現象，如鹹菜甕街的曾琳發，陸續在鹹菜甕街開設三家商
店，他最先經營雜貨業，接著再經營製油業，其後又開設什布染
布生理(附表1)。

　　總之，清代竹塹地區中產以上商人，不但採取多角化經營方
式，而且常常同時經營進出口商品，因此一個同時兼營多種商品
的商人，可能是米商，也可能是藥商，或同時是一位布商。

二、性質：官商或民商

　　清代竹塹地區的商人，依官方的干預程度，可以分成民間自
營商人和官方特許或加以管制的商人等兩種。清代官方基於治安
防亂或是稅課的考量，而進行特定商業的管制。這種經官方特許
或是管制的商人有腦商、鹽商、鑄戶、當舖商人等。這些商人不
但必須請領牌照，取得官方的許可，而且開設地點、營業家數皆
受到限制 [7]。鹽商和腦商均因官方專賣政策而被限制在特定地點

7　例如光緒十三年(1887)陳媽在於新埔鹽館當差，是由縣衙門師爺
　　推薦始能任職(《淡新檔案》，第33807-6號，光緒13年閏4月)。
　　其次，鹽館依規定僅在特定地點設置。竹塹地區設置鹽館的地點

營業，並由官方派專員或委託商人辦理。不過，由於專賣政策時
廢時行，以致於經營腦業或鹽業者，有時是專業商人，有時則是
官方差員 [8]。鑄戶是官方居於治安防亂考慮之下而設置的，整個
竹塹地區自乾隆五十五年(1790)以來僅有一家鑄戶。鑄戶必須向
官方取得牌照，蒙地方官准充，始能營業，並得按時驗照，每年
繳交爐稅銀 [9]，是受官方控制最嚴密的商人。相形之下，當舖受

_____(續)

是：竹塹城、苦苓腳以及中港設置課館：大湖口、紅毛港、香
山、新埔、北埔、樹杞林、九芎林、頭份則設子館(鄭鵬雲、曾逢
辰，《新竹縣志初稿》(1897)，文叢61種，頁81)。腦務的管理方
面，同治七年(1868)以前大多交由料館約束，光緒中葉腦務章程
通過，則規定商人欲作腦灶生意，不但必須請領牌照，而且必須
在大料崁設棧收腦，北部地區樟腦均必須由大料崁和三角湧等處
腦棧兌收配運(《淡新檔案》，第14311-1、5號，光緒20年)。

8　同治七年(1868)以前，煎腦灶戶歸軍工廠的料館約束，樟腦的買
賣主要控制在官方選任的軍工匠首手中，光緒年間樟腦成為出口
市場的重要商品之後，經營腦業者是官方核可的腦商，但必須繳
交釐金稅，至光緒十七年(1891)改徵防費(鄭鵬雲、曾逢辰，《新
竹縣志初稿》，頁84-85)。以鹽務而言，竹塹鹽務雍正五年(1727)
以前由商人輸課行銷，雍正五年裁官商，收歸府辦，嗣後(嘉慶、
道光年間)又一度改由商辦。自咸豐五年(1855)以降再歸官辦，或
由府辦、或由道辦。光緒年間，又再度包商贌辦(鄭鵬雲、曾逢
辰，《新竹縣志初稿》，頁81-82；《淡新檔案》，33307-1)。光
緒十四年(1888)二月以前，曾由包商金聯和辦理，光緒十四年二
月議歸官辦，改由鹽務總局派員辦理(《淡新檔案》，第11408-1
號，光緒14年2月3日)，其後又再包商贌辦。即使清末由鹽務總局
統管鹽務，鹽務總局仍常委託商人辦理全新竹縣鹽務。例如，光
緒十年(1884)翁林萃與香山港、舊港口書蔡慶合夥贌辦新竹縣十
處鹽館(《淡新檔案》，33212-9號)。光緒二十一年(1895)鹽商林
裕豐也向鹽務總局贌辦新竹城廟各處鹽館(《新竹縣制度考》
〔1895〕，文叢101種，頁123)。整體而言，新竹鹽務包商贌辦較
多。

9　《淡新檔案》，第16501號，全案。

官方的限制較小，只須取具族鄰甘保具結，由官方發給照帖，按年繳交當稅，即可開設，並未限制開設家數 [10]。但是也許當稅太重，自乾隆中葉至光緒末年，專業的當舖紛紛倒閉，光緒中葉塹城僅剩一家當舖 [11]。

除了實質商品的售賣或交換之外，部分商人並非直接販售商品而僅提供商業服務，這些商舖有標館、夫店、轎店以及客店。標館、夫店以及轎店可以視爲運送業。其中，由於夫店、轎店均須輪流當差，官方設有總夫首管理。夫首必須經過保結稟充（保結者具保結狀）、准充（官給諭戳）、認充（新充者具認充狀）、官方曉諭地方等步驟 [12]，而後取得夫首之職權。夫首雖然一方面爲官方養夫供差，統管塹城二十戶小夫轎店，另一方面卻取得搬運行郊貨物的專權，每年樟腦出息、城鄉牛車均須貼納夫首費銀，以彌補他們擔任官差的虧損賠累 [13]。

---

10 《淡新檔案》，第14105-34號。

11 乾隆二十九年(1764)淡水廳有當舖十二戶，嘉慶十二年(1807)減成八戶，同治九年(1870)實存三戶，即塹城協豐號、彰義號以及大甲金鼎三號。光緒七年(1881)彰義號倒閉，僅存兩戶(鄭鵬雲、曾逢辰，《新竹縣志初稿》，頁74；《淡新檔案》14105案)。光緒十三年(1887)大甲街又新增興源號當舖一號。光緒十五年(1889)新苗分縣，大甲當舖劃歸苗栗縣管轄，新竹縣始僅存當舖一戶(《淡新檔案》14105-34號；沈茂蔭，《苗栗縣志》〔1893〕，文叢159種，頁63)。此外，光緒十一年(1885)清廷因防費之需，曾要求當舖預繳二十年稅銀一百兩(《淡新檔案》14105-32)，顯見官方對於典舖勒索極甚的態度。

12 有關各項官差承充的程序，參見：林玉茹，〈清末新竹縣文口的經營——一個港口管理活動中人際脈絡的探討〉一文(《臺灣風物》，45卷1期，1995年3月)。夫首的承充實例，參見：《淡新檔案》11205案。

13 《淡新檔案》，11205案、11311案以及11207-18、19號。

三、行業的演變

　　竹塹地區的行業種類是隨著市街規模的擴大、商業活動的活絡而多樣化，而市場需求的改變，也可能增加新的商品和經營此種商品的商人。因此，商人行業的出現，也有時間先後次序的差異。

　　在康熙五十年竹塹地區始墾之前，最先來到此地經營商業的是社商或是番割等番漢貿易商人。他們可以說是土地拓墾與商業貿易的先驅者和情報家，所經營的商品相當多樣，主要供應番社布匹、鹽、糖、衣線等貨物，而向社番換取鹿皮、鹿脯、芝麻、水籐、通草等土產[14]。他們大多沒有固定的店舖，交易的數量有限，游離性較高。直至竹塹地區始墾之後，由於移民日眾，供應日常用品和輸出商品的需求增加，沿海的港口聚落首先出現定居的商舖，經營商業。雍正末年至乾隆初年之間，竹塹城成為市街，通往舊港的北門外已聚集不少店舖，乾隆中葉更形成街肆形態[15]。此時，商人所經營的行業，在進口方面以布匹雜貨商最多，出口方面則以米商最為重要。此外，塹城不但已出現一些專業化的商人，如錫店商、香商、鞋帽商，而且在廟前、路旁以及店舖亭仔腳大概也經常聚集一些飲食業者、豬肉商以及魚菜商人[16]。顯然，乾隆末葉以前，塹城提供日常生活所需商品的店舖大多已經陸續出現（表3-2）。

14　黃淑璥，《臺海使槎錄》，文叢4種，頁134。

15　《乾隆臺灣輿圖》（1759-1762），原圖藏於中央圖書館。

16　臺灣總督府殖產局，《臺灣之魚菜市場》（臺北：臺灣總督府殖產局，大正4年），頁16。

表3-2 清代竹塹地區店舖時空配置表

地　點	清初(乾隆年間)	清中葉(嘉慶至咸豐)	清末(同治至光緒)
竹塹城	彩帛舖、布店、米棧間、礱戶、米店、乾果店、陶器店、磁店、油車店、藥材行、藥舖、香舖、紙箔店、金箔店、銀店、鞋帽店、錫店、餅店、箴舖、麵店、豬店、魚行、酒店、檳榔舖、木材行、木匠店、自爨店、販仔間、九八行、鹽館、夫店、轎店	彩帛舖、布店、米棧間、礱戶、米店、乾果店、陶器店、磁店、油車店、藥材行、藥舖、香舖、紙箔店、金箔店、銀店、鞋帽店、錫店、餅店、箴舖、麵店、豬店、魚行、酒店、檳榔舖、木材行、木匠店、自爨店、販仔間、九八行、鹽館、夫店、轎店、*船頭行、皮箱店、鑄戶、糖行、糖間、苧麻行	彩帛舖、布店、米棧間、礱戶、米店、乾果店、陶器店、磁店、油車店、藥材行、藥舖、香舖、紙箔店、金箔店、銀店、鞋帽店、錫店、餅店、箴舖、麵店、豬店、魚行、酒店、檳榔舖、木材行、木匠店、自爨店、販仔間、九八行、鹽館、夫店、轎店、船頭行、皮箱店、鑄戶、糖行、糖間、苧麻行、*洋藥舖、客店、腦棧
鄉街	藥舖、木料店、米店、雜貨店	藥舖、木料店、米店、雜貨店、油車舖、糖間、乾果彩帛店、藥材行、染坊、木匠店、布店、飲食店、礱戶、苧麻舖、豬店、販仔間	藥舖、木料店、米店、雜貨店、油車舖、糖間、乾果彩帛店、藥材行、染坊、木匠店、布店、飲食店、礱戶、苧麻舖、豬店、販仔間、腦棧、腦戶、洋煙店、鐵店
村庄庄店	雜貨店	雜貨店、布店、染坊	雜貨店、布店、染坊、腦戶、洋煙乾果彩帛舖、洋煙銀紙箴舖

資料來源：根據林玉茹，〈清代竹塹地區的在地商人及其活動網絡〉，附表3、表3-1作成。

註：*表示以下為新增行業。

　　清中葉以後，隨著內山丘陵地的開發，糖商、油商、苧麻商、染料商以及樟腦商逐漸崛起於城市和鄉街，其中尤以糖商、油商最爲重要[17]。進口方面則無顯著改變，仍以布商、雜貨商爲主。

　　清末臺灣開放淡水、安平等四大港作爲通商口埠，新的進口商品如鴉片在臺地風行，鴉片商（洋藥商或洋煙商）因此興起。以清末中港街爲例，該街專營鴉片煙膏生意的商店即不下二十家[18]，自城市到鄉村都可以看到洋煙館的存在。另一方面，咸、同年間以降，臺灣染布技術的改善，也促使染坊成爲城市、鄉街，甚至鄉庄新興的行業[19]。

　　在出口方面，清末北部地區出口商品轉以茶和樟腦爲大宗，茶商因之興起，而經營樟腦業者也大爲增加。樟腦在竹塹開發之時，即有生產，清中葉積極進墾內山，在鄉街或是村庄出現部分腦戶（灶戶）熬腦。不過，同治七年（1868）以前，樟腦的買賣大多歸料館的軍工匠首管理，再轉售至香港、廣東，或是直接賣與洋商[20]。咸、同年間，私腦買賣已極爲盛行，塹郊商人也曾參與，

17　糖、苧麻、藍靛、樟腦都是清中葉以前興起的出口商品。乾隆五十年，竹塹地區更已出現製糖的蔗廍（參見：第二章第二節）。

18　《臺灣新報》22號（一），明治30年6月6日。

19　1879年新的染坊在艋舺、大稻埕以及北臺灣其他地區開業，並自大陸內地請來有經驗的染匠工作。外國進口的白襯衣布已可以自行染成紅、綠、黑色，而使得需求量大增（1880, C.M.C.P., Tamsui, p. 188）。在大城市中有專業經營紅、綠色染業的染坊，鄉街則以染黑色的烏染坊爲主（水路部，《臺灣水路紀要》，臺北：作者印行，明治28年6月，頁10-11）。

20　《淡新檔案》，14304-4號，同治7年1月21日。

或接受委託收購 21。光緒十三年(1887)實施樟腦專賣政策，腦棧依例設於大嵙崁，竹塹地區則僅有南庄得以設腦棧 22。儘管如此，由於1890年代臺灣樟腦壟斷世界市場，樟腦獲利大增 23，清末竹塹城的大商人如翁貞記、何錦泉、利源號(新竹鄭家)、林汝梅(新竹林家)以及北埔姜家都投入樟腦的熬製和買賣 24。相形之下，茶商的層級和地位皆遠不如樟腦商。竹塹地區由於茶葉的栽植較晚，直至光緒中葉大稻埕的茶商才到此地收購茶葉，加上本地又無茶市場，產地又僅以竹北二保爲主 25，因此竹塹地區似乎未出現精製茶的茶館，僅有向茶農收購茶葉的中間商茶販。茶販資本少，數目也不多，只由茶農買入茶葉，再賣予自大稻埕來的茶商，而很少直接到大稻埕販賣 26。此外，同治年間以降，由於苧布在臺灣市場極受歡迎，竹塹地區每年大量出口苧麻運到大陸地區，製成夏布之後再運回臺地發售 27，清末苧麻與米、糖、樟腦均成爲竹塹地區首要出口商品，苧麻商人的重要性也大爲提高。

　　整體而言，清代近兩百年之間，米商、布商以及雜貨商始終

21　同治三年(1864)，塹郊委託船户林京往窟仔内定買黃四古私腦四百餘擔及軍工料若干，運往廣東汕頭販售(《淡新檔案》，14303-5，同治3年3月9日)。

22　《淡新檔案》，13411-4、5號，光緒20年。

23　林滿紅，《茶、糖、樟腦業與晚清臺灣》，頁13。

24　《淡新檔案》，14312案，光緒20年；《臺灣新報》，31(三)號，明治29年10月4日。

25　有關竹塹地區茶葉栽種情形，參見第二章第二節的討論。

26　臺灣總督府民政部殖產課，《殖產報文》，第二卷二冊(東京：忠愛社，明治32年2月)，頁251。

27　有關苧麻的出口問題參見第二章第二節。

是竹塹地區最重要的商人，清中葉糖商、油商的地位日趨重要，清末苧麻商、樟腦商則因樟腦與苧麻市場需求甚殷、出口量大增而異軍突起，重要性也大為提高。

四、行業的分布

清代竹塹地區隨著市街規模的差異、時間的演變，商店的數目不但多寡不一，而且種類也不盡相同。竹塹地區自康熙五十年代始墾之後至光緒二十一年之間，在社子溪以南至中港溪以北地區陸續出現大小不等的市街和鄉庄，這些市街和鄉庄以雍正末年形成的竹塹城為中心構成一個市街體系。通常從城市、鄉街到較大鄉庄，都有店舖的存在。由表3-2可見，竹塹城為竹塹地區的首要大城市，商人的行業別最多樣化，專業化的現象也較明顯。許多專業的商店，如錫店、銀店，或是官方特許的當舖和鑄戶皆只出現在城市中。商店的分布上，自清初以來，塹城北門街至衙門口街由於正當塹城往舊港交通要道，因此最為熱鬧，店舖也最為密集，營業種類形形色色，其他街道則較為冷清[28]。

位於第二層級的鄉街，不論大小，通常有幾家米店、藥舖、雜貨店，清末則大多有染坊和洋煙館（鴉片煙館）存在。在鄉街中，專門收購或製造出口商品的商人較多，如米商、糖商、腦商、油商、苧麻商；經營進口商品的商人則以藥材商、鴉片商或布商最多。但是，一家商店同時經營多種商品的情形相當普遍，較少專業的商店存在，因此常見的是洋煙什貨店、乾果彩帛店以及米穀雜貨店等。換言之，正如富田芳郎所言，作為「鄉村依存

28　《臺灣新報》，210號（一），明治30年5月23日。

都市」的鄉街，大多以雜貨商爲主[29]。以頭份街爲例，頭份街位於中港溪流域中游，清中葉形成市街，清末時期頭份街至少有五十家商店以上[30]，街上商人有經營米穀、蔗糖、苧麻、木料、染坊、布匹、鴉片以及藥材業者，其中同時兼營兩種商品以上的雜貨商人最多（附表1）。

至於最下層級的庄店（較大村庄中的商舖），以零售進口商品爲主，又以雜貨店和藥舖最多，有些村庄也有染坊和洋煙館的設立。村庄的雜貨店所售賣的貨物，以同治六年（1867）以前大溪墘埔頂庄的義隆號雜貨店爲例，所賣的商品有：井草淺、烏本漂洋、烏池毛、新式白布、漂白布、粉淺布、通連面巾、朱西洋布、虎花布、□莊綢、大同煙、朱難文、朱吱棹幃、錫小盒、洋參、杉箱等[31]。由此可見，即使是村庄的雜貨店都以布匹爲最重要的商品，而且同時陳列中、西式布匹。庄店販賣商品的多樣性，以及村庄與鄉街距離並不遠，或許正是清代竹塹地區無定期市集存在的原因之一。

總之，就行業種類而言，相較於艋舺區域性市場圈，竹塹地區性市場圈內商人的行業種類顯然簡單得多，同一行業商人的層級分化也較少。其次，竹塹地區中產以上商人，常常採取多角化經營方式，同時經營多項進出口商品。就行業性質而言，可以依官方干預程度，分成官商與民商兩種。就行業的演變而言，在康

---

29 富田芳郎，〈臺灣街の研究〉，《東亞學》，第六輯（昭和17年8月），頁39-44。

30 《淡新檔案》，35516-6號，光緒17年。

31 這份清單是張番的義隆號店舖於光緒八年（1882）被搶貨物單，應可視爲該店販售物品清單（《淡新檔案》，第33102-2號）。

熙五十年竹塹地區始墾之前，最先來到此地經營商業的是社商或是番割等番漢貿易商人。雍正末年竹塹城成立之後，商人所經營的行業，在進口方面以布匹雜貨商最多，出口方面則以米商最為重要。清中葉以後，隨著內山丘陵地的開發，糖商、油商、苧麻商、染料商以及樟腦商逐漸崛起於城市和鄉街。清末，鴉片商與染坊商則是自城市至街庄新興的商人，出口方面除了新興的茶商之外，苧麻商與樟腦商隨著出口量的增加，地位越來越重要。就行業的分布而言，竹塹城為竹塹地區的首要大城市，商人的行業別最多樣化，專業化的現象也最明顯；位於第二層級的鄉街，通常有幾家米店、藥舖、雜貨店，清末則大多有染坊和洋煙館(鴉片煙館)存在；至於最下層級的庄店則以雜貨店和藥舖最多。

第二節　商業經營形態

前人研究中，由商業經營形態來區分商人類型的以《臺灣私法》第三卷為嚆矢，後來的研究大多沿襲這種分類。《臺灣私法》將商人分成行郊、辦仲、割店、文市、販仔、出擔、路擔、整船、水客以及番割等十類，而且也提出由行郊商人、割店、文市、販仔、至顧客之間的商業行銷系統[32]。《臺灣私法》的分類，大概包含了清代臺灣傳統商人的基本類型，但是這種分類主要是以區域性大城市臺南的商業活動為依據，本身忽略了地域之間的差異，而無法確切地說明竹塹地區商人的經營種類；另一方面，《臺灣私法》較偏重靜態的描述，而未能展現這些商人在時

32　臨時臺灣舊慣調查會，《臺灣私法》，第三卷(上)，頁212-216。

間上的動態變化。舉例而言，辦仲主要出現於南部臺灣，並非全臺均有 [33]，各地區行郊出現的時間並不一，商品行銷的模式也不盡相同。本節基本上，僅針對竹塹地區作深入的討論，分析這種地區性市場圈商業的經營形態。

在《淡新檔案》中，對於竹塹地區不同經營形態商人的指稱，主要有郊戶、舖戶、小販、番割以及客商等五種。郊戶又稱郊舖、郊行，指從事進出口貿易的商人；舖戶意指在街庄開設店舖的商人；小販是無固定店舖，遊走於各地買賣商品的小商人，或是在市場、店舖前以及街旁擺賣的攤販；番割則是略通番語，進行番漢交易的商人；客商則是自外地來行販的商人，特別是自大陸內地來者。其中，由於大多數的郊戶都設有店舖，因此郊戶有時也稱舖戶 [34]。無論如何，這五種類型的商人，大概已展現了清代竹塹地區商人經營方式、商業規模以及活動範圍的差異。以下依其性質的差異，分成進出口貿易商、批發或零售的店舖商人、小販與客商以及番漢交易商等四項來說明這些商人及其商業經營的特色和變化。

一、進出口貿易商：船戶、水客及郊商

參與竹塹地區進口貿易的商人有船戶（或稱整船）、水客以及郊商。這些商人的活動範圍最廣，通常遍及大陸各港和臺灣中部

---

33 臨時臺灣舊慣調查會，《臺灣私法》，第三卷（下），頁41-42。
34 例如光緒十六年(1890)，高恆升在保結業戶金得利充當香山、舊港以及中港口書時，有時自稱本城舖戶高恆升，有時自稱郊舖高恆升。也有自稱舖戶、郊戶的，如金德美（《淡新檔案》，12404-48、49、52、104、106、107、110）。

以北各港，與航海貿易有密切關係，也可以視爲海商。

（一）船戶與水客

船戶是竹塹地區最早出現的海商，數量也最多 [35]。他們活躍於清代臺灣各港口，船隻種類形形色色，不但因港口大小不同而種類有異，而且北、中、南三地稱呼也不一。一般而言，除了清末主要出現於通商口岸的西式輪船或帆船之外，都是傳統的中式帆船，又稱戎克船（Junk）。具有商業功能的中式船舶主要有三種：一是橫越臺灣與大陸之間的商船，二是冬天魚季時捕魚，春夏西南風時則往來於臺灣沿岸各港口貿易的大陸漁船，三是主要於往來臺灣南北沿岸各港貿易的臺灣本地船隻 [36]。往來於竹塹地區的船戶即是：大陸來的商船戶、大陸來的漁船戶以及在臺灣沿海各港活動的垵邊船戶。其中，最早來到竹塹地區，而且頻繁地往來於此地的是於沿岸各港貿易的船隻 [37]，北部俗稱垵邊船 [38]。

康熙五十年（1710），竹塹地區始墾之後，由於官方對於北部地區仍採行禁港政策，不許大陸內地商、漁船來到竹塹地區貿

---

35 清末至日治初期，竹塹港帆檣林立，至少有四、五十艘船停泊，1896年進出竹塹港的帆船有648艘（林東辰，《臺灣貿易史》，臺北：日本開國社臺灣支局，昭和7年，頁160-164；《臺灣新報》，71號（一），明治29年11月27日）。

36 林玉茹，〈清代臺灣港口的發展與等級劃分〉，《臺灣文獻》，44卷4期（1993年12月），頁105。

37 新竹南澳漁夫，〈新竹附近船舶舊慣〉，《臺灣產業雜誌》，7號（明治32年2月），頁23。

38 臨時臺灣舊慣調查會，《臺灣私法》，第三卷（下），頁380。

易 [39]，因此最早來到竹塹地區的船戶是臺灣中南部各港的沿岸貿易船隻 [40]。乾隆末年，鹿港和八里坌陸續開爲正口之後，淡水和鹿港地區的垵邊船取代南部船隻，成爲竹塹地區沿岸航行的主要船隻，其中又以淡水港來船最多。嘉慶年間，清廷的港口管制政策漸鬆弛，大陸商、漁船爲了逃避米穀配運賠累，經常捨官方正口不去，而偷越西部沿海各個私口，如竹塹、中港、大安港等 [41]。此時，竹塹地區的土地拓墾又大致完成，除了臺灣本地沿岸航行的船隻之外，嘉慶中葉以前大陸的商、漁船已時常於春、夏南風之際來到竹塹地區貿易，部分在竹塹城專門經營「配運生理」的行舖（郊舖的前身），開始有能力自置商船或垵邊船，往來於臺灣中北部沿岸各港貿易，可能也偶而違禁偷越大陸。因此，最遲在嘉慶中葉以前，進行航海貿易的各類型船戶俱已在竹塹地區活動。道光中葉左右，清廷開放竹塹港爲小口之後，往來竹塹地區的大陸商、漁船更多，竹塹本地商船戶則除了繼續進行沿岸貿易外，也直接到大陸通商。清末，臺灣的淡水、安平等南北四大港埠開爲通商港，西式輪船和帆船東來，竹塹各港一方面因港

---

39 臺灣北部地區的禁港政策，直到乾隆五十三年(1788)開放八里坌港爲兩岸對渡正口之一，方才解禁。但是，竹塹地區仍必須與八里坌港互易，而不許大陸商、漁船私來該地(參見：林玉茹，〈清初與中葉臺灣港口系統的演變：擴張期與穩定期(1683-1860)〉，《臺灣文獻》，45卷3期，1994年9月，頁49-59)。

40 直至乾隆中葉，往來於臺灣北部的船戶仍以臺灣縣和鳳山縣船戶爲主。如乾隆十七年(1752)五月，臺灣縣船戶徐得利由鹿耳門到大甲，七月船戶許得萬由鹿耳門到油車港，鳳山縣船戶李長茂由鹿耳門出口至後龍、中港(國學文獻館編，《臺灣研究資料叢編》，31冊，頁13572-13574)。

41 林玉茹，〈清初與中葉臺灣港口系統的演變：擴張期與穩定期(1683-1860)〉，《臺灣文獻》，45卷3期(1994年9月)，頁60。

口狹小不容輪船進出，另一方面又未對外開放，加上中式帆船運費較低，又能在港口長期等待一些新的裝載 [42]，因此竹塹地區的竹塹港（舊港）、香山港、中港，大致上仍維持傳統航運形式，為中式帆船貿易中心 [43]。

　　清代往來於大陸與臺灣各港之間的商船，載重甚大，大型商船載重千石以上，最大者甚至達三千石至五千石，中型商船則七、八百石，小者則僅有四、五百石。不過，大型商船主要往來於官方正式開門的鹿耳門、鹿港以及淡水諸港，而活躍於竹塹地區的商船，則以中、小型商船為主，特別是載重四、五百石的商船最多，這些商船大多來自泉州地區 [44]。這種商船戶的活動狀況，可以光緒八年到竹塹港運載米穀的泉、廈地區船戶為例：

> 駕商船各港生理，無論臺內關津口澳，或繳驗牌照，或抽釐登餉，……各船進入塹港俱各隨時交牌請驗，一面起卸輕貨，陸續裝下重載，乘此早稻收成，各舟盡皆充滿，或往南北，或抵福、泉 [45]。

42　C. Imbault-Huart著，黎烈文譯，《臺灣島之歷史與地誌》（*L'ile Formose, Histoireet Description*）（1885），研叢56種，頁104。

43　同上註，頁210。

44　由表3-3可見，來塹船隻以泉州地區船戶為主。這些船戶大多在臺灣北部各港遊弋。清末《海關報告》也記載：臺灣北部與大陸戎克船貿易最盛行的地方，依次是泉州、福州以及寧波（1868，C.M.C.P.，Tamsui，p. 160）。大致上，大陸各港與臺灣各港的往來情況是：廈門以南各港較少往來北部各港，至南部各港較多；而泉州、福州以及溫州等船戶則至臺灣北部各港較多，往南部較少（淡水稅關編纂，《明治三十年淡水港外四港外國貿易景況報告》，神戶：明輝社，明治31年9月，頁155）。

45　《淡新檔案》，第13502-1號，光緒8年6月3日。

由這段記載可知，來到竹塹港的大陸商船，通常是運來大陸地區
的手工藝品、精製品等輕貨來到竹塹地區販賣；再運載竹塹地區
土產的米、苧、油、糖等重載出口。除非受到其他行舖僱傭，指
定航行的目的地，否則這些大陸商船戶通常在內地自置船貨或是
接受內地商行的委託販賣 46，在臺灣沿岸各港遊弋，再根據各港
的稅金、土貨生產狀況，選擇最有利的港口起卸 47。他們運來的
內地輕貨，依規定必須「倚行寄售」，並透過該郊行收購土產，
因此通常有固定交易的郊舖，船戶與這些郊行之間往往也具有同
鄉關係或是同宗關係 48。大部分郊行往往也是商船的行保，不但
對船戶寄泊時的所有行為負有連帶賠償責任，甚至代船戶繳交牌
照和各項規費 49。商船出口，則大多採取「傳幫」方式，亦即郊
舖將包買的地方土產「各雇工運至港口，乃商自傳，視先後到
限，以若干日滿，以次出口也」50。由於倚行寄售和等待滿載貨
物出口的需要，來臺的商船一次回航，大多需要二至三個月，一
年往返最多一、二次 51。在竹塹港開放對渡之前，大陸的商船主

---

46 例如光緒十一年(1885)，惠安船戶金順美由惠安來香山港，所載
的60箱苧布，30箱為逢元號所有，萬順號10箱，結成號20箱(表
3-3)。
47 有關內地船戶來臺，如何選擇停泊港口的討論，參見：林玉茹，
〈清末新竹縣文口的經營——一個港口管理活動中人際脈絡的探
討〉，頁88-89。
48 例如，惠安船戶蕭宇拱向香山街德盛號的蕭揚馨買苧，萬成號曾
兜將樟腦配寄曾永茂號(表3-3)。他們多是同鄉兼同宗關係。
49 同上註，頁96-99。
50 林百川、林學源，《樹杞林志》(1898)，文叢63種，頁99。
51 淡水稅關編纂，《明治三十年淡水港外四港外國貿易景況報
告》，頁156。

要於春夏季時來到塹港貿易 [52]，道光初年竹塹港開放之後，秋冬時期漸有商船來塹 [53]。

　　除了專門從事商業貿易的商船之外，乾隆末年至嘉慶年間泉州地區的漁船，俗稱翻身船，已常於春夏非漁季之際，來到臺灣中北部通商貿易。這些漁船大者載重千石以上，中者四、五百石，小者二百餘石，形狀與載重雖與商船略同，但是兼營漁業和商業 [54]。他們通常於每年冬季九月至翌年三月漁期之時，從事捕魚；四至八月西南風順之際，或是空船，或是運載鹽、魚脯等物來臺灣中北部沿岸航行，積載雜貨回到內地 [55]。

　　埃邊船是主要在臺灣沿岸各港採集或販售貨物的船隻，在官文書上大都稱作　船。道光初年竹塹港未被官方開放之前，來塹的船隻以埃邊船最多。即使竹塹開口之後，由於大陸來港船隻較少，噸位並不大，季節性的活動又較明顯，而淡水、鹿港等區域性大港的聚集經濟效應又具有反吸作用，加上官方對渡政策的限制，竹塹地區與臺灣中北部大港之間的埃邊船活動始終較為頻

52　道光中葉柯培元的《噶瑪蘭志略》（文叢92種）中記載：「噶瑪蘭春夏之際船隻泊於烏石港和蘇澳港，秋風時期則西渡內地，隆冬時僅有基隆的沿岸小船來駁運」。又如「八里坌未開口時，亦惟春夏船多，今則秋冬皆無不至矣」（頁115-116）。顯然在未開口之前或初期，大陸來港船隻大多於春夏風順時來北部港口，秋冬則內渡。

53　例如同治十一年（1872）十二月冬季，大陸商船金順成等十二艘商船自泉廈地區載貨來竹塹港販賣（《淡新檔案》，14101-59號）。

54　新竹南澳漁夫，〈新竹附近船舶舊慣〉，《臺灣產業雜誌》，7號（明治32年2月），頁22-23。

55　同上註，頁22；《臺灣新報》，91號（三），明治29年12月20日。

表3-3　清末竹塹地區的船戶與船隻航運表

航線	船戶	住居地	販運情形	貨物	資料來源*
基隆港→中港（垵邊船）	船戶金順發即出海林水盆	基隆街	販運經商，光緒二年自基隆將船駛入中港	採販菁糖95擔、早米84石	光緒2.12.28；33215-4
香山港→大安港（垵邊船）	貨主張儀	香山庄	僱大安船戶王烏青運載貨物往大安發售	載運枷梱皮68擔、苧布14疋	光緒11.9.
竹塹港→滬尾（垵邊船?）	船戶金盛順		同治2年載運陵茂號、振益號等米至滬尾寄泊	米198包	同治2.8.12；34102-2
竹塹港→滬尾（垵邊船）	垵邊船	塹城	光緒12年垵邊船五隻滿載木板由新竹至滬尾	木板	光緒12.4.8；13505-8
竹塹港→安平港（垵邊船）	潘江泉，兄潘城裝載木料	北門街	僱船戶合發號即出海曾鵠運木料至臺郡發賣	木料	光緒8.5.26；23601-16
廈門→竹塹港	船戶蔡捷益即出海蔡魯		咸豐2年塹郊金長和付配蔡捷益船自廈運貨來塹	并布、什貨	咸豐2.5.23；33301-5
中港→香山港→內地（大陸商船）	頭北船金協福	頭北	光緒10年中港春源號配運烏糖兩車至香山港，由金協福頭北船出口	烏糖兩車十二包	光緒10.4.18；13503-1
惠安頭北→香山港（大陸商船）	船戶金順美即出海蕭良順（自造商船）	惠安	光緒11年由惠安整貨來臺	坤源號紫花布136仝、苧布60仝（逢元30、萬順10、結成20）、牛油2500觔、蚵干38袋、白豆22石、蘇茨3100觔、溫州紙163綑、生鐵4250觔、手巾皺布124疋、銀魚30袋618斤、白蝦20袋、油布100疋、雨傘800枝、鹽	光緒11.2.24；33505-1、2、22
興化→香山港	船戶柯萬興即出海柯傑	興化	光緒5年載貨來香山港發售		光緒5.4.27；15210-2

航線	船戶	住居地	販運情形	貨物	資料來源*
內地→竹塹港→泉廈（大陸商船）	船戶金順成、金陞玉、瑞興寶順倉口等13戶	泉廈地區	同治10年運載貨物入港，期運載米穀而回		同治11.6.2；14101-59
泉州→竹塹港（塹郊商船）	塹郊商船金妝成	塹城	光緒10年由泉州運載麵線、紙箔、雜貨、麵線、紙箔、雜貨來塹		光緒10.11.17；《法軍侵臺檔》頁348
泉州→中港	頭北船戶蕭憨	惠安	光緒7年由內地載私鹽來臺	私鹽四百餘擔	光緒7.7.；14201-18
竹塹→內地	鄭迪（鄭卿記郊商）	東勢庄	道光25年買樟腦運載至內地販售	樟腦	道光25.7.23；22601-5
竹塹港→內地（塹郊商船）	塹郊合順號等十家	北門街	同治7年八月由合順號辛勞管押金長發船載貨往北發賣	米250石、糖78包、草片紙2擔、蕃蓆8領、泥豆10袋、芎蕉1擔、金石斛10擔、摘枋4塊、城蓋枋4塊	同治7.9；33503-1、2
香山→內地（大陸商船）	金協興號即蕭禹拱	內地	金協興由內地來香山港，以貨物向香山街德盛號蕭揚馨易苧	苧麻	光緒14.9.30；33329-1
中港→內地（船頭行）	舖戶恆芳號即船戶金日昇即出海陳箴（舵水十一人）	中港街	咸豐11年，裝載米糖各貨出口至內地	米、糖	咸豐11.4.7；15206-1
竹塹港→內地	曾永茂船		萬成號曾兜買樟腦二百餘擔配寄曾永茂船出口	樟腦	咸豐7.4.17；14301-6
鹽水港→廣東汕頭	船戶林德興即林京（塹郊船戶、職員）		塹郊託林京定買窟仔內黃四古私桕四百餘擔及軍工大料，配載出口	豆粕1500片、藤柴100擔、樟木料80餘件、薯榔40餘擔、樟腦87袋	光緒3.3.9；14303-5

資料來源：《淡新檔案》。

繁[56]。這些垵邊船載重大者二百石，小者七、八十石，通常配水手五、六人以內[57]。由表3-3可見，垵邊船雖然大多是臺灣本地船戶[58]，但可以分成二類：一種是因聚集經濟效應，由淡水、基隆或是鹿港等大港來的垵邊船戶，他們經常往來於竹塹的竹塹港、香山港以及中港搜購、販售貨物；另一種則是竹塹本地船戶運載本地土產至淡水港、基隆港以及鹿港等大港集中出口，或是至其他大安港、紅毛港等中、小型港口搜購、發售貨物。垵邊船戶與商、漁船相同，通常在往來貿易的港口也有固定交易的行舖。

上述船戶的營業活動，又可以分成自運自售和依運輸契約、接受僱傭兩類。前者，是在某一個地方買入物品或接受行舖委託，以自己的船隻運載到其他地方販賣；後者則接受某商行的運輸委託，僅收取傭金和貨物運費。一般而言，兼營兩者情形頗為普遍，只是稍有偏重，在竹塹地區港口活動的船隻以僱傭船隻較多，自置船隻的較少[59]。同治五年(1866)，竹塹郊商經常僱傭的船戶大約有二十七戶[60]。

水客是搭乘他人的帆船，往來於港口貿易的商人。無論是大陸來的商船或是臺灣沿岸港口的垵邊船，時常有水客同行買賣貨

---

56 林玉茹，〈清代臺灣港口的互動與系統的形成〉，《臺灣風物》，44卷1期(1994年3月)，頁91-95。

57 新竹南澳漁夫，〈新竹附近船舶舊慣〉，頁23。

58 由《臺灣私法》第三卷下冊，對於基隆、臺北等十二港的調查可發現：在臺灣沿岸進行航海貿易的船隻全部為臺灣本地人所有，而在臺灣與大陸之間進行貿易的則大多為大陸船隻(頁376-378)。

59 黑谷了太郎，〈戎克船に關する調查〉，《財海》，36號(明治42年5月)，頁21。

60 《新竹縣采訪冊》，文叢145種，頁182。

物。不過，竹塹本地郊舖也常兼營水客 [61]。因此，水客也可以分成大陸水客和臺灣沿岸港口水客以及本地水客三種。此外，一些回內地省親的移民，通常會臨時購買土產隨船至內地販賣 [62]。

(二)郊商

除非本身是竹塹本地人，否則船戶和水客大多是暫時來到竹塹港營生的商人，而在地經營進出口貿易的商人主要是檔案中所稱的行舖或郊戶。行舖通常出現在港口市鎮或是大型鄉街 [63]，在港口出現的行舖以從事進出口貿易為主，但是在未成立商人集體的組織──郊以前 [64]，通常「各商各為配運」，稱為行舖或是

---

61 臨時臺灣舊慣調查會，《臺灣私法》，第三卷(下)，頁40。竹塹地區的郊舖，事實上以出口米穀或砂糖為多。而由柯培元《噶瑪蘭志略》載：「臺灣生意以米郊為大戶，名曰水客」(頁117)，大概可以推測：除了區域性的大港口之外，臺灣北部地區性港口如大甲、竹塹港、烏石港的郊舖以配運米穀為主，稱米郊或水郊。這些米郊原先大多於海口等待大陸或臺灣沿岸大港口船隻配運，但一旦營運規模擴大，也會自置船或僱船至大陸販售。同治七年(1868)如塹城金長和各號合僱米、糖至大陸發售，並派有郊行辛勞為押載(《淡新檔案》，33503-1號，同治7年)，即是水客的活動。

62 例如同治十二年(1873)，在郊舖鄭同利號家私塾教讀的生員陳寶書，搭劉順發號船回內地，其子在香山港買五擔苧、二斤絲，陳寶書有番席(大甲席)十三頂，枕頭箱一個、烏藍布十七疋、鹿茸一對、官燕一盒、羊羔一斤，及其他雜物(《淡新檔案》，11703-1號，同治12年6月)。

63 臨時臺灣舊慣調查會，《臺灣私法》，第三卷(下)，頁38。

64 官方文書中對於屬於商人團體的郊戶和各別郊舖的指稱，並未嚴格區分。本文為方便區分起見，稱商人團體為郊，個別郊行為郊舖。

「散郊戶」[65]。

　　郊商是自大陸、臺灣沿岸各港來的船戶、水客以及行舖取得進口商品，又包買地區性物產出口的進出口貿易商人。他們通常在港口市街上設置店舖，規模大者或兼營水客，或僱傭船隻，甚至於自置船隻，出海貿易，一般稱爲船頭行；規模小者則僅接受來港船戶或水客的委託販賣商品，或是代爲收買土產，而收取百分之二的傭金，它們通常兼營籤舖、布舖等割店（中盤批發商），即一般所謂的九八行[66]。竹塹地區雖然有專業的九八行存在[67]，但是大部分在地經營進出口貿易的商人，無論散郊戶或是郊戶，都專門經營「配寄生理」或「配運生理」[68]。配寄生理是指郊商自產地收購出口商品，集中至港口市街，再依序配寄來港船隻，運至本島區域性大城市或大陸各地販賣，同時可能用以物易物或現金交易方式，包買來港船隻的貨品，以對內批發販售。以經營布匹、米穀配運的郊商而言，即「專謀辦米穀間外水等處布匹雜貨，以及在臺配寄外水，辦倚兌九八生理」，甚至於「以作店口零星綢布等貨發兌爲本」[69]。一般而言，竹塹地區大部分的郊

65　蔡振豐，《苑裡志》（1897），文叢48種，頁83；林百川、林學源，《樹杞林志》，頁98。

66　臨時臺灣舊慣調查會，《臺灣私法》，第三卷（上），頁212。

67　例如光緒十七年（1892），西門街的倪連溪開設泉成號九八行（附表3）。

68　在官方文書中，郊戶都自稱經營「配運生理」或配寄生理，如香山街的蕭揚馨；或稱做船隻生意，如香山街德利號吳鯭（附表3）。

69　這段文字出現於明治三十七年（1904），在打狗開設隆興昌記號米穀布疋郊舖的契約書中（小林里平，〈合股字を紹介〉，《法院月報》，3卷11號，明治42年11月，頁166-167），雖然它並非竹塹地區的資料，但是卻很能說明在次系統港口活動的郊舖的特色。文中「外水」應指不在地的客商。

舖，並不像安平或鹿港等區域性大城市批發與零售完全分化。地
區性的郊舖通常兼具船頭行與九八行性質，而且兼營水客和割
店，甚至於兼營零售業[70]。部分零售商人也有臨時參與配運生理
的現象[71]。即使在包買地區性商品方面，郊商也常常直接到產地
去收購商品，而未假手於中間商人[72]。不過，清末郊商也在內陸
的市街設分店，例如利源號在鹹菜甕街、蔡興利在新埔街、吳振
利甚至是遠在樟腦產地大湖街開店[73]。由此可見，在本地土產的
包買系統上方面，顯然也未完全分工。

　　竹塹郊舖取得進口商品除了透過海上管道之外，也會自鄰
近的大城市艋舺、鹿港或沿海港市，經由陸路搬運貨源來塹城
（表3-4），有所謂：「大甲鰲棲及上下各埠頭，每有布篋貨物，由
路挑運竹城，歷來無異」[74]。從許多資料顯示：地區性的進出口
貿易活動，事實上是相當複雜的，無論是商品的進口或出口，都
是多源管道。自基隆至鹿港地區沿岸港市的郊舖，大多有商業往

70　臺灣北部地區郊舖兼營零售店舖的現象，極為普遍。柯培元，
　　《噶瑪蘭志略》：「（米郊）自淡艋至蘭，則店口必兼售彩帛，或
　　乾果雜貨，甚而以店口為主，而郊行反為店口之稅戶。」（頁
　　117）；卓克華，《清代臺灣的商戰集團》（臺北：臺原出版社，
　　1990年2月），頁109。
71　例如光緒二十年(1894)塹城合成號木匠店，欲買樟腦配寄內地
　　（《淡新檔案》，14312-6號）。合成號的例子揭示：或許在港口市
　　街的店舖，不分大小，都可能參與出口產品的配運生意。換言
　　之，地區性市場圈的商業活動中，郊商的勢力雖然最大，但是商
　　品的出口並非絕對由郊舖操控。
72　例如咸豐十年(1860)，鄭開為郊舖催往內山運載木料（《淡新檔
　　案》33204-24號，咸豐10年1月23日）。
73　參見附表3、表3-5。
74　《淡新檔案》，33705-11號，光緒10年。

表3-4 清代臺灣北部地區的販運活動

人名	籍貫	住地	營業	路線	資料來源
陳先聚	惠安	艋舺	販賣藥材生理	由艋舺往後龍街、大甲沿路發賣藥材	光緒2.4.18；33402-4、7
李江海等十人	同安	和尚洲	行商採買布疋（西洋布、紫花布）衣服（羊裘、衫褲）銀紙、黃麻、魚脯	在艋舺買貨約同眾夥挑運赴塹城，在頭重溪望寮被搶	咸豐7.10.21；33101-1
呂水景		大湖口	耕種為生	兄弟合夥湊銀壹百元買茶，挑往艋舺發售	光緒16.3.27；33706-2
羅清安	漳州	紅毛港	雞販	由紅毛港挑雞往淡水售賣	光緒9.10；33135-19
朱義	澎湖	紅毛港	討海渡活	由紅毛港載花生至艋舺	光緒11.4.5；33505-61
連葵芳		鹹菜甕	栳長	在鹹菜甕僱工挑栳經龍潭埤前往艋舺栳棧金瀛豐交收	同治10.2.14；33207-1
梁如清	鎮平	竹北一保鹿寮坑	與羅有春、有福兄弟合夥開張金瑞記販賣樟栳生理	光緒6年買栳2556斤裝作21擔，僱本號工人押往艋舺金寶行，賣銀230元	光緒6.7.30；33211-1
林清賜	同安	北門街	承祖瑞源公號	與曾益吉合夥金永承置舊社渡船頭溪洲仔埔業，僕佃栽種，佃人吳天主僱倩吳文車載菁叢，又工人挑菁24擔	光緒4.8.9；22414-18
曾諒	惠安	塹城北門街	永發號木料生理	由竹塹城往內山採買天津木料四十六件，又船下金四件，絞筏僱工由溪放至舊港欲賣船戶	光緒7.5.18；23601-1
彭老邦	同安	海口庄		光緒7年至內山販買木料四十餘車，寄存劉子謙家	光緒8.9.30；33119-6
高秋月		料館		向橫山韓阿傳定木料一排，價洋銀60餘元，以付天津	光緒8.6.3；33119-1
蘇阿尾	永定	塹城暗街		由暗街至南勢一帶村庄兌換農具，並買苧仔等項	光緒12.6.5；33214-1
黃阿旺	饒平	茄苳坑	耕種為活	挑炭至中港街賣	光緒2.閏5；33401-44

表3-4　清代臺灣北部地區的販運活動（續）

人名	籍貫	住地	營　　業	路　　　線	資料來源
劉祿				與工人至內山運草	光緒6.10.1；33318-6
吳鳥調				挑貨往內山	光緒4.5.13；33317-15
郭泰		竹北二保過溪仔庄		身帶銀七元，並雨傘、糖籠來塹城買糖	光緒14.1.29；33408-12
姜阿進	陸豐	三灣崁頂庄	耕種為活	往三灣收付糖銖而回	同治12.12；33311-6
宋細苟		柑仔崎		往頭份街買米	光緒1.3；33401-5
陳海		牛埔庄		由牛埔庄到塹城買魚脯	光緒2.4；33402-4
陳阿日	溫州	新埔街	叔叔賣藥丸生理為活	由新埔街拿宣爐至塹城典當	光緒8.2.18；33118-3
彭林氏	陸豐	大壢頭	賣果子豬羊	由大壢頭至大份林庄買豬	光緒11.10.14；33309-2
湯鼎成	鎮平	嘉志閣	做藥店生理即泰生號傭工	由嘉志閣至塹城恆隆號採買藥材	同治13.9.9；33701-2, 4
鄭額	潮州	彰化城	販賣藥材、洋參什貨	由鹿港僱工人挑運洋參、藥材、玉器什貨往艋沿路發售，同治13年暫住新埔街蔡興利號	光緒1.2.28；33313-1, 4, 5
劉福	同安	田心仔		由田心仔庄上山採薪用牛運回	光緒6.9.28；33318-1
邱連旺	嘉應州	赤牛欄田心庄	開張吉源號彩帛、什貨生理	光緒9年9月8日往後龍買靛菁，11日回塹城	光緒9.10；22410-40、4
源發號	漳州	大甲街	在大甲、鹿港開張布	由大甲僱工六人擔挑襖布十八□到塹城利源號	光緒10.6.4；33705-13
陳得		葫蘆墩三角仔	販賣魚脯度日、耕販為生	由葫蘆墩擔竹殼二擔來後龍賣，再至竹塹城買魚脯	光緒2.4.18；33402-4、15
蕭威	晉江	牛罵頭	販賣銀針生意	由牛罵頭來竹塹城販賣	光緒2.4.18；33402-4

資料來源：《淡新檔案》

來。而參與營運的商人也相當多樣化,郊商只是最主要的操控者。

　　竹塹地區的郊舖主要分布於竹塹城的水田街、北門街、米市街、太爺街,香山的頂寮街和下寮街[75],以及中港街。中港街部分郊舖是由來自竹塹城或是後龍街的郊商所開設,足見中港是竹塹城和後龍市場圈的重疊區與過渡地帶。不過,有關竹塹地區郊商的資料,目前以竹塹城最為完整,中港和香山港則由於兩港未成立郊,在地的行舖只是「各自營運」的散郊戶,加上竹塹郊商活動也在兩港活動,因此較難還原兩地的郊舖。

　　由附表2可見,清代竹塹城至少曾經出現上百家郊舖。自乾隆初年到嘉慶年間,由於竹塹港尚未正式開口,因此經營的方式大概以九八行為主,亦即僅代客商販售、包買商品,而自置商船或僱傭船隻至大陸各港貿易的情形較少。嘉慶初年左右,竹塹地區商業活動更為活絡,來到竹塹的商、漁船漸多,乾隆年間經營九八行的商人也陸續擴張規模經營船頭行,至道光年間竹塹港開為小口之後,經營船頭行商人者更多。竹塹地區主要的郊舖,在道光年間幾乎都已經出現[76]。

　　郊舖向船戶收購的內地輕貨主要是供應地區性市場圈所需,有時也會僱船轉口至臺灣沿岸港口販售,如表3-3的張儀,僱船運貨至大安發售。除了少數例外[77],郊舖大都是經營多項進出口商

75　新竹文獻委員會,《新竹文獻會通訊》(1954年原刊),成文本92號(1983年),頁198。
76　目前已知竹塹城郊商共98家,道光年間以前已在塹發展的佔73%。詳細資料詳見第四章表4-2。
77　如南門街振春號苧麻行。

品的「雜色生理」，如陳和興兼營礱戶、布帛，利源號經營米、布帛生意，清末則經營樟腦熬製和販售。清末本地部分郊舖雖然已有能力自置商船往來於兩岸貿易，如竹塹的利源號、曾瑞吉以及中港的恆芳號 [78]，不過仍以僱傭船隻的方式居多，而且郊商常常以集體合僱船隻的方式，以分攤費用，減少貿易風險 [79]。

船戶、水客及郊商主導了清代竹塹地區的進出口貿易。雖然清中葉以降，竹塹地區部分郊舖已經可以透過自置商船或是僱傭船隻方式，裝運貨物出口貿易。但是，更普遍的狀況是：由不在地的大陸或是臺灣沿岸港口的船戶和水客，運載輕貨來到竹塹各港寄行販售，亦即用以物易物或現金交易的方式與在地的郊舖交易；另一方面，依序等待「傳幫」，裝載郊舖所收購的土產重貨出口。

二、坐賈：中盤批發、零售的店舖商人（舖戶）

郊舖自船戶或水客取得船貨之後，通常賣予從事批發的割店，割店再將商品販賣予零售的文市，這是日治初期所調查出「郊舖（進出口貿易商）—割店（批發商）—文市（零售商）」基本型的商業行銷體系。不過在清代文獻中，通常僅將具有店舖的商人，統稱「舖戶」，並未區分割店和文市。再者，誠如前述，由於郊舖大多開設店舖，而且竹塹城這種地區性的市街規模較小，不像區域性大城市艋舺商業分工趨於專業化，因此竹塹地區的郊舖通常兼營大盤、中盤批發，甚至零售商品予消費者。這些郊舖

78　《淡新檔案》，33329-1號，光緒14年9月；11701-8號，同治9年11月。

79　如同治七年（1868）塹郊合順號等十號郊舖，合僱金長發船運載米、糖等貨至內地（表3-3）。

的性質，誠如清中葉來臺的臺灣道姚瑩所言：

> 所云郊商者，不出郊邑，收貯各路糖米，以待內地商船兌
> 運而已。此坐賈，非行商。故無肯以重貲至內地者[80]。

　　因此郊舖與舖戶時常混稱不分，「舖戶」可以視爲所有具有店舖商人的總稱。儘管如此，從事進出口貿易的郊商，仍與一般固定於街庄開張店舖的「坐賈」不同。郊舖是經營進出口貿易和大盤批發的商人，他們除了在內陸活動之外，也參與海上貿易活動或是與來港的船戶交易，因此商業活動範圍不但涵括整個地域，而且常常是跨地域的區域性商業活動。坐賈則包含中盤批發商和零售商，純粹在內陸活動，自港口市街的郊舖批買商品，而於街庄經營中盤批發或零售生意的店舖商人。除了清末少數經營樟腦等專賣商品的店舖之外，這些坐賈的活動範圍，大多限於以竹塹城爲中心的地區性市場圈內。

　　清代竹塹地區自港口市街(包含城市)、大鄉街、小鄉街至大鄉庄都曾經出現坐賈。這些坐賈大都具有固定的店舖，通常也有固定商號。店舖的組織通常包含家長與「辛勞」(即夥計)，較大商舖可能還另設掌櫃管理賬務 (附表1)，越大店舖分工越細。由於資料相當有限，要重建清代各市街或鄉庄的舖戶，已經不太可能。表3-5是《淡新檔案》中各市街某些時間所出現的舖戶。大體而言，市街規模越小，舖戶越少，一個小型鄉街如道光年間的三灣街，店舖不過十餘家，而清末的大鄉街頭份街則至少五十家商舖以上。此外，隨著商業活動的發展，市街的舖戶數大概都是與時俱增。

　　80　姚瑩，《中復堂選集》(1821-1841)，文叢83種，頁135。

表3-5　清代竹塹地區已知各鄉街商號

市街名	時　間	家數	商　號　名　稱	資料來源
塹城西門?	道光23年	25	□連、新福泰兌貨、茶瑞、三益合記、永昌合記、金順利記、隆興信記、益興晉記、進興信記、自成信記、金同成記、聚發長記、瑞茂林記、怡盛源記、川盛梅記、政和林記、金茂、吉昌、寶源、恆順信記、新興、協源、尚泰、泰昌、瑤興信記	《淡新》12202-11
三灣	同治12年	7	□□局號、榮昌黃記、鎮和徐記、新興黃記、□□義記、德美黃記、接興	《淡新》12301-6
三灣街	同治13年	16	合發信記、源和林記、張徐笙記、泉福號、□□徐記、□□徐記、鎮和徐記、嘉勝黃記、德美黃記、德昌黃記、□□□記、榮昌黃記、新興黃記、德成信記、榮美兌貨、□□	《淡新》33311-10
九芎林庄	同治6、7年	15	源發兌貨、萬福益記、振隆劉記、化育堂、福成盛記、源勝、永成、昆和、振和兌貨、從順信記、劉萬昌記、九芎林課館、金德勝、協順兌貨、萬坤劉記	《淡新》12209-25;12207-1
九芎林街	光緒8年	33	新順發記、益源姜記、源春、協順、振德謝記、變和、振隆劉記、恆茂兌貨、義隆、振盛彭記、福成□記、茂林劉記、新勝興、廣財、錦榮兌貨、仕樑、寶順勝記、恆生、榮勝林記、舜昌彭記、捷發□記、興隆、姜源興、徐在田、范捷榮信記、黃志寬記、梁豐、劉萬昌信記、揭盛圖書、恆順、□□□、□□、九芎林課館	《淡新》33319-12、90
九芎林街	光緒9年	22	姜源興、源豐、大大兌貨、□源、協順、源□林記、恆淵、變和、興隆、和昌、美和兌貨、慶隆信記、合□兌貨、義昌□□、和順利記、源順、金義發兌貨、金福安、振順、金源昌、榮喜、源順德記	《淡新》12513-4;12223-1
樹杞林街	光緒10年	8	金義成、吳乾記、萬□利記、新合吉記、瑞春陳記、贊元正記、彭陳建信記、彭錦恭信記	《淡新》35510-11
北埔街	光緒12年	20	金同興記、理元信記、逢原兌貨、合利兌貨、萬興、同茂、金長勝、榮和、長壽居、勝興、益興兌貨、□通彭記、德隆信記、瑞興、振利、源興信記、□壽、義興兌貨、□□□□、□□	《淡新》12231-1
新埔街	光緒2年	17	和昌麥記、同盛劉記、潤成信記、和春利記、振發兌貨、天德美記、源錦、協成信記、金潤昌、勝興兌貨、源金、義盛信記(監生劉俊傑)、□勝兌貨、華興劉記、□□、勝錦、劉金星記	《淡新》33307-22

市街名	時　間	家數	商　號　名　稱	資料來源
新埔街	光緒7年	36	乾元亨記、恆和兌貨、威利兌貨、新廣春兌貨、吉利永記、潤源兌貨、桂香兌貨、振發兌貨、廣有兌貨、潤成信記、金德興張記、天德美記、金德勝兌貨、興利、□合信記、和春利記、源錦、□吉□記、振春利記、合隆、□□、利貞、協勝、源和兌貨、長勝兌貨、泰安堂記、瑞香、萬利藍記、行行兌貨、和□兌貨、□興兌貨、萬興兌貨、順發、新順發信記、勝順、新埔課館	《淡新》35506-3
新埔街	光緒13年	10	廣和宮公記、雙和曾記、金利兌貨、源茂兌貨、振和、進發、天德美記、萬安、鼎興兌貨、合裕信記	《淡新》12232-1
鹹菜甕街	光緒10年	12	億昌兌貨、集珍陳記、金義發兌貨、振隆兌貨、濟元□□、廣興正記、合利信記、恆晉陳記、成興、利源、萬吉兌貨、贊育兌貨	《淡新》23801-16
鹹菜甕街	光緒15年	10	振隆號、桂香號、協和號、長鎮號、新發號、義和號、益和號、金合記、廣福昌	《淡新》13214-20
中港、頭份	同治10年	6	源昌□記、新興黃記、德安兌貨、萬寶、□家、德勝利記	《淡新》16506-3
中港、頭份	同治11年	21	義成、金寶興、尊賢鍾記、源泰、合順□記、和盛、義發兌貨、大安、榮昌信記、振昌信記、良記、梓記、和成、萬興兌貨、寶和信記、梓麟謝記、陞昌兌貨、義盛兌貨、裕成源記、遠美謝記、延年兌貨	《淡新》12214-4
中港街	光緒12年	44	珍□兌記、德成信記、興利、□□、利源、興吉、恆順信記、和成、錦發信記、恆生□、安發、瑞發兌貨、榮發、□□、□□□、和安□記、恆美兌貨、合安信記、治安信記、福興兌貨、協□兌貨、裕記、泉順、泉春、義成信記、義□信記、興□、□發、□□、振安、泉安兌貨、和興信記、恆陞□□、□□□□、□□信記、榮興□□、捷勝、□□、泉盛陳記、泉興兌貨、恆□兌貨	《淡新》12515-6
頭份街	光緒17年	51	錦美信記、義香、接興、新延年兌貨、穩好信記、太和兌貨、和春、悅芳、長興林記、泰昌、源利兌貨、協順兌貨、捷源羅記、頭份義成兌貨、集成、源茂、廣義、泉興陳記、德利信記、大安、金福昌兌貨、鼎發兌貨、裕源貴記、恆泰劉記、信香兌貨、集成、利盛永記、源盛兌貨、順興、福興堂兌貨、合興、源和兌貨、錦利兌貨、泗盛、泉茂、益茂金記、義盛、和成、延壽堂、合順陳記、恆興信記、萬盛信記、從盛張記、萬□游記、□興、合利信記、義發兌貨、錦祥□記、錦□、廣盛	《淡新》35516-6

　　這些舖戶依經營方式和規模而言，可以區分成作為中盤批發商的割店和零售商的文市兩種。割店又稱武市，是指經營商品批發的店舖，主要分布於港口市街與大鄉街中。竹塹地區港口市街的割店通常由郊舖兼營，在大鄉街的割店則通常是中盤批發商，而且兼營批發和零售。文市又稱門市或下手，遍布於城市、鄉街以及村庄，是向郊舖、割店、以及販仔包買商品，直接零售予消費者的商店。其中，也有自購原料，加工製成商品販賣的香舖和染坊[81]。商業分工的精細與否，往往視市街的規模而定，在城市和鄉街中的割店和文市常常無法明顯區分，因此將他們視為郊舖以外的店舖商人，可能較理想。

　　就出現的先後順序而言，雍正末年至乾隆初年，竹塹城初成市街之際，割店和文市應已出現。不過，由於市街規模小，從事進出口貿易的行舖大多兼營割店，甚至文市，並未完全分化。乾隆中葉，中港街因具有港口機能，也出現商舖，其性質與塹城類似。乾隆末年，在內陸河谷逐漸形成的新埔街、九芎林街以及楊梅壢街，已出現零售的小商舖，另一方面則包買本地土產，集中至塹城，賣予行舖。清中葉以降，新興的港口市街香山街，以及分別發展成竹塹溪流域與鳳山溪流域大鄉街的九芎林街和新埔街，應已出現具有批發性質的商舖，提供鄰近小鄉街或村庄文市的需要，例如道光二十七年(1847)姜秀鑾已在九芎林街開設藥材行。清末頭份街和樹杞林街的部分店舖也都具有批發性質。這些大鄉街的店舖大都兼營批發和零售，他們主要來到沿海的港口市街取得商品，另一方面也將收購的土貨轉賣予港口的行舖。較小

81　臨時臺灣舊慣調查會，《臺灣私法》，第三卷(上)，頁213-214。

規模、經營零售的文市大多來此批貨。但是，離塹城並不遠，可以一天往返的街庄，直接到塹城交易的情形應不少。例如，同治十三年（1874），竹南二保嘉志閣庄的泰生號藥店，即派「辛勞」湯鼎成直接到塹城郊舖恆隆號批買藥材（表3-4）。

遍布於城市、鄉街以及大村庄的店舖，規模的差異也相當大。部分在城市或街庄的店舖，由於資本雄厚或規模的擴張，通常不只一間店面，而可能同時經營多家商店，或是隨著商業規模的擴張，陸續新開商號。例如，咸豐年間來臺的鄭禮，在南門街開設永興號，共有五座店屋，分別經營米（礱戶）、熟糖、白糖以及瓦等四種生意。道光年間，已在鹹菜甕經商的曾琳發，先後開設益和號、和春號以及源茂號三間店舖，分別經營什貨、製油以及染布業。曾琳發的例子再度印證，在鄉街的坐賈以經營雜貨業者為多，而等到經商獲利更多、資金充裕之後，又擴張規模，經營其他專業的行業。

三、行走負販商人：小販和客商

清代在竹塹地區負販行走的商人形形色色，有在地的走販商人，通稱小販，也有不在地、由竹塹以外地區來此從事交易的客商。

小販是地區性商人之中游離性最高、資本最少的小商人，這些商人的共同特徵是沒有固定的店舖。小販可以分成販仔、路擔以及出擔三種[82]。

---

82 臨時臺灣舊慣調查會，《臺灣私法》，第三卷（上），頁214-215。

販仔，又稱走水 [83]，他們是由市街的割店買入些許商品，到各鄉街店舖販賣的客商；另一方面，他們也是直接自產地收購土產，再轉賣予港口郊商的中間商。由表3-4可見，販仔種類相當複雜，根據其住居地，又分成住在竹塹地區的在地販仔和竹塹地區以外的外地販仔兩類，其中，又以外地販仔為多。在地販仔居住在竹塹地區，活動的範圍雖然可能是跨地域的，但是貨源主要到竹塹城或鄰近大鄉街取得。外地販仔的活動，顯現出清代臺灣北部區域性商業活動的活絡。這些來到竹塹地區的外地販仔，一種是有固定行販目的地的，如蕭威自牛罵頭來塹城販賣銀針，又如住在和尚洲的李江海、曾建等十人，光緒二年(1876)在艋舺採買各式布匹、雜貨，挑運到竹塹城販賣。另一種販仔則是無固定目的地，沿路行走發售商品，或是自鹿港往北至艋舺沿路發售商品，或是由艋舺往南至鹿港沿路發售。前者，如同治末年彰化城的鄭額，僱工人自鹿港挑運洋參、藥材、玉器往北沿路行販，並一度住在新埔蔡興利號家；後者，如家住艋舺的陳旡聚，由艋舺往大甲沿路販售藥材。由於陸路交通極不安全，盜匪肆虐，雖然部分資本少的販仔也獨自行販，但是資本稍大者，往往僱工同行，或是幾人同行，互相照應，有時多達十多人，猶如陸路的商隊。

路擔，其實是在各市街廟前，或是市場前，或是商店亭仔腳下排賣飲食、米穀、肉類以及蔬果，直接零售商品與消費者的小商人。如表3-6，在塹城排賣醬料的柯貫父子以及新埔街賣熟食的侯阿雲。除了專業的路擔商人之外，鄉庄的生產者常直接挑米

---

83 同上註，頁214。

穀、蔬菜、魚貨、肉類等到各市街排賣，例如住在茄苳坑庄的農人黃阿旺挑炭至中港街販賣。甚至於，如光緒年間紅毛港雞販羅清安一般，挑雞遠赴淡水發售。

表3-6　清代竹塹地區的攤販與小販

姓　名	年齡	原籍	在臺住居	家　室	營　業　資　金	資料來源
柯貫/子柯炎	70/32	惠安	暗街	有子有妻	醬料生理爲活，貫在署口排賣，子在北門大街口排賣	光緒 8.4.22；33118-11
蘇阿尾(?)（蘇元俊）	57	永定	暗街		販買農具，至南勢一帶村莊兌換農具，並買苧仔糊口。亦在番社莊鑄館販買出換	光緒 12.6.5；33214-1、3
趙九	36		後車路街		挑販爲業	光緒 19.7；35513-2
許國	32	海澄	中港	有妻子	挑販爲活	光緒 9.7.9；22419-39
楊力	39	晉江	南隘庄		做販賣貨物生理	光緒 8.8.27；33405-4
林梨	76	惠安	莿仔腳		挑菜爲活	光緒 1.3；33109-7
彭文	51	同安	海口	無家室	賣菜爲活	光緒15.8.24；33129-4
吳太			樹林頭	有妻	挑販貨物出門往艋	同治11.1.28；34104-10
宋阿裕	56	長樂	河背庄		肩挑爲活	光緒2.閏5；33401-44
侯阿雲	41	嘉應	新埔街	有妻子	挑熟食在戲臺邊賣	光緒 7.6.17；35506-14
杜燕	70	同安	紅毛港		父子做小販生理	光緒 1.7.26；22504-16
曾鄭才	31	嘉應	頭份街		作豆腐生理	光緒 19.9.7；35305-11

資料來源：《淡新檔案》。

　　出擔，又稱搖鼓擔或小販仔，通常是一個人肩挑商品，行走
於各鄉庄，直接販賣商品予消費者的小商人 [84]。這類商人，可能
是《淡新檔案》中自稱「肩挑爲活」或是「挑販爲活」的小商
人，如表3-6中港街的許國、河背庄的宋阿裕。

　　此外，另一種行販的商人是直接自大陸攜帶商品來臺灣各市
街販售的外江客。由於對本地路徑、風土不熟，自己直接到各市
街行販的風險又相當大，因此這種外江客數目應不多。在《淡新
檔案》中，來到竹塹地區的外江客，僅有一件。通常來臺的外江
客，以販賣布匹爲主，行商範圍相當廣，主要到沿海的大城市販
售。以山東商人王沼清爲例，他從事綢布買賣生理，光緒十九年
（1893）在山東採買上繭綢十二疋，中繭綢五十疋以及下綢若干，
與家鄉四人同來臺北、竹塹、後龍、彰化、臺南等地販賣。先至
臺北，再坐火車至新竹，在新竹城住兩日，賣出十一疋布。其
後，又由新竹僱挑夫至後龍、彰化 [85]。

　　整體而言，行走負販的商人活動範圍相當大，也極有彈性，
不過最大的活動範圍大多不超過一個區域性市場圈，因此是屬於
區域性的商業活動。

四、番漢交易商人：社商、通事及番割

　　清代竹塹地區最先出現的商人，應是從事番漢交易的商人。
例如，始墾竹塹地區的王世傑，即從事番漢交易 [86]。清代在竹塹

84　臨時臺灣舊慣調查會，《臺灣私法》，第三卷（上），頁214。
85　《淡新檔案》，33187-8、10、13號，光緒19年6月4日。
86　蔡淵洯，〈清代臺灣移墾社會的商業〉，《史聯》，7期（1985年
　　12月），頁59。

地區從事番漢交易的商人，大概有社商、通事以及番割三種。社商是沿襲荷治時期的贌社制度，在官府投標以低價包輸番社社餉，而取得番社徵餉權與貿易專利權的商人[87]。通事則是由官方認可給牌，一方面作為番社與官方交涉時的代理人，另一方面則經辦各番社徵輸、差撥、徭役、雜派等事宜，並從事贌社貿易，供應社番日常所需[88]。康熙五十年竹塹始墾之前，由於大甲溪以北仍採封禁政策，移民「非縣令給照，不容出境」[89]，官方政令不及半線以北，僅「寄耳目於三、五通事」[90]，因此在竹塹地區從事番漢交易的商人，以社商和通事為主。康熙五十三年(1714)諸羅縣令周鍾瑄裁革社商之後[91]，官方核可從事番漢交易商人為通事。直至道光二十九年(1849)，由三灣通事林安賴的稟中，仍可見通事在番漢交易的角色：

> 竊淡三灣上年蒙督憲奏定設立通事，備辦油、鹽、布匹，
> 按期與生番貿易，妥為和撫，毋致出山滋擾[92]。

由此可見，官方以通事按期進行番漢交易，主要目的在於撫綏，毋使生番出界擾害耕佃，是以治安為優先考慮，而非基於營利需要。在這種防堵政策之下，自然嚴禁民人至番界私相交易。儘管如此，利之所趨，仍有一種稱為番割者違禁與番交易。番割

---

87 尹章義，〈臺灣北部拓墾初期「通事」所扮演之角色與功能〉，
　　《臺灣開發史研究》(臺北：聯經，1979年)，頁186-187。
88 同上註，頁197。
89 黃淑璥，《臺海使槎錄》(1722)，文叢4種，頁134。
90 周鍾瑄，《諸羅縣志》(1719)，文叢141種，頁75。
91 同上註，頁97。
92 《淡新檔案》，17103-7號，道光29年閏4月1日。

在清代文獻中有相當多的描述[93]，大體上是指能通番語，與番人相熟，於生番界與生番交換物品的人。番割通常娶番婦，與生番關係極佳，因此得以自由出入番社。例如道光中葉，竹塹地區由於生番不時出擾，民人入山樵採，必須待民壯按期開山，始能入山，而番割卻猶能攜帶鹽、鐵、珠子等物入山，與生番交易薯榔、苧仔、鹿皮、鹿茸等物[94]。由此可見，番割在番漢交易中，不但神通廣大，也扮演著收購內山土產和改變內山文化的重要角色，或許在番漢交易中，番割比通事更爲重要。

番漢交易的行爲，稱爲換番。翟灝《臺陽筆記》記載：

> 來則三五成群，漆髮文身，腰弓矢，懷短刀，挾所易布絲鹽鐵，名曰換番[95]。

邊區的番漢交易常選擇固定地點進行，嘉慶年間左右，頭份稍南的斗換坪即是漢番交易的地點，當時有名的番割即是娶番婦爲妻的黃祁英[96]。光緒十三年(1887)劉銘傳積極實施開山撫番政策之後，於漢番交界設換番所，而按期至換番所交易的人，顯然是化暗爲明的番割。清末時期，樹杞林地區至少有內灣、暗潭以

---

93 清文獻中對番割的記載，舉例而言：周璽，《彰化縣志》(1835年，文叢156種)：「內山居民，狡獪而通番語者，為番割。知所嗜之物，購與互換，名曰擺流。」(頁198)；柯培元，《噶瑪蘭志略》(1835-1837年，文叢92種)：「惟內山生番打牲作活，出有麋鹿皮張，一二無賴漢人，習曉其語，私以紅布、嗶嘰、蔗糖、酒鹽，入與互換，名曰番割。」(頁118)；陳培桂，《淡水廳志》，則以隘首為番割(頁33)。

94 鄭用錫，《淡水廳志》(1834)，二本卷二，頁120-121，對開山與番割有詳細描述。

95 翟灝，《臺陽筆記》(1793-1808)，文叢20種，頁7。

96 陳運棟，〈黃祈英事蹟探討〉，《臺灣史研究暨史料發掘研討會論文集》(臺北：臺灣史蹟研究中心，1987年8月)，頁81-82。

及上坪三個換番所。根據日治初期的調查，換番所換番定日爲每月四日，番社帶來的重要貿易品爲：花草、苧絲、魚藤、木耳、鹿皮、鹿茸、青籐、番衣、熊膽、　金線以及木斛。漢人交換的商品則是：酒、鹽（兩者最多）、牛、豬、紅糖、朱裙、銅鍋、銅線、鐵線、剪刀、洋火、耳塞、針、白米、白布、柴刀、鋤、竺篦、藍沙以及角梳[97]。大致上，番漢貿易是生番將番界出產的初級產品與漢人所帶來的日常用品進行交換。這些從事交易的漢人，以內灣換番所的徐炳堂和上坪的徐福勝爲例：

> 徐炳堂，三十九歲，廣東陸豐人，三代以前住通霄街，父親三十歲移往橫山，後爲開墾，移往內灣，財產田地一甲五分，旱地五甲，現金一千元。光緒十三年以來在撫墾局使役。徐福勝，四十四歲，廣東鎮平人，橫山庄雜貨商，財產田地二甲，現金一千元[98]。

由此可見，番割大多是於近山地區從事耕種或是經營商店的小商人，雖然大多爲粵籍漢人，但是早期閩人參與者不少，即使到清末仍可見沿界耕種的閩人參與[99]。

番漢交易由於受到官方的種種限制，供給與消費均不多，交易數量不但有限，而且呈現間歇性狀態[100]。不過，從事番漢交易

---

97 《臺灣總督府公文類纂》，明治29年，乙種永久，5卷4門。
98 同上註。
99 例如王世傑即爲同安人。嘉慶年間在斗換坪開設斗換所是閩籍的張姓人士（陳運棟，〈黃祈英事蹟探討〉，頁81）。又如光緒十五年（1889），住竹南一保田尾庄，原籍南安的黃河蹄，耕種之餘，也透過番婦與番交易（《淡新檔案》，17112-4號，光緒15年1月11日）。
100 蔡淵絜，〈清代臺灣移墾社會的商業〉，《史聯》，7期（1985年12月），頁57。

的番割、通事以及社商，成為墾民入墾的先驅者和情報家，直到
清末他們仍然是向內山移墾的先鋒，而在番漢交界地區的換番所
則是進墾的前哨站。

　　總之，清代在竹塹地區活動的商人形形色色，除了在地開設
店舖的商人之外，自鹿港至基隆之間的區域性、地區性商人也常
來到竹塹地區活動，甚至於有來至大陸內地的商人來到此地行
販，正呈現地區性商人、區域性商人以及大陸客商在竹塹地區之
活躍。不過，其中仍以在地的郊商與街庄的坐賈，數量最多，對
於竹塹地區的影響也最大。其次，透過這些商人的販售與包買活
動，自港口市街‧內陸大鄉街、小鄉街以及庄店之間，形成一個
商品的行銷體系，這個行銷體系正反映出商人的階層性。

第四章
竹塹地區在地商業資本的形成

　　由上一章的討論可見，在地商人在竹塹地區性的商業活動中
相當活躍，郊舖甚至是由在地的商人所開設，顯然在地商業資本
佔有相當高的比例。因此，本章擬以竹塹地區商人的商業資本作
為研究對象，分析這種地區性商業資本的形成與演變過程，並進
一步論證竹塹地區除了來自大陸的商業資本之外，是否有臺灣本
土商業資本存在？竹塹地區的本土商業資本，特別是竹塹在地資
本究竟以何種形態出現？又是如何蓄積的？最後說明在地商業資
本的構成形式。

　　本章所討論的商業資本，是以竹塹地區在地開設店舖的商人
作為分析焦點。這些商人與竹塹地區的聯繫性最強，對地域社會
的影響力也最大，因此以其為中心，討論在地商人資本的來源、
演變以及構成形式。本章所根據的資料，則以《淡新檔案》、
《土地申告書》以及族譜為主，並將其中有關竹塹地區商人營業
狀況、郊商成員以及商人的家族系譜，分別整理成附表1、附表2
以及附表3。這些附表資料都相當零散，也不盡完整，因此無法作
精確的量化分析，但是仍可視為略具參考作用的抽樣樣本，因此

本章據之作簡單的描述統計,以利於討論。

第一節　資本的形成與演變

　　清代在竹塹地區曾經出現的商業資本,可以分成大陸資本、臺灣本土資本以及洋商資本。其中,臺灣本土資本,又可以分成來自竹塹本地的竹塹在地資本和來自竹塹地區以外的本島近鄰資本兩種。這些資本在竹塹地區的形成與演變,可以分成早期大陸資本的獨大與在地化,中期竹塹在地資本的崛起以及晚期竹塹在地資本的優勢,三個階段來說明。

一、早期:大陸資本的獨大與在地化(康熙末年至乾隆年間)

　　直接自大陸來竹塹地區經商營生的商人,其所攜帶的資本即稱為大陸資本。大陸資本是來自大陸地區,而非由臺灣本土所產生,擁有這種資本的商人也可以稱為大陸商人。

　　康熙五十年(1711)竹塹地區始墾之後,土地的拓墾與移民的聚居,吸引了少數來自臺灣中北部或是大陸地區的商人,來到竹塹地區開店經商,此時大陸資本大概已存在。雍正末年至乾隆初年,由於腹地的進墾、商業的發展,竹塹城逐漸形成市街,其時已有不少大陸商人來塹城經商。在竹塹城現存最早的商人捐款碑記—乾隆四十二年(1777)的「武廟碑」,已可以看見塹城的許多老商號:同興號、榮錦號、吳金興、林萬興、杜鑾振、曾益吉、

陳源泰……[1]；這些商號有不少是嘉慶末年左右成立的塹郊金長和之郊商舖號。事實上，乾隆末年以前，塹郊老抽分會三分之一以上的成員已經來塹活動[2]。他們大都直接自大陸原鄉來到竹塹地區經商，主要是在港口經營「配運生理」或是「九八行」生意，等待臺灣區域性港口之商船的來臨，以與之交易。由此可見，康熙至乾隆年間，竹塹初闢之際，來到竹塹地區設店經商的商人，以大陸商人為主，此時可以說是大陸資本獨大期。

　　嘉慶末年左右，大陸地區的船戶與水客已經時常往來於竹塹地區，與本地的郊舖進行貿易。這些船戶是最典型的大陸商人，但是他們在竹塹地區只是短暫停留，游離性相當高。此後，直至清末，始終有大陸商人來到竹塹地區設店經商，並由塹城向內陸的鄉街移動。這些來到竹塹地區開店經商的大陸商人，有些是在大陸已有產業的商人或地主，自攜資金來塹經商，例如，道光初年，來塹城北門街，開設周茶泰號郊舖的安溪商人周友亮。有些則是自大陸借資本來臺經商，例如道光年間自晉江來臺的王登雲，向人借銀兩百元，才來竹塹城太爺街開設和利號；又如在塹城西門街開設嘉興號的張展五，原來在嘉應州松口鎮賣米酒雜

1　乾隆四十二年(1777)的「武廟碑」，現存於新竹市武廟右牆上。過去文獻上所收的碑文僅錄北路理番同知朱景英所撰的「武廟碑」(陳朝龍、鄭鵬雲，《新竹縣采訪冊》〔1894〕，頁175-176)，而漏錄捐題碑文。現該碑文已部分風化，又因無拓碑碑文可參考，因此僅能考證出目視可見的商號。不過，值得注意的是，在該碑記中，也有不少新莊與艋舺商人參與，因此有些商號無法判定其所在地。

2　塹郊老抽分會，即老抽分天上聖母會，嘉慶二十三年(1818)成立，為塹郊成員之一。有關塹郊成員之討論，參見第五章第二節。

貨，咸豐八年(1858)向嘉應州城西門街的天城號借銀三百元，來塹經商。有些大陸商人則出身於內地的士紳家庭，例如道光初年來塹城經商的安溪人周邦正，即出身於士紳家庭，祖父輩曾出一位秀才和一位舉人 [3]。總之，無論這些商人在大陸的身分為何，他們如何取得資金，他們都是直接自大陸攜帶商業資本來塹經商，這些資本也都是大陸資本。

　　清代竹塹地區大陸資本的來源，可以根據表4-1作一個粗略的觀察。在152筆清代竹塹地區商人資料中，有92家商號可以確定其原籍 [4]。其中，竹塹城的商人主要是來自福建泉州地區，其中尤以同安、晉江兩縣最多。這些商人之中，有不少是在沿海港口市街發展的郊商 [5]。少數在內陸街庄經商的大陸資本，特別是內陸保留區和隘墾區的店舖商人 [6]，主要來自廣東嘉應州與惠州陸豐縣。

3　周邦正祖父輩次房奕翰為乾隆三十七年(1772)生員，三房奕新嘉慶十八年(1813)舉人。《周邦正家族譜》，手寫本，1878年，張德南先生提供；吳學明，《金廣福墾隘與新竹東南山區的開發(1835-1895)》(臺北：臺灣師範大學歷史研究所，1986年)，頁42。

4　這92筆資料，當然也包含不少本土資本，不過，一方面由於無法完全清楚分辨這些商人是否屬於第一代來塹創業者；另一方面，不少商人事實上是克紹箕裘，繼承祖業，因此仍全部計算在內。其次，在作商人數目計量統計時，不可避免的問題是，少數商人可能擁有多家店面或店號，然而這方面的確切資料是很難完整取得的，因此產生在計量上難以克服的困難，本文基本上以附表1的筆數兼及個別商號，作為計量標準。不過，必須重申的是由於資料不完整，僅能對目前已掌握的資料稍作描述性統計，表4-1僅是一個參考數據。

5　這個結果與竹塹城郊商的原籍比例，大致相合，有關郊商祖籍的討論，參見第五章第二節。

6　有關清代竹塹地區漢墾區、保留區以及隘墾區的劃分，請參見：施添福，〈清代竹塹地區的土牛溝和區域發展〉一文(《臺灣風物》，40卷4期，1990年12月)。

表4-1　清代竹塹地區已知商人祖籍比例表

單位：人

地	福		建		省				廣 東 省			浙江	合
	泉	州	府		漳州	永春	汀州		潮州	嘉應州	惠州	溫州	
											陸豐		
點	同安	南安	惠安	晉江	安溪								計
城市	24	5	4	7	3		3	1		4			51
鄉街			2			1		1	6	9	7	2	30
村庄	4			2					2	4	1		13
合計	28	5	6	9	3	1	3	2	8	17	8	2	92
％	30%	5%	6.5%	10%	3%	2%	3%	2%	8%	17%	8%	2%	100%

資料來源：根據附表1作成。

　　自大陸直接攜帶資本來塹的商人，大部分選擇在港口市街經營配運生理，開設郊舖。其中，不少商人是先單獨來塹經商，妻小則留在大陸內地。例如道光三十年（1850）由惠安頭北來香山街「開設德利號，什貨並船隻生理」的吳鮹，妻子胡氏和四子皆在內地[7]。咸豐元年（1851）成立的郊舖王和利號，由王登雲創業，直到渡臺二代王經邦時，母親、妻子以及弟婦仍留在內地，經邦則每年寄八百至一千元回內地[8]。這類型的商人具有來塹開疆闢土的性質，基本上與竹塹地區仍處於游離性相當高的狀態，一旦生意經營不善，可能即返回大陸內地。

　　不過，清代來塹經商的大陸商人，除了流動性較高的船戶與

7　《淡新檔案》15215-6號，光緒9年6月。
8　《淡新檔案》22614-33號，光緒19年10月。

水客之外,大部分的大陸商人有逐漸在地化的現象[9],大陸資本也逐漸轉化成竹塹在地資本。乾隆中葉福建巡撫鍾音即已指出:

> 臺灣一郡孤懸海外,人民煙戶,土著者少,流寓者多,皆係閩之漳泉,粵之惠潮,遷移赴彼,或承贌番地墾耕,或挾帶資本貿易,稍有活計之人,無不在臺落業,生聚日眾,戶口滋繁[10]。

「在臺落業」是導致大陸資本轉化成竹塹在地資本的主要原因。第一代來塹經商的創業者,雖然將年幼的子弟留在大陸內地,但是一旦事業有成之後,置屋買地,逐漸落業,而留在原鄉的子弟一俟年長,往往即渡臺承繼家業。前述王和利號是如此,最遲嘉慶年間已來竹塹城發展的蔡啓記號也是如此。蔡啓記第三代的蔡國卿年長之後即來竹塹依親分產,並在太爺街經營金箔店,在北鼓樓街開設夫店。太爺街的郊舖周茶泰號也是相當明顯的例子,道光初年,周友諒與長子多福先來塹經商,二至四子則

---

9 「在地化」這個概念與陳其南所提出的「土著化」概念並不同,土著化是相對於大陸原鄉而產生的概念,是一個移墾社會特有的現象,當移墾社會轉型之後,土著化即結束(有關其論述,參見:陳其南,《臺灣的傳統中國社會》,臺北:允晨,1991年1月。第三、四、五章)。在地化除了相對於大陸地區之外,也相對於本島其他地區。「竹塹」相對於大陸原鄉、以及本島的「艋舺」、「臺北」、「大甲」等其他地區,成為一個對於在地居民具有特殊情感、認同感的地域,而不僅是一個地理名詞。在地化也表現在居民的社會活動空間逐漸以竹塹地區為主,其與竹塹當地的糾結與網絡超過臺灣本島其他地域。此外,在地化是一直持續進行的,一個已經內地化的社會,仍可能產生在地化的過程(有關內地化的論述,參見:李國祁,〈清代臺灣社會的轉型〉,《中華學報》,5卷3期,1978年)。

10 國學文獻館主編,《臺灣研究資料彙編》(臺北:聯經,1993年),35冊,頁15350。

與妻子仍居內地安溪，等到三子年長之後，也渡海來臺繼承家業，從此在塹落業[11]。

有些商人甚至一來臺即在地化了，例如乾隆年間來塹的林高庇，先在舊港船頭庄經營陶器業，稍有積蓄，即娶中港黃氏，生育五子，後來遷居槺榔庄(今新竹市康樂里、南寮里)，開創郊舖同興行，經營進出口貿易，購置田產七千餘石，至其子振聚，又遷商舖於苦苓腳庄(今新竹市古賢里)，從此世代定居，自稱苦苓腳「古賢林家」[12]。道光年間由泉州同安來竹塹城開設郊舖恆吉號的陳耀，也是一開始即在塹定居，子陳信齋於塹城出生，因此光緒二十一(1895)年割臺之際，陳信齋並未回到中國大陸，而留塹發展，並接受日本殖民地政府所頒紳章[13]。

大陸商人在臺落業之後，一旦經商有成，通常大量購置田宅，將商業盈餘轉投資於土地經營或是其他產業上，而在商業資本轉換成土地資本的過程中，往往加強商人對於竹塹本地的認同感，使其逐漸以竹塹地區作為其主要的生活空間，並發展個人及其家族的社會網絡與社會地位[14]。另一方面，商人參與竹塹地區土地的開墾與經營，也使得土地所得的收息，或是轉換成商品，對外出口，或是再度變成商人的經商資本[15]。於是，經過幾個世

11　《淡新檔案》，22609號全案。

12　古賢林姓族親聯誼會，《古賢林姓家乘》(林同興)(新竹：作者發行，1961年3月，張德南先生提供)，頁6-7。

13　大園市藏，《臺灣人物志》(臺北廳：谷澤書店，大正5年5月)，頁54。

14　商人經營其在地的社會網絡與社會聲望可以由善舉、婚姻圈……等觀察，有關這方面的進一步討論，參見第六章第三節。

15　有關商人經營土地的方式與特質，將於第六章第一節作深入的論證。

代的發展，第一代商人所攜來的經商資本已逐漸以竹塹在地資本的形態出現。伴隨著大陸資本在地化的過程，這些商人家庭「生聚日眾，戶口滋繁」。原來創業商號，除了成爲百年以上老商號之外，也因子孫分別繼承經商事業，而分化出更多商號，而這些第二代經商者的商業資本已是竹塹在地資本。

　　以新竹鄭家爲例，鄭家來臺第一代四房的鄭國唐，乾隆四十年(1775)左右，可能已來塹城成立鄭恆利商號[16]，嘉慶年間左右，國唐子崇和又成立郊舖鄭永承，道光中葉以前鄭家長房鄭用謨成立郊舖利源號，四房崇聰子用鈺成立郊舖鄭吉利號，五房用鑑成立鄭恆升號[17]。又如乾隆二十年(1755)左右，已於塹城北門街出現的吳振利號也是一例。乾隆初年左右，吳朝珪(嗣振)偕弟四人來竹塹滴雅居住，朝珪於北門開設吳振利號，弟嗣煥開設吳萬德郊舖。嘉慶年間，吳振利號在臺第二代、第三代又陸續設立吳振鎰號、吳萬吉號、吳萬裕以及吳順記等四家商號，其中振

---

16 一般談到新竹鄭家，都忽略鄭國唐的重要性，甚至誤以鄭氏第一個家號「鄭恆利」為國唐子崇和所創。但是，在《新竹縣采訪冊》(頁218)中可發現：鄭恆利家號早在乾隆四十一年(1776)已出現，而根據《鄭氏家乘》，鄭家於乾隆四十年(1775)來後龍，其後遷居竹塹。來臺第二年即有資本經商，加上崇和(1756-1827)當時不過是一個二十歲、以讀書為業的年輕人，父親國唐(1706-1785)又尚在世，創建鄭恆利者應以經商為業的國唐較有可能。

17 黃朝進，《清代竹塹地區的家族與地域社會——以鄭林兩家為中心》(臺北：國史館，1995年6月)，頁93。道光十五年(1835)新竹鄭家以鄭恆利商號參與金廣福閩籍捐戶，道光十八年(1838)卻已看到鄭吉利號創始者鄭用鈺(文哺)的活動(吳學明，《金廣福墾隘與新竹東南山區的開發(1835-1895)》，頁87、204)。但是，早在嘉慶年間鄭吉利已與竹塹社番有借貸關係(《淡新檔案》，17211-41)。顯然鄭家各房家號(同時也是商號)可能早在道光中葉以前已陸續成立，最遲則是道光末年。

鎰、萬裕及順記皆是郊舖（附表2）。鄭家與吳家的例子揭示，原來屬於大陸資本的郊商，在臺落業之後，經過長期的發展，至第二、三世以降即逐漸轉換成竹塹在地資本，後代子孫所成立的郊舖已是以在地資本的型態出現。

表4-2　清代竹塹城郊商出現時間表

成立或文獻始見時間	數　量	百分比%	累計百分比%
乾隆年間(1736-1795)	18	18	18
嘉慶年間(1796-1820)	30	31	49
道光年間(1821-1850)	23	24	73
咸豐年間(1851-1861)	8	8	81
同治年間(1862-1874)	10	10	91
光緒年間(1875-1895)	9	9	100
合　　　計	98	100	

資料來源：根據林玉茹，〈清代竹塹地區的在地商人及其活動網絡〉，附表4作成。

　　清代竹塹地區大陸商人在地化的現象極爲明顯，以竹塹城的郊商爲例，目前文獻可復原的郊商商號大約有98家[18]，這些郊商出現的時間分布如表4-2。由此表可見，在道光朝(1820年)以前，將近有50%的郊商已來塹城營業，這些郊舖大多數直至清末仍存在，因此都是在臺百餘年以上的商號。此外，有不少郊舖是在臺第二、三代所創，如吳金吉、金和祥、吳萬裕、鄭利源……等（附表2），郊商的本地資本也佔有極重比例。雖然，其中有些郊舖，

18 這98筆資料，參見附表2，基本上已扣除無法確切計量其屬性的塹郊中抽分（船戶）。

仍可能有部分家族成員留在大陸內地，或是自臺遷回內地。但是他們由於身居內地無暇管理在臺產業，往往先分家，並將產業賣與在臺的兄弟或族親[19]。因此，除了游離性較高的船戶之外，許多在港營生的郊商有逐漸在地化的現象。

除了塹城的商人之外，內陸街庄的坐賈比港口市街的郊商在地化現象更為顯著，大陸資本也轉化成在地資本。大部分在內陸街庄營商的商人，都是攜家帶眷來臺定居。例如乾隆二十六年(1761)來臺的劉可佑，率妻子來塹，定居於二十張犁，經營米店，兼務農業[20]。又如粵籍郭萬英，嘉慶中葉渡海來鹹菜甕居住，「以商興家」，在臺第二代和第三代，均在地「相承以善積」，萬英孫蒽海於日治初期並獲頒紳章[21]。

二、中期：竹塹在地資本的崛起

竹塹地區的商業資本，除了大陸資本以及大陸資本逐漸在地

19　例如乾隆四十二年(1777)以前已經來到塹城發展的林萬興號，直到道光二十九年(1849)孫輩林獅、林尚以及林芽時才分家，林尚、林芽由於「悉居內地，難以掌管」，故將應分產業，以價銀五十元，託中歸在臺的堂弟林獅掌理(《淡新檔案》22513-6號，道光29年)。又如北門大街吳萬吉號的吳禎蟾，有子三人，吳有來、士梅、士敬，有來生一子居內地，早先分家，而在臺的士梅與士敬則一直未分家，直至光緒十一年至十四年(1885-88)之間始分家(《淡新檔案》，22222-45號，光緒17年6月14日)。此外，清代文獻資料也常見居於大陸內地的子孫來臺變賣祖先在臺產業的例子。如嘉慶十九年(1814)，杜廷瑞承父信房應得杜怡記先年明買水田19.5甲，因「住春在籍，往來維艱，爰是公立託中，付瑞渡臺變賣」(《淡新檔案》，22511-4號)。

20　劉仲南，《劉氏族譜》，1953年。

21　臺灣總督府，《臺灣列紳傳》(臺北：臺灣日日新報社，大正5年4月)，頁133。

化之外，嘉慶年間以降，也開始出現臺灣本土資本。臺灣本土資本是指商人經商的資本由臺灣本土所產生，擁有這種資本的人也可以稱爲本土商人。本土資本又可分成竹塹地區的在地資本和竹塹地區以外的本島近鄰資本。在竹塹地區開設店舖的坐賈，以竹塹在地資本最多，本島近鄰資本則較少。

　　竹塹在地資本是指在竹塹地區形成的商業資本。這種資本的形成，與竹塹地區土地拓墾和商業的發展皆有密切的關係。乾隆末年至嘉慶中葉，竹塹地區的拓墾方向已由平原逐漸轉向丘陵或臺地地區，嘉慶中葉左右竹塹地區的沖積平原與河谷平原大致完成水田化 22，米穀生產量大增，可以直接向大陸地區偷運出口，於是控制米穀生產甚至於運銷的在地商人應運而生，竹塹在地商業資本也於此時形成。這種在地商業資本的蓄積相當複雜，可能以傭工資本、土地資本、高利貸和借貸資本以及官僚資本的形態出現。

　　傭工資本最常見的是商業傭工。第一代的創業經商者，如果無資本經商，通常是先在商店傭工，學習商務，然後始獨立經商。例如，李錫金於嘉慶七年(1802)來臺，先在某商號傭工，等到累積相當資本之後，嘉慶十一年(1806)方於北門街開設郊舖陵茂號。又如在臺生長的王海，自幼在經營藥材批發的郊舖恆隆號傭工，壯年時則獨立開設藥舖生理。原爲林恆茂管事的林景祥，也於咸豐元年(1851)自開協源號布店生理（附表1）。

　　由土地資本轉化成商業資本，應是竹塹在地資本最重要的來

---

22 施添福，〈臺灣竹塹地區傳統稻作農村的民宅：一個人文生態學的詮釋〉，《師大地理研究報告》，17期(1991年3月)，頁50-51。

源。在竹塹地區有關商人的族譜或檔案中，常可以看見「棄農從
商」和「耕商爲家」的說法，這是土地資本轉換成商業資本的兩
種主要方式。棄農從商大都是家庭成員渡臺落業第二代以後的轉
變，可以分成後代家族成員完全由農轉商，或是家族成員中僅有
幾人改行營商。前者，例如頭份街的林鴻春，自始祖佛賜渡臺，
三代單傳，鴻春一歲喪父，年長即棄農從商，由湳湖庄移居頭份
街，開設「鴻興」商號。後者，應是更爲普遍的現象，如雍正年
間渡臺的鄭廷餘三兄弟，原在紅毛港耕田爲生，至第三代廷餘之
孫文尙時，勸告叔父仲顯（志德）遷居北門外湳雅庄，營商致富，
累積不少家產，其後成立有名的「鄭卿記」[23]。在街庄開設店舖
的商人有更多這種例子，不勝枚舉。樹杞林有名的墾戶彭家，渡
臺祖彭開耀於乾隆三十年代渡海來臺，由王爺壟遷枋寮，又遷芎
林，於邊區致力耕作，乾隆六十年(1795)分家，五子中有三子棄
農從商，其餘二子乾和、乾順致力耕作，嘉慶十一年(1806)彭乾
和更與閩粵殷商集資成立金惠成墾號，開墾樹杞林[24]。其後，乾
和的孫子慶添也在樹杞林街開設藥舖。

　　土地資本轉換爲商業資本過程裡，除棄農從商外，在渡臺落業
的家族傳承中，「耕商爲家」或「耕商爲業」的現象更爲普遍[25]，

23　黃旺成，《臺灣省新竹縣志稿》，卷九，人物志(新竹：新竹縣文
　　獻委員會，1955年9月)，頁29；鄭維藩，《鄭氏族譜》，張德南
　　先生提供。

24　彭氏大族譜編輯委員會，《彭氏大族譜》(新竹：作者印行，1980
　　年)，頁167-169。

25　「耕商爲家」的說法常見於族譜中，「耕商爲活」則如光緒十一
　　年住新埔街的盧張泉和劉步魁，皆自稱耕商爲活(《淡新檔案》，
　　22514-35號，光緒11年8月29日)。

亦即除了經商營生之外，同時從事土地開墾。第一代渡臺祖來到竹塹地區從事土地墾闢之時，有些人已兼營商業，特別是成為米商、製油商或是清中葉的腦戶。例如，嘉慶年間來塹的賴南斗，除在石壁潭庄王爺坑口耕種之外，也在石壁潭開設德和號[26]。但是更多見的是，始祖最初業農，成為大地主之後，在臺的第二、三代利用土地資本兼營商業。例如九芎林街有名的商人李昌運，祖父遺置田產三處，道光年間以前，李昌運又自創生理四號：集芳號、振吉號、慶和號以及錦和號[27]。員崠子庄著名的甘家，渡臺祖甘茂泰於乾隆六十年(1795)攜長孫來新埔三洽水耕作，至第三代甘清性時，除了繼續墾殖之外，已成立「甘永和商號」，經營藥舖生理[28]。清末第五代南旺、惠南，又在塹城南門大街，設立甘永和號店舖[29]。不過，最值得注意的是：原致力於土地開墾事業的北埔姜家，同治年間，渡臺第五世姜榮華開始參與出口商品的販運。同治七年(1868)，姜榮華即與塹郊各商號合僱船隻，運蔗糖至大陸發售[30]。這種現象隱含著兩種意義：一是在土地拓墾活動大概完成之際，擁有土地所有權的地主，將佃戶所繳交的實物地租，直接以商品的形態運至大陸內地市場販賣。一是竹塹地區的郊商資本，除了大陸商人攜帶來的大陸資本之外，當土地拓墾完成，生產力蓬勃發展之下，本土的土地資本也可能轉換為

---

26 劉仲南，《劉氏族譜》，1953年編；賴金盛，《南斗公派下賴家族譜》(芎林)，1965年寫本，臺灣分館藏微卷1365472號。

27 《北埔姜家文書二》，11冊，頁1298，編號035-026。

28 甘照淡，《渡臺始祖茂泰公派下族譜》，1971年；臺灣總督府，《臺灣列紳傳》(臺北：臺灣日日新報社，大正5年4月)，頁138。

29 《土地申告書》，竹塹城南門大街。

30 《淡新檔案》，33503-2號，同治7年9月。

郊商資本。

無論如何,上述這些商人,事實上兼具地主與商人的身分,可以視爲農墾型商人。他們通常是在土地開墾有成之後,一方面將地上收穫物轉換成商品對外販賣,另一方面自己也可能開設店舖,經營土產的收購或進口商品的販售。這種由土地資本轉換成商業資本的現象,最常見於內陸街庄地區。「耕商爲家」的情形,也可能出現在以商業爲始業的商人,特別是逐漸在地化的大陸商人更是如此,他們在經商有成、資金充裕的狀況下,將商業資本投資到土地經營上,而成爲商墾型地主[31]。大多數在塹城有名的郊商或坐賈,如李陵茂、林恆茂、鄭恆利等,多多少少都投資土地經營或買賣[32],甚至於將收租所得的生產品以商品的形態對外出口[33]。

總之,耕商爲家大致上有兩種模式,一是由農兼營商業,或許可視爲農墾型商人,例如北埔姜家、員崠子甘家均是典型;另一種是由商兼營農業,可以視爲商墾型地主,例如李陵茂、吳振利、吳金興、葉源遠……等。中、上資產的商人,同時擁有地主

---

31 全文參見:黃富三,〈試論臺灣兩大家族之性格與族運——板橋林家與霧峰林家〉,《臺灣風物》,45卷4期,1995年12月。

32 施添福已指出:塹城郊商常在商業活動累積了大量財富之後,將部分商業資金轉投資於購買水田化的土地(施添福,〈清代竹塹地區的聚落發展和分布形態〉,收於陳秋坤、許雪姬主編,《臺灣歷史上的土地問題》,臺北:中研院臺灣史田野研究室,1992年12月,頁93)。不過,有關商人與土地之間的關係,相當複雜,將於第六章第一節作深入討論。

33 同治七年(1868),已經擁有大批土地的李陵茂、何錦泉號以及王和利號,即將米僱船運至內地發售(《淡新檔案》,33503-2號,同治7年9月)。

身分的現象極爲普遍，兩者常是兩位一體。從事小本經營的「下
賈」小販，除了專業的小販之外，常常是亦農亦商，「耕販維
生」(表3-6)。這些在田裡耕作的生產者，往往於農暇之際，帶著
生產品到鄰近市場或是直接挑運到竹塹城或艋舺等大城市販賣。
例如，住在婆羅汶庄的謝阿賜，平日耕種渡活，有時「牽賣豬
肉」[34]。由新庄遷居鹹菜甕耕作維生的彭逢春，在成爲大地主之
前，一度擔柴到竹塹城販賣，生活度日[35]。

　　棄儒從商與棄農從商是類似的狀況。以「教讀爲業」的夫
子，或是原習儒課、打算科考的子弟，放棄科舉改習商業，即爲
棄儒從商。例如，李錫金(李陵茂號)之五子聯英(又字參前，號華
苑，1828-1901)，《銀江李氏家乘》記載其「稍長從師課讀，穎
異冠儕輩」，後來「棄儒習賈」[36]，不但繼續經營李陵茂號，而
且另創商號李豐記，置產無數。原居竹北二保石崗仔，來臺第三
代的朱緝光(1855-1894)，身居佾生，卻棄儒就商，光緒八年
(1882)獨自遷至新埔街，經營染坊，後及於藥行生意[37]。新竹鄭
家四房的鄭崇和與五房的鄭用鑑，則不但以教讀爲業，也經營郊
舖，更大量購買土地，身兼商人、地主以及士紳的角色。無論如
何，棄儒從商表面上僅是身分的轉換，但也可能導致從事教讀爲

34　《淡新檔案》，第22605-15號，光緒5年閏3月。

35　劉阿增抄，《彭城劉氏族譜》，1976年抄本，國學文獻館微捲
　　1390350號。

36　李陵茂親族會編印，《銀江李氏家乘》(新竹：作者印行，1952
　　年)。

37　朱盛田，《沛國堂朱昆泰族譜》(石崗子、新埔)，1968年，臺灣
　　分館藏微卷1307121號。

業的儒士，將他的束修所得轉換成商業資本，經商謀利[38]。

　　來到竹塹地區的文武職官員，或是縣衙門當差的胥吏，也有兼營商業的情況。另一方面，地方官府也會提供各項基金交由商舖存放生息，成為在地受委託舖戶的營業資金。這種資本稱為官僚資本，亦即包含官僚本身的財產與由官僚所提供的國家基金[39]。官員以其財產投資經商，可以竹塹南門街黃珍香號為例。珍香號渡臺祖為黃廷勳，他在臺任武職，並經商、開墾土地，乾隆四十二年(1777)長子朝元已在竹塹城活動。嘉慶十一年(1806)閩粵十四股合組金惠成墾號開墾樹杞林，其時黃家也以黃利記號參與合股[40]。同治十一年(1872)廷勳三子黃朝品除任職臺灣城守營把總，同時也經營北門街珍香號郊舖[41]。如清末擔任北路右營屬吏的馬玉華，主司文簿[42]，並於塹城暗街開設馬榮記。清末在

38　例如，婆羅汶庄的陳子忠，一方面教讀為業，另一方面也開張藥舖生理(《淡新檔案》，22605-15號，光緒5年閏3月)，他教讀為業所收取的薪資，自然可能轉換成商業資本。又如，紅毛港的生員何騰龍，光緒十三年掌教紅毛港義塾，年收束修租谷八十石，何騰龍也同時擁有何源泰商號的產權與經營權(王世慶編，《臺灣公私藏古文書彙編影本》，中央研究院傅斯年圖書館藏影本，3輯5冊286號、12冊692號)。

39　藤井宏著，傅衣凌、黃煥宗譯，〈新安商人的研究〉，《徽商研究論文集》(合肥；安徽人民出版社，1985年10月)，頁196。

40　吳學明，《金廣福墾隘與新竹東南山區的開發(1835-1895)》，頁27。

41　參見附表2；鄭家珍等，〈誥封宜人黃母陳、周太宜人墓誌銘〉(黃珍香號，大正9年撰，張德南先生提供)載：「先考(黃朝品)迫於家計，投筆從戎，值易班東渡□，先妣隨之行到臺，居新竹之故廬，即先大父(朝元)樹齋公舊營業處也，時臺疆多故，先考雖兼營舊業，而時時奉檄出戍，繼且任臺南守府參贊，戎機在家之日常少。」

42　臺灣總督府，《臺灣列紳傳》，頁124。

塹城北門大街開設泰順號的章居牙，則是縣衙門的師爺[43]。大致
上，竹塹地區的官僚資本，大都來自下層武職或是衙門胥吏。至
於，地方政府交付商舖存放生息的公共基金，林林總總，如道光
九年(1829)的城工店稅，每年租銀二百四十八元，交由鄭恆利、
鄭恆升、林恆茂、李陵茂、翁貞記以及吳萬吉等六號輪流管收店
租生息；光緒十三年(1887)明志書院小課經費存放商舖陳和興號、
葉宜記號(葉源遠家)、鄭穎記(新竹鄭家)等處，年息一分[44]。

　　以高利貸或借貸資本來經商的情形也屢見不鮮。例如楊雲巖
原以放貸為生，光緒十二年(1886)以收回的本利六百元，和妻兄
鄭達源合夥作生意；同治三年(1864)，黃德源和郭裕觀則是向北
門郊舖益和號的黃巧借銀一百元，開設合成號。高利貸資本可能
轉換成商業資本，另一方面由於商人經常兼營高利貸業，以致於
商業資本往往也轉換成高利貸資本[45]。

　　除了竹塹在地資本之外，臺灣本島鄰近地區的商人也可能攜
帶資金來到竹塹地區開店經商，這種商業資本稱為本島近鄰資
本。本島近鄰資本，主要是來自淡水港區域市場圈內的各鄉街，
清初主要是來自新庄、艋舺的商人[46]，清末則以後龍街、大稻

43　《土地申告書》，塹城北門大街、麻園庄、白地粉庄、崙仔庄、
　　二重埔庄。

44　《新竹縣制度考》(1895)，文叢101種，頁63、92。

45　有關商人經營放貸業問題，參見第六章第一節之討論。

46　區域性大城市商人來到竹塹地區收購商品，甚至於在地開店營
　　業，是極為可能的事。乾隆四十二年(1777)「武廟碑」捐款成員
　　中，已可以看到新庄張必榮、張廣福及其他商舖，均參與這次捐
　　獻活動。道光十六年(1836)的新竹「義塚碑」中，也可以看到艋
　　舺郊商捐款。另外，《淡新檔案》33508-15號，記載清初淡水大
　　墾戶林成祖在西門街遺有杞店，皆可作為佐證。

埤、大嵙崁等地商人最常來到竹塹地區開店。自後龍來塹城開店者，以魏泉安號最爲有名，魏家首代創業者魏紹蘭最先於後龍街經營行舖，最遲同治年間左右其後代也在竹塹城設立分店魏泉安號，清末竹塹城支店並有凌駕本店之趨勢。自大稻埕來塹者，如杜玉記本店原設在大稻埕，光緒年間杜漢淮來到塹城北門街開設杜玉記，明治三十五年（1902）又自大稻埕遷居新竹北門[47]。此外，清末樟腦貿易興盛之際，在大嵙崁和大稻埕的商人紛紛來竹塹地區設立腦棧，收購樟腦。例如，臺北著名的樟腦商和茶商黃爾仰在大嵙崁開設腦行聯成行，在大稻埕開設聯成號茶行，光緒年間也陸續在南庄、北埔、塹城米市街以及獅里興，甚至苗栗南湖等地開設聯成腦棧[48]。

三、晚期：竹塹在地資本優勢期

咸、同年間以降，竹塹地區的商業資本仍是多元化的，此時不但仍有大陸資本陸續東來，而且由於樟腦貿易的發展，本島近鄰資本與洋商資本皆進入到竹塹地區。但是，更重要的是，竹塹在地資本經過長時期的發展，逐漸在竹塹地區的商業活動上，居於執牛耳的地位。

清末洋商資本隨著樟腦貿易的盛行，進駐到竹塹地區，但是與區域性大城市艋舺和大稻埕相比，數量微不足道。由洋人出資的商店主要分布於樟腦集散地的鹹菜甕和南庄。由於受到官方法令的限制，有些洋商是違禁進入竹塹地區營業，例如樟腦專賣時

---

47 臺灣總督府，《臺灣列紳傳》，頁176；《土地申告書》。
48 《臺灣新報》，明治29年10月4日，31號（三）；明治30年2月27日，139號（二）。

期，洋商通常必須向軍工廠買腦[49]，然而同治七年（1868）美利士洋行卻在鹹菜甕街私設腦館一所，並與桠長郭丹等勾結，購買私腦，後爲官方取締，腦館旋撤除[50]。清末日治初期，大料崁的良德洋行也曾在南庄開設腦棧[51]。基本上，清末洋商資本雖然一度進入竹塹地區，但是僅一、二家設立在熬腦區，影響力有限。與區域性的港口城市艋舺、大稻埕相較，竹塹地區的商業資本以本土資本和大陸資本最爲重要，洋商資本的影響力顯然較小。

另一方面，清末竹塹在地資本似乎已逐漸超越大陸資本與本島近鄰資本，成爲竹塹地區最重要的商業資本。清初竹塹地區的進出口貿易主要控制在大陸商人之中，清中葉塹郊成立之時，除了來港船戶仍以大陸商人和本島區域性商人爲主之外，竹塹本地郊商已逐漸崛起。再者，由於米、糖、苧麻及藍靛始終是竹塹地區重要的出口商品[52]，而清中葉以降，竹塹在地商人透過大量購買水田化的土地與參與土地拓墾，逐漸控制這些商品的生產與販運[53]。咸、

49　《淡新檔案》，第14304-4號，同治7年1月21日。

50　《淡新檔案》，14304號，同治7年6月29日。

51　《臺灣新報》，明治29年10月4日，31號（三）。

52　有關竹塹地區出口商品的演變，參見第二章第二節。

53　在《海關報告》中可見：清末即使洋商資本侵入臺灣，但是米、糖、苧麻以及藍靛的出口仍控制在本土商人手中（1867, C.M.C.P., Tamsui, p. 78; 1882, C.M.C.P., Tamsui, p. 610）。這些商人當然包括區域性商人和竹塹本地商人。不過，基本上像艋舺這種區域性商人，仍必須透過竹塹在地郊商收購土產出口，因此在地商人的勢力仍最大（1867, C.M.C.P., Tamsuy, p. 77）。另一方面，誠如前述，自清中葉以降，在地化的郊商大肆蒐購土地與參與土地拓墾，導致他們不但控制米穀、糖的運銷，也直接控制商品生產，更確立其優勢地位。郊商參與土地拓墾活動，最典型的例子，是嘉慶十一年（1807）開墾樹杞林與道光十六年（1836）參與竹塹東南丘陵的拓墾行動。有關此問題，將於第六章作深入討論。

同年間以降，自從塹郊商人有能力自運商品至大陸販售，而毋需完全依賴近郊的新庄、艋舺郊商之後，竹塹在地商人的勢力更加提升。

清末掌握進出口貿易的商人，一半以上是已在地化的郊商，竹塹在地商業資本的影響力更大。以樟腦貿易為例，由於官方樟腦專賣政策使然，清末北部地區樟腦的熬製和貿易，主要控制在大嵙崁或大稻埕商人手中，如前述的聯成號、建祥棧以及大稻埕的建興號[54]。儘管如此，光緒十九年(1893)北埔姜家姜紹祖在塹城開設腦棧金廣運，收買樟腦；翁貞記的翁林煌也嘗試買腦生理，雖然其後因未在產地設腦灶，被勒令停業[55]，但可見本地商人對於樟腦貿易的積極涉足。再根據明治二十九年(1896)的調查，清末在南庄的腦棧有六家，其中一家為大嵙崁的聯成號、一家是良德洋行，其餘四家均是竹塹城和北埔的本地人所開設。清末至日治初期，本地郊商中的利源號、錦泉號、茂泰號皆在塹城設立腦行[56]，林汝梅甚至在獅里興設腦戶金恆勝，擁有腦灶百份，直接參與製腦[57]。新竹鄭家利源號不但在五指山地區整腦，而且日治初期(1898年)已是新竹城經營樟腦買賣的頭號腦商[58]。

清末至日治初期，竹塹在地商人的積極參與樟腦生產與買賣，顯現竹塹在地的商人已逐漸發展成竹塹地區最具優勢的商

---

54 《淡新檔案》，14310-6號，光緒20年2月23日。

55 《淡新檔案》，14312-9號，光緒20年4月4日。

56 《臺灣新報》，明治29年10月4日，31號(三)。

57 《臺灣新報》，明治29年10月4日，31號(三)；《淡新檔案》，第14309-15號，光緒20年10月14日。

58 1898年新竹城經營收買樟腦生意的商店有七、八家，其中最大商號為利源號(《臺灣產業雜誌》，3號，明治31年12月，頁39)。

人，竹塹地區的商業資本也以在地資本爲主。

第二節　在地資本的構成方式

一般而言，商業資本的組成方式，主要有兩種：獨資和合股。但是，在地化的商人家庭在歷經幾代的發展之後，家族成員繁衍甚多，往往久未分家，共同經營第一代的創業店舖，或是子孫陸續新設店舖，但是新舊商舖之間互有關係，往往無法明顯區分，本文稱這種情形爲族系資本。以下分別說明之。

一、獨資

由單獨一人出資營商者，即稱獨資。獨資的資本可能來自各人所得，或是借貸而來；另一方面，也可能來自父、祖遺產的繼承，或是家人的援助。中國傳統商人大都是獨資經營，明清以降商人合股經營始漸多[59]。

二、合股

合股[60]，又稱合夥、相合、公家、合做、合最、合資、公司

---

59 唐力行，《商人與中國近世社會》（杭州：浙江人民出版社，1993年），頁18。

60 有關臺灣商人合股形態的研究相當豐富，日治初期所編纂的《臺灣私法》第三卷(下)有相當詳細的討論，另外上內恆三郎明治四十二年曾於《法院月報》第三卷，陸續探討清代臺灣商人合股的舊慣(上內恆三郎，〈合股的舊慣〉，《法院月報》，3卷2號、3卷6號、3卷9號，明治42年2、6、9月)。這些文章均偏重於合股的組成、性質以及營業方式的討論，本文則著重於合股組成的社會關係。

等，是指兩人以上出資，經營共同事業的組織 [61]。在合股組織中，事業為合股人所共有，盈利則依契約按一定的股份分配，債務亦按股分攤 [62]。合股的店號，通常稱金，「金猶合也」[63]，如金泉興，但是「金」也可能是吉祥語 [64]，故稱金者不一定都是合股的店舖。

合股經商是資本構成的一大突破。獨資經商力量較薄弱，資金較無法彈性運用，合股則較獨資更能強有力的發揮商業資本的機能 [65]。合股也是一種共利行為，股夥不但共同分攤經商的風險，也可以聯合經營，各獻所能，達到相得益彰的效果。

合股可以依股夥的結合關係分成：血緣合股、姻親合股、同宗合股、地緣合股等形式。血緣合股，主要是指父子、兄弟等有血緣關係者的合股行為。例如，道光年間郭怡興、郭鏡蓉、郭鏡昇祖孫合夥在塹城開張逢泰號生理，又如鹹菜甕街吳彩球和吳彩琳兄弟合股開店 [66]。姻親合股主要是指因姻親關係而合股，例如道光二十一年(1841)曾國興號的曾朝宗與鄭吉利號(新竹鄭家)，因姻親關係於塹城開張生理。同治年間，鄭吉利亦與姻親北埔姜家姜榮華合股於月眉開張金義茂號，從事煙店生理 [67]。同宗合

61 臨時臺灣舊慣調查會，《臺灣私法》，第三卷(下)，頁122。
62 溫振華，〈清代臺灣漢人的企業精神〉，《師大歷史學報》，9期(1982年6月)，頁18。
63 周凱，《廈門志》(1839刊本)，文叢95種，頁649。
64 吳子光，《臺灣紀事》(1875)，文叢36種，頁47。
65 藤井宏著，傅衣凌、黃煥宗譯，〈新安商人的研究〉，頁191；薛宗正，〈明代徽商及其商業經營〉，《徽商研究論文集》(合肥：安徽人民出版社，1985年10月)，頁88。
66 《土地申告書》，竹北二保鹹菜硼庄。
67 《北埔姜家文書》，13冊，頁1548，編號035-436；吳學明，《金廣福墾隘與新竹東南山區的開發(1835-1895)》，頁264。

股，是指無血緣關係的同姓合股，例如銅鑼灣粵籍的李騰桂與塹城米市街閩籍的李錫金，於貓裡街合股開張萬興號，是基於同宗的組合關係。地緣合股則又可分成大陸同鄉、本地同街庄以及近鄰街庄的合夥經商組合。大陸同鄉合股，如光緒六年至光緒八年之間(1880-82)，住北門大街的王勝興號和吳為記、舊港庄的彭長生以及麻園庄的陳登山等人，陸續合股開張金泉興宰豬、京果生理，他們都是同安人，顯然是基於同鄉關係的合股[68]。基於在地地緣關係的合股行為似乎更為常見，他們或是基於同街的合股，或是源於近鄰鄉街的合夥。大體上，新埔街與鹹菜甕街的商人關係極為密切，九芎林街則與樹杞林街、北埔街關係較為密切，新埔街與九芎林街的居民有時也有合股關係[69]。這種在地地緣關係的合股經營，舉例而言，同治年間，九芎林街的商人張貽青、蕭立榮、胡國璽、梁榮昌以及北埔姜家姜榮華等人，在北埔合開金廣茂號生理[70]。

　　竹塹地區經營兩家店舖以上的商人，屢見不鮮。因此，商業資本的組合，常常兼採合股與獨資方式。例如前述的王定(王勝

68　金泉興號是光緒六年，由王定(即勝興號)、吳為、彭長生、吳際
　　仁以及蔡成發等五股所組成，每股150元，共資本額750元，後因
　　生理蝕本，吳際仁與蔡成發相繼退股。餘吳為、王勝興以及彭長
　　生三股，股本450元。光緒七年彭長生以其耕讀為業，無暇兼顧生
　　理，而退股讓與原辛勞陳登山(即南記)，合成三股，每股150元，
　　共資本450元。除了吳際仁和蔡成發不詳其原籍之外，其餘四人均
　　是同安人(《淡新檔案》，23401號全案，光緒8年)。

69　例如，光緒年間九芎林街的詹阿景與新埔街的藍彤，合夥於九芎
　　林街開張合興號洋煙生理(《淡新檔案》，33319-3、9號，光緒8
　　年3月1日)。

70　吳學明，《金廣福墾隘與新竹東南山區的開發(1835-1895)》，頁
　　264；《土地申告書》，九芎林庄。

興)、李錫金都獨資開設店舖,又與其他人合股經營另一類型的
商業。有些商人是先與有經驗的商人合股之後,再獨力經營開
店,例如楊崁先與林旺生合夥在頭份街販賣課鹽,然後才自開乾
果店[71]。由此可見,清代竹塹地區在地資本的構成是相當多樣化
的。

三、混合型:族系資本

族系資本的組成也可以視爲獨資與合股制的混合型[72]。族系
資本的形成,常與大陸商人的在地化、家族的繁衍、不斷的分房
以及創業商號的繼承有密切的關係。竹塹地區最有勢力的在地資
本,常常是以族系資本的形態出現。

族系資本主要有兩種類型。第一種是第一代創業商號和店
舖,因具有良好的商業信譽,而一直爲家族成員共同繼承,並由
各房共同出資,共同經理,而成爲公店。即使在分家時,至少保
留幾間店舖作爲公共祀業,成爲祀店,或是出租收地基銀或是
「按房輪流掌管」生理,以其收益來供祭祀之用。塹城太爺街的
蔡啓記、北門街的林瑞源號、南門街的鄭永興號(鄭禮)均曾經設
置祀店[73]。以北門街的林瑞源號爲例,渡臺第一代大概於嘉慶十

---

71 《淡新檔案》,33115-10號,光緒5年11月24日。
72 日治初期日本法制學者上內恆三郎,曾根據新竹以北地區商號的
    調查指出:臺灣商人家族由於數家比鄰而居,並且以永不分家爲
    習俗,因而同一商店有兩、三個家族以各別資本而擁有各別店號
    經營商業,或是兩三個家族雖然資本與業別各異,但卻在同一店
    號經營商業。同一家族合股經營商業的情形很普遍(上內恆三郎,
    〈臺灣的商號〉,臺灣慣習研究會原著,劉寧顏等譯,《臺灣慣習
    紀事》,四卷(下),臺中:臺灣省文獻會,1986年6月,頁196)。
73 《淡新檔案》,22703號。

年(1805)以前來北門街開張瑞源號生理，第二代有長、次二房，但尚未分家，其後長房又分出三房，次房則分成五房。至分家之際，林瑞源號至少已創置公店三間及其他田地產業若干，而由孫輩八房共同鬮分。此時，第一代的林瑞源號成為公號，稱大公；第二代長、次兩房稱小公，但第二代長、次兩房相對於第三代的八房，則為頂長房與頂次房，其後可能再成為大公與小公之分[74]。八房共有的店租和田租，每年皆按照頂長、次房輪流分收，祖先忌辰及風水年祭則由當年值收的房份經理[75]。林瑞源號，是一方面將祀店出租與人，收地租銀作為祭祀之資；另一方面仍保留商號，繼續經商。周茶泰號則是第一代創業主周友諒過世之後，商號由四房繼承，咸豐九年(1859)四房分家時，雖未成立祀業，但是茶泰號由二、三、四房共同掌理，成為公店，長房則另立茶源號。無論是公店或是祀店，由於是由派下各房經理，資本來自遺產或各房均攤，經歷幾代之後，擁有業權的家族成員更多，無法分產，而形成族系資本。

另一類型的族系資本則是除了第一代的創業商號之外，子孫又以房為單位，紛紛自立商號，但是第一代的創業商號仍繼續為子孫所繼承，新舊商舖之間即使各自營運，仍具有聯繫性，無法完全分割。於是，一個商人世家在經過幾世的發展之後，可能已成為一個具有許多商號的家族，形成複式族系資本型態。複式族

---

74 有關傳統漢人家族如何由「基礎房」發展成「擴展房」、「基礎家族」變成「擴展家族」以及大公與小公的相對意義，參見：陳其南，〈「房」與傳統中國家族制度〉一文(收於氏著，《家族與社會：臺灣和中國社會研究的基礎理念》，臺北：聯經，1990年3月，頁129-214)。

75 《淡新檔案》，22603-9、13、18號，同治7年。

系資本通常是第一代的創業者不斷擴張商業規模,成立多家店鋪,又取得商業信譽,加上年歲甚長才過世,以致產業分割較晚,常至第三代孫子輩時才分產[76]。因此在分家之前,第二代、三代的子弟可能已自行創業,另立商號,但與原來的老字號也有密切的聯繫。

家族成員的繁衍,竹塹地區常見的情形是第一代創業是由兄弟合股經營。兄弟合股,一開始即以兩戶以上的大家庭形式出現,加上同居共財,商業產權屬於多房所有,這些房系即使在分家之後,由於累世同居,家族的概念仍然存在,往往彼此互相照應,聲氣相通,乃以同一公號作為凝聚家族成員的象徵。

以米市街李陵茂家族而言,嘉慶七年(1802)李錫金與兄尙攤及尙楓兄弟三人自晉江來塹城,嘉慶十一年(1806)兄弟三人合股開張陵茂號生理,各房互攤本銀,其後次兄尙楓回內地,錫金與兄尙攤繼續經營北門街生理。由於錫金兩位兄長早逝,三家食用全由錫金負擔。直至道光二十六年(1846),三房共分大公李陵茂、李陵德產業,陵德生理成為祀店,支付子孫科考、祖先祭祀以及私塾經費。陵茂號則由三房李錫金繼承,並另立小公號李金記[77]。李金記同時也是李陵茂家的另一個店號。清末李氏分支更多,李錫金十子各立家號(由李一記至十記),十子之子又各有私號。其中,五子聯英又另立商號李豐記。儘管如此,大公李陵茂

---

[76] 竹塹地區商人家庭來臺第三代才分產的例子不勝枚舉,如前述林萬興、北門街林瑞源號、李陵茂、魏泉安。

[77] 〈三房金記鬮書公簿〉、〈捌房總共鬮書合的約簿〉,《銀江李氏家乘》。

一直是十房共同公號[78]。由此可見，李陵茂家在清末已發展成一個具有多個商號與家號的家族，這些新舊商號之間多少仍有關聯，形成一個複式族系資本。

　　商人家族由於有不少產業是以父、祖公號或是店號名義成立和繼續存在，因此雖然家族成員不斷分化出各房的私號或家號，但是往往也繼承原來的父、祖的公號。以北門街郊舖吳振利為例，吳振利的第一代創業主是吳朝珪(?-1816)，吳朝珪有子五人，其中至少長子續偕與四子續仍繼續在北門街經商。續偕孫吳恭駒後來成立郊舖吳振鎰號，續仍一房在商業經營上則最有成就。續仍次子禎麟與四子禎蟾則於嘉慶年間左右，分別成立吳萬裕和吳萬吉家號。吳萬吉是吳禎蟾本人字號，另外他似乎也成立吳順記號。吳禎蟾又生三子，長子有來仍留在內地，因此掌握順記和萬吉號的是次子士梅與三子士敬，士梅與士敬又各自成立秀記與讓記。吳振利、吳順記以及吳萬吉三號的產業，後來都由士梅與士敬掌理，因此常常出現「吳振利即吳讓記」或「吳振利即吳萬吉」、「吳萬吉即吳士敬」的現象[79]。吳萬裕亦是如此，在第一代吳振利產業分家時，第二代的吳萬吉與吳萬裕均分別承繼吳振利部分家產，因此吳萬裕也代表吳振利，而有「吳振利即吳萬裕」[80]。吳萬裕派下共有寬裕溫柔四房，咸豐十年(1860)吳禎麟妻陳氏由內地來臺處理丈夫在塹創置的產業，由四房鬮分[81]。

78　林玉茹，〈清代竹塹地區的在地商人及其活動網絡〉，附表5。

79　《淡新檔案》，22222-2、9號，光緒16年；23702-6號，光緒元年。

80　《淡新檔案》，12237-1號，光緒14年8月6日。

81　《淡新檔案》22222全案、23702全案、22705全案。

吳振利家在這種繁複的房族支系關係中，也形成了族系資本，有
關其房系商號分支情形，參見圖4-1。

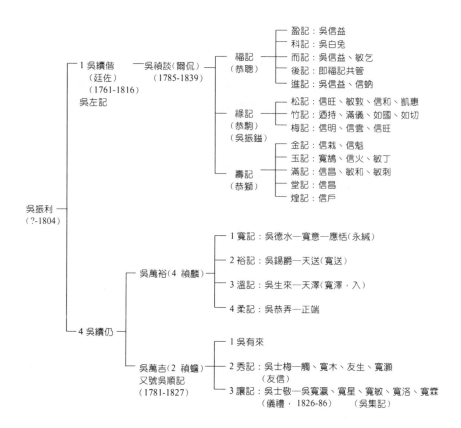

圖4-1　吳振利主要族系商號與家號繼承圖

資料來源：《淡新檔案》22705、23702；《土地申告書》；〈福建省同安縣
　　　　石兜學德公派下分支世系圖〉；吳銅，《吳氏大族譜》（吳振
　　　　利），張德南提供；〈李而富祭祀公業〉，中研院臺史所籌備
　　　　處。

　　竹塹地區的族系資本大概於嘉慶、道光年間開始出現。清末經過幾代的發展，竹塹地區已出現不少聚族而居的大家族，這些家族支系相當複雜，大多已無法還原。不過，清代兩百年之間，竹塹地區所形成的複式族系資本主要分布於竹塹城或鄰近的閩人地區[82]。由表4-3，清末這些規模巨大的家族商號主要有：周茶春、陳泉源、郭怡齋、李陵茂、林恆茂、魏泉安、鄭恆利、葉源遠、吳振利、吳金興、吳鑾勝。

　　總之，第一代創業時是兄弟合股、同居共財，或是眾多家族成員共同擁有商店產權和經營權，以及以信譽卓著的商號成立公店或祀店，都是族系資本產生的原因。族系資本是由家族成員共同經營，不但可以節省人力，而且共同出資有較大資金營運，具有商業信譽的老店號也能持續使用，等到幾代之後，家族成員聚居更多，第一代創業商店成為家族的共同所有的公店，商號也持續被延用，甚至成為家族的公號。直到分家之際，這些公店部分

---

[82] 從竹塹地區部分內陸街庄分家契約書可見：部分客家人對於家族商店的分配似乎與閩人稍不同。在分產之時，他們雖然有設蒸嘗作為祖先祭祀之資，也由家族成員共管，但是對於祖遺商店通常不像閩人一般作為祀店，而是由一子獨自掌理。因此，以粵籍居民為主的鄉街很少出現規模巨大的族系商業。這種現象或許因內陸街庄商人大都是農墾型商人，家族成員大都以耕墾為主，不諳商業經營的家族成員可能不太願意繼承商舖。以北埔姜家為例，道光年間姜家渡臺第四代姜秀鑾、秀福兄弟合夥在九芎林街開張豐源號乾粿彩帛生理，道光十二年分家時，豐源號交由秀鑾掌理。後來姜秀鑾又在九芎林街開張恆茂堂藥材行，秀鑾死後則由次子居材（殿彬）掌理，日後如果生意昌盛，兄居顧（殿邦）「不得有異」。又如李昌運在新埔街開張振吉號、集芳號、慶和號以及錦和號等四家商舖，道光十八年（1838）二子分家，並未均分店舖，而是由次子拈鬮得四號商舖（〈北埔姜家文書〉，《臺灣古文書集》（一），11冊，頁1298，編號035-026）。

表4-3　清代竹塹地區複式族系商號簡表

始創商號	始創者	創設年代	清末在臺傳嗣	家　族　商　號
吳振利	吳朝珪（嗣振）	乾隆20年以前	五世以上	吳左記、吳萬裕、吳萬吉、吳順記、吳振鎰、吳萬德、* 吳讓記、吳綱記、吳論記
郭怡齋	郭恭亭	乾隆35年	五世以上	郭怡興、逢泰、郭友譽、* 郭悅記、郭袞記、郭襄記
鄭恒利	鄭國唐？	乾隆41年以前	五世以上	鄭吉利、鄭永承、鄭恆升、利源號、鄭勤記、鄭隆記、* 鄭永裕、鄭洽記、鄭振記、鄭溪記、鄭義記、鄭理記……
吳金興	吳盛豹？	乾隆42年以前	六世以上	吳金吉、金和祥、吳讚記、吳振吉、金盛吉、* 吳合興、吳金盛、吳美記、吳益裕
吳鑾鎰	吳世波	乾隆年間	六世以上	吳鑾盛、吳鑾發、吳金鎰、吳進益
曾益吉	？	乾隆42年前	四世以上	曾國興、曾德興、曾龍順、曾瑞吉、* 曾崑和
林恆茂	林紹賢	嘉慶10年以前	四世以上	林益川、林祥記、恆泰號、林茂興、林恆升、逢泰號、* 林壽記、林振記、林晴記、林純記
李陵茂	李錫金	嘉慶11年	三世以上	李陵德、李金記、李豐記、* 李量記、李森記、李祥記、李榮記、李赤記、李振記……
周茶春	周烈	嘉慶末年以前	三世以上 `	周茶泰、周廷記、周暖記、周茶茂、周雅記
葉源遠	葉腆（其厚）	道光初年由中港來塹	三世以上，自渡臺祖葉尙賢為五世	葉宜記、葉陽記、* 葉宏記、葉沛記
魏泉安	魏紹蘭	同治年間以前由後龍來塹	四世以上	魏益記、魏晉記、魏鼎記、* 魏振記、魏崑記、魏源記、魏槐記

資料來源：根據林玉茹，《清代竹塹地區的在地商人及其活動網絡》，附表4、5、6作成。

註：* 表示以下商號與純粹家號無法確切區別。

成為祀店，由子孫共同繼承，家族各房輪流掌理，盈利則祭祀祖先之外，即按房均分。於是，公店如同家族成員共同合股經營，商業資本也以族系資本的形態出現。再者，族系資本的產生以及資本構成的多樣性，皆顯現清代竹塹地區商人性質的複雜，商人有時不能視為單一的單位，而是一個集體的組合，他可能代表一個家族，也可能具有多重身分，經營多種行業。

第五章
竹塹地區在地商人的組織

　　清代竹塹地區的在地商人除了各自經營商業之外，也有集體活動的現象，甚至進而組成商人團體。而透過組織的凝聚力，在地商人基於共同的商業利益，或互相奧援，或聯合向官方交涉，或設立商業交易門檻，以取得較大的競爭優勢。

　　不過，以往有關清代臺灣商人團體的研究，大多僅討論進出口貿易商人的組織——郊，而未說明究竟除了郊之外，是否尚有其他類型的商人組織。於是，產生了清代臺灣的商人組織僅有郊的印象。本章首先說明清代竹塹地區曾經出現那些商人組織，以彌補過去認識的不足。但是，由於有關其他商人組織的資料相當有限，因此，本文仍以郊的組織與運作為討論的焦點。

　　過去對於郊的討論，大多集中於「一府、二鹿、三艋舺」等區域性港口城市，並以這些區域性大城市的郊來總論臺灣商業組織的性質，並指出郊為大陸商人所組成。然而，像竹塹、宜蘭、大甲……等地區的郊，是否等同於區域性大城市的郊，是值得再討論的。即使以竹塹地區而言，大部分的研究成果指出竹塹地區

僅成立塹郊金長和,而未產生分化[1],然而由《淡新檔案》可見,除了金長和之外,清末還曾出現過其他郊。本章擬先說明塹郊金長和的形成過程,再進一步討論塹郊的分化。

其次,過去對於臺灣郊的討論,由於受到資料不足的限制,較少針對組織成員作分析。但是,在無充分證據之下,誠如前述,不少研究指出郊是由大陸商人所組成,郊商資本來自於大陸地區。「郊由大陸商人所組成」這個陳述成立與否,其實必須透過組織成員的分析才能確立。此外,一般都以郊爲原籍同鄉商人的組織[2],卻未以具體資料去檢證這個論點。事實上,從種種資料顯示,塹郊與其說是同鄉人的組織,不如說是以在地地緣關係形成的商人團體。透過塹郊組織成員與結構的分析,來討論這種地區性郊的起源和性質,是本節論述的重點之一。

再者,作爲一個在地商人的組織,郊的運作與功能也是值得討論的。過去的論述,往往將個別郊商與郊的活動混爲一談,而無法說明郊如何透過各項活動維持其組織的運作,也無法確切的掌握這種商人組織的特質。事實上,郊商本身有各自的社會網絡,其活動範圍和形態不但均與商人組織不太一致,而且也各自展現不同的意義。本文基本上將區分個別郊商的活動與團體活動,並著力於討論團體的運作與功能,以釐清這個在地商人組織存在的價值。

本章以下從組織的類型與形成過程、塹郊的成員與組織以及

---

1 蔡淵絜,〈清代臺灣行郊的發展與地方權力結構之變遷〉,《師大歷史學報》,14期(1985年),頁141。

2 卓克華,《清代臺灣的商戰集團》(臺北:臺原出版社,1990年2月),頁82。

塹郊的運作與功能來討論。

第一節　組織的類型與形成過程

清代竹塹地區的商人組織，可以分成由進出口貿易商所組成的郊和鄉街商人所組成的「同街的準商人團體」。以下分別說明之。

一、舖戶公記：同街的準商人團體

所謂「組織」通常必須具備三個條件：一是有一定的目標與功能；二是有一套穩定的結構與作業程序；三是有既定範圍的活動實體[3]。「同街的準商人團體」則是指由同一鄉街商人所形成、初具形式，但尚未具有正式組織形態的團體。這種商人團體，通常有共同的公記存在，例如，同治六年(1867)以降九芎林街已出現「九芎林舖戶公記」[4]，中港街則在光緒十二年(1886)出現「中港金和順公記」。舖戶聯合公記的存在，意味著至遲在清末以前，竹塹地區鄉街的舖戶已有聯合行動存在，雖然其組織不如一般商業組織嚴密，但可以視作一個準商人團體。

在現有的資料中，除了看到上述舖戶集團參與街庄自治組織

3　張苙雲，《組織社會學》(臺北：三民書局，1986年)，頁37。
4　九芎林街除了出現「九芎林街舖戶公記」之外，光緒十年(1884)九芎林甚至出現「九芎林庄舖佃戶聯合公記」(表3-5)。這可能意味著光緒十年九芎林舖戶與佃戶的聯合團體之出現，不過這種團體的組織形式很可能是極鬆散的，對於成員的約束力極為有限。其次，這些佃戶顯然是地方有錢有勢的小租戶，而非一般現耕佃人。

成員的稟舉、保結以及向官方陳情之外，並沒有其他資料說明其
形成過程與組織狀況。不過，光緒五年(1879)，竹南三保吞霄街
金和安郊的形成，不但佐證同街準商人團體的存在，而且也可以
重建金和安由同街准商人團體轉變爲郊的演變過程[5]。透過吞霄街
的例子，或許可以說明竹塹地區準商人團體的特色。

光緒元年(1876)十二月，竹南三保吞霄街庄總理、鄉長、
各庄庄正、舖戶以及佃戶，共同將聯庄防盜規約具僉稟予臺北知
府兼新竹知縣陳星聚之稟中，首度出現「通霄街眾舖戶金和安公
記」[6]。同街舖戶擁有共同的公記，顯現吞霄街舖戶已具有形式上
的聯結，「金和安公記」成爲吞霄街舖戶的聯銜。一旦地方有事，
街中舖戶必須集體參與時，即以此公記作爲憑證，代表同街商舖
行使同意權。而在此之前，商舖參與各項活動，往往各自具名。

光緒五年(1879)五月十四日，吞霄街總理黃有陞與金和安眾
舖戶，因吞霄舖戶迭受另一總理張鳳岐捐派之累，聯銜請求新竹
知縣劉元陞恩准吞霄街成立金和安郊，並將原由張鳳岐管理的吞
霄港抽分公費交由金和安收存，以便支理地方公費，一旦公費有
餘則由爐主輪理清算[7]。於是，原來僅爲應付地方公務、形式鬆散
的商人團體，正式成爲具有組織形式的金和安郊。不但「仿塹城
金長和之方，調(雕)刻金和安圖記，議立公簿」，更積極地將公
記字樣交付官府註明案卷，以免被其他舖戶冒行濫用[8]，亦即向官

5 有關「吞霄港金和安郊的成立」，將另有專文發表，以下僅簡單
　敘述其成立過程，以能突顯本文所謂「同街準商人團體」存在的
　事實，及其演變過程。
6 《淡新檔案》，12303-1號，光緒1年12月3日。
7 《淡新檔案》，15211-1號，光緒5年5月14日。
8 《淡新檔案》，15211-14號，光緒5年9月18日

方辦理「立案」。立案自然希望確立該組織的公信力，以便與總理進行抗爭，取得吞霄港抽分權。除了立案之外，更重要的是請求官方「恩給諭著金和安准於港口督抽」，亦即請求官府發給示諭，曉諭地方遵照[9]。然而，知縣卻惟恐發給示諭，有導致苛索商舖之弊，又以金和安公費必須是「各舖戶等欣然公助，以資辦公，容或有之，豈能請官諭辦」等理由，拒絕金和安郊的請求[10]。金和安郊對於劉知縣的批示並不滿意，遂一再上訴，指責張鳳岐督收抽分公費，假公濟私，並請求官方發給示諭，以便取得抽分權；另一方面，張鳳歧也不甘示弱，加以還擊。於是，自光緒五年五月至六年四月，金和安郊與張鳳岐之間進行長達一年的爭訟，歷經劉元陞與李郁階兩任知縣的調處，最後抽分權似乎仍由總理督抽。儘管這次爭訟，金和安郊並未獲得最後勝利，但是該組織卻因此而正式成立。光緒十年(1885)金和安即率吞霄街眾舖戶捐修慈惠宮，建屋十二間，並配寺廟祀田年穀四十石[11]。

　　吞霄郊金和安與總理張鳳岐的抽分權爭奪戰，雖然功敗垂成，但是金和安成立的過程卻顯示幾點意義。首先，在吞霄郊金和安正式成立之前，是先以同街準商人團體的形式存在。這種準商人團體，具有代表同街舖戶共同聯銜的「舖戶公記」存在，大概是為了應付街庄自治組織的各項公務而成立的。這些地方公務通常是以一個街庄總理區為單位，舉凡捐建或重修地方寺廟、訂定聯庄公約、稟舉或保結街庄自治人員以及為地方街民陳情等大

9　《淡新檔案》，15211-1號，光緒5年5月14日；15211-5號，光緒5年6月8日。

10　《淡新檔案》，15211-5號，光緒5年6月8日。

11　沈茂蔭，《苗栗縣志》(1893)，文叢159種，頁160。

大小小事務均包括在內。因此，舖戶公記可以視為因應付地方公共事務而成立的商人團體，其組織相當鬆散，甚至未具有組織形態，僅具備「公記」之圖章形式，以代表同街舖戶行使參與權，並非僅僅基於商業利益而組成的商業組織。

其次，無論是舖戶公記或是具有組織形式的郊，都是民間自發性組織。官方對於這種商人團體的形成，基本上採取樂觀其成的態度，並未加以干預，也准許其將代表組織的圖記立案。不過，官方惟恐這些組織壟斷市場，苛索商舖，卻拒絕為其成立與抽收公費背書，給與法定的認可——發給戳記與示諭。因此，商人團體與街庄的自治組織不同，只是民間自發性的組織。郊的爐主僅須由組織的成員共同推舉或擲茭選出，並不像街庄的保長、總理、鄉長、庄正等鄉治人員一般，需要經過保結稟充（保結者具保結狀）、准充（官給諭戳）、認充（新充者具認充狀）以及官方曉諭地方等四個步驟 12，以取得官方委託經管地方公務的合法代理人地位。

再者，港口市街的舖戶公記不但有進一步發展成郊的可能性，而且郊的成立也不一定是基於商業利益而產生的結社行為。換言之，臺灣部分地區的郊，可能先組成同街的舖戶公記，再形成郊。另一方面，金和安郊的成立，展現了市街商人與街庄自治人員為了爭奪抽分權而產生競爭與角力。抽分是指船隻在港裝載貨物出口之際，必須繳交若干費用，作為地方上的公款。吞霄港街之所以有抽分成規，是因為吞霄街面海背山，距彰化甚近，往

---

12 林玉茹，〈清末新竹縣文口的經營──一個港口管理活動中人際脈絡的探討〉，《臺灣風物》，45卷1期（1995年3月），頁75。

來行旅複雜，常有匪徒騷擾街庄民眾。咸豐三、四年(1853-54)分
類械鬥之後，吞霄街眾舖戶為求自保，集議將吞霄港「出港的米、
石、糖、麻，每擔抽銀三點，什款雜貨酌量抽收」，以作為防禦
地方經費[13]。這些抽分公費，原由街庄總理於慈惠宮督收[14]，光
緒五年由於總理張鳳岐除了掌管抽分公費之外，又對舖戶捐派太
甚，引起舖戶的不滿，而展開了舖戶與總理之間的抽分權紛爭。
過去對於臺灣郊之起源的討論，都是從宗教信仰、血緣關係以及
地緣關係(同鄉關係)來解釋[15]，金和安郊的成立卻提出了另一種
可能性，亦即金和安是為了與街庄總理競爭抽分權，而進行基於
在地業緣關係的結社。

　　總之，清代竹塹地區商人的組織，除了郊之外，部分鄉街也
有同街的舖戶公記存在，這種商人團體並未具備嚴密的組織形
式，僅是同街商舖為了地方公務所進行的聯結行為，對於成員的
約束力極有限。清末竹塹地區的九芎林街、中港街以及香山街皆
曾經出現。而由金和安例子可見，中港與香山街的舖戶公記有發
展成郊的可能性，至於內陸鄉街的舖戶公記則由於無實例可證，
無法推知其演變過程。

二、塹郊的形成與分化

　　「郊」通常是指由進出口貿易商人或同業商人所組成的商人
團體。清代文獻中，曾出現郊、郊行、郊舖以及郊戶等名稱。郊

13　《淡新檔案》，第15211-2號，光緒5年5月24日；《淡新檔案》，
　　第15211-16號，光緒5年9月28日。

14　《淡新檔案》，第15211-6號，光緒5年6月14日。

15　卓克華，《清代臺灣的商戰集團》，頁25-30。

舖、郊戶以及郊行常常混稱商人團體或個別郊商，郊則往往指涉
由郊商所組成的商人團體。因此，本文採用「郊」來指稱由郊商
所組成的商人團體。

　　清代臺灣郊的種類一般分成三種，一是前往同一地區經商貿
易者所組成的郊，如北郊、南郊、泉郊；二是同業商人所組成的
郊，如油郊、布郊、糖郊、茶郊；三是專稱某地所有郊商者，如
塹郊[16]。

　　上述各種郊中，曾經來到竹塹地區活動的郊有：臺南的糖
郊[17]，以及主要於新庄、艋舺活動的新艋泉郊、新艋廈郊以及北
郊[18]。這些郊雖然在乾隆、嘉慶年間已至竹塹地區活動，但他們
都是暫時來到竹塹地區搜購商品，以便運至大陸內地發售，既非
以竹塹地區為主要活動範圍，也不是竹塹地區在地郊商所組成的
郊。然而，嘉慶年間以降，隨著土地拓墾的節節進展，內陸鄉街
紛紛成立，自竹塹城至內陸鄉街之間的商品流通網絡已初步完
成，而促使竹塹城的商業更加發達，從事進出口貿易的郊舖也陸

16 卓克華，《清代臺灣的商戰集團》，頁49-50。卓文原本將郊的種
　　類分成四種，第四種為泛稱某一籍貫商人為郊，如上海郊、寧波
　　郊。由於這些團體主要在大陸地區活動，目前並未出現具體資料
　　顯現這些團體在臺灣活動，因此本文認為清代臺灣郊的種類主要
　　有三種。
17 《淡新檔案》，14102-1之2，光緒6年6月。
18 道光十六年(1836)新竹「義塚碑」，載：「新艋泉郊金進順、艋
　　舺廈郊金福順」；道光十八年(1838)「義渡碑」記，載「新艋泉
　　廈郊」(陳朝龍、鄭鵬雲，《新竹縣采訪冊》(1894)，文叢145
　　種，頁197、213)。咸豐十年(1856)，塹郊香山港長佑宮首事請求
　　官方諭令艋舺泉郊金晉順、北郊金萬利捐款修建長佑宮(《淡新檔
　　案》，11101-1號，咸豐10年4月6日)。顯然，這些郊均曾在竹塹
　　地區活動。

續設立。嘉慶六年(1801)郊商已以「眾街水郊弟子」或「水郊眾弟子」名義共同捐獻塹城北門外天后宮(後來稱長和宮)匾額[19]。「水郊」事實上是指在各港口設立棧間，收儲以米穀爲主的各種土產，而等待大陸或臺灣沿岸船隻配運的行舖或郊舖[20]。因此，「眾街水郊」或許意味著清代臺灣北部在乾隆至嘉慶初年之間，自淡水至大甲沿岸各港口郊舖的總合。不過，清中葉以降，隨著各地域市場圈的逐漸獨立，郊舖數量越來越多，北部地區沿岸郊舖的聯合也逐漸走向分化。道光初年左右，竹塹城終於出現主要由在地郊商所組成的塹郊金長和[21]。

　　塹郊金長和是竹塹地區，特別是以竹塹城的郊商爲主所組成的商人團體，首見於道光十八年(1838)的「義渡碑」，稱「塹城金長和」[22]。「塹城金長和」顯然是以在地地緣關係組合而成的，令人不禁懷疑，金長和是否與吞霄金和安類似，先組成同街舖戶公記，進而演變成郊？無論是否如此，誠如前述，乾隆初年竹塹城大概已出現以配運爲生的行舖，這些在地的行舖不如泉、廈郊商資金充裕，有能力自置或是僱傭船隻，他們只是「不出郊

19　嘉慶六年(1801)的兩塊匾額分別是「德可配天」與「慧光普照」匾，現存於新竹市長和宮。

20　參見第三章註63之討論。

21　塹郊金長和出現的年代，一般根據陳培桂《淡水廳志》記載，北門外天后宮，嘉慶二十四年(1819)由「郊戶同修」(文叢172種，頁150)，而推測塹郊已成立。另外，塹郊成員之一的老抽分天上聖母會，於嘉慶二十三(1818)成立，也可以佐證塹郊極可能已初具雛型。現存文獻中，「塹郊金長和」首見於道光十八年(1838)的「義渡碑」記(《新竹縣采訪冊》，頁197)。道光二十年以後，塹郊名稱已數見於檔案文獻中，據此可見最遲道光初葉左右塹郊已出現。

22　同上註。

邑，收貯各路糖米，以待內地商船兌運而已」[23]。直至清末塹城的郊商，仍以從事「配運生理」為多，因此塹郊的形成不一定基於航海貿易的共同商業利益而產生。然而，由各自配運的行舖變成具有組織形式的塹郊的原因又是什麼呢？

塹郊金長和的成立，或許與長和宮的修建以及管理抽分有關，因此塹郊不但與寺廟同名，塹郊的基本成員也來自長和宮的抽分會。同治五年(1866)的「長和宮碑」，指出長和宮為塹郊所創建，塹郊成員有老抽分、新抽分之分[24]，現今長和宮公業名冊，則分成老抽分、中抽分以及新抽分[25]。由此可見，抽分對於塹郊而言，顯然極為重要。金長和或許也是為了管理抽分而正式成立。至於抽分究竟起源於何時？塹城為何需要抽分？抽分的項目又是什麼呢？從現有的資料中，可以推測：塹城抽分最遲不會晚於嘉慶二十年(1815)，塹郊大概也於此時或稍後出現雛型。

嘉慶二十年左右，由於竹塹港淤塞，塹郊眾郊商曾僉舉漁寮庄老開成備金兩千圓，募工開濬北畔小港，以通舟楫。其時，老開成代船戶捐金百元修建長和宮，並立約此後每船必須繳納港租五角[26]。由於修浚港口，工程浩大，加上嘉慶二十四年(1819)又重修長和宮，皆需耗費鉅資，為了籌湊公款，竹塹港可能開始實行船戶抽分制。塹郊老抽分會於嘉慶二十三年成立[27]，大概可以

23 姚瑩，《中復堂選集》(1821-1841)，文叢83種，頁135。
24 邱秀堂，《臺灣北部碑文集成》(臺北：臺北文獻委員會，民國75年6月)，頁108。
25 《老抽分會三十三單位公業號及諸先烈名冊》，長和宮楊主委提供。
26 《臺灣新報》，209號(一)，明治30年5月22日。
27 陳惠芬，〈清代臺灣的移墾與民間結社的發展〉，《教學與研究》，4期(1982年6月)，頁128。

佐證抽分於嘉慶二十三年以前實施，塹郊可能即爲了課徵與管理抽分，進而組成商人團體。嘉慶二十五年(1820)，長和宮「海邦砥柱」匾，已是老抽分會成員首度以董事名義捐獻[28]，顯然此時塹郊金長和已初具雛型。道光十五年(1835)，長和宮又再度重修，雖然仍出現「水郊眾弟子」之名，但是總理與董事都是塹城郊商[29]。同治年間以降，以塹城爲結社認同依據的傾向更爲明顯，各種匾額或以「塹城眾董事」、或「塹城眾郊戶」、或「郊戶金長和」落款[30]。由此可見，塹郊金長和自嘉慶末年漸具組織雛型，最遲道光中葉以降已正式成立。

　　抽分對於金長和的成立與組織之運作有重大影響。而竹塹地區抽分的存在，與前述吞霄金和安的情況是相同的，都是爲了應付地方公事而存在[31]。由於清代臺灣地方公權力薄弱，官方經費

28　嘉慶二十五年(1820)三月「海邦砥柱」匾，題名爲「董事郭尚安(郭振德)、吳建邦(吳振利)、吳世英(吳金興)、吳國□(吳振利？)、陳展遠、郭尚茂、金登□、郭治本(郭怡齋)」，除郭怡齋爲後來新抽分成員之外，主要是老抽分會成員(該匾現存於長和宮)。

29　道光十五年(1835)「水郊眾弟子」立「萬世水賴」匾(現存長和宮)；同年重修長和宮總理有鄭用哺(鄭利源)、吳建邦(吳振利)、鄭用鈺(鄭吉利)、郭尚茂(郭振德？)，董事是李錫金(李陵茂)、曾玉山(曾益吉？)、新□勝、王益三、周茶泰……。這些郊舖都是老抽分與新抽分成員。新抽分成員在此次建廟中，顯得相當活躍(該石碑已風化，現存長和宮外面)。

30　同治三年(1874)，「盛德在水」匾是以「塹城眾董事敬立」落款；同年「續著平成」匾是以「塹城眾郊戶敬立落款」。光緒二年(1876)，塹郊又以「郊戶金長和」名義捐獻香山街天后宮「靈昭海國」匾。

31　《淡新檔案》14301-6號：「……數十年來，凡遇地方公事，郊中就糖、油、米、什貨抽分。」(咸豐7年4月7日)

不足，因此地方事務往往由街庄自治組織自行處理，所需的費用通常即轉嫁至地方上富有的舖戶或地主身上 32。而舖戶，特別是港口市街的行舖，常是盜賊覬覦的對象，因此為了確保個人生命財產安全，安心營業，商人往往也積極參與地方事務，負擔地方防匪與公共事務的費用，甚至常被官方強制捐派 33。舖戶必須負擔地方公費既成為一種慣例，在港口市街的行舖為避免時常為捐派困擾，往往如吞霄街一般，自行議定抽分，亦即從出口貨物抽收若干費用作為地方公費。

塹郊抽分的項目，主要有糖、米、油以及雜貨等項。咸豐四年(1854)左右，由於地方多事，淡水同知丁曰健再增加樟栳抽分，每袋抽收三分，留存公用 34。與吞霄金和安相同，抽分所得主要支付地方公務之需。例如，竹塹育嬰堂費用是由塹城抽分支付 35；咸豐七年(1858)，中港總董曾支取部分抽分費，修建中港街北門及通往竹塹城道路 36。不過，同治十二年(1873)左右，竹塹抽分權由塹郊移轉至釐金局之後，塹郊似乎不再負責抽分 37。

塹郊金長和雖然可能是為了重建長和宮與管理抽分而正式成立的商人團體。不過，這並非意味著塹郊僅具有管理抽分與宗教祭

32 上述吞霄街即有：「吞霄街面，地通南北，公務浩繁，所有一切費用係由各舖戶題派。」(《淡新檔案》，15211-6號，光緒5年6月14日)。
33 誠如上述，咸豐十年重建長佑宮，縣署諭飭各郊捐題(同註18)。
34 《淡新檔案》，14301-6，咸豐7年4月17日。
35 《新竹縣制度考》(1895)，文叢101種，頁89。
36 《淡新檔案》，14301-6，咸豐7年4月17日。
37 《新竹縣制度考》(1895)，頁89；《淡新檔案》，15211-11號，光緒5年8月26日。抽分權改歸竹塹釐金局之後，船戶與釐金局的糾紛也變多(《淡新檔案》，12404)。

祀的任務，而無商業利益的聯合行為。事實上，咸、同年間塹郊
諸商號已有合僱船隻裝載米、糖等貨物至大陸內地發售的現象[38]。
合僱船隻可以共同分攤航海貿易風險，降低運輸成本，因而更強
化塹郊商人的結社行為，塹郊也成為名副其實的商業組織。

　　除了塹郊金長和之外，清代竹塹地區是否曾分化出新郊，是
值得注意的。在臺灣區域性大港市如臺灣府城（臺南）、鹿港以及
臺北（艋舺、大稻埕）等地，郊分化的現象極為顯著。以臺灣府城
為例，雍正六年（1728）北郊首先出現[39]，至乾隆末年南郊、糖郊
亦相繼成立，嘉慶元年（1796）並組成臺南三郊。與此同時，三郊
內部也逐漸產生分化，嘉慶二十三年（1818）以後，陸續成立草花
郊、杉郊、布郊、藥郊…等十六個郊[40]。塹郊金長和則是地區性
港市郊商所組成的商人團體。這些郊商的營運活動，主要是配運
本地土產，以交付來塹船戶，是一種「水郊」[41]，因此對外貿易
並不像臺南、鹿港以及臺北等區域性大港市般發達，郊分化的現
象較不明顯。儘管如此，除了塹郊金長和之外，清末竹塹城也出
現新郊。一是光緒六年（1880），經常往來於舊港（竹塹港）、香山
港，積載糖、米、雜貨販賣維生的船戶，成立船戶團體金濟順，
並具有「塹郊眾船戶金濟順公記」[42]。金濟順應僅是船戶基於航

38　現存文獻中，塹郊商號合僱船隻，最早出現於咸豐二年（1852），
　　其後同治七年也曾出現記錄（表5-3）。

39　何培夫，《碑林圖誌‧臺南市》（臺北：中央圖書館臺灣分館，
　　1992年），頁58-59。

40　石萬壽，〈臺南府城的行郊特產點心──私修臺南市志稿經濟
　　篇〉，《臺灣文獻》，31卷4期（1980年12月），頁76-77。

41　蔡振豐，《苑裡志》（1897），文叢48種，頁83。

42　《淡新檔案》，14101-112號，光緒6年12月19日。

海貿易上的需要,特別是與官方或在地郊商交涉米、糖之出口,
而成立的船戶團體[43]。然而,由於往來竹塹地區的船戶,大都游
走於臺灣北部沿岸各港口,行蹤並不固定,該團體或許僅是臨時
性的組合,是不具備社團性質的組織。另一方面,同治二年(1863)
重建塹城長和宮時,塹城各船戶也曾參與捐款,其後成為長和宮
的中抽分[44]。金濟順與塹郊中抽分之間,是否有著特定關係,仍
待新的資料出現,才能釐清。

竹塹城另一個新興的郊,是光緒二十年(1895)已出現的腦郊
吉祥泰。腦郊吉祥泰因新竹南庄一帶,民眾私設腦棧收腦,而開
列私腦行戶名單予縣署,稟請官方加予取締[45]。由此看來,腦郊
應是腦商的商業組織,是由同業商人組成的郊。進言之,這些經
官方核可而得以收購樟腦的腦商,不但負責將竹塹地區的樟腦集
中至大嵙崁或是艋舺等地,也為了對抗私腦,維護共同的商業利
益,成立同業公會,並隨時向官方檢舉私腦。在腦郊成立之前,
塹郊金長和諸商號事實上也涉足樟腦買賣[46],腦郊的出現,除了
顯現清末竹塹地區樟腦貿易的盛行之外,或許更意味著塹郊內部
的進一步分化。不過,在現存文獻中,無法得知腦郊的成立時間
與組織情況,但至少在1895年以前新竹腦郊確實已存在,日治初

---

43 光緒六年(1880)金濟順的出現,即是因塹城米禁,來塹船戶輪幫
  等候配運,卻久等無米可配,而集體請求官方開禁。(同上註)

44 邱秀堂,《臺灣北部碑文集成》(臺北:臺北市文獻委員會,民國
  75年6月),頁108;《老抽分會三十三單位公業號及諸先烈名
  冊》,長和宮楊主委提供。

45 《淡新檔案》,14312-1號,光緒20年3月29日。

46 例如,同治三年塹郊託船戶林德興,定買窟仔內黃四古私腦(《淡
  新檔案》14303-1號,同治3年3月2日)。

期腦郊甚至聘請竹塹名人鄭鵬雲掌理腦務[47]。

　　總之，清代竹塹地區的商人組織有兩種，一種是清末在中港、香山以及九芎林等鄉街出現的同街舖戶公記；另一種則是進出口貿易或同業商人所組成的郊。清中葉竹塹城首先出現塹郊金長和，光緒年間又陸續出現船戶團體金濟順與腦郊。腦郊與船戶金濟順皆因資料不足，而無法進一步釐清其與塹郊金長和的關係。然而，竹塹地區由清中葉一個在地的水郊團體—塹郊金長和，至清末至少增加金濟順與腦郊吉祥泰，顯現竹塹地區郊出現分化現象，也隱含著竹塹地區商業的發達。但是，相對於區域性大港市，竹塹郊的分化，不但極晚才產生，而且郊數不多，分化較不顯著。

　　其次，就商人團體形成的原因而言，以在地地緣關係形成的商人團體，如九芎林的舖戶公記、吞霄金和安，甚至於塹郊金長和，似乎較傾向於為地方公務與捐派的需要而產生結社行為。這種結社行為，最初並不一定基於商業利益而組成，因此視為商人組織或商人團體可能比商業組織來得恰當。

第二節　塹郊的成員與組織

　　清代臺灣各地郊的組成與性質，存在著地域性差異，地區性港市的郊與「一府、二鹿、三艋舺」等區域性港市郊也不太相同，因此以區域性港市的郊來論斷清代臺灣各地的郊，並不適當。由上一節的討論可見，塹郊大致上是以在地地緣與業緣關係

47　《臺灣新報》，381號（一），明治30年12月16日。

所組成的商人團體，本節試圖透過塹郊成員與組織結構的分析，再度證明塹郊濃厚的在地性格，並說明這種地區性港市郊的特性。

一、塹郊的成員

透過現存清代文獻，可以重建竹塹地區曾經出現過的郊商名單，如附表2。其中，塹郊的成員可以分成包括老抽分、中抽分、新抽分等三個神明會的基本成員，以及未加入此種神明會的成員(表5-1)。

表5-1 清代塹郊金長和已知成員表

成立或文獻始現時間	老抽分會成員（成立於嘉慶23年）	中抽分會成員（成立於道光8年）	新抽分會成員(成立於咸豐2、3年)	未參加抽分會之塹郊成員	其他郊商[a]	數量[b]（%）
乾隆年間	杜鑾振、吳金興、吳振利、吳萬德、林泉興、林萬興、吳振鎰、陳振榮、郭振德、吳鑾勝	曾順吉？	郭怡齋、鄭恆利、陳和興、怡順號	同興	陳泉源、羅德春、鄭榮錦	18（18%）
嘉慶年間	王益三、吳金吉、金和祥、吳金鎰、陳協豐、楊源發、吳萬裕、金逢泰、周茶春、范殖興、陳振合、陳建興、金瑞吉、金東興、*王振盛、吳萬隆、王元順、曾協吉、金東興、金振吉、杜協豐、謝寶興、郭振芳	金瑞吉、陳協豐、金振吉	李陵茂、何錦泉、鄭同利、集源號	吳順記	林恆茂、鄭卿記	30（31%）

成立或文獻始現時間	老抽分會成員（成立於嘉慶23年）	中抽分會成員（成立於道光8年）	新抽分會成員(成立於咸豐2、3年)	未參加抽分會之塹郊成員	其他郊商[a]	數量[b]（%）
道光年間	杜瑞芳	*林德興、金洽吉、金勝順、張吉發、曾復吉、曾萬和、曾順益、金慶順、金益勝、曾順成、曾振發、曾盛發、張和興、陳鎰隆、張吉盛、金順興、金順盛、許泉勝、金成興、金泉順、金瑞順、金成興、金順安、陳捷順	金德美、金德隆、恆隆、恆益、恆吉、利源、集順、鄭吉利、鄭恆升	周茶泰、翁貞記、益和、鄭永承、鄭合順、德和、*陳榮記	高恆陞、許扶生、萬成、葉源遠	23（24%）
咸豐年間	吳榮芳		王和利、振榮、魏恆振、義隆	珍香、粧益		8（8%）
同治年間			振益、吳源美、吳福美、茂盛、泉泰、義和	德興、姜華舍、勝興	魏泉安	10（10%）
光緒年間	吳讀記		茂泰福記、柯興隆	蔡興利、金福鎰、金順美	恆泰、陳恆裕、和成	9（9%）

資料來源：根據附表1作成。

註：a 其他郊商是指確定爲郊商，但無資料確定其爲塹郊成員。

　　b 此數據並未包含中抽分成員。

　　* 表示根據成立時間推測得知。

　　誠如上一節所討論的，塹郊金長和的成立應與抽分、長和宮的祭祀有關，長和宮抽分會成員也是塹郊的基本成員。長和宮的抽分會有老抽分、中抽分以及新抽分三種。

1. 老抽分：即老抽分天上聖母會，成立於嘉慶二十三年
（1818）[48]，有三十三位會員。事實上，這些老抽分郊商在嘉慶二
十三年以前大概即已存在。根據目前所知的資料，老抽分會員中
的吳金興號、吳振利號、吳萬德號、林泉興號、林萬興號、杜巒
振號……等十號（表5-1），早於乾隆年間已經來塹創立行舖。換言
之，至少三分之一以上的老抽分會員在乾隆末葉以前已來塹經
商。吳金興、吳振利兩大家族在臺第二、三世，甚至各以商號加
入老抽分。其中，與吳金興同族的郊商有：吳金吉、金和祥、吳
金鎰以及吳巒勝（新抽分），清末吳金吉家的吳讀記也參與老抽
分。與吳振利同族，或由第二世創設的郊舖有：吳振鎰、吳萬德
以及吳萬裕。兩大家族共有十個商號參與老抽分會，佔老抽分會
員的三分之一，可以說是老抽分會員中兩支強大勢力，直至清末
老抽分會的管理人也由此兩大家族所控制[49]。

老抽分會雖然有部分成員像吳金興、吳金吉一般，是由來臺
第二、三代子孫所創設，但是仍有一半以上是由渡塹經商第一代
所創。這些大陸商人幾乎都是泉州人，卻來自不同縣，但以吳振

48 老抽分成立的時間有二種說法，一是乾隆七年（1742）（《臺灣慣習
記事》二卷（上），頁35）；二是嘉慶二十三年（1818）（〈新竹寺廟
調查〉，陳惠芬，〈清代臺灣的移墾與民間結社的發展〉，頁
128）。前者誤以乾隆七年長和宮為塹郊所建，而認定老抽分成立
於此時，事實上應是同知莊年所建（陳培桂，《淡水廳志》
〔1871〕，文叢172種，頁150）。而且其時塹城始成立市街，大多數
的老抽分成員均未來塹，成立可能性不大。再者，郊商參與長和
宮的修建是嘉慶二十四年，因此老抽分會應是嘉慶二十三年成
立。

49 臺灣慣習研究會原著，劉寧顏等譯，《臺灣慣習紀事》，二卷
（上）（臺中：臺灣省文獻會，1986年6月），頁35；《土地申告
書》。

利與吳金興所分別代表的同安與安溪兩縣商人佔優勢。

　　老抽分會雖然於嘉慶末年成立，但是清末或日治初期，王元順與王振盛似乎已經退出，而由杜瑞芳號、吳讀記、吳榮芳取代。其中，杜瑞芳號在道光五年(1825)以前已經存在，吳讀記則為吳金興後代所創。由此可見，老抽分成員不但可以自由退出或加入，甚至於部分成員公號雖然一直存在，但是可能因經營不善而倒號，或是家族成員絕嗣，而由其他合夥人或親戚繼承[50]。例如嘉慶年間相當活躍的王益三號[51]，清末至日治初期，後代王麟趾住在草螺庄[52]，而在塹城的老抽分代表權則由姻親吳振利家代表[53]。

　　2. 中抽分：即中抽分天上聖母會，成立於道光八年(1828)[54]，是由經辦自大陸內地輸入雜貨的商人所組成[55]。這些商人在同治五年(1866)的「長和宮碑」稱作「塹郊各船戶」，而現今長和宮

50　《老抽分會三十三單位公業號及諸先烈名冊》中，公號與代表人姓名不一致者，可能都是這種現象。這些商號是謝寶興(林來)、王益三(吳寬意)、林萬興(彭簽)。

51　嘉慶十六年(1811)，王益三曾與林紹賢等九戶郊商，捐款買竹塹北庄水田充入大眾廟(《新竹縣采訪冊》，頁187)。

52　《土地申告書》，竹北一保草螺庄。

53　《老抽分會三十三單位公業號及諸先烈名冊》記載王益三號管理人為吳寬意，吳寬意為吳振利家在臺第五代，屬吳萬裕長房吳德水長子(林玉茹，〈清代竹塹地區的在地商人及其活動網絡〉，附表5)。吳振利與王益三兩家族在嘉慶年間已為姻親(《淡新檔案》，13203-1號，光緒7年)。

54　新竹街役所，《新竹街要覽》(新竹：作者印行，大正15年2月)，頁221。

55　臺灣慣習研究會原著，劉寧顏等譯，《臺灣慣習紀事》，二卷(上)，頁35。

抽分名冊則作爲「中抽分」[56]。由此可見，中抽分應是由往來於大陸與竹塹貿易的船戶所組成的船戶團體。

　　中抽分船戶在同治五年碑文中僅有二十七位，長和宮抽分名冊則有二十八位，多了陳協豐[57]，日治初期的調查則作三十位[58]。其中，陳協豐、曾瑞吉、金振吉三家商號，不但同時兼具老抽分與中抽分身分，而且均是已在地化的郊商，曾瑞吉更是萃豐庄大租戶曾昆和家商號。其他二十五位成員，則無資料顯示其背景，可能部分爲竹塹本地郊商所屬船隻，部分是大陸船戶。清末中抽分管理人，由老抽分的陳振合擔任[59]，更顯得中抽分成員的變動性與游離性相當高，因此對於塹郊的影響可能也最小。由於船戶航海貿易風險相當大，除了本地郊商所屬船隻之外，或許清末有不少船戶已因經營不善，或遭風折毀而消失。因此，光緒年間塹郊郊商所僱傭的船戶金合發與蔡捷益[60]，都不屬於該船戶團體。

　　3. 新抽分：即新抽分天上聖母會，成立於咸豐二、三年（1852、1853）[61]，由塹城雜貨商所組成[62]。新抽分成員的人數，

56　《老抽分會三十三單位公業號及諸先烈名冊》，長和宮楊主委提供。

57　陳協豐由住在崙仔庄的陳廷桂（1794-1869）所創，嘉慶十八年（1813）自同安來臺（附表2），在「長和宮碑」中爲老抽分，抽分名冊中則爲中抽分，似乎兼具中抽分與老抽分身分，或是記載有誤。無論如何，其爲抽分成員。

58　臺灣慣習研究會原著，劉寧顏等譯，《臺灣慣習紀事》，二卷（上），頁35。

59　同上註；臨時臺灣舊慣調查會，《臺灣私法附錄參考書》，第一卷（下）（臺北：作者發行，明治43年），頁267。

60　《淡新檔案》33503-5號、33301-5號。

61　新抽分的成立也有三說：一是咸豐二、三年（《臺灣慣習紀事》，二卷（上），頁35）；二是光緒元年（1875）（新竹街役所，《新竹街

因會員退出、加入頻仍，人數極不固定，咸豐年間初成立時僅有十二位，同治五年最盛時則高達二十七位 [63]。

　　根據附表2，已知新抽分成員的來塹時間，大半是在道光年間 [64]。不過，少數成員早在乾隆、嘉慶年間已在竹塹城經商，卻未加入老抽分，而當咸豐年間他們加入新抽分時，早已是在地化的郊商。例如，乾隆末年來塹發展的鄭恆利家族、嘉慶年間來塹的郭怡齋和李陵茂。其中，新竹鄭家四房鄭恆利早於乾隆四十一年(1776)即已出現，道光中葉左右長房、四房以及五房，也紛紛成立利源號、鄭吉利、鄭永承以及鄭恆升等四家郊舖，除了鄭永承之外，皆列名新抽分成員，是新抽分最大勢力的家族。顯然，新抽分與老抽分相同，在組織中也有在地望族存在。

　　新抽分成員的原籍卻遠比老抽分來得複雜，包括泉州與漳州府兩籍。泉州籍包含同安、晉江、南安、惠安等縣，尤以同安和

要覽》，大正15年2月，頁221)；三是光緒八年(陳惠芬，〈清代臺灣的移墾與民間結社的發展〉，頁128)。由於同治五年「長和宮碑」，新抽分早已成立，因此應是第一說較為可能。

62　臺灣慣習研究會原著，劉寧顏等譯，《臺灣慣習紀事》，二卷(上)，頁35。

63　新抽分於咸豐年間初成立時有十二位，同治五年(1867)時則有恆隆號、吳源美、吳福美、郭怡齋(郭怡齊)、何錦泉、恆吉號、怡順號、集源號……等二十七位，日治初期僅餘九位；大正十五年(1926)時又僅餘八位(《臺灣慣習紀事》，二卷(上)，頁35；邱秀堂，《臺灣北部碑文集成》，頁108；新竹街役所，《新竹街要覽》，頁221)。

64　已知的新抽分成員來塹或商號成立時間，共有十七位。其中乾隆年間二家(12%)、嘉慶年間三家(18%)、道光年間九家(53%)、咸豐年間一家(6%)、同治年間二家(12%)(統計資料來源，參見附表2)。

晉江兩縣最多[65]。大致上，新抽分更不具有以祖籍爲認同標準的同鄉結社色彩。咸、同年間，來自漳州漳浦縣的恆隆號當家林福祥，長期居於塹郊與新抽分各項活動的領導地位，似乎展現著同鄉關係並非新抽分結社的依據。

新抽分的鄭恆利家、郭怡齋、李陵茂、何錦泉、恆隆號都是清末地方上有力的紳商家族。清末時期，塹郊新抽分成員似乎也最爲活躍。咸豐年間，恆隆號的林福祥不但一度擔任塹郊爐主職位，直至同治二年甚至與鄭用鑑(鄭恆升)主導長和宮的修建工程[66]。清末以個別郊商名義的捐款活動，也以新抽分成員爲多[67]。

老、中、新三種抽分會的差別，主要在於成立長和宮抽分會時間的先後不同，而並非意味著抽分成員創業先後的差異。除了中抽分是以大陸船戶爲主體所組成的神明會之外，老抽分與新抽分成員主要是在地開設郊舖的商人，而且部分成員甚至是來塹第二代以後之子孫所創立的商號。顯然，塹郊的抽分成員並非僅由大陸商人所組成，在地商人也具有舉足輕重的地位，而更加強塹郊的在地屬性。

---

65 在新抽分已知祖籍的十六位成員中(附表2)，來自同安籍的有九位，晉江縣的有三位，南安縣有二位，惠安縣有一位，漳州漳浦縣有一位。

66 同治五年「長和宮碑」記載：同治二年(1863)重修長和宮時，總理爲鄭用鑑，董事爲林福祥等。而在文稿中則稱「因倡是舉以成厥事者，則職員林君福祥之力居多」(陳朝龍、鄭鵬雲，《新竹縣采訪冊》〔1894〕，文叢145種，頁181-183)。又郊紳林福祥即恆隆號(《淡新檔案》，22603-33號，同治8年8月18日)。

67 例如光緒十三年(1887)塹城三十九位商人重修龍王廟，這些商人幾乎都是郊商，其中新抽分成員至少有十二號，約佔三分之一，而屬於老抽分的商號僅有陳振合一號(陳朝龍、鄭鵬雲，《新竹縣采訪冊》〔1894〕，頁233)。

　　其次，同鄉關係顯然不是塹郊抽分會成員分群或結群的依據，塹郊也不具有同鄉結社色彩。同、光年間塹郊成員，至少包含泉州五縣、漳州漳浦縣(恆隆號)以及廣東籍商人(如姜榮華)(表5-2)。即使成員主要來自福建泉州府，並不表示塹郊是一種同鄉結社，因為泉州府本身並非是一個同鄉結社的認同單位，而是以泉州各縣為依據。

表5-2　清代竹塹地區已知郊商祖籍表

郊商類別	泉	州			籍	漳州籍	廣東籍	合計
	同安	南安	惠安	晉江	安溪			
老抽分	9				8			17
中抽分	1							1
新抽分	8	2	1	2		1	1	14
其他郊商	7		1	4	2			15
合計	25 (54%)	2 (4%)	2 (4%)	6 (13%)	10 (20%)	1 (2%)	1 (2%)	47

資料來源：根據附表1作成。

　　塹郊與抽分會成員既然並非基於同鄉結社，那麼促成其成立商人團體的動機究竟是什麼？他們為何不採取傳統中國商業組織習慣採取的原籍同鄉結社策略？如上節所論，塹郊的組成最初毋寧是因長和宮的修建以及管理抽分而產生結社行為。亦即：在地開設郊舖的商人，由於窮於應付來自官方不定期的捐派，加上為了維護個人生命財產的安全或營業的需要，不得不參與地方各種公共建設和防務，再者，基於祈求媽祖保佑的宗教情緒上的需

求，均促使郊舖進一步結社。其後，成爲具備商業組織的郊之後，則發展出在地郊舖合僱船隻以降低商業成本的聯合營運行爲。顯然，政治、經濟以及社會利益的結合均加強塹郊成員結社的誘因。由此可見，無論是共同管理長和宮、應付地方公事，或是聯合僱船，都使得這種結社是一種基於在地地緣關係的結社行爲，而非原籍同鄉關係的結合。

不過，塹郊的成員除了長和宮老、中、新三個抽分會成員之外，有不少成員並未加入抽分會，例如同興號、周茶泰、鄭合順、珍香以及姜華舍（表5-1）。這些成員有些早在老抽分、新抽分成立之前已經出現，例如同興號乾隆末年成立，吳振利在臺第三世吳禎蟾所創設的吳順記則嘉慶年間已存在。顯然，塹郊的成員並不僅指老、中、新三抽分的成員，塹郊的成員也並非全部參與抽分會。至於這些成員未加入抽分會，可能由於各抽分會成立之際，由成員共同置產，以供各項祭祀花費，抽分會成員因享有財產處分權而形同設立「進入障礙」，以致於其他郊商無法加入。

此外，部分在竹塹地區開設郊舖的郊商似乎並未加入塹郊，或許可以視爲散郊戶，如陳泉源、羅德春、林恆茂、葉源遠、高恆升……等（表5-1）。他們大部分是塹城在地的大商人，羅德春、陳泉源以及林恆茂甚至早在嘉慶年間以前已在竹塹城發展，也是擁有廣大土地的大地主，經營進出口貿易可能性相當大。例如，林恆茂家的林祥靉清末開設郊舖「恆泰號」，高恆升與葉源遠均確定是「郊戶」[68]。然而，卻尚未發現他們加入塹郊的文獻記

<hr>

[68] 《淡新檔案》，22604-33號，光緒6年2月19日；12404-104號，光緒16年4月10日。

載，同治五年重修長和宮時，他們也都未曾參與。他們爲何不參
與塹郊？至今仍無相關的資料可以作解釋 [69]。

　　總之，竹塹城的郊商並非都加入塹郊金長和。嘉慶二十三
年、道光八年以及咸豐二、三年陸續成立的老、中、新三個抽分
會，應是塹郊的基本成員，但是塹郊部分成員，特別是同治五年
以後成立的郊舖，並未加入這三個抽分會。其次，塹郊並非是以
同鄉關係作爲其結社的依據，而更傾向於在地地緣關係的結合。
塹郊成員的原籍早期以泉州的同安與安溪兩縣最多；道光中葉以
後，除了出現泉州五縣各籍郊商之外，也有原籍是廣東或漳州籍
的郊商。事實上，塹郊並非是由大陸商人所組成的商業組織，而
是以在地商人爲主、具有濃厚在地性格的商人團體。

二、塹郊的組織

　　塹郊金長和可以分由郊的結構和共同財產來討論其內部組織
運作情形。

（一）郊的組織結構

　　嘉慶二十三年(1818)老抽分會成立之時，塹郊大概已成立或
是具備雛型。作爲一個商人的正式組織，塹郊首先必須向官府立

69　卓克華認爲新竹林家沒有參與塹郊是因爲與鄭家勢力相拮抗(卓克
　　華，〈新竹塹郊金長和劄記三則〉，《臺北文獻》直字74期，
　　1985年，頁31)。然而，鄭、林兩家並非一直處於交惡狀態，清末
　　鄭林兩家聯合向官方具稟陳情的例子，更是不勝枚舉(第六章表6-
　　14)。顯然，這種說法仍頗牽強。或許鄭、林兩家各自屬於不同的
　　祭祀圈，未參與塹郊的郊商可能歸屬於西門內天后宮或是各籍神
　　明會。

案，亦即雕刻「長和公記」圖記，交官方註明案卷，以免其他舖戶冒用。同時，設置公簿[70]，以便登記塹郊成員的店號和住所、抽分公費的收支狀況、以及捐款情形。

雖然郊是商人自發建立的組織，不是官方輔導設立、公開代表商人經濟利益的商人團體，但是立案卻使組織具有某種「合法性」，而有較好的發展條件[71]。立案之後，郊即正式成立，也逐漸建構出一套制度。

塹郊與清代臺灣其他郊相同，都具有濃厚的神明會色彩[72]，塹郊的組成與長和宮的興修又有密不可分的關係，因此郊的結構自然採用寺廟的組織模式。基本上，塹郊的成員稱為爐下或爐腳，而執掌塹郊事務者有爐主、局師、郊書以及管事等人。

爐主統管塹郊一切事務與長和宮的祭祀活動，通常於每年媽祖祭典，由塹郊成員擲筊選出，輪流擔任，因此爐主任期為一年[73]。爐主之下，設局師與郊書，局師負責抽分事務[74]，郊書則協助郊的對外往來和文書工作[75]，兩者與爐主共同處理郊務。郊書或局師往往由郊內具有功名、並孚眾望的士紳擔任，以便與官

70 《淡新檔案》，15211-14號、15211-1號，光緒5年。
71 邱澎生，〈由「會館、公所」到「商會」：試論清代蘇州商人團體中的同鄉關係〉，《「商人與地方文化」研討會論文》（香港：香港科技大學，1994年8月），頁16。
72 卓克華，《清代臺灣的商戰集團》，頁58。
73 鄭鵬雲、曾逢辰，《新竹縣志初稿》（1897），文叢61種，頁177；臺灣慣習研究會原著，劉寧顏等譯，《臺灣慣習紀事》，二卷（上），頁34-35。
74 局師的實際職務仍不十分清楚，在《淡新檔案》14301-6號，僅見其對抽分具有決策權。
75 臨時臺灣舊慣調查會，《臺灣私法》，第三卷（上），頁162。

府交涉[76]。例如，咸豐八年(1858)擔任局師的是歲貢生陳緝熙[77]；光緒十二年(1886)郊書由舉人吳士敬出任[78]，吳士敬為老抽分吳振利派下，也代表郊舖吳順記。此外，金長和還設有管事[79]，管事職務大概類似臺南三郊的局丁，專門供使喚、負責雜務，或是擔任出租田地屋舍的收租工作[80]。塹郊的結構與區域性郊相較，大同小異，不過規模顯然較小，結構不但較為簡單，名稱也大有差異。而區域性大港市的郊，如臺南三郊和大稻埕廈郊金同順，除了爐主之外，也置董事，廈郊金同順甚至置董事四人[81]。爐主與董事之下，又設稿書與籤首，稿書如同郊書，籤首則如同局師。組織結構顯然較複雜，配置的管理人員也較多。

　　一般而言，塹郊內部權力分配傾向於共議制，郊務通常由爐主與郊書共同解決，兩者對外也代表塹郊執行任務。不過，一旦遇到與眾郊舖相關事務，則由爐主邀集眾郊舖，公議決定，不能專擅。例如，光緒十二年(1886)，官挑夫首蔡進發退辦，知縣責成塹郊金長和與郊書吳士敬推選挑夫首。同時，為了徹底解決官挑夫首負擔過重，無人願意承充的問題，官府要求塹郊邀集眾郊舖共同商議，與郊舖交易的所有貨擔統由挑夫首承辦，以彌補挑

76　卓克華，《清代臺灣的商戰集團》，頁64。

77　《淡新檔案》，14301-6號，咸豐7年4月17日。

78　《淡新檔案》，11207-46號，光緒12年1月9日。

79　光緒五年(1879)，金長和管事為吳協，南安縣人，住北門街(《淡新檔案》，22163-11號，光緒5年11月8日)。

80　卓克華，《清代臺灣的商戰集團》，頁58；臨時臺灣舊慣調查會，《臺灣私法》，第三卷(上)，頁162；戴炎輝，《清代臺灣的鄉治》(臺北：聯經，1979年)，頁227。

81　臨時臺灣舊慣調查會，《臺灣私法》，第三卷(上)，頁162-163。

夫首官差之苦累[82]。

　　儘管塹郊內部的權力分配似乎以共議制為常態，爐主任期原則上以一年為任期，但是一旦郊出現較為強勢的爐主時，則可能形成寡頭式的領導。舉例而言，咸豐七年(1857)恆隆號林福祥擔任塹郊的值年爐主，同治二年(1863)他帶領眾郊舖重建長和宮，同治七年(1868)又率眾郊舖興建湳仔庄萬年橋。在這些活動中，很明顯的，林福祥是強力的主導者[83]，因此不禁令人懷疑這段時間，林福祥是否一直擔任爐主之職？而且也是組織中最具影響力的郊商。

(二) 公共財產

　　如上所述，官方對於郊的成立，並不願意發給示諭，正式承認郊的社團角色，以免郊對於個別商舖具有強制約束力，產生壟斷行為。不過，官府對於郊以寺廟財產形態出現的公共財產卻明令保障，官方檔案中也登錄長和宮所屬財產[84]。公共財產受到明令保障，奠定了組織在發展上的權力基礎，由於公共財產的成立，使出資者為了維護與保管公共財產，產生結社行為，而且發展出經常性的管理與募款制度，使組織更上一層樓，成員之間也

82　《淡新檔案》，11207-46號，光緒12年1月9日。

83　《淡新檔案》，14301-6號，咸豐7年4月17日；陳朝龍、鄭鵬雲，《新竹縣采訪冊》(1894)，文叢145種，頁181-183、203-204。

84　現行所存的《新竹縣制度考》，由其內容大概可以確定是新竹縣官方檔案，應是新、舊任知縣交接時的清冊，在此清冊中有關長和宮公共財產記載極為詳細(《新竹縣制度考》(1895)，文叢101種，頁112-113)。

建立權利義務關係[85]。

　　一般而言，郊的公共財產可以分成公共建築物和公共基金等兩部分。公共建築物是指郊專有的建築物，作爲郊議事的場所，例如臺南三郊於道光三年(1823)在外宮後街設置三益堂，鹿港泉郊則興建泉郊會館[86]。然而，塹郊並未興建專屬議事公所，僅以長和宮或水仙宮後殿作爲集會場所[87]。長和宮與同治二年(1863)舖戶捐建的水仙宮[88]，最多只能視爲由塹郊管理的建築物，是對外開放的，而非僅供塹郊成員使用。一個專屬於郊成員的公共建築物，在結社的商人之間得以形成一種「管理架構」[89]。塹郊沒有特別興建專屬於成員所有的議事場所，而以在地的寺廟作爲凝聚中心，除了顯示其財力不如臺南泉郊與鹿港泉郊，以及組織力量較小之外，或許更意味著塹郊是以寺廟爲中心所組成的在地組織。

　　郊的公共基金一般包含捐款、課稅(抽分)、置產以及罰金四項[90]。塹郊的公共基金來源則有三：1.購買水田，然後招佃耕作，以收取實物地租米穀；2.出租店屋，收取租息；3.向出口船隻徵收抽分公費。換言之，公共基金主要來自置產與課稅，並以田租、店租以及抽分公費形態出現。其中，田租與店租的收益，主

85　邱澎生，《十八、十九世紀蘇州城的新興工商業團體》(臺北：臺灣大學出版委員會，1990年6月)，頁65-69。
86　臨時臺灣舊慣調查會，《臺灣私法》，第三卷(上)，頁165。
87　恠我氏著，林美容校註，《百年見聞肚皮集》(新竹：新竹文化中心，1996年2月)，頁98。
88　鄭鵬雲、曾逢辰，《新竹縣志初稿》(1897)，頁110。
89　邱澎生，〈商人團體與社會變遷：清代蘇州的會館公所與商會〉(臺北：國立臺灣大學歷史學研究所博士論文，1995年6月)，頁133。
90　卓克華，《清代臺灣的商戰集團》，頁72。

要供給寺廟祭祀活動所需，抽分公費則應付地方公事的各項開銷。

塹郊所擁有的田租或店租，是以長和宮與水仙宮香油銀的名義存在 91。作為長和宮祀田的水田有兩種，一種是信徒獨自捐資購置，產權並不屬於長和宮 92；另一種則是由成員共同捐資購買水田，再贌佃耕作，收取固定租谷，以充作寺廟基金。而對於塹郊而言，共同捐資的祀田，才是影響組織存在與否的重要因素。長和宮所有的公共祀田，分布在糠榔庄、番仔陂庄、番仔湖庄、泉州厝庄、鳳鼻尾庄以及浸水庄，年收小租谷共485.3石。收取店租的公店則位於米市街，共三座，每年稅銀六十元。此外，舊港老開成每年必須納銀三元 93，長和宮內也設有公量（度量衡），供米、炭買賣交易時使用，每過量一擔，即收取五文，作為香油錢 94。這些收益中，仍以田租與店租最為重要，主要支付寺廟管理的各項開銷，包括每年長和宮與水仙宮各項祭典與活動費用、廟內和尚伙食、完納各項課稅、雇人出庄收租辛金等費用 95。

不過，根據日治初期的調查資料，長和宮的財產似乎分屬於

---

91 《新竹縣制度考》（1895），頁112。

92 光緒十三年(1887)的「獺江祀碑」，是惠安船戶金惠興獨資購買水田獻充長和宮祀田的例子。在該事件中，金惠興原將契卷交由郊商曾益吉保管，其後契卷遺失，金惠興子孫為取回土地所有權，遂取具林其回與金長和之切結，向官府取具執照，官府隨即核可「循前管業，毋得違混」（陳朝龍、鄭鵬雲，《新竹縣采訪冊》（1894），頁183-184）。

93 《新竹縣制度考》（1895），頁112；鄭鵬雲、曾逢辰，《新竹縣志初稿》（1897），頁110。兩者所載大致相同，不過根據《土地申告書》，則除了上述六筆土地之外，在下員山庄和大壢庄尚有長和宮祀田。

94 臨時臺灣舊慣調查會，《臺灣私法》，第三卷（上），頁180。

95 《新竹縣制度考》（1895），頁112-113。

老、中、新三個抽分會所有，並各自管理。三個抽分會的財產與支出情形如下[96]：

1. 老抽分會：有年收益約七十圓的店屋兩間，小租谷二百七十石的財產。財產收入用於支付長和宮香油錢、祭典兩次、水仙宮祭典兩次、演戲四次、爐主饗宴會員費用等。管理人爲吳希文（吳讀記、吳金興號）。

2. 中抽分會：原有小租谷七十石，因洪水衝毀，僅餘十五石。財產收益用於支付香油錢、媽祖廟祭典一次、演戲一次以及爐主饗宴會員費用等。管理人爲陳振合號。

3. 新抽分會：有小租谷一百三十五石。用於支付媽祖廟祭典三次、演戲三次以及爐主饗宴會員費用等。管理人爲林爾禎（振榮號）。

由上可見，老抽分會財產最多，所負擔的任務也最重，大概沿襲嘉慶二十四年(1819)以來興修長和宮時的慣例。三個抽分會的財產主要支付寺廟各項活動所需，各自設置管理財產的管理人（又稱經理人）以及執行祭祀活動的爐主。管理人無任期限制，由德高望重者擔任，所有公共財產契卷皆由其收執。爐主則每年於神前擲筊改選，任期一年，負責該年度的各項活動，並各自向佃戶收租，每年活動剩餘費用，則爲爐主所得[97]。因此，爐主表面

---

96 臺灣慣習研究會原著，劉寧顏等譯，《臺灣慣習紀事》，二卷（上），頁35。
97 同上註。明治三十年(1897)中抽分會規約中，也可見類似記錄：「公議每年值東之人須向經理人參議，或租谷自己運回，或由佃人依時結價，俱皆兩可，倘谷價多寡，此皆爐主造化，不能將應用之物，增多減少。」（臨時臺灣舊慣調查會，《臺灣私法附錄參考書》，第一卷（下），頁267）

上是義務職，但是仍可能因有效的經營，而獲得額外的利潤。另
一方面，部分成員可能因向組織借錢，而放棄當爐主的權利[98]。
各抽分會各自擁有固定財產，值年爐主又有分享每年剩餘財產收
益的權力，可能導致抽分會本身具有某種程度的排他性，這也是
是部分塹郊成員未參加抽分會的原因之一。不過，由於資料不
足，目前並無法釐清在組織運作與財產處理上，三個抽分會與塹
郊之間究竟如何分配或分工。

　　塹郊的公共基金，除了擁有保值兼收息的固定不動產之外，
另一項收入為船貨抽分費。抽分公費並非用於支付寺廟的各項活
動開銷，而是應付官方派捐或公益事業所需。清代對於地方公務
大部分未編列預算，所需經費往往向官員與民間募集[99]。地方政
府則因公費不足，向來有向在地股戶派捐的習慣，而在竹塹城，
自然是向資本最為雄厚的郊商派捐。塹郊的抽分早期主要是就
糖、米、什貨等項抽分，咸豐四年(1854)又加課樟腦抽分，至咸
豐七年(1857)左右船貨抽分一度中止，僅餘樟腦抽分[100]。抽分費
用所支付項目，包括修理城門、造橋、修路等地方公務開銷[101]，

98　臺灣慣習研究會原著，劉寧顏等譯，《臺灣慣習紀事》，二卷
　　（上），頁35。

99　蔡淵絜，〈清代臺灣行郊的發展與地方權力結構之變遷〉，頁
　　147。

100　郊的抽分原以糖、油、米以及什貨為主，樟腦並無抽分，咸豐四
　　年(1854)丁曰健到任，因地方多事，議樟腦抽分，初期樟腦抽分
　　為每袋抽收三分，咸豐七年(1858)，官方設抽分總局（簡稱官
　　局，有抽分總局公記），樟腦抽分乃分成官局抽分與郊抽分兩
　　種。同年，局師陳緝熙建議官局抽三分，郊又抽四分（《淡新檔
　　案》，14301-1號，咸豐7年4月10日；14301-6號，咸豐7年4月17
　　日）。

101　同上註。

另外也提領部分抽分予育嬰堂[102]。同治十二年(1873)抽分改由釐金局辦理之後，塹郊應付地方公事的公共基金頓時不足，自然影響到該組織對外事務的參與。但是，塹郊金長和是否就此衰微了呢？還是以另一種形態繼續運作呢？這是下一節將討論的問題。

總之，塹郊金長和成員雖然也有大陸商人參與，但是在地商人仍是塹郊成員的主體。其次，由於原籍同鄉結社並不明顯，大致上可以視爲在地的同業公會。這個商人團體因具有神明會色彩，遂採用寺廟的組織模式，加上擁有不少共同財產，因此也具有社團法人性質，因而不但加強組織成員的向心力，而且產生一套維護與管理公共財產的制度。

第三節　塹郊的運作與功能

塹郊是在地郊商基於對宗教崇拜、聯合應付地方公務以及商業經營利益之需要，而產生的自發性商人組織。一旦郊的組織發展穩固之後，決策者得以透過組織的名義，分別對成員、非成員以及地方官府產生集體行動，這種集體行動即是郊的權力運作[103]。

組織是一個具有多重功能的工具，可以爲團體做許多事[104]。不過，組織與個別成員的活動必須加以區分，才能釐清組織活動的性質與功能，並進而觀察組織的強弱程度與功能的質變過程。然而，過去對於清代臺灣郊的研究，常常將郊與個別郊商相互混

102 《新竹縣制度考》，頁89。
103 邱澎生，《十八、十九世紀蘇州城的新興工商業團體》，頁127。
104 查里斯‧裴洛著，周鴻玲譯，《組織社會學》（臺北：桂冠，1988年9月），頁14。

談，不但無法確切的掌握一個組織的運作與活動，甚至出現不少待商榷的類推與解釋[105]。本節基本上試圖較嚴謹地將焦點擺在商人的集體組織——郊的活動形態上，並分析郊出現之後，對於地方權力結構的影響。

其次，大部分對於清代臺灣郊的研究成果皆指出：郊在清末沒落了，而影響郊衰弱的主要因素是，1860年開港之後郊面臨洋商的競爭使然[106]。於是，清末郊的沒落成為必然的命題。方豪與卓克華兩人，也都以光緒年間以降，塹郊捐款減少或是較少參與地方公共建設為證據，指稱塹郊沒落了[107]。清末洋商資本的入侵，對於臺南、艋舺等通商港埠產生相當大的衝擊，並打破了長久以來郊對於兩岸貿易的壟斷局面，郊的確是相對弱化了[108]。然而，誠如前面幾章的討論，清代竹塹地區自始至終維持傳統貿易型態，洋商的勢力一直有限，因此郊商始終控制兩岸貿易，並未面臨通商港埠的窘境。洋商資本打擊說既然無法適用於塹郊，卓

---

105 舉例而言，由於對作為團體的郊與個別單位的郊商，不加以區分，而以個別郊商的倒號來說明郊的衰微，或是反之，以團體郊組織的弱化誤指個別郊商的沒落，事實上郊的弱化不一定代表個別郊商進口貿易經營的衰敗。在日治以前，只要大陸與臺灣持續進行兩岸貿易，則儘管有洋商介入與競爭，郊商的活動仍持續進行著。而在兩岸貿易過程中，的確會有少數郊商因經營不善或船隻折毀而倒號，但另一方面新的郊商可能也正成立中。

106 黃福才，《臺灣商業史》（南昌：江西人民出版社，1990年8月），頁143。

107 方豪，〈新竹之郊〉，《六十至六十四自選待訂稿》（臺北：作者發行，1974年4月），頁11-12；卓克華，〈新竹行郊初探〉，《臺北文獻》直字第63、64期合刊（1983年），頁226-227。

108 黃富三主纂，《臺灣近代史——經濟篇》（南投：臺灣省文獻會，1996年），頁355-357。

克華於是推論塹郊的衰微是源於舊港淤塞或是中法戰爭[109]。港口淤塞說是解釋郊衰微的第二個命題。但是，竹塹港早在嘉慶十八年(1813)已一度淤塞，如前所述，塹港的淤塞反而是促成塹郊形成的因素之一。由此可見，港口淤塞作為郊沒落的原因，並不一定適用於臺灣各地的郊，事實上除了臺南之外，由於兩岸貿易的必要性，中北部各港在淤塞之後，郊商往往於鄰近地區尋找替代港，港口淤塞對於郊的影響，實在不宜太過誇大。至於戰爭波及說，顯然也不足以解釋郊的沒落，因為戰爭是偶發、暫時性因素，戰爭發生之際自然是百業凋蔽，戰事結束之後郊商仍繼續營運，郊的組織也仍存在。

　　不過，在文獻上，的確可以看到光緒年間塹郊的活動形態有了明顯的改變，這是代表塹郊衰微了呢？抑或是隱含著另一層意義呢？而促成這種改變的因素究竟是什麼？這是本節想要討論的問題之一。以下將先說明塹郊的運作與活動，再進一步討論塹郊的功能與轉變。

一、塹郊的運作與活動

　　塹郊的運作與活動形式，可以分成宗教活動、經濟事務活動、地方行政活動以及社會公益慈善活動等四種。以下分別說明之。

（一）宗教活動

　　祈求神明保祐成員經商平安與大發利市，是商人崇祀神祇的

---

109 卓克華，〈新竹行郊初探〉，頁227-228；卓克華，〈新竹塹郊金長和劄記三則〉，頁31-38。

主要原因，而透過團體的權力運作，不但可以將共同祭祀活動辦
得有聲有色，而且團體所能動員的人力與財力，皆是單憑個人之
力難以企及的[110]。塹郊的組成與長和宮的興修有密切不可分的關
係，可能即基於對媽祖的共同崇祀，既可以滿足宗教情緒，減輕
個人之負擔，又能利用宗教活動，聯絡情誼，互相幫助。

　　塹郊的宗教崇祀可以分成對內的長和宮和水仙宮維護、管理
以及祭祀活動，與對外的向其他寺廟捐獻兩部分。後者，除了同
治六年(1867)塹郊將恆義號欠債所抵的四座瓦屋捐為南壇(大眾廟)
祀業之外[111]，並無由塹郊主導的捐獻活動。顯然，塹郊的宗教活
動局限於長和宮，以媽祖信仰與祭祀活動為主，對於其他寺廟捐
獻活動則顯得不太積極。

　　清中葉以降，塹郊金長和老、中、新三個抽分會陸續成立之
後，清末長和宮的祭祀活動似乎分由三個抽分會各自舉行。至於
塹郊本身的祭祀活動與抽分會的分野何在，卻苦無確實資料可
證，而無法釐清。或許在三個抽分會祭典之外，塹郊成員本身也
有祭祀活動。

　　老、中、新三個抽分會的祭祀活動大同小異，每年擲茭選出
值年爐主，除了執行祭祀、祭典時的演戲事務之外，每年必須卜
擇祭日，招待與大宴饗會員。此外，爐主每三年必須至興化湄州
媽祖本廟朝拜一次，歸塹之時，則分香予各會員[112]。老、中、新
三抽分會，現存中抽分天上聖母會規約，該規約主要規定成員與

---

110 邱澎生，《十八、十九世紀蘇州城的新興工商業團體》，頁129。

111 陳朝龍、鄭鵬雲，《新竹縣采訪冊》(1894)，頁188。

112 臺灣慣習研究會原著，劉寧顏等譯，《臺灣慣習紀事》，二卷
　　(上)，頁35；卓克華，《清代臺灣的商戰集團》，頁213-217。

爐主在祭祀活動上的權利與義務，以及公共財產的分配、收支、契卷保存狀況[113]。大致上，抽分會即是神明會，可能也是塹郊的次團體。

　　無論如何，宗教活動本身即是郊權利運作的展現。在媽祖聖誕祭典時，全體會員盡皆出席，由爐主主持祭典，獻戲娛神，或是大饗會員，增進會員情誼，加強團結。祭典之後，則集眾會議，共同商討公共事宜，不但展現組織的運作能力，更促進成員休戚與共的向心力。

(二)經濟事務活動

　　在宗教活動方面，由於涉及財產的處份與開銷巨大，清末塹郊似乎有老、中、新三個抽分會各自舉行的現象，然而在商業經濟事務活動上，成員卻是行動一致的，並以團體的名義進行。

　　塹郊的經濟事務活動也可以分成兩種，一是攸關成員本身利益的內部事務；一是不限於成員，攸關整體商業利益的外部事務。

　　在內部事務運作方面，最常見的是：成員的商業聯合航運、向官方協調商困以及對成員融通資金。清代竹塹地區的郊舖自置船隻者少，而僱傭船隻進行航海貿易則較多[114]。塹郊成員似乎也習慣於以團體方式聯合僱傭船隻。舉例而言，同治七年(1868)八月，塹郊的和利、錦泉、振榮、集源、振合、陵茂、姜華舍(北埔姜家)、益和以及合順等十家郊舖，聯合僱傭金長發船裝載諸號的

113　臨時臺灣舊慣調查會，《臺灣私法》，第三卷(上)，頁267-268。
114　有關此方面的討論參見第三章第二節。

米、糖等貨物，並由合順號辛勞（夥計）黃柔管押，自竹塹港開帆，往大陸內地發售[115]。

這些聯合營運的郊舖，基本上由老抽分會會員與新抽分會會員聯合組成。而這種聯合僱傭船隻的運作方式，通常是由主導的郊舖派撥夥計管押船貨，監督出海（船戶），稱為「押載」[116]。郊舖的聯合行為，不但可以節省運輸成本，而且也具有共同分攤航海貿易風險的作用。而萬一聯合僱傭的船隻遭劫，甚至於以組織的力量出面向官方申訴，並由郊「不惜重賞，四處購線緝拏匪船」[117]。

塹郊也常以聯名控訴或具稟方式，代表郊或郊舖向官方陳情商困，以保障、維護郊及其成員的財產安全與營業利益。由表5-3可見，這方面的事務，以郊舖在海上或是陸上貿易遭劫為多。

另一方面，郊也為個別郊舖的營業活動紓困，提供融通資金。舉例而言，老抽分會成員可以向郊的公共財產借款，經營生意，但必須放棄當爐主的權利[118]；又如同治六年（1867）恆義號倒閉之前，塹郊曾付與數千元的「賑貨」，讓恆義號重新整頓生理[119]。

此外，塹郊甚至於包庇成員的非法商業行為。如咸豐七年（1857），萬成號的曾兜盜買樟腦二百餘擔，被軍工匠首金和合查

115 《淡新檔案》，33503-5號，同治7年10月23日。
116 鄭鵬雲、曾逢辰，《新竹縣志初稿》（1897）：「……，以上各件皆屬土產；擇地所宜，僱船裝販。船中有名『出海』者，主攬收貨物；有名『押載』者，所以監視『出海』也。」（頁177）
117 《淡新檔案》，33503-6號，同治7年10月23日。
118 臺灣慣習研究會原著，劉寧顏等譯，《臺灣慣習紀事》，二卷（上），頁35。
119 陳朝龍、鄭鵬雲，《新竹縣采訪冊》（1894），頁188。

獲，其後經眾郊出面求情，金和合乃未報官辦究。在這個事件發展過程中，萬成號曾經恃強傷害兩條人命，最後卻僅出錢一千餘元賠償「屍親」，和解了事 [120]。同治三年（1864），塹郊委託船戶林德興搜購私腦事件，更展現出塹郊的武力動員能力。林京（即船戶林德興）在與中港料館金泰成腦丁爭奪樟腦之際，能「黨百餘眾，手執綿牌、鳥銃」，逼退腦丁 [121]。人命關天的違法行為，由郊出面卻能彌平爭端，塹郊船戶竟能動員百人以上搶奪出口商品，皆足見郊在維護商業利益的聯合行為上，不但相當有影響力，而且還帶有些許地方惡勢力的色彩。

郊為組織或郊舖商業利益所進行的內部運作，自然使得郊具有存在的必要性，郊商的結社行為更為緊密。而塹郊對外進行的相關商業事務，則促使該組織取得一定的社會價值，並受到官方與地方的肯定。塹郊對外所進行的商業事務有協助地方官府仲裁商業糾紛、審議米價、協議禁港、保管度量衡 [122]，以及陳請官府統一貨幣、驅逐劣幣等項（表5-3）。

由於郊在地方上，相對於個別郊舖以及一般商舖具有優越地位，地方政府往往事實承認郊的存在，凡是地方相關的商業糾紛，大多諭飭由郊調處 [123]。根據表5-4，塹郊所處理的商業糾紛象，包含郊成員以及非成員；而這些商業糾紛，無非是搶奪出口商品、商業詐欺、拆夥以及爭產等事件。地方官府對郊委以地方

---

120 《淡新檔案》，14301-6號，咸豐7年4月17日。

121 《淡新檔案》，14303-1號，同治3年3月2日。

122 塹郊所保管的度量衡為刻有「奉憲示禁」的公量，做為薪炭買賣之用（臨時臺灣舊慣調查會，《臺灣私法》，第三卷（上），頁180）。

123 卓克華，《清代臺灣的商戰集團》，頁142。

商業糾紛調處權，顯然肯定郊優於個別郊商的地位，也成爲吸引個別郊商加入郊的誘因之一。不過，這種調處雖然使郊成爲商業糾紛的仲裁者，但是並無絕對的約束力，當事者如果對於調處不服，仍可以再爭辯，上告官府[124]。換言之，傳統地方政府在經濟

表5-3　塹郊金長和向官方之商業陳情表

郊　　行	事件地點	事　　　　　　　由	資料來源
塹郊金長和	滬尾港	金長和等付配蔡捷益船自廈門運載井布、什貨等物，在滬尾港被搶，懇恩迅飭總保跟交究贓	咸豐2.5.23 33301-5
塹郊金長和	塹港	郊戶德興號運米三十石至塹港下船戶金鎰勝號在苦苓腳庄被搶，懇恩查究	同治3.11.30 33306-1
塹郊金長和		合順號辛勞黃柔管押金長發號載運塹郊諸號米、糖等貨向北發售，爲雞籠港匪船搶劫，懇恩查究。	同治7.10.23 33503-1、5
本城郊舖金長和		爲內地不法艱徒採買呆錢來塹發兌圖利，不顧五谷貨物市價，和等不忍坐視，同在街紳商舖戶，從中酌議，通用清錢，稟請恩准出示曉諭	光緒5.4.11 13601-1
金長和	後龍	爲大甲源發號運塹城利源號澳布被搶，乞迅提訊，跟黨追贓律究，以安商賈	光緒10.6.8 33705-11
郊戶金長和		稟請嚴禁外方流來浮水鉛錢，本地除用佛仔銀交易之外，准用小洋錢。	光緒17.9.23 13604-1

資料來源：《淡新檔案》。

124　黃福才，《臺灣商業史》，頁143。

表5-4　塹郊金長和所排解的商業糾紛事件

郊　行	事件地點	事　　　　由	資料來源
郊舖人等	香山港	道光27年與香山總理公同查驗林恆茂、陳恆裕所爭枋木	道光27.11.28 11701
金長和等眾郊戶		咸豐7年萬成號曾兜盜買樟栳，為軍工匠首查獲，塹郊眾郊戶代為求情，匠首不究	咸豐7.4.17 14301-6
郊戶金長和	北門外街	為郊戶扶生號即貢生許日陞，搶德政祠寄北門外街舖民黃巧、鄭金祀粟，核查確情，懇請摘釋，以安商業。	咸豐9.4.3 33204-12, 21
金長和	塹城	光緒元年業戶曾國興與鄭如漢收租互控案，知縣諭令兩照暫交門房飭郊會算	光緒1.3.14 22410-2
金長和	北門街	光緒八年彭長生、王勝興、吳為合夥生理倒閉與辛勞兼股夥陳登山賬目未清糾紛，由郊戶評斷。光緒11年縣令再諭令由金長和理算清楚	光緒8.4.18 23410-1, 49

事務上始終掌控司法裁判權，郊不但並未取得法定仲裁權，對於肇事雙方也無太大約束力，而大部分時候主要是秉公會算兩造賬目，官方則據以裁決是非。

　　審議米價與禁港，都是地方米穀青黃不接、不足本地消費時，郊可能採取的權宜措施[125]。地方政府對於商業活動的管制與監督，最重視米穀買賣與出口。在地方米穀生產不足、米價偏高之際，官府唯恐發生搶米民變，一方面由官府諭令禁港或是由郊

125　有關這方面問題的資料，參見《淡新檔案》14101全案。

自行協議禁港[126]，前者是為官禁，後者即為商禁，兩者都是禁止米穀對外出口[127]。另一方面，唯恐富戶囤積居奇，哄抬米價，乃命令塹郊金長和傳諭業戶與礱戶，共同議定米價，碾米運赴米市平糶[128]。表面上看來，塹郊是在官方的指使之下，執行審議米價與禁港；但是，事實上郊本身也在維護競爭的公平性，以免個別郊舖或礱戶私自偷漏米穀出口，不但造成地方不安，也導致商情的不穩[129]。不過，值得注意的是，由郊倡議的商禁，常常導致郊與大陸船戶之間的紛爭[130]，或許商禁本身，也隱含著在地郊商聯合對抗外來客商的意義。

　　大體而言，郊與官方是一種共利關係，郊協助地方政府處理各種商業糾紛、管理度量衡、留意商業弊端以及控制米穀出口等經濟事務，既是官方與民間的中介協調者，又充分反應地方官府有意地利用塹郊作為官府耳目與工具的意味。然而，郊在官府的羽翼之下，不但更奠定其優於個別郊舖的地位，而且加強郊對於維護成員商業利益的影響力，使得郊舖樂於加入組織，以保障個人商業利益。

---

126 有關禁港及其所衍生的問題，參見：林玉茹，〈清末新竹縣文口的經營──一個港口管理活動中人際脈絡的探討〉，頁88-90。

127 陳培桂《淡水廳志》，頁299：「其米船遇歲欠防饑，有禁港焉。或官禁，或商自禁；既禁則米不得他販。」

128 《淡新檔案》，14101-4號、14101-40之1。

129 光緒八年（1881）大甲街金萬興郊進行商禁，即指出郊的目的：「……，第恐將來米石搬空，青黃不接，糧食有虧也，地方受累匪輕，爰即邀眾公議，出白告禁，大安港內不許搬運米石。」（《淡新檔案》，12404-26號，光緒8年3月）

130 例如上述，金萬興郊禁港事件，即引發大安口書金順泰與大陸船戶向官府稟控郊禁港不當之事件（《淡新檔案》，12404-25號，光緒8年5月）。

（三）地方行政事務的參與

　　相對於郊對地方經濟事務的強勢介入，塹郊在街庄的地方自
治活動中則顯得相當冷漠。除了道光末年和光緒年間，曾經保結
或稟舉郊商擔任總理、受官府委託選舉挑夫首以及爲郊舖具保之
外（表5-5），郊並未以團體的名義參與實際的地方自治活動，更談
不上是「變相的下級行政機構」[131]。

表5-5　塹郊金長和參與之地方行政活動

時　間	參　與　者	活　動	資料來源
道光23.05.11	塹舖金長和	僉舉舖民郭尙茂頂充已故北門總理鄭用鐘之缺	《淡新檔案》12202-7
道光24.05.16	眾郊舖長和號、新竹東、西、南三門總理（長和公記）	保結開郊行理監生王禮讓承充北門總理	《淡新檔案》12202-16
光緒12.01.09	郊戶金長和、郊書吳士敬	選舉新竹縣額設挑夫首	《淡新檔案》11207-46
光緒13年	郊戶金長和、林其回、林延黃	保結廩生陳春元即金惠興	《新竹縣采訪冊》頁183-184

131　過去談論清代臺灣郊的政治功能時，往往牽強附會，過分擴張郊
　　的政治參與，甚至稱郊爲「變相的下級行政機構」。這種說法，
　　無論是針對臺南三郊或是塹郊而言，都是經不起驗證的。所謂下
　　級行政機構必須是常設性、對於地方政務行使一定權力的機構，
　　而論者所提的平匪治安、抵禦外患、協運兵餉、興築城垣以及裏
　　理自治等事件（卓克華，《清代臺灣的商戰集團》，頁158-170），
　　除了裏理自治之外，都非構成下級行政機構的要素。然而，郊如
　　果僅是保結或推舉街庄自治組織成員，又豈能算得上是地方政府
　　的下級行政機構呢？

與臺南三郊比較，更可以顯現塹郊對於地方政務的冷漠。乾隆五十一年(1786)林爽文之變與嘉慶十二年(1807)海盜蔡牽寇擾臺灣府，臺南三郊皆踴躍出資募集義民平匪治亂，並出現三郊的武裝勢力「三郊旗」。即使清中葉以降，臺南三郊財勢已大不如往昔，道光二十年(1840)中英鴉片戰爭以及光緒十年(1884)中法之役，臺南三郊仍出力抵禦外寇，甚至組織團練，參與地方防衛事宜[132]。然而，塹郊對於民變和外寇侵擾事件，卻從未以郊的名義整合群眾，維護治安，抵禦外侮。同治元年(1862)，戴潮春之亂，波及淡北，彰化城與大甲城均一度失陷，在竹塹告急之際，出面領導義民保衛地方的是林占梅、鄭如梁、翁林萃、鄭秉經以及陳緝熙等紳商[133]。雖然他們幾乎都是郊商，集合號令之處也在水仙宮[134]，但是畢竟並非以郊的名義來組織群眾，因此不能視作郊的動員。

塹郊對地方行政事務的冷漠，除了反應其財力不足、組織在地方上的社會地位仍屈居紳商之下外，也隱含著該組織功能的單一化，亦即更重視經濟事務的經營。顯然，這也是地區性港市郊的特色之一。

(四)社會公益慈善活動

塹郊所參與的社會公益慈善活動，主要是地方公共建設、慈善事業以及矯風建言等三項(表5-6)。在地方公共建設方面，自道

---

132 卓克華，《清代臺灣的商戰集團》，頁161-163。

133 蔡青筠，《戴案紀略》，文叢206種，頁13。

134 當時以水仙宮後殿為集義廳，「攝淡水廳篆，出告示安民心。」(怮我氏，《百年見聞肚皮集》，頁84、120)

表5-6 清代塹郊金長和參與的社會文教活動

時 間	參 與 者	事 由	資 料 來 源
道光15年	塹城金長和？	長和宮捐款	〈長和宮殘碑〉
道光18年	塹城金長和	公捐義渡銀三百圓	《新竹縣采訪冊》p.197
道光22年	塹郊金長和、鄭用鍾、李錫金、鄭用哺、陵勝號、源泰號、鎰泰號、協裕號、德隆號、泉吉號、萬成號	鳩捐重修南北往來孔道、縣城適滴子舊社之萬年橋	《新竹縣采訪冊》p.113, 203
咸豐7年	塹郊	中港總董支取塹郊抽分修造北門，及竹城橋路	《淡新檔案》14301-6
咸豐8年	德政祠眾紳舖戶人等，舖戶72家（金長和公記）	具稟指控大甲西社巧萬成違例纂充業戶，致德政祠無項可收。	《淡新檔案》17409-47
同治6年	和等眾郊戶	將恆義號積欠眾郊戶瓦店四座充入大眾廟為祀業，以備歷年中元費用之需	《新竹縣采訪冊》p.188
同治7年	金長和、林恆茂、林福祥、鄭永承……	鳩捐重建萬年橋	《新竹縣采訪冊》p.113
同治5年	塹郊眾紳士	重建長和宮	《新竹縣采訪冊》p.181-182
同治9年	塹郊	將船戶抽分之半做為育嬰堂經費	《新竹縣制度考》p.89
同治12年	郊舖金長和	稟請示禁地方惡習，以杜訟源	《新竹縣采訪冊》p.227
同治12年	職員林汝梅、鄭如梁、翁林華、林福祥、舉人吳士敬、林煥、貢生郭襄繡、鄭如漢、李聯超、魏春鰲等7人、生員鄭如蘭、郭鏡澄、鄭如雲等7人、武生吳建邦等2人、職員高廷琛等3人、郊舖金長和	稟請示禁四害：一禁藉命索擾；一禁賣業重找；一禁誣良為盜；一禁命案牽連。	《北碑》p.39
光緒2年	塹郊金長和暨眾郊舖	為北門街曾雲壇租屋予陳邵氏，氏偕女賣姦，傷風俗，擾鬧街衢，僉請飭差押逐出境，以正風化（曾雲壇賣豆腐乾生理）	《淡新檔案》22103-2、11

光十八年(1838)至同治七年(1868)之間，塹郊陸續參與義渡、橋
樑、寺廟、鋪路的捐款與興修活動。這些公共建設都與塹郊的經
商活動有關，應是塹郊對於經商環境的維護與改善。

其次，就慈善事業而言，清代臺灣郊所參與的慈善活動，主
要有助葬、賑荒、救恤三種[135]。塹郊以團體名義所參與的僅有救
恤與爲義塚建言兩項。顯然，塹郊參與的慈善活動極爲有限，竹
塹地區的義倉、養濟院等慈善事業都是交由地方有力的紳商辦
理。即使以育嬰堂而言，同治九年(1870)育嬰堂成立之後，由塹
郊提出糖、米出口抽分費作爲育嬰堂經費，每年給嬰兒本生母六
元，卻統由官派司事經辦[136]。顯然郊也僅屬於捐款性質，並未參
與育嬰堂的實際運作。

塹郊社會活動的經費，主要來自於船戶抽分費，所謂「凡遇
地方公事，郊中就糖、油、米、什貨抽分」[137]。同治十二年(1873)
塹郊抽分費改歸竹塹釐金局經辦之後，塹郊不但未再參與大規模
的地方建設，育嬰堂的捐款也同時中止。此後，塹郊金長和的社
會活動轉以矯正不良的社會風氣爲主，曾經多次向官方建言，陳
請官方示禁各種惡習。

大體而言，塹郊所參與的社會公益活動，並非漫無限制的，
也非純屬善舉而已。在道光末年至同治末年以前，偏重於地方公
共建設，這些地方公共建設大多局限於塹城與中港兩地，帶有強
烈的地域限制，顯然仍與塹郊的經商活動有關。而塹郊所參與的

---

135 卓克華，《清代臺灣的商戰集團》，頁178。
136 鄭鵬雲、曾逢辰，《新竹縣志初稿》(1897)，頁88；《新竹縣制
　　度考》(1895)，文叢101種，頁89。
137 《淡新檔案》，14301-6號，咸豐7年4月17日。

慈善活動雖然不多，但是救濟的對象並不限於成員，開放性相當
大。這種表面上看來純屬「善舉」的活動，事實上是為了塑造組
織良好的社會形象，提高組織的社會價值，以爭取地方政府與民
眾的支持，模糊化他們商業營利行徑。另一方面，一旦組織奠定
穩固的社會地位之後，不但更具有號召力，容易吸引新興郊商加
入，而且也加強成員持續對組織的向心力。即使同、光年間，塹
郊幾乎不再對外捐款時，塹郊仍對不良的社會風氣積極建言，以
維持其一定的社會代言人形象。

二、塹郊的功能與轉變

　　塹郊金長和自嘉慶二十三年成立老抽分會之後，大概已出現
郊的雛型。道光十八年至光緒末年之間，無論是在方志或是官方
檔案中，都可以看到塹郊的各項活動。這些活動內容包括宗教活
動、經濟事務活動、地方行政事務活動以及社會公益慈善活動。
不過，這些活動的範圍並不等同於塹郊的市場圈，而是局限於竹
塹城內，特別是北門街地帶，是一種地方社區性的參與[138]。舉例
而言，塹郊所興修的橋樑，僅限於竹塹城或其鄰近地區，至於塹
城以外街庄橋樑的興建，尚未發現郊的參與。相對的，艋舺地
區的郊卻曾經參與道光十八年竹塹地區的義渡、義塚的捐獻活
動[139]，甚至於咸豐八年(1858)香山港長佑宮的興修，也向艋舺

---

[138] 蔡淵絜指出郊僅參與社區性事務，而少參與府縣級超社區事務
　　（蔡淵絜，〈清代臺灣行郊的發展與地方權力結構之變遷〉，頁
　　147）。對塹郊而言，大致上是相符的。
[139] 陳朝龍、鄭鵬雲，《新竹縣采訪冊》(1894)，頁197、213。

南、北郊勸捐[140]，艋舺郊的社會活動範圍顯然廣及於竹塹地區。由此可見，塹郊活動範圍不但不及艋舺地區的郊，而且地域屬性顯然較強。

其次，表5-3至表5-6是現存文獻中塹郊的所有活動記錄。雖然這些資料本身並不完整，卻仍具有參考作用[141]，因此可以再作一個簡單的量化分析。由表5-7，郊的諸項功能中，顯而易見的，以經濟功能最強，塹郊在地方經濟事務的影響力也最大，其次是社會功能，而政治功能則最爲薄弱[142]。

表5-7　清代塹郊已知活動統計表

活　動　類　型	道光年間	咸豐年間	同治年間	光緒年間	合　計
宗教事務	1	1	3	0	5
經濟事務	1	3	2	5	11
地方行政事務	2	0	0	2	4
社會公益活動	2	1	3	1	7
合　　計	6	5	8	8	27

資料來源：根據表5-3、表5-4、表5-5、表5-6作成。

140　《淡新檔案》，11101-1.2，咸豐10年4月6日。

141　表5-3至5-6的資料主要來自《淡新檔案》和碑文。過去對於郊的活動，較少出現商業經濟活動的記載，《淡新檔案》則可以彌補這方面不足。這些商業事件也許仍不完整，但多少已能顯現一些意義。另外，有關塹郊的碑文儘管仍可能有所闕略，但是清代竹塹地區的幾項重要地方大事大多已包括。

142　卓克華認為臺灣行郊的功能以社會功能最重要，貢獻也最大（卓克華，《清代臺灣的商戰集團》，頁171）。顯然，忽略郊成立的終極目的。

　　如果再就郊功能的演變上來觀察，清中葉塹郊初成立之際，
在組織地位未完全穩固之下，致力於各種地方活動的參與，政治
功能的發揮也表現在保舉郊商出任地方總理，加強郊商對於地方
的控制與影響力。此時，塹郊是一個功能多元化的組織，積極地
塑造組織成立與存在的正當性，以獲得地方政府、民眾以及郊商
的支持，並吸引郊商的參與。郊以團體名義參與地方各項活動，
也使地方權力結構產生變化，郊與地方上的士紳共同主控地方發
言權，主導地方上的各項捐獻活動。然而，另一方面，郊的活動
仍具有少許的封閉性。塹郊對內或對外的各項活動，表面上展現
該組織的宗教、經濟、政治以及社會功能，事實上郊以團體名義
運作的事務，大部分局限於與郊或其成員有關的各種活動。儘管
如此，透過這些活動，不但確立郊存在的價值與社會地位，而且
得以進一步營造出有利的經商環境，維護郊商的商業利益。

　　自嘉慶末年至咸豐年間，塹郊逐漸累積不少的公共財產，主
要支付每年長和宮與水仙宮的管理與祭祀活動開銷，至於地方公
務或派捐則於塹郊船戶抽分費中提領。抽分費具有地方公費性
質，主要用來支付竹塹城與中港街的各項公共建設與育嬰堂費
用。然而，同治十二年(1873)塹郊抽分權改歸竹塹釐金局之後，
塹郊已不再對外捐款，即使光緒十三年(1887)塹城重修萬年橋與
龍王廟之時，雖然參與者大部分是郊商 [143]，但是塹郊並未以組織
的名義參與捐獻。由此可見，同治末年塹郊失去抽分權之後，塹
郊已無公費支付地方各項公共建設或慈善捐獻，遂逐漸縮小其社
會活動空間，塹城的幾項大型捐款活動，塹郊均未參與，而是以

---

[143] 陳朝龍、鄭鵬雲，《新竹縣采訪冊》(1894)，頁233。

個別郊舖的名義參與。這些郊商中，已士紳化、在塹城具有相當社會聲望的在地紳商望族，逐漸取代塹郊成為地方公務或慈善活動的捐獻者與主導者。換言之，同治末年以降，塹郊的功能日益單一化，塹郊的活動除了例行的宗教祭祀活動之外，主要表現在經濟事務的協調、溝通上，較少參與地方行政事務與社會捐獻活動。

　　儘管同治末年以降，塹郊功能產生明顯的轉變，可能意味著塹郊組織漸趨鬆散，然而即使如此，並非意指郊商的沒落。畢竟，清末時期竹塹地區最活躍的商人仍是這些傳統郊商，郊也始終在經商事務與矯正社會風氣上不斷的發揮其影響力。塹郊抽分權改歸釐金局辦理之後，與其說塹郊趨於衰微，不如說塹郊金長和收縮其在社會公益活動的空間，郊的運作更集中於與郊本身或郊商有關的經濟或宗教事務，而更為專業化、更像一個商業組織，繼續發揮其仲裁商業糾紛與維護郊商利益的功能。至於原來的社會公益事業，則轉由地方上有權有勢的紳商負擔。同治末年以來這種現象已日趨明顯，也隱含著地方權力結構的再度轉型，在地紳商的社會參與和地位已凌駕塹郊之上。

第六章
竹塹地區在地商人的活動與網絡

　　清代近兩百年之間，竹塹地區隨著土地的拓墾、商品流通網絡的發展，商業活動日益蓬勃發展，自城市至街庄也逐漸出現在地經商營生的商人。這些在地商人除了進行商業活動、組成商業組織之外，也參與地域社會中政治、經濟以及社會文化等各項活動，而逐漸構成其在地的社經網絡。這些網絡對於商人的各種商業活動具有正面的作用，強化他們的競爭優勢。因此，本章將探討商人在地域社會中的各種活動、所扮演的角色，以及這些活動所形構的網絡。

　　不過，在地商人並非都是同質的。以經營的方式與分布而言，有在港口市鎮經營進出口貿易的郊商、在城市和街庄開設店舖的坐賈(舖戶)、在邊區從事番漢交易的番割以及流動的攤販與小販。就商業資金與經營規模而言，也有所差異 [1]。舉例言之，

---

[1] 在現有文獻資料中，罕見完整的商人營業資金資料，不過在家族成員的爭產事件檔案、層出不窮的竊盜事件所保存的清單及商人家庭分產時的鬮分書，則多多少少能反映出他們的經商資金多寡。不過，必須注意的是，由於商業營運資金不一定均放在店內，因此被搶金額無法代表其全部資金，僅具參考價值。其次，不同時期幣值也有差異，因此在談論商業營運資金時也僅能以幾個時序稍作比較。

道光年間，塹城米市街郊舖李陵茂號，有棧間三間，營運資金至
少一萬餘元左右[2]；而在九芎林街開設集芳號、振吉號、慶和號
以及錦和號等四號生理的李昌運家，四家店舖「生理本銀」近三
千元，來往的貨債賬款不到五千元[3]。又如，光緒年間，在竹塹
城從事進出口貿易的郊舖周茶泰號，在太爺街與北門街有店舖五
座，店中貨物與往來債項高達二萬元[4]；在香山街開設洋煙什貨
生理的鄭各，店中現金則僅有二百元，銅錢若干[5]；在大溪墘庄
開設藥舖雜貨店的義隆號，店中的現金不過四十二元，銅錢二千
二百文[6]。由此看來，如果以商業資金、經營規模以及影響圈為
層級劃分的參考指標，竹塹地區的在地商人至少可以劃分出上
層商人（大賈）、中層商人（中賈）以及下層商人（下賈）等三種層
級[7]。

　　商人的階層分化是隨著時間演變而逐漸產生的。清初竹塹城
初成立市街之際，已出現中、下層商人。嘉慶至道光年間，由於
經濟的繁榮，商業的發達，竹塹城也漸漸產生擁貲數萬元以上的

---

2 李陵茂親族會編印，《銀江李氏家乘》（新竹：作者印行，1952
　年）。

3 〈北埔姜氏文書〉，《臺灣古文書》（一），11冊，1298號，編號
　035-026，中研院臺灣史研究所籌備處臺灣資料室藏本。

4 《淡新檔案》，22609-3號，光緒8年。

5 此資料是鄭各店舖遭搶，向官府稟報損失情形，而可以大概窺知
　其商業資金有多少（《淡新檔案》，33322-4號，光緒10年10月18
　日）。

6 此資料也是依據被搶清單而來（《淡新檔案》，33102-2號，同治6
　年）。

7 明清商人已有大賈、中賈以及下賈的分化（余英時，《中國近世宗
　教倫理與商人精神》，臺北：聯經，1987年，頁164）。

上層商人 [8]。

　　上層商人大多數是在港口市街，特別是竹塹城經營進出口貿易的郊商。他們通常開設數家店舖，商業活動範圍不僅包含整個竹塹地區，而且進行兩岸貿易和跨地域的商業活動，清末所擁有的營運資金至少在一萬元以上，例如上述的周茶泰號。中層商人大多是遍布於城市與鄉街的坐賈，以經營零售業的文市爲主，商業活動範圍局限於地方性的鄉街市場圈中，商業資金大多是數百元至一千元之間，數千元以上與百元以下較少 [9]。下層商人則大多是資本不多，不及數十元，在城市、街庄設攤販賣或是肩挑販賣的小販。

　　其次，商人的層級並非一成不變的，而可能產生向上或向下流動。舉例而言，嘉慶七年(1802)由晉江來塹發展的李錫金，最初不過是個商店傭工，嘉慶十一年(1806)自立門戶，在北門街開設陵茂號經商。最初，由於資本較少，可能經營九八行生意，其

8　誠如上述，道光26年分家之際，李陵茂號已有資金一萬餘元。又如嘉慶初年據說曾與板橋林家合贌全臺鹽務的林恆茂號(林正子，〈連橫「臺灣通史」卷三三「林占梅列傳」——成同北部臺灣の豪紳〉，《東洋文化研究紀要》，第91號，1982年9月，頁209)，道光十三年(1832)捐銀一萬五千元撫恤因張丙案分類械鬥的難民歸庄(《軍機檔》，066488號，道光13年2月24日)，道光20年(1840)又捐銀一萬圓作為廳治儒學公項。在不到十年間共捐現金銀二萬五千圓，推測其家資至少十萬至二十萬左右，而可運用的商業資金也不少於數萬元。

9　城市和鄉街經營文市生意的商人，資本額大部分在一千元以內。如咸豐九年(1859)周冬福開張茶源號資金180元；光緒六年(1880)王勝興等五人合夥開張金泉興津本650元。少數在街庄開張商舖的商人資本甚至不及一百元，如光緒三年(1877)，謝細番與何舍津本五十元在北埔街開張藥舖(附表1)。

後因經商有方，生意興隆，商業規模大為擴張，至道光二十六年（1846）李錫金已擁貲萬元以上，有棧間三間和不少田宅，遂逐漸位居竹塹地區的上層商人之列 [10]。李錫金的例子是商人向上流動的典型，然而，在文獻資料也可以看到不少因商業經營失敗，導致拆夥或是倒號的現象。例如光緒四年（1878）以前，原在塹城南門街經營紙箔生意的陳萬益，因資本耗盡，改以傭工為業；又如太爺街的曾魁原開設檳榔舖，光緒九年（1883）因被賒賬款過多而倒閉，改途肩挑販賣果子。他們都是由中層商人向下流動的例子。

儘管商業的營運常因外在環境而時好時壞，有些商人仍因採用有效的經營策略而不斷擴張商業規模，生意越做越大；有的則可能因為經營不善，終以倒號收場。但是，清中葉以降，竹塹地區仍然逐漸形成一群上層商人，如吳振利、林恆茂、鄭恆利、葉源遠、郭怡齋、李陵茂、周茶泰……等商人家族，經過長時期的發展，商人不再只是一個個體，而是一個集體的組合，經營多種行業，甚至擁有多重身分。這些商人家族內部雖然也逐漸分化出強房與弱房，有些弱房只能依賴強房，甚至沒落了 [11]。然而整體而言，家族的商號始終是竹塹地區的老字號，也擁有強大的商業勢力，儘管商人家族內部也產生階層分化現象，但是對外他們常被視為一個整體，因此這些以族系資本形態出現的商人，仍必須以家族為單位來討論。

商人在商業經營規模上的差距反映出商人的層級，而層級的

---

10 〈三房金記鬮分公簿〉，《銀江李氏家乘》。

11 有關家族強弱房之間的發展，參見：黃朝進，《清代竹塹地區的家族與地域社會──以鄭林兩家為中心》，第三章的討論（臺北：國史館，1995年6月）。

差異也導致他們在政治、經濟以及社會文化活動上有不相等的地位，在社會價值上產生不等的報酬，而更強化了在地商人之間的階層分化趨勢。換言之，商人的層級與他在地域社會中的活動往往互為表裡。不同層級的商人在地域社會中扮演不同的角色，特別是中、上層商人事實上一方面被官方與社會大眾賦予較多的責任與期望，另一方面也透過各種活動來維持或提升其商業的優勢地位，累積家族的社會聲望。

　　本章以下分從經濟、政治以及社會等三方面，來觀察不同層級的商人在地域社會中的活動、所扮演的角色以及所構築的網絡。不過，由於資料不足，無法完全重建各時期各層級的商人，因此大多從塹城郊商與內陸街庄商人來說明與討論。

第一節　經濟活動與網絡

　　清代竹塹地區在地商人在經濟方面的活動，除了參與商業貿易活動之外，也以商業資本橫向擴張或多角經營，而投資經營土地或對外放貸。其次，由於商人所擁有的財富，不但展現他們在竹塹地區的經濟實力與地位，而且也是他們展開各種社經網絡的基礎。商人擴張各種經濟網絡的結果，往往又造成財富的集中。因此，本節基本上即分由土地的投資與經營、放貸業的經營以及財富集中化等三個面向來討論商人在地域社會中的經濟活動與網絡，及其經濟實力。

一、土地的投資與經營

　　傳統社會中，商人資本向來與土地經營密不可分，商人在發

財致富之後，往往即將商業資金轉投資於土地經營上。清代竹塹
地區的商人也不例外，自城市、鄉街到村庄的中、上層商人，都
或多或少參與土地的經營。不過，由於商業資本大小、住居地所
在等因素的差異，均導致在地商人對於土地投資採取不盡相同的
策略。施添福先生即曾經指出：城市商人，特別是郊商，大多將
土地轉投資於水田化的土地，他們所購買的土地北至淡水，南至
苑裡，但是主要分布於中港溪至鳳山崎之間地區，特別是鳳山溪
至竹塹溪（頭前溪）中、下游的河谷平原和沖積平原。另一方面，
竹塹城的殷商、內陸各鄉街的舖戶通常也以合股投資者的身分，
參與保留區和隘墾區丘陵地的拓墾，他們基本上並不在於力農為
生，而是以土地為投資對象，坐收小租 12。施添福所提出的論
點，顯然值得作進一步驗證的。

　　本節基本上採用現今存留的《土地申告書》、《淡新檔案》
以及其他相關文獻 13，來討論商人投資土地的情形。不過，上述
資料雖然尚稱豐富，但是仍不是十分完整，因此僅能據之作簡單
的描述統計，再作進一步論述。

　　以下先討論在竹塹地區的土地拓墾過程中，商人取得土地
的過程，再根據《土地申告書》作出的清末商人土地所有分布

12　施添福，〈清代竹塹地區的聚落發展和分布形態〉，收於陳秋
　　坤、許雪姬主編，《臺灣歷史上的土地問題》（臺北：中研院臺灣
　　史田野研究室，1992年12月），頁95-96。

13　有關竹塹商人投資土地資料，參閱林玉茹，〈清代竹塹地區的在
　　地商人及其活動網絡〉，附表6-1「清末竹塹地區商人土地所有
　　表」、附表6-2「清末竹塹地區商人土地所有形態（大租、水租、
　　地基主）」、附表7「清代竹塹地區商人土地買賣表」。

狀態 [14]，釐清不同類型商人所擁有的土地範圍和他們在土地經營上所扮演的角色。接著，分析這些商人經營土地的原因以及影響。

(一) 商人取得土地的過程

　　根據施添福的研究，清代竹塹地區土地的拓墾方式可以分成漢墾區、保留區以及隘墾區等三種拓墾區（圖6-1），由於三區有各自不同的拓墾組織 [15]，因此也展現出不同的土地所有形態。本節以下即根據這種劃分，來討論商人取得土地的經過。

　　1.漢墾區：康熙五十年(1710)竹塹地區始墾之後至乾隆初年，竹塹地區自社子溪至中港溪之間佶大的土地，已逐漸自竹塹社番轉移至漢人有力之家手中，並先後成立了六個漢墾區墾區庄。這些有力之家向番社取得墾批、獲得官方發給的墾照之後，即成立墾區莊開墾，並招募墾佃開墾田園。墾成之後，必須向官府報陞，繳納正供錢糧 [16]。

　　隨著時間的演變，漢墾區的土地所有權，基本上分化成擁有大租權(地骨權)的大租戶(原業戶)與小租權(地面權)的小租戶

---

14 有關清末竹塹地區商人土地所有型態、土地買賣情形，參見：林玉茹，〈清代竹塹地區的在地商人及其活動網絡〉，附表6-1、6-2、附表7。

15 有關漢墾區、保留區以及隘墾區土地拓墾組織的差異，參見施添福，〈清代竹塹地區的土牛溝和區域發展〉一文（《臺灣風物》，40卷4期，1990年12月）。

16 漢墾區的拓墾組織，除了墾區莊業戶制之外，尚有番社自墾制。有關其討論請參閱：施添福，〈清代竹塹地區的土牛溝和區域發展〉，頁33-38。

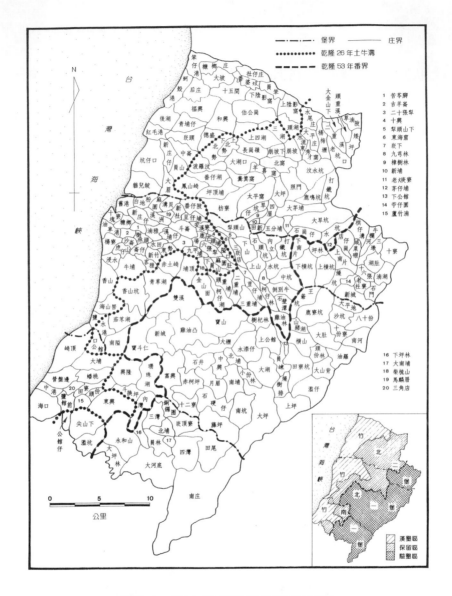

圖6-1 清末竹塹地區街庄分布圖

資料來源：根據張炎憲等，《臺灣平埔族文獻資料選集──竹塹社(上)》、
《臺灣堡圖》、施添福，〈清代竹塹地區的土牛溝和區域發展〉
等文之地圖重繪。

（原墾佃）[17]。此外，也有出資修築陂圳而取得水租權的水租戶。

投資漢墾區土地的商人，主要以城市中的郊商和舖戶爲主。他們通常是透過購買或是實際參與開墾方式，取得漢墾區土地的大租權、小租權以及水租權。

在乾隆中葉以前的拓墾行動之中，並沒有商人參與拓墾的具體例子[18]。但是，乾隆初年以降已可以看到塹城商人，特別是後來的郊商舖號，陸續購買漢墾區土地。乾隆初年竹塹城成立市街之後，初來塹城的大陸商人如林泉興、吳振利、蔡啓記、郭怡齋等（大部分是後來塹郊郊商），已陸續購買或租借竹塹城內街地。乾隆末葉以降，這些郊商開始或是獨資，或是合夥購買塹城鄰近地區水田化土地的小租權。嘉慶年間，林泉興、林恆茂、李陵茂、鄭卿記、吳金興等郊商皆著手購買竹北一保鳳山溪至客雅溪一帶小租熟田[19]。除了購買已經水田化的熟田之外，不少富有冒險趨利精神的郊商，同時也向社番購買或承墾塹城南邊瀕臨番界（土牛溝）的未墾荒埔，進行開墾[20]。嘉、道年間，竹塹地區漢墾區的小租權已紛紛落入塹城郊商與舖戶手中。嘉慶中葉以降不少塹城商人更已超越竹塹地區，購買社子溪以北土地[21]。道光年間

17　陳其南，《臺灣的傳統中國社會》（臺北：允晨，1991年1月），頁72-83。

18　在現有資料中，無法完全確定早期參與漢墾區拓墾活動的有力之家的確實身分。或許也有商人參與其中，不過本章僅能掌握有確切資料證明其從事商業者，如吳振利與吳金吉等，作深入討論。

19　林玉茹，〈清代竹塹地區的在地商人及其活動網絡〉，附表7。

20　例如嘉慶年間左右，林泉興號自墾塹城南邊的竹北一保頂竹圍庄枕頭山腳埔地（《土地申告書》，竹北一保頂竹圍庄）。

21　因經營鹽業崛起的林恆茂號當家林紹賢，嘉慶十九年（1814）即與板橋林家林平侯合資8500元購買桃澗保大料崁員樹林庄土地（臺灣總督府高等林野調查委員會，《不服申立書》（一），桃園廳（裁決

林恆茂、鄭恆利、李陵茂以及魏泉安等家族勢力也逐漸南下，購買竹南一保漢墾區土地 22，甚至跨過中港溪購買後龍、苑裡以及大甲等地區的小租權 23。

在大租權方面，嘉慶初年，塹郊老抽分最大勢力的吳金興、吳金吉（吳金興一房）、吳振利、吳順記（吳振利一房）以及吳振利姻親王益三，先後出資購買竹北二保芝芭里庄、大溪墘庄以及竹北一保東興庄等墾區庄的大租權 24。道光二十九年（1849），竹北一保與竹北二保萃豐庄大租權也由汪家轉移到曾國興手中。曾國興是由塹城閩籍商人曾家與萃豐庄另一大租戶粵籍地主徐熙拱家合組之公號，在出資的股夥中，塹城郊商曾益吉是主要出資者佔44.91%，塹城另一店號曾通記則佔5.59%。光緒十三年（1887）曾家又將竹北二保萃豐庄大租產業轉典予郊商陳源泰（即陳和興），至光緒十九年（1893）正式賣斷 25。清末，竹北二保至竹北一保之

（續）

の分），大正三年，09902號，頁24-26）；新竹林家土地，據林占梅言：「田產多在新、艋」（林占梅，《潛園琴餘草簡編》，文叢202種，頁124），這些土地大概都是林紹賢時所創。

22 張炎憲，〈漢人移民與中港溪流域的拓墾〉，《中國海洋發展史論文集》，第三輯（臺北：中研院三研所，1988年12月），頁55。

23 林恆茂家族家號之一林祥記即在大甲地區有土地（《新竹縣制度考》（1895），文叢101種，頁77）。道光二十六年（1846），李陵茂也買了苗栗、大甲地區土地公埔庄、泉州厝庄、芎蕉灣庄、界址庄、十塊寮庄、長安庄、三蛤水等地水田（〈三房金記鬮分公簿〉，《銀江李氏家乘》）。

24 《淡新檔案》22705、22202號全案；臨時臺灣土地調查局，《大租取調書附屬參考書（中）》（臺北：臺灣日日新報社，明治37年9月），頁273-274。

25 曾益吉是曾昆和派下六房公號（施添福，〈清代竹塹地區的「墾區庄」：萃豐莊的設立和演變〉，《臺灣風物》，39卷4期〔1989年12月〕，頁52-53）。

間漢墾區的大租權，除了在地粵籍地主徐家之外，塹城郊商吳金興、吳振利、曾益吉以及陳和興家是主要的大租戶。竹北一保東興庄以外地區大租權，則自嘉慶年間以降，由塹城郊商如鄭恆利、林恆茂、郭怡齋、周茶泰……等零碎分割。大體言之，漢墾區的大租權雖然一直在轉移之中，但是清中葉塹城郊商已掌握了大半的大租權，清末除了竹塹南庄與竹北二保萃豐莊部分產業之外，自竹北一保至竹南一保的大租權均有郊商涉足其間（圖6-2）。

塹城的郊商也可能出資購買水租權，坐收水租。道光六年(1826)郊舖扶生號許汝鳳兄弟即購買竹北二保頭湖、二湖以及三湖等地水租權[26]。

除了透過購買漢墾區熟田的大租權、小租權以及水租權之外，城市中的郊商也實際參與陂圳的修築與荒埔的開墾。例如，道光二十五年(1845)，林壽記(林恆茂家)蒙臺灣艋舺營請充竹南一保隆恩息庄墾戶，而以金東建墾號開墾竹南一保[27]，這也使得林家成為竹南一保大租戶之一。光緒二年(1876)以前，林汝梅也與楊呈祥等四人合夥開墾竹北一保羊寮庄荒埔[28]。另一方面，少數塹城舖戶也出資投入荒埔的開墾，如光緒年間，余萬香號開墾油車港荒地[29]。不過，一般而言，城市舖戶大多是購買漢墾區水

26　《淡新檔案》，22521-13、14號。

27　臨時臺灣土地調查局，《大租取調書附屬參考書》（下）（臺北：臺灣日日新報社，明治37年9月），頁243。

28　臺灣慣習研究會原著，劉寧顏等譯，《臺灣慣習紀事》，一卷（下）（臺中：臺灣省文獻會，1986年6月），頁11-12。

29　光緒十年(1884)以前，塹城舖戶余萬香號向曾家買油車港未闢成業的荒埔一段（臨時臺灣舊慣調查會，《臺灣私法附錄參考書》，第一卷（下），臺北：作者發行，明治43年，頁274）。

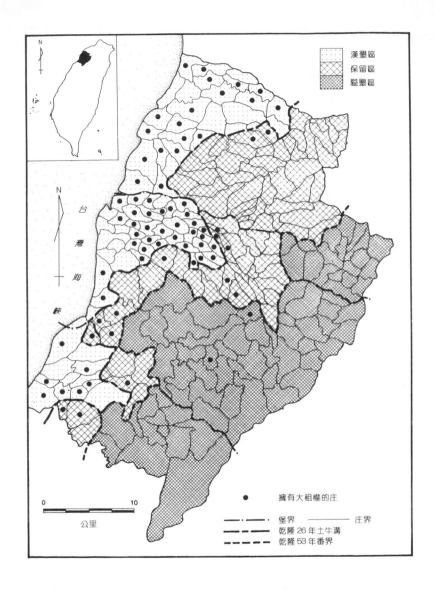

圖6-2　清末竹塹地區郊商大租權土地分布圖

資料來源：根據張炎憲等，《臺灣平埔族文獻資料選集——竹塹社（上）》、
　　　　　《臺灣堡圖》、施添福，〈清代竹塹地區的土牛溝和區域發展〉
　　　　　等文之地圖重繪。

田化的熟田，再招佃開墾，坐收租谷，而較少實際參與開墾[30]。

此外，在陂圳修築方面，自乾隆年間至清末，均有商人，特別是郊商陸續投入陂圳的修築。例如，同治八年（1879），郊商鄭同利號以鄭恆記名義，應萃豐庄大租戶曾國興與徐國和之聘，擔任萃豐庄白地粉等三庄水租戶，出資築圳[31]。

總之，嘉慶至道光年間，自竹北二保至竹南一保，塹城郊商以獨資或是合夥方式，購買熟田或實際參與開墾，而取得漢墾區大半的大租權、小租權以及水租權。至清末，漢墾區土地集中至郊商手中的現象更加明顯。至於少數塹城、中港街以及內陸鄉街的舖戶，僅零星地取得部分地區的小租權。

2.保留區：乾隆中葉移民的拓墾腳步逐漸轉向番界（土牛溝）以東地區，亦即清廷保留給熟番墾獵維生之地的保留區。保留區本質上爲番地，無須向官府繳納正供，但必須向番社、社番、屯番、墾戶以及佃首繳交番租、屯租、養贍租或墾戶租[32]。因此，保留區幾乎無大租權存在，商人也以取得土地的小租權爲主。

乾隆末葉，不少商人開始參與保留區的開墾。例如，乾隆三

---

30 以嘉慶七年（1802）才來塹發展，嘉慶十一年（1806）開張陵茂號商舖的李錫金而言，至道光二十六年（1846），短短三十年之間，李陵茂家共買土地35筆，其中34筆皆購買水田，僅有一筆是與金永茂合膜金廣福荒埔開墾（〈三房金記鬮分公簿〉，《銀江李氏家乘》，新文展字第8號，1952年出版）。

31 鄭恆記是由鄭渭濱（鄭同利號）與鄭冰如二人三股組成，鄭同利得二股，冰如一股。在鄭恆記的築圳契約中，充分載明水租戶的權利義務關係，以及大租戶對於水租戶的補貼。不過，光緒十五年（1889）鄭恆記仍因乏銀，將水租權賣與彭瑤（臨時臺灣舊慣調查會，《臺灣私法附錄參考書》，一卷（下），頁115、135-136）。

32 施添福，〈清代竹塹地區的土牛溝和區域發展〉，頁27、43-44。

十七年(1772)郊商林泉興與今竹北六家的林特魁合組墾號林合成，向竹塹社番承墾當時番界土牛溝外的金山面荒埔。嘉慶年間以降，塹城的郊商與舖戶，如吳金興、金逢泰、陳振記(陳大彬)、郭勃……等，自願或在官方勸導之下，出資設隘防番，投入竹北一保保留區的拓墾。與此同時，內陸鄉街新興的商人，也基於地利之便，出資參與保留區的拓墾(表6-1)。

除了實際參與保留區的開墾之外，道光年間以降，無論是城市的商人或是內陸街庄的商人，也紛紛出資購買保留區土地的小租權[33]。

3.隘墾區：乾隆末葉，部分在塹城南邊保留區承墾土地的塹城商人，特別是郊商，在逐漸熟悉土牛界外荒埔的開墾以及官方勸導之下，嘉慶初年開始以合夥或獨資方式，在保留區東邊番界設隘防番，招佃開墾，其後更進一步跨越番界進墾隘墾區。嘉慶十一年(1806)，塹城商人林恆茂、黃利記(黃珍香家)、何順記、金逢泰以及陳建興等與在地的粵籍墾戶彭家等十三人十四股合組金惠成墾號，開墾樹杞林地區，是塹城郊商參與隘墾區拓墾活動之濫觴。而道光十五年(1835)金廣福大隘成立之前，塹城商人金逢泰、林同興、吳振利、陳泉源、資淵源、鄭吉利以及章泰順等家，或是奉憲示諭，或是自力稟墾，陸續在沿山地區，設隘防番，進行土地拓墾[34]。道光十五年閩粵兩籍商人與墾民合組金廣福墾號，成立南興庄，開墾竹東丘陵之後，沿山的小隘都併入北

---

33 例如道光六年(1826)，塹城郊商許扶生號創始人許汝鳳兄弟，向陳祿星承買竹北二保長崗嶺土地。又如道光二十五年(1845)鄭穎記(鄭恆利家)承買竹北二保長崗嶺庄埔地(附表7)。

34 林玉茹，〈清代竹塹地區的在地商人及其活動網絡〉，附表7。

表6-1　清代竹塹地區商人參與保留區拓墾表

承墾者或墾號(p)	股夥或股份	拓墾地區(清末庄名)	拓墾時間	備　註
林合成	郊商林泉興與六張犁林特魁	金山面	乾隆37年	塹城郊商
吳金興店(墾佃)		內立埔荒埔(竹北一保內立庄)	嘉慶8年	塹城郊商
藍業祖、劉福祉(墾佃)		枋寮庄蕃仔寮崗上中心埔(竹北二保枋寮庄)	嘉慶9年	新埔街商人
金六和	劉維巖、藍彬、劉步魁(商人)、劉梅麟、盧張泉(商人)等六股	同上	咸豐7年劉、藍轉讓予金六和	新埔街商人
王廷昌	十股(振芳店)	烏樹林水坑(竹北一保水坑庄)	嘉慶10年；嘉慶15年？	九芎林街商人
金和合(劉朝珍)	股數不詳(劉朝珍即油羅墾戶劉子謙)	烏樹林(竹北二保石崗仔庄)	嘉慶10年	石壁潭庄墾戶兼米穀商
郭陳蘇(p)	郭勃、陳和中、蘇鄭月	金山面(竹北一保金山面庄)	嘉慶20年	塹城商人
金逢泰、陳大彬等	郊商	竹北一保頭重埔、二重埔	嘉慶年間	塹城郊商、舖戶
金逢泰等	四股(金逢泰為郊商)	九芎林石壁潭溪州	道光8年前	塹城郊商
林秋華、姜秀鸞等(隘墾)	十二股(隆興號、張貽青)	九芎林南勢山三重埔(竹北一保三重埔庄)	道光13年	九芎林街商人
金六和(墾佃)	六股(盧張泉在新埔街做生意)	枋寮山坪頂埔地(竹北二保坪頂埔庄)	咸豐7年	新埔街商人

資料來源：根據林玉茹，〈清代竹塹地區的在地商人及其活動網絡〉，附表1-2作成。
註：(p)代表墾號。

埔大隘，而向金廣福總墾戶貼納隘糧 35。

　　邊區的開墾，由於負擔的成本較高，風險也較大，因此清中葉以降，塹城商人對於隘墾區土地拓墾的參與，主要仍是因地方官府的勸導而捐資開墾，因此是較為被動的。嘉慶至道光年間，金惠成、金廣福兩個墾號的成立即是最典型的例子。亦即：官方居於塹城全盤治安防番之需要，配合閩籍商人尋求資金出路與粵籍墾民對於土地的渴望，由城市的閩籍股戶，特別是郊商 36，與在地的粵籍農墾民合資組成 37。不過，塹城商人除了林恆茂、鄭恆利、李陵茂、黃珍香等有邊區開墾經驗與興趣的郊商之外，仍以捐資開墾為主，很少實際經營。再者，隘墾區的開墾困難重

35　例如道光十五年(1835)，塹城郊商金逢泰、林同興、商人資淵源、以及林仕憨四人合夥承給頂員山仔人和庄，設隘防番，以守固耕佃。金廣福大隘成立之後，因田園未墾成，無租可收，官方飭諭金逢泰等原收隘糧暫歸金廣福收繳，三年為限（〈北埔姜家文書〉，《臺灣古文書集》（一），1冊97號）。自道光十五年陸續移撥隘糧的外隘計有：石碎崙、青草湖、茄苳湖、南隘、中隘、坪頂埔、尖山隘、珊珠湖、老崎庄、內灣、小銅鑼圈、四重埔以及員山仔等處。至道光二十九年(1835-49)原先貼納金廣福大隘的隘費大租，由酌議貼納，漸變成固定貼納，進而成為按甲科租，漸具有大租形態（吳學明，《金廣福墾隘與新竹東南山區的開發(1835-1895)》，頁77-79）。

36　清代竹塹城商人實際參與墾務者以郊商為主，所出的資金也最多。以道光十五年參與金廣福大隘的閩籍捐戶而言，在46位股夥中，至少有31位確定是塹城商人，其中至少有14位郊商，佔近一半。如果以捐資金額與分配甲數來看，閩籍捐戶共捐12,600元，郊商至少捐銀6,250元，佔49.6%；閩籍捐戶共分得38甲，郊商至少獲得19.4甲，佔50%。由此可見郊商是金廣福大隘閩籍捐戶的主要出資者（資料來源根據吳學明，《金廣福墾隘與新竹東南山區的開發(1835-1895)》，頁61-64表）。

37　同上註，頁75。

重，加派不斷，利潤又不高，以致於部分原捐戶常在劃界分管之後即出讓土地 38。然而，另一方面，部分塹城郊商也進入隘墾區購買小租土地，例如王和利號在樹杞林惠興庄有不少土地；又如同治十三年(1874)以前，不少塹城郊商如茶泰號、恆隆號、陳協豐等也向金廣福承贌土地 39。

同、光年間以降，由於在邊區伐樟熬腦可以賺取暴利，光緒十三年(1887)官方又積極推動開山撫番政策，在政策與經濟利益的催化之下，塹城部分財勢雄厚的郊商對於隘墾區的進墾，採取更為積極的態度。例如，光緒七年(1881)林汝梅(林恆茂家)已著手開墾竹南一保南庄獅頭驛地區 40；光緒十年(1884)起，鄭如磻(鄭利源號)先後組金全和墾號開墾橫山聯興庄 41；光緒末年黃珍香號的黃鼎三則參與五指山地區的墾務 42。

除了塹城商人參與隘墾區拓墾活動之外，由表6-2可見，內陸

38　例如，同治末年以降，金廣福閩籍捐戶即紛紛出售所分得的土地(同上註，頁77-78)。

39　同上註，頁146-152；林玉茹，〈清代竹塹地區的在地商人及其活動網絡〉，附表6-1。

40　早期番界設隘防番常是奉憲示諭，亦即是在官方積極勸導之下進行，官方並給墾戶諭戳，因此有一定的官方權威作為隘墾之後盾。然而光緒七年(1881)林汝梅卻是自願自備資本開闢獅頭驛一帶青山，設隘防番，招佃墾耕。因此，僅見「撫番招墾林恆茂記」，卻未見官給戳記(三田裕次藏，張炎憲編，《臺灣古文書集》，臺北：南天，1988年，頁60)。顯然同、光年間，商人更具積極意願參與邊區之拓墾。

41　光緒十二年(1886)金全和仍列名橫山墾戶。因此，自光緒十年以來金全和應一直是橫山墾戶(《淡新檔案》17329-34、69)。

42　黃旺成，《臺灣省新竹縣志稿》，卷九，人物志(新竹：新竹縣文獻委員會，1955年9月)，頁29；黃用端，《感慨履歷譚》(南門黃利記、黃珍香)，手寫本，1921年。

表6-2 清代竹塹地區商人參與隘墾區拓墾表

開墾者墾號或開墾者	股　　夥	拓　墾　地　區（清末隘墾庄名）	拓　墾　時　間	備　　　註（參與商人）
金惠成	十四股，塹城林恆茂、黃利記、何順記、金逢泰	樹杞林（惠興庄）	嘉慶11年	塹城郊商、舖戶
金全和（鄭如磻）		橫山（聯興庄）	光緒10年左右至13年	塹城郊商鄭利源
金同和		開墾南隘、新城等地	光緒5年以前	塹城郊商鄭吉利
北路竹日武三灣屯（墾戶張肇基）	店號張昆和	三灣屯隘（竹南一保北埔庄、大南埔庄、員林庄、下林坪庄）	道光6年	頭份舖戶張昆和
金協成（隘首）	徐元官等十股、張展魁（張昆和號）	三灣南畔接隘仔（竹南一保大河底庄）	同治10年	頭份舖戶張昆和
鄧維綱（屯隘首）		三灣屯隘	光緒8年以前	三灣舖戶鄧榮美號
林張成徐羅合	林奎松、張昆和、黃允明等十二人	竹南一保三灣南興庄（竹南大、小南埔庄）	道光23年（咸豐5年墾成）	頭份舖戶張昆和
林汝梅、黃允明		西裡英獅頭驛一帶青山（竹南一保南庄）	光緒7年、8年獲准，與訂分墾定界	塹城郊商林恆茂
鍾增祿（鍾石妹）		八十份（竹北一保八十份庄）	光緒8年（道光年間始墾，因番害中斷，同治漸復）	鍾石妹經商為業
金福昌（隘首）（劉武略）	墾戶劉子謙	油羅山一帶	光緒9年	大肚庄商人；劉子謙為石壁潭庄地主兼商人劉朝珍墾號
金福昌（隘首）墾戶劉子謙		脫山仔（竹北一保油羅庄）	光緒12年	同上
鍾增祿（商人）	光緒16年眾股分界	大山背（竹北一保大山背庄）	光緒16年前	
金聯茂（墾戶）（商人）		獅里興山場	光緒21年	金聯茂為劉輝店號

資料來源：根據林玉茹，〈清代竹塹地區的在地商人及其活動網絡〉，附表1-3作成。

　　鄉街的舖戶也積極投入。例如道光六年(1826)三灣屯隘墾戶，
是在頭份街開設昆和號店舖的張肇基；又如光緒八年(1882)、
十六年(1890)，始墾八十份與大山背的鍾增祿(即鐘石妹)，原以
經商爲業[43]。內陸鄉街的商人除了擔任墾戶之外，也可能以合股
或獨資的方式成爲隘墾區墾區庄的隘首、屯隘首，如上述的張
昆和號、在大肚庄經商的劉武略[44]、以及在三灣街開設鄧榮美號
的鄧維綱[45]。上述這些商人大部分是番割，他們先在邊區開設商
店，與番交易，一旦掌握邊區的民情事務、展開各種拓墾的網絡
之後，往往成爲開墾的先鋒。至於九芎林街、新埔街等鄉街的商
人，則經常以捐資股夥的身分投資土地，一旦土地初墾成功，即尋
求劃界分管，招佃開墾。以金廣福南興庄爲例，道光十五年金廣
福墾號成立之後，道光十七年(1837)九芎林街的舖戶張貽青、蕭立
榮也成爲捐資股夥，並先後向金廣福承贌土地，招佃開墾[46]。

　　相對於城市商人，內陸鄉街的商人更有興趣投資隘墾區的拓
墾活動，甚至於參與竹塹地區以外隘墾區墾務。如北埔姜家雖然
以土地開墾爲主，也兼營商業，光緒十四年(1888)姜紹祖並以店
號新義豐名義出資三千元，與黃南球等合組廣泰成墾號，開墾大
湖與罩蘭地區[47]。

43　鍾石妹同治三年(1864)營商(黃旺成，《臺灣省新竹縣志稿》，卷
　　九，人物志，頁49)。
44　劉武略在大肚庄生理爲活，光緒九年(1883)以墾號金福昌，向墾
　　戶劉子謙承墾油羅庄土地六甲(《淡新檔案》，17341-47號，光緒
　　7年4月5日)。
45　《淡新檔案》，34302-7號，光緒8年3月26日。
46　吳學明，《金廣福墾隘與新竹東南山區的開發(1835-1895)》，頁
　　65-74。
47　黃卓權，〈臺灣裁隘後的著名墾隘──「廣泰成墾號」初探〉，
　　《臺灣史研究暨史料發掘研討會論文集》(臺北：臺灣史蹟研究中
　　心，1987年8月)，頁112-116、135。

　　總之，雖然商人將商業資金轉投資經營土地，是以購買熟田為主，但是仍有不少較積極進取的商人，不但隨著土地拓墾的進展，自漢墾區、保留區至隘墾區，向社番、墾戶承贌或購買荒埔，招佃開墾，甚至不惜耗費鉅大工本，投資開鑿陂圳。顯然，竹塹地區商人對於土地經營，具有相當強烈的動機與興趣。

(二)清末商人的土地所有狀況

　　在討論商人取得土地的方式與經過之後，透過日治初期完成的《土地申告書》，大概可以重建清末部分商人的土地所有狀況[48]。在《土地申告書》中，至少可以找到119位包含城市、鄉街以及村庄的商人，根據這些商人的土地所有情形，可以作成表6-3至表6-6等表[49]。以下根據這些表，分別由大租權、小租權以及水租權，來說明商人擁有的土地所有權性質與其分布狀況。

48　本章所參閱的《土地申告書》資料，以竹北一保、竹北二保以及竹北南一保為主，另外包含部分的《土地業主查定名簿》、《民有大租名寄帳》以及《大租補償金臺帳》等資料。由於資料不盡完整，以及處理上不易克服的困難，本章僅能以土地的分布為主要討論重點，而並未作土地總量之觀察。

49　這些商人大部分在《土地申告書》的附註部分，已註明店號，所以都是舖戶或郊舖。竹塹城的商人，特別是郊商，習慣於以「店號」或「家號」申購土地，因此可以還原至少38家郊商、44家城市舖戶的土地所有概況。內陸鄉街與村庄的粵籍商人則通常僅具個人姓名，較少具店號，因此在統計上略有困難，但至少鄉街舖戶有15家，村庄舖戶有22家。這119家商人應可以視為抽樣，仍具有一定的參考價值。其次，由於在近兩百年的發展中，這些在地商人的土地歷經家族分家不斷分割的過程，除非特別註明，否則不易分別公產或私產。因此，在統計上，是以家族為單位，而並非以房為單位。此外，由於資料不盡完整，本章有關商人與土地的統計表，只是相對數據，僅作為輔佐說明。

1.大租權：在119位商人之中，僅有34位商人，不到三分之一擁有大租權，顯然商人對於取得大租權的興趣遠不如小租權。由表6-3、表6-4可見，這些擁有大租權的商人，以郊商最多，鄉街的商人則很少。

其次，竹塹地區商人擁有大租權的土地範圍，雖然跨越市場圈，北至桃澗保，南至竹南一保，但仍以竹北一保爲主（圖6-2）。

表6-3　清代竹塹地區商人大租權土地所有統計表[a]

商人類別	總計	漢 墾 區				保 留 區			隘 墾 區		
		竹北一保	竹北二保	竹南一保	跨地域[c]	竹北一保	竹北二保	竹南一保	竹北一保	竹北二保	竹南一保
郊商	25[d] (74%)	22[e] (88%)	4 (16%)	3 (12%)	3 (12%)	2 (8%)	2 (8%)	3 (12%)	3 (12%)	0	0
城市商人[b]	6 (18%)	4 (67%)	0	1 (17%)		0	1 (17%)	0	0	0	0
鄉街商人	2 (5%)	0	0	0	1 (50%)	0	1 (50%)	0	2 (100%)	1 (50%)	0
村庄商人	1 (3%)	1 (100%)	0	0	0	0	0	0	0	0	0
合計	34	27 (79%)	4 (12%)	4 (12%)	4 (12%)	2 (6%)	4 (12%)	3 (9%)	5 (15%)	1 (3%)	0

資料來源：根據林玉茹，〈清代竹塹地區的在地商人及其活動網絡〉，附表6-2作成。

註：a 本處商人並未包含竹南一保之商人。

b 城市商人是指郊商以外的坐賈。

c 跨地域表示土地所有範圍超過竹塹城主要市場圈（社子溪以南、中港溪以北）地區。

d 是以郊商總數除以商人總數所得百分比。

e 是以擁有竹北一保漢墾區大租權郊商人數除以郊商總數所得百分比。

表6-4 清代竹塹地區商人大租權土地屬性統計表

商人類別	總數	單	一	區	兩		區	漢保隘三區
		漢墾區	保留區	隘墾區	漢墾-保留區	漢墾-隘墾區	保留-隘墾區	
郊商	25	15 (60%)	0	1 (4%)	7 (28%)	1 (4%)	0	1 (4%)
城市商人	6	5 (83%)	1 (17%)	0	0	0	0	0
鄉街商人	2	1 (50%)	1 (50%)	0	0	0	0	0
村莊商人	1	1 (100%)	0	0	0	0	0	0
合計	34	22 (65%)	2 (6%)	1 (3%)	7 (21%)	1 (3%)	0	1 (3%)

資料來源：同上表。

這種現象是因為購買大租權的商人主要是塹城商人，他們基於地緣關係與收租方便，而購買竹塹城所在的竹北一保地區大租權。另一方面，竹北二保大租權主要屬於吳振利、陳和興、曾聯新以及徐景雲家，竹南一保則主要屬於中港社番、中港街商人以及塹商鄭恆利、林恆茂、魏泉安家所有，其他商人很難插手[50]。因此，除了上述吳振利、陳和興等郊商之外，將近九成擁有大租權的塹城郊商只能購買竹北一保地區的大租權。

就拓墾區屬性而言，由於保留區內竹塹社番為名義上的業主[51]，因此除了茄苳湖、南隘以及竹南一保部分地區有墾戶租之

---

50 張炎憲，〈漢人移民與中港溪流域的拓墾〉，頁54-55、59。
51 施添福，〈清代竹塹地區的土牛溝和區域發展〉，頁39。

外，幾乎無大租戶存在，大租土地也主要分布於漢墾區或是隘墾區。不過，塹城商人的大租權有集中於漢墾區的傾向，而內陸鄉街的商人則以隘墾區，特別是竹北一保隘墾區為主。

2.**小租權**：竹塹地區自城市至街庄的商人最熱衷於購買小租權。這種現象，自然是因為小租的收益遠比大租高[52]。另一方面，大租戶或隘墾區墾戶必須時常面臨官方不斷的苛捐、雜派等壓力[53]，以及維護墾區內治安或處理各項民政事務[54]。這些事

---

52 就每甲上田而言，小租的田租收益通常是大租的五倍左右（東嘉生著，周憲文譯，《臺灣經濟史概說》，中和：帕米爾書店，1985年8月，頁159-160）。

53 康熙五十年竹塹地區始墾之後至乾隆初年之間，竹北二保與一保漢墾區所設立的幾個墾區庄，在嘉慶至道光年間大半杜賣至塹城郊商手中。初期墾戶無法長久擁有大租權而紛紛杜賣，嘉慶十三年(1808)潘王春墾號將大租權杜讓予吳益春（即郊商吳金吉號）是一個典型的例子。潘王春杜賣大租權的原因，是因為自祖父手內已欠官方公項，加上長期與社番爭界互控，所費不貲，以致於陸續向竹塹城的吳振利、吳金興、王益三、羅德春、吳萬德等郊商借銀。其後，終因無力償還，不得不杜讓大租權。而在杜賣契約中，除了應完正供與應納番社租谷社餉之外，也可以看到官方對於大租戶的苛捐雜派：每年買運穀一百石，完買補穀一百石，應完勻丁耗羨廍餉89員（臨時臺灣土地調查局，《大租取調書附屬參考書》（中），頁273-274）。由此可見，大租戶如非家有鉅資，是很難應付各項捐派和公餉。如果又遭佃戶抗租，則更是雪上加霜。控案對於大租戶也有很大的影響，始墾竹塹南、北庄的大租戶王世傑家與購買萃豐庄墾業的曾昆和家，都是因為長期控案，花費不貲，而分別杜讓部分竹塹南庄與萃豐庄產業（《新竹縣制度考》〔1895〕，頁55；施添福，〈清代竹塹地區的「墾區莊」：萃豐莊的設立和演變〉，頁54-55）。

54 無論是漢墾區或隘墾區的大租戶或墾戶，皆必須負責其墾區庄內治安與各項雜務的處理（有關這方面的討論，參見施添福，〈清代竹塹地區的「墾區莊」：萃豐莊的設立和演變〉一文；吳學明，《金廣福墾隘與新竹東南山區的開發(1835-1895)》，臺北：臺灣師範大學歷史研究所，1986年，頁302-304）。

務，對於以商業營生爲主的商人，特別是小資本商人，不但無法
勝任，而且可能導致蝕本賠累。因此，除了資本雄厚的郊商有能
力勝任之外，很少舖戶購買大租權。

　　由表6-5、表6-6可見，塹城郊商所擁有的小租權土地，雖然
包含漢墾區、保留區以及隘墾區三區，而且自桃澗保至大甲地區
皆有，但是主要分布於漢墾區，特別是竹北一保地區（圖6-3）。顯
然，郊商所有土地範圍雖然廣大，但是大多數的郊商仍對於距離
最近的竹北一保地區土地最有興趣。這可能基於收租方便，以及
地緣關係使然。其次，部分郊商如葉源遠、陳振合、王和利、翁
貞記、金逢泰等，都僅購買土地的小租權，而未搜購大租權，對
於土地的投資顯得更爲謹慎和保守。

　　城市中的舖戶，顯然擁有的土地範圍更局限於竹北一保地
區，特別是漢墾區內。除了何順記、柯順成、蔡啓記等商號之
外，大部分城市商人僅擁有漢墾區內的小租土地，而未包含保留
區與隘墾區[55]。城市舖戶的這種傾向，不但顯現其資金有限，無
法到處購地，也揭示其地域活動力與網絡皆遠不如郊商，較局限
於塹城地方性市場圈內。

55　像何順記、柯順成、林瑞源、鄭合成以及蔡啓記等商號，有大量
　　資金可以購買土地，均顯現其經濟實力極為雄厚。特別是柯順成
　　所擁有的土地自竹北二保至竹南一保均有，而且橫跨漢、保、隘
　　三區，可以說是個異數。這些商人事實上可能也是郊商之一，只
　　是無確切資料證明，而暫時視為一般城市舖戶。如果不計算這些
　　商人的土地所有範圍，城市舖戶的土地將更集中於竹北一保漢墾
　　區，而且大部分僅單擁有一區的土地，而很少參與保留區或隘墾
　　區土地的拓墾與搜購。顯然，城市舖戶的活動範圍更局限於地方
　　性市場圈內。

表6-5　清代竹塹地區商人小租權土地所有統計表[a]

商人類別	總計	漢墾區				保留區			隘墾區		
		竹北一保	竹北二保	竹南一保	跨地域[c]	竹北一保	竹北二保	竹南一保	竹北一保	竹北二保	竹南一保
郊商	38	35 (92%)	9 (24%)	5 (13%)	13 (34%)	23 (61%)	9 (23%)	3 (8%)	14 (37%)	0	1 (3%)
城市商人[b]	44	32 (73%)	2 (5%)	1 (2%)	3 (7%)	13 (30%)	2 (5%)	0	11 (25%)	0	0
鄉街商人	15	41 (27%)	1 (6%)	0	1 (6%)	8 (53%)	8 (53%)	0	2 (13%)	1 (6%)	4 (27%)
村庄商人	22	19 (86%)	1 (5%)	0	0	3 (14%)	0	0	3 (14%)	0	0
合計	119	90 (76%)	13 (11%)	6 (5%)	17 (14%)	47 (39%)	19 (16%)	3 (3%)	30 (25%)	1 (1%)	5 (4%)

資料來源：根據林玉茹，〈清代竹塹地區的在地商人及其活動網絡〉，附表6-1作成。

註：a 本處商人並未包含竹南一保之商人。

　　b 城市商人是指郊商以外的坐賈。

　　c 跨地域表示土地所有範圍超過竹塹城主要市場圈（社子溪以南、中港溪以北）地區。

表6-6　清代竹塹地區商人小租權土地屬性統計表

商人類別	總數	單一區			兩區			漢保隘三區
		漢墾區	保留區	隘墾區	漢墾-保留區	漢墾-隘墾區	保留-隘墾區	
郊商	38	10 (26%)	0	2 (5%)	14 (37%)	0		12 (32%)
城市商人	44	23 (52%)	4 (9%)	5 (11%)	6 (14%)	3 (7%)	0	3 (7%)
鄉街商人	15	1 (7%)	9 (60%)	0	1 (7%)	0	1 (7%)	3 (20%)
村莊商人	22	18 (82%)	1 (5%)	1 (5%)	0	0	0	2 (9%)
合計	119	52 (44%)	14 (12%)	8 (7%)	21 (18%)	3 (3%)	1 (1%)	20 (16%)

資料來源：同上表。

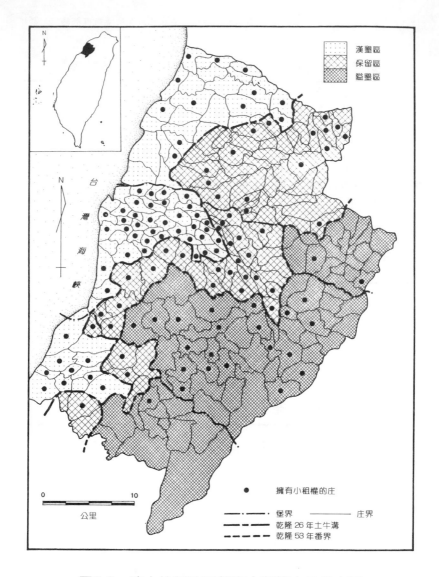

圖例
- 漢墾區
- 保留區
- 隘墾區

N
台灣海峽

N

0   10
公里

● 擁有小租權的庄

— · — 堡界   ——— 庄界
— — 乾隆 26 年土牛溝
— — — 乾隆 53 年番界

圖6-3　清末竹塹地區郊商小租權土地分布圖

資料來源：根據張炎憲等，《臺灣平埔族文獻資料選集——竹塹社（上）》、
　　　　　《臺灣堡圖》、施添福，〈清代竹塹地區的土牛溝和區域發展〉
　　　　　等文之地圖及《土地申告書》資料重繪。

　　鄉街的舖戶，除了像北埔姜家這種墾戶兼營商業的商人之外，所擁有的小租土地範圍大多數以竹北一保、竹北二保的保留區為主，隘墾區為輔[56]。以新埔街的蔡合珍號、潘金和號，九芎林街的劉恆順號以及樹杞林彭家為例，這些在地方上甚具影響力的商舖所擁有的土地大多數局限於新埔街、九芎林街等鄉街市場圈內，亦即大半分布於保留區與隘墾區（圖6-4）。在隘墾區的經營上，新埔街的商人主要參與竹北二保鹹菜甕鄰近地區的開墾，如潘金和號的潘澄漢與清漢兄弟，顯然致力於牛瀾河與三墩（今關西鎮）的拓墾[57]。樹杞林的彭家則主要參與南埔至鹿寮坑、大肚等（今北埔、芎林、橫山等鄉）竹北一保隘墾區的拓墾活動。大體而言，內陸鄉街商人對於土地的經營具有強烈的在地特質，主要投入鄰近地區或邊區的拓墾。相對於塹城郊商多多少少進入保留區與隘墾區拓墾或是搜購小租權，內陸鄉街商人或地主的勢力顯然很難侵入到閩籍商人所控制的地區，特別是竹北一保漢墾區與竹塹城。

　　鄉庄的商人所擁有的土地範圍不但最小，也有集中於住居地附近的傾向，特別是大多集中於同一拓墾區，而且幾乎都未超越竹塹地區。因此，在漢墾區內開設店舖的商人，主要購買住居地

---

56 在鄉街的十五位舖戶中，除北埔姜家（新義豐號）、員崠子甘家以及五份埔陳朝綱（陳茂源）三家土地橫跨漢、保、隘三區之外，幾乎都在保留區與隘墾區內。即使上述三家，在漢墾區的土地仍相當有限，偏於竹北二保地區，而且所擁有的土地多少是有淵源的。例如，姜家在竹北二保的土地與其渡臺祖最先在竹北二保墾耕有關，大多是「世良公嘗」土地（《土地申告書》）。由此可見，內陸鄉街舖戶與城市舖戶相同，土地所有範圍較局限於地方性市場圈內。

57 林玉茹，〈清代竹塹地區的在地商人及其活動網絡〉，附表6-1。

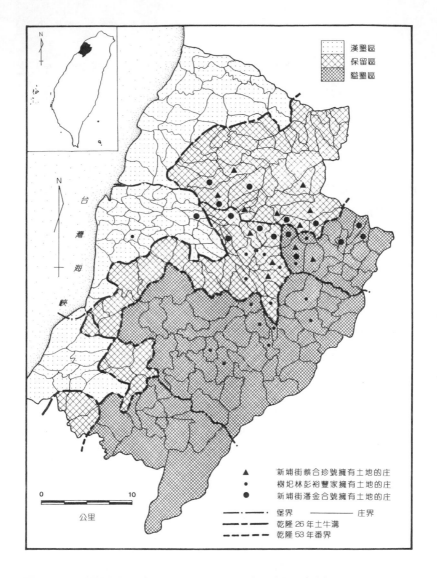

圖6-4　清末竹塹地區內陸鄉街潘、蔡、彭三家舖戶土地分布圖

資料來源：根據張炎憲等，《臺灣平埔族文獻資料選集——竹塹社(上)》、
　　　　　《臺灣堡圖》、施添福，〈清代竹塹地區的土牛溝和區域發展〉
　　　　　等文之地圖及《土地申告書》資料重繪。

鄰近的漢墾區土地，在保留區開店的商人則購買保留區土地。舉例而言，竹北二保紅毛港何源泰號購買鄰近的大眉庄土地；南勢庄的陳聯興號則購買崙仔庄土地；在保留區雞油林庄開設陳源順號的陳阿妹，所擁有的土地也在雞油林。

3.水租權：由表6-7可見，清代由商人參與修築或管理的陂圳至少有18條，其中在漢墾區有13條，佔72%，而且主要分布於竹北一保與竹南一保。這13條陂圳中，大約有11條全由郊商自乾隆中葉至同治年間陸續出資修築，而僅有2條是以購買方式取得水租權，顯然郊商更積極地以實際出資修築方式取得水租戶的地位。至於在保留區與隘墾區的陂圳，除了塹城郊商如黃珍香、鄭恆利家、陳泉源家參與開鑿之外，在地的鄉街商人如新埔蔡合珍號、彭慶添家、員崠仔甘永和號，均投資住居地附近的陂圳修築。

出資修築陂圳所費工本不少，而且工程相當艱難，甚至導致築圳失敗[58]。例如嘉慶年間林泉興號耗資一萬元修築六十甲圳，後來因資金不足，只好出賣水圳。由此可見，開築陂圳不但必須具有專業技術，而且經營管理費用與風險遠比土地投資大，然而陂圳的漲價率卻比土地低[59]。因此，這些出資修築陂圳的商人不但資本相當雄厚，而且大部分對於土地的經營也採取比較積極的態度，在地性格較為濃厚。以郊商而言，清末具有水租權的郊商僅有林泉興、吳振利、鄭恆利、翁貞記、黃珍香、曾昆和、何錦

---

58 王世慶先生指出築圳艱難或失敗的原因有四：1.工本浩大，資金不足；2.圳源、圳道等多遇石壁，開鑿困難；3.受到生番之阻撓與破壞；4.天災的毀損（王世慶，《清代臺灣社會經濟》，臺北：聯經，1994年8月，頁138）。

59 同上註，頁202。

表6-7　清代竹塹地區商人所參與修築或管理的陂圳

圳　　　名	開築時間	開　築　者	灌漑甲數	水　　　　　　　　路	備註(鄰近集散地)
隆恩圳	雍正3年	王世傑	2000甲	菜頭寮、麻園肚、隘口、薑寮庄、水田庄、土城外、崙仔庄、大南勢	竹北一保塹城；光緒13年王和順、吳振利爭充陂長
曾六圳(澎湖窟圳)	乾隆12年	曾六(曾昆和)	10餘甲	新社溪洲、澎湖窟	竹北一保塹城
翁厝圳	乾隆15年	翁貞記？竹塹社番	120餘甲	番仔陂、麻園、白地粉	竹北一保塹城
下員山圳	乾隆年間(b: 嘉慶24年)	新社番通事	百餘甲(b:89甲)	豆仔埔、下員山、九甲埔	竹北一保塹城；後賣與鄭恆利掌管，收水租140石(b: 嘉慶24年鄭勤記與衛奎壁合資)
泉興圳(何勝圳)	嘉慶年間	林泉興(郊商)	70餘甲	麻園堵、九甲埔、埔頂、黃金洞、潭後、東勢、水磨口、枕頭山	竹北一保塹城；林泉興費銀一萬圓開圳，後因無力修築度賣與何勝
六十甲圳(振利圳)	嘉慶24年	業戶築設	70餘甲	九甲埔、黃金洞、潭後、陂腳庄、東門土城	竹北一保塹城；道光元年吳振利備本三千圓修築；道光16年吳振利與田主鄭恆利商由張王成備本修築，光緒15年吳振利抽回管理
雞油林圳	嘉慶25年	金惠成	70餘甲(b:25甲)	水頭厝、雞油林庄	竹北一保樹杞林；黃鼎三等共有水租
大厝圳	嘉慶年間？	林紹賢等(恆茂)	百餘甲	山仔坪、下街仔、港仔溮、魚寮、壩仔頭	竹南一保中港

表6-7　清代竹塹地區商人所參與修築或管理的陂圳(續)

圳　　　名	開築時間	開　築　者	灌溉甲數	水　　　　　　　　路	備註(鄰近集散地)
白沙墩圳	道光初年	業戶吳金吉與佃人(商人)	15甲	白沙墩、二十張犁	竹北一保塹城
吉利圳	道光年間	鄭用鈺(鄭吉利)	10餘甲	社角、溪洲	竹北一保塹城；年收水租穀20餘石
頂員山圳	道光2年	陳徹	80餘甲(b:48甲)	番社子、托盤山、四重埔、三重埔、二重埔、頭重埔、頂員山	竹北一保樹杞林；陳泉源等共有後歸陳振合等30人共有
灣橋坑圳(南坑圳)	道光29年	鄭哲臣(鄭吉利)		南坑庄、寶斗仁庄？	竹北一保樹杞林
小坪陂	道光25年	林占梅(林恆茂)	30甲	小坪	竹南一保中港
二十張犁圳(南庄圳)	咸豐5年	李陵茂與陂長、佃戶	百餘甲(25甲)	九甲埔、二十張犁、土地公厝、烏樹林	竹北一保塹城；出資六百圓
堨頭壢陂	咸豐年間	彭慶添(藥商)	十餘甲	柳樹湳、小大湖、見頭壢	竹北一保樹杞林
白地粉圳(魚寮圳)	同治8年	鄭毓秀(鄭同利)	20餘甲	白地粉庄、魚寮庄	竹北一保塹城；光緒15年賣彭瑤
苧蕉阬陂	同治年間	鄭穎記	10餘甲	苧蕉阬口	竹北一保塹城
大茅埔圳	光緒7年	蔡景熙等(合珍號)	30餘甲(b:19甲)	三洽水、大茅埔、小茅埔	竹北二保新埔街

資料來源：根據林玉茹，〈清代竹塹地區的在地商人及其活動網絡〉，附表2作成。
註：b為《新竹廳志》資料，其他為《新竹縣采訪冊》。

泉、林恆茂、吳金吉、陳泉源、陳振合、鄭同利以及李陵茂等十二位。他們事實上都是經過長期的發展，逐漸取得上層商人兼地方望族的地位。而陂圳是清代臺灣農村中的經濟性組織之一[60]，透過陂圳的開築與管理，促使這些商人超越所住的城市與鄉街，展開他們與所屬陂圳有關的村民、地主、佃戶之間的社經網絡。

　　整體而言，商人在土地經營時所扮演角色的複雜性與擁有土地的範圍，通常反映其層級。同時兼具大租戶、小租戶以及水租戶身分的商人，大部分是塹城郊商，如鄭恆利、林恆茂、吳振利以及李陵茂家族（圖6-5、圖6-6）。這些家族幾乎也是清末竹塹地區最有力的上層紳商家族。他們所擁有的土地，並不限於竹塹地區，而是跨越市場圈，土地範圍甚至遠及淡水地區與大甲地區，但並未超越淡水廳治轄區。換言之，竹塹地區商人投資土地的最大範圍仍局限於大甲溪以北至淡水這個區域性市場圈內。

　　其次，他們在某些鄉庄所擁有的土地常具有壓倒性的比例。舉例而言，吳順記在大溪墘庄的大租權土地，自咸豐年間至光緒末年共計五百餘甲，有佃戶（小租戶）八十餘人，年收大小租谷近三千石[61]。又如李陵茂家，自嘉慶十一年（1806）李錫金兄弟在塹城開設陵茂號之後，開始大量購買漢墾區、保留區土地[62]。道光十五年（1835）除了成為金廣福墾號閩籍捐資股夥之外，更積極向總墾戶承墾隘墾區荒埔，招佃開墾。道光十七年（1837）即與塹商許泉記合組金德成、金福泉以及金德發等墾號，直接向金廣福給墾雙溪地區（今寶山鄉），道光二十九年（1849）又向金廣福承墾中

　　60　王世慶，《清代臺灣社會經濟》，頁189-190。

　　61　《淡新檔案》，22202案、13203-1號。

　　62　林玉茹，〈清代竹塹地區的在地商人及其活動網絡〉，附表7。

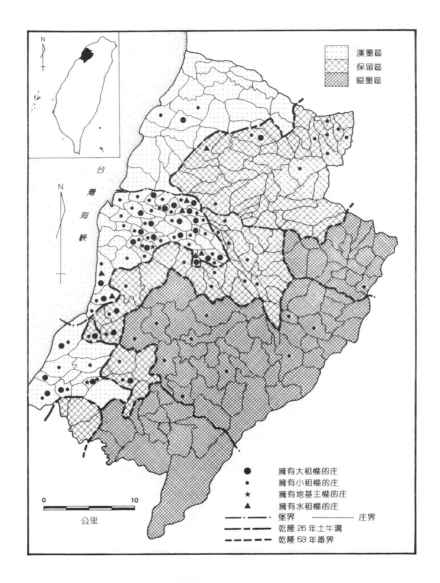

圖6-5　清末鄭恆利家族在竹塹地區的土地分布圖

資料來源：根據張炎憲等，《臺灣平埔族文獻資料選集──竹塹社(上)》、
　　　　　《臺灣堡圖》、施添福，〈清代竹塹地區的土牛溝和區域發展〉
　　　　　等文之地圖及《土地申告書》資料重繪。

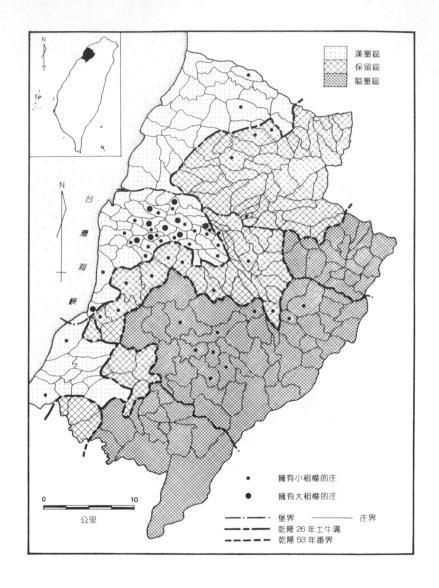

圖6-6　清末李陵茂號在竹塹地區的土地分布圖

資料來源：根據張炎憲等，《臺灣平埔族文獻資料選集——竹塹社（上）》、
　　　　　《臺灣堡圖》、施添福，〈清代竹塹地區的土牛溝和區域發展〉
　　　　　等文之地圖及《土地申告書》資料重繪。

興庄(今峨眉鄉)[63]。清末日治初期，中興庄土地共有280筆、
56.02甲，李陵茂家即擁有151筆、35.13甲，均佔50%以上[64]，李
陵茂家成爲中興庄最大的地主(小租戶)。

　　總之，在地商人以郊商擁有的土地範圍最廣，不但橫跨漢墾
區、保留區以及隘墾區三個不同的拓墾區，而且郊商中有力的家
族甚至跨越竹塹地區性市場圈，北至淡水南至大甲都有土地。這
些郊商擁有最大範圍與最多的土地，也扮演諸如大租戶、小租戶
以及水租戶等多重角色，充分展現上層商人土地投資與多角經營
的特色，以及廣大的地緣網絡。相對的，城市與內陸街庄的舖
戶，除了少數例外，大多數參與住居地鄰近土地的拓墾行動或購
買水田化土地，他們充分展現中層商人在土地經營上的在地性格
以及活動力局限於街庄地方性市場圈內的特色。至於資本額較少
的下層商人，則大多沒有能力購買土地[65]。

(三)經營土地的原因與影響

　　由上述竹塹地區商人對於土地拓墾過程的參與及其清末土地

---

63 吳學明，《金廣福墾隘與新竹東南山區的開發(1835-1895)》，頁
　　43、209。

64 明治三十四年(1901)，對於竹北一保中興庄的調查，分成中興與
　　四份仔兩地，中興土地舊調查資料總筆數有280筆、總甲數
　　56.02356甲，新調查資料則有296筆、82.6195甲，李家分別是
　　35.134甲與37.498甲。在四份仔，舊的總筆數是141筆、總甲數
　　9.2588甲，新的總筆數是68筆，12.314甲，李家舊資料有111筆、
　　3.439甲(《土地申告書》竹北一保中興庄中興、四份子)。由於新
　　增墾地與土地爲溪流所沖毀，造成前後統計資料有異。基本上，
　　本章採舊資料說明。

65 這些攤販和小販除非祖遺資產，否則並無力置產(林玉茹，〈清代
　　竹塹地區的在地商人及其活動網絡〉，表3-6)。

所有範圍來看，顯然商人對於土地具有強烈的經營動機。特別是郊商，不但清中葉以來漢墾區土地的大小租權有集中至郊商手中的傾向，而且他們也是閩籍城市商人跨越粵籍移民地盤向邊區拓墾的主力，不少郊商更具有大租戶、小租戶、水租戶、地基主 [66] 的身分。這些商人對於土地經營的積極，除了大陸原鄉傳統的保值、尋找商業資金出路的習慣之外，經營土地還有其他的作用，茲說明如下：

1.控制商品的生產： 一般而言，竹塹地區郊商對於土地經營的強大活動力，無論就地域範圍、土地之大小，或是所擁有的複雜身分，都是其他商人所望塵莫及的。這些郊商對於土地的大量投資，不但晉升為富甲一方的商墾型地主階層，導致土地所有權的集中，而且發展出從屬於商業資本的地主經營方式，亦即以利潤為目的的商業性農業經營。換言之，農業的經營是為了確保其商品的取得，農產品不但以商品的形態對外出口，農作物的選擇更是以市場需求為依歸，因此這些商墾型地主最後控制了出口商品的生產與運銷。

---

66 給地基者稱地基主，承受者稱厝主，地基主與厝主之關係是大租戶與小租戶關係之變形。地基主與厝主的關係起於乾隆年間以降。當初墾之際，移民在墾地起蓋茅屋，其建地視為墾地之一部分。其後，部分地區產生地基主(臺灣慣習研究會原著，劉寧顏等譯，《臺灣慣習紀事》，一卷(下)，頁247)。地基主最常見於街地，例如郊商何錦泉為塹城南門街的地基主，來此建店蓋屋居住販賣的人，必須向何錦泉租地，每年繳交一定的地租金(林玉茹，〈清代竹塹地區的在地商人及其活動網絡〉，附表7)。其次，如余萬香號在油車港置有荒埔一段，鹽戶向其租地基，年納地租一大元(臨時臺灣舊慣調查會，《臺灣私法附錄參考書》，一卷(中)，頁274)。

表6-8　清代竹塹地區商人之間的土地租佃關係

大租戶(墾戶)	水租戶	小　　　　　租　　　　　戶
吳金鎰		鄭恆升
吳金興		魏泉安、陳和興(隘口庄、六張犁庄、十興庄)、林恆升(湳雅庄)、陳振合(湳雅庄)、鄭永利(湳雅庄)、周茶春(芒頭埔庄)、魏益記(芒頭埔庄)、葉陽記(鹿場庄)、李陵茂(十興庄)
吳振利		葉宜記(赤土崎庄)
吳左記		李五記(二十張犁庄)
高恆升		鄭勤記(鹿場庄)、李祥記(鹿場庄)、鄭永承(二十張犁)、林恆茂(二十張犁)
林恆茂	吳振利	林振榮(東門)、鄭永承(北門外)、鄭理記(東門外)
林恆茂	陳泉源	林伸梅(大壢庄)
林恆茂		林恆升(湳雅庄)、彭殿華(崙仔庄)、陳進益(崙仔庄)、黃益和(崙仔庄)
鄭永承		鄭祉記、高恆升(枕頭山庄)
鄭恆利		鄭勤記
鄭勤記	鄭勤記	陳泉源(柴梳山庄)
鄭吉利(金同和)		鄭勤記、吳益裕(茄苳湖庄)、吳振吉(茄苳湖庄)、鄭恆升(茄苳湖庄)、陳春記
〃	吳振利	葉源遠、魏益記
〃	吳萬吉	周茶泰(東勢庄)、魏泉安(東勢庄)、林恆茂(東勢庄)
〃	林礽浪	李陵茂、王泉記(隘口庄)、鄭永承(芒頭埔庄)
郭怡齋		陳泉源(新社庄)
曾昆和		慎思堂(林祥靉)

資料來源：《土地申告書》、《民有大租名寄帳》、《土地業主查定名簿》。

說明：本資料僅為部分性列舉。

　　竹塹地區自始墾之後，除了光緒年間興起的茶園是繳納現金地租之外，大部分田園都是向地主繳交實物地租的米、糖、菁、麻、地瓜、落花生……等 [67]。甚至以繳納現金為主的茶園，也有一些實物地租的特例 [68]。因此，商人取得土地的大、小租權，通常也表示控制了一定數量的實物地租，而得以將這些地租以商品的形態對外販售。同治七年（1868），合僱船隻向大陸發售米、糖

67　以米而言，同治四年（1865），郊戶鄭恆升在中港番婆庄田業贌佃
　　劉阿番耕作，每年小租谷220石（《淡新檔案》，33205-2號）。又
　　如乾隆四年（1739），桃澗保虎茅庄大租戶周添福在未成水田以
　　前，所收大租為稻谷、麻、豆、什子，並議定首年、次年均照一
　　九五抽。乾隆十五年（1750）芝芭里庄未成水田以前，亦然。值得
　　注意的是，漢墾區在未水田化以前，土地利用是種植雜作物，其
　　次兩者均要求墾佃將大租運到船頭下船，似乎這些大租戶均為不
　　在地地主，土地一經開墾即將農產品交付船隻販售（臨時臺灣土地
　　調查局，《大租取調書附屬參考書》（上），頁52-54、67-68）。以
　　糖而言，光緒二年（1876），徐俊官向業主贌得橫山中隘廓地，約
　　定地基租為青糖八十斤（《淡新檔案》，222415-3號）。以菁而
　　言，郊商曾益吉號（即曾金鎔）與林瑞源號合夥金永承買溪埔仔庄
　　埔業，光緒四年（1878）佃戶栽菁，繳納菁租（《淡新檔案》22414-
　　18號）。
68　茶園的租期與納租方式都與米、糖等作物大不相同。大多數的茶
　　園以繳納地租銀為主，例如光緒四年（1878），鄭祉記（鄭恆利家）
　　在桃澗保南勢庄埔地，招得耕佃楊清松與楊順生承贌，栽種茶
　　叢。雙方議定租期四十年，起墾滿三年每萬茶叢納地租九元，按
　　茶額供納（王世慶編，《臺灣公私藏古文書彙編影本》，3輯5冊，
　　273號）。不過，內陸鄉街的商人似乎有自己僱工栽茶、擁有茶叢
　　的現象。例如，光緒年間在新埔街開張店舖的劉步魁，除了將自
　　己的牛埔贌佃栽茶，坐收地租之外，自己也種茶株二十餘萬株
　　（《淡新檔案》22514-89號）。此外，也有不少地主徵收茶實物地
　　租的例子。例如，光緒元年（1875）李源記、吳吉記等六股合組的
　　新義合墾號，招佃林選於石趣坑種茶47,000叢，最初議定收成之
　　日每季每百斤抽乾茶三十斤（30%）（王世慶編，《臺灣公私藏古文
　　書彙編影本》，3輯5冊，268號）。

的塹郊商人，大部分都是坐擁廣大土地的大地主[69]。

其次，清末樟腦在國際市場大發利市，那些對於商機充滿敏銳警覺性的商人，即使是遠在竹塹城的郊商，也不惜花費鉅資，投入邊區的拓墾。光緒年間黃珍香號、鄭利源、林恆茂、吳振利等對五指山、馬武督山等東南山麓墾務的參與，即是明顯的例子。鄭利源號後來並成為足以與大料崁、大稻埕商人相匹敵的大腦商[70]。

總之，商業發展能推動邊區土地的開闢，陂圳的修築，促進各地的墾殖活動[71]。另一方面，當商人逐漸將多餘的商業資本轉投資於土地經營時，也導致這些坐擁大量實物地租的在地商人，逐步控制出口商品的生產、運輸以及販賣，而這是區域性城市大商人或是大陸商人所難以匹敵的。

2.社會空間網絡的聯結與擴張：在城市與街庄的中、上層商人透過土地經營中的租佃與合夥關係，促使商人彼此之間緊密聯結。以租佃關係而言，由表6-8可見：郊商與郊商之間不但可能互為大租戶與小租戶的從屬關係，而且城市與內陸街庄商人也互有租佃關係。舉例而言，在塹城南門的枕頭山庄(今新竹市)，郊商

---

69 參與這次販運的郊商有李陵茂、陳振合、王和利、何錦泉、振榮號、集源號、益和號以及合順號，均運出米三十至四十包，恆隆號、北埔姜家(姜華舍，即姜榮華)各運糖三十、四十八包(《淡新檔案》，33503-2號，同治7年)。上述這些商人都擁有土地，甚至是有地數百甲以上，如李陵茂、王和利、北埔姜家。

70 參見林玉茹，〈清代竹塹地區的在地商人及其活動網絡〉第三章第三節的討論。

71 蔡淵絜，〈清代臺灣移墾社會的商業〉，《史聯》，7期(1985年12月)，頁60。

鄭永承號是高恆升號的大租戶，高恆升每年必需向鄭永承繳納大租；而在二十張犁庄(今竹北鄉)高恆升則成爲鄭永承的大租戶。城市商人與鄉街舖戶之間以及內陸鄉街舖戶彼此之間的租佃關係亦復如此。例如，李陵茂、林恆茂、鄭吉利、周茶泰……等金廣福大隘的股夥或是承贌土地的小租戶，與總墾戶北埔姜家都有租佃關係。此外，光緒四年(1878)同爲竹北一保隆恩佃戶吳萬吉、鄭恆利、陳振合、李陵茂、王和利、陳協豐、陳建興等郊商與地主，由於不滿臺灣城協鎮徵收不合理的田租，群起而向臺北府知府陳星聚申訴[72]。這是同具隆恩佃戶身分的郊商與地主之間的一次聯合抗爭行動。

顯然，透過土地經營與租佃制度，這些商人彼此之間有承贌、納租、納糧的關係存在，另一方面也使彼此相互熟識，緊密地聯繫彼此的關係，形成一個人際網絡。這個網絡自然有利於在地商人經營商業或土地，更易控制出口商品，彼此之間也可以進行資金融通，甚至於揭開進入邊區拓墾的契機，或是形成利益共同體，向官方不合理的制度挑戰。

以合夥投資關係而言，無論是搜購大小租熟田，或是邊區、荒埔的拓墾，或是陂圳的修築，都可以看到城市商人之間，或是城市與內陸街庄商人之間，甚至於商人與地主之間的合夥投資關係[73]。這些商人透過合夥經營土地，不但增進彼此的情誼，而且

---

72 參與這次申訴的隆恩佃戶，共有24戶，其中屬於郊商家族有14家，2家爲城內舖戶(《淡新檔案》，16410-2號，光緒4年10月12日)。

73 林玉茹，〈清代竹塹地區的在地商人及其活動網絡〉，附表6-2。

也可能進一步聯姻，或是在商業上密切合作[74]。

　　雖然大多數的商人都是不在地地主，主要招佃開墾所屬的土地，而坐收大、小租。然而，部分擔任墾戶或大租戶的郊商或鄉街商人，對於墾區庄也具有相當大的影響力。例如以金同和墾號開墾南隘庄的塹郊商人鄭吉利號，極力干預光緒四年（1878）寶斗仁等庄總理人選[75]。而在地域社會的各種糾紛與活動中，對於擁有大租權或小租權的商墾型地主而言，佃戶與他們的商業僱工一樣，常是他們可利用的人力。反之，這些商人對於其所屬的佃戶也必須善盡保護之責[76]。由此可見，商人透過土地租佃關係，不但加強他們與其他商人、地主的聯繫，提供各種合作機會，也使他們擁有一群對其效忠的佃戶。另一方面，商人透過所有土地的空間擴張，得以與住居地以外街庄民眾相互聯結，而擴大了他們的社會空間，甚至參與住居地以外的地方事務。

　　竹塹地區商人與土地深厚的聯繫所建立的聲望與網絡，使他們對於竹塹地區的依存更深，認同感更強。即使是自大陸來塹經商的商人一旦購買大量土地，特別是實際參與土地的拓墾之後，即容易逐漸蛻變為道道地地的在地商人。尤其是那些在原鄉身無長物，渡海來塹發展成鉅富的商人世家，如林恆茂、鄭恆利、李陵茂等，他們的產業、身分、地位都是根植於竹塹地區，在地性

74　例如同治年間塹城郊商鄭吉利與北埔姜家不但有生意上的往來（〈北埔姜家史料〉，《臺灣古文書集》（一），13冊1408號，035：437），而且共同於月眉開張煙舖金義茂（吳學明，《金廣福墾隘與新竹東南山區的開發（1835-1895）》，頁264）。

75　《淡新檔案》，12218號全案，光緒4年。

76　黃朝進，《清代竹塹地區的家族與地域社會──以鄭林兩家為中心》，頁147。

格也將更明顯。

　　當然，商人對於土地的經營，也可能產生負面的作用，例如
爭界互控[77]、投資失利而虧本賠售[78]、遭佃戶抗租等[79]。而那些

---

[77] 商人因土地經營而與人爭界互控，在《淡新檔案》第二編第二類
民事田房，數見不鮮。這些爭界互控案，有時影響鉅大，例如前
述王世傑家、曾國興墾號、潘王春家等都因爭界互控，負債累
累，而不得不杜讓土地。因田園問題而產生的糾紛，如合夥爭
執、界址不清……，常常導致當事者雙方干戈相見，並動輒號召
佃戶毀壞對方農作物，甚至於強搶對方產品、毆打對方。例如鄭
穎記（鄭恆利家）在竹北二保長崗嶺庄土地，光緒十三年（1887）與
周阿添爭界互控，光緒二十年（1895）又與蘇阿富互毀茶園（《淡新
檔案》，33139-14號）。又如內陸新埔街商人與地主合夥組金六和
墾號開墾枋寮坪頂埔，光緒十年（1885）遭羅阿圓等率眾百餘人，
掘毀茶與地瓜甚多。此案並因塹城郊商林恆茂、鄭永承、陳振合
以及魏泉安等在坪頂埔有地，而造成新埔街商人與塹城郊商之爭
界糾紛（《淡新檔案》，22510案）。

[78] 商人投資土地，並非一定獲利。特別是隘墾區的開墾通常是「稟
官給戳，自行招股津銀」（《淡新檔案》，17321-34號），設隘防
堵生番，風險最大。舉例而言，嘉慶二十五年（1820），塹城商人
陳長順開墾合興庄，墾號陳福成。經歷前後數十年，隘糧不敷，疊
開疊廢，費貲三萬餘。由於開墾不利，陳長順屢次辭退，官方卻不
准，至光緒元年始墾成（《淡新檔案》，17337-1、7號）。又如，
咸豐六年（1856），塹商曾協美號以850元向鄭亨記購買羊寮西勢庄
荒埔一處，光緒三年（1877）曾協美號以無力開荒，轉以三百大元
賣與塹商余萬香號（臨時臺灣舊慣調查會，《臺灣私法附錄參考
書》，一卷（中），頁271-272）。曾協美號顯然虧本賣出土地。

[79] 抗租問題，一是作為小租戶的商人抗納社番番租口糧。例如，光
緒五年（1879）塹商何錦泉、魏泉安以及新竹鄭家鄭隆記抗欠後龍新
港社社租（《淡新檔案》，17205-26、37號）；光緒十四年（1888），
吳振利支房吳綱記、指記以及論記抗納竹塹社社租（臨時臺灣舊慣
調查會，《臺灣私法附錄參考書》，一卷（上），頁298）。一是作
為大、小租戶的商人本身也可能遭其下的小租戶或是耕佃抗租。
例如道光二十年（1840）起，大溪墘庄大租戶郊商吳順記被二十五
位佃戶抗租二十餘年，直至咸豐六年（1856）才完租489.1石（《淡
新檔案》，22202案）。

坐擁廣大土地的大租戶與墾戶，更時常面臨官方的苛捐雜派。

二、經營放貸業

　　在現代新式銀行出現之前，錢莊與放貸業一直是傳統經濟相當重要的一環。錢庄，在目前文獻資料中，很少相關的記載，但是由清末新竹縣衙將部分地方公共基金，如明志書院、登雲會、城工公款、義倉、義渡租等公款委交塹城郊商存放生息來看[80]，部分塹城郊商可能也從事錢莊存放款事業。放貸業則是從事資金放貸的業者，包括商人、地主以及純以放貸為生者[81]。其中，商人與地主可以說是城市至鄉庄最重要的金主。特別是商人，為了尋求剩餘商業資金的出路，除了投資置產之外，幾乎都兼營放貸業。因此，在傳統社會中，正如涂照彥先生所言，臺灣本地的資產家具有既是地主、商人，又是高利貸業三位一體的性格[82]。

　　商人兼營放貸業，在地域社會中的角色，一方面是提供資金融通的管道，另一方面更以資金預貸制方式包買生產品，確保商品的取得。以下分別說明之。

80　《新竹縣制度考》(1895)，文叢101種，頁61-66、91-94。
81　純粹以放貸為生者，例如附表1中的楊雲巖，不過其後仍轉投資商業。其次，在不少鬮分書可見，大部分家族分產之際，都會先由公產中抽出若干養贍銀給年老的長輩、寡婦、妾等家族成員，這些弱勢、無力營生的人其實即是純放貸業者的主力。例如，道光十八年(1838)，九芎林振吉號李家分產時，即「將振吉號生理抽出本銀參百元，歸余氏(母親)放出生息，以為飲食之資」(〈北埔姜家文書〉，《臺灣古文書集》(一)，11冊1298號，035-026)。
82　涂照彥著，李明俊譯，《日本帝國主義下的臺灣》(1975年)(臺北市：人間出版社，1992年)，頁373。

（一）資金的融通

資金的融通是放貸業最基本的作用。兼營放貸業的商人，放貸的對象相當廣泛。由表6-9可見，可能是與其有租佃關係的佃戶或大租戶、商業往來的客戶、親戚、店裡的夥計，甚至於社番，以及經人介紹的陌生人。顯然，透過放貸業，商人不但對於市街的商人提供商業營運資金，而且也對於邊區的開墾活動、底層的民眾提供融通資金。對於商人而言，這些資金融通的對象與放貸範圍，正展現出他的人際網絡。

商人的放貸範圍，依其層級而不同。郊商的放貸範圍最大，與其經濟活動範圍相同，常跨越竹塹地區性市場圈。以林恆茂家

表6-9　清代竹塹地區的高利貸商人

姓　名	原籍	住居地	營　　業	放　　貸　　情　　形	資 料 來 源
鄭吉利	同安	水田街	郊商	嘉慶年間借銀千餘元予竹塹社番。	《淡新檔案》17211-41
鄭常振（公號）	同安	水田街	郊商鄭恆升一房	咸豐11年林瑞源號向鄭常振、金利號借銀。時每百元逐年利息30元。	咸豐 11 年，22603-13
黃鴻嶽		北門外	開張益和號（郊商？）	同治3年借銀壹百元予黃德源與郭裕觀開張合成號生理，月利2.5元。	光緒6.12.23；23408-3
陳澄波（郊商）	南安	北門街	即陳源泰，開設和興號生理	光緒12年向曾金鎔典過477元，以大租四十石胎借抵利。	22107-26
陳邦彥（郊商）	晉江	米市街	即陳泉源號	借銀二十元予佃戶溫林氏。	光 緒 9.2.3；34202-5
張阿祥	嘉應	西門街	生理爲活	光緒12年，曾國興即曾金鎔以大租六十石向張阿祥胎借抵利。	22107-4

表6-9 清代竹塹地區的高利貸商人（續）

姓 名	原籍	住居地	營 業	放 貸 情 形	資 料 來 源
吳際青	同安	塹城	開張和利號（吳振利號一房）	道光11年六張犁莊職員林國寶以員山仔莊田業向和利號借銀三百捌十元，每年貼利谷五十石。道光19年吳際青先人回唐將租業交管事掌收，粵佃抗租，咸豐2年到臺收租。 利谷於六月收成時，晒乾經風扇淨在埕量交和利號。	光緒 8.4.3 ；23402-1 道光 11.12 ；23402-2
吳生	惠安	塹城	放貸	咸豐元年竹南二保蛤仔市農夫郭添福託中魏成向吳生借番銀兩百元，無對佃取租抵利。添福死，子不認賬。	光緒13.11.23；22520-4
范克昌	陸豐	北門街	高利貸	王益發公號以海口私契與枋寮公契向之借銀六百元	光緒 9.6.1 ；23411-9
謝復安	同安	西門外	作販仔生理	光緒九年萬安號辛勞蔡棟以鬮分書立據借洋銀四十元。	光緒10.5.18；33804-3
王義記	南安	武廟口	生理爲活	光緒年間借西門街余萬香號銀本利共一千四百元，余萬香號以茄苳湖埔地抵押。	光緒 18.6.3 ；33904-1、6
魏泉安		後龍街／塹城	開張什貨生理	店主蔡觀芳先後向魏泉安借款二百元。	光緒 6.9.14 ；34301-4
蘇大春			有大春兌貨印記	道光14年竹塹社番廖阿財，以大租谷60石，向大春兌貨借銀，議定對佃割租。	《王世慶古文書》，3輯12冊651號
郭源興號		塹城	商人	道光27年郭源濂即郭怡興向源興號借銀108元，對佃利谷25石付源興號催車運回。	《臺灣私法附錄參考書》（一）中，204
徐榮強		北埔街？	開設金捷發生理	金廣福總墾戶姜殿邦，因辦理咸菜硼墾務，缺乏隘糧，向借早谷四百石。同治11年姜榮華還母利谷六百石。	《北埔姜家文書》13冊1398號
蔡輝合		新埔街	生理爲活，經理廣和宮和興嘗	光緒11年范東元托中張鏡臣，向和興嘗借銀150元，以四個月爲期，至十一月母利180元。五月范東元身死，子不認賬。	《淡新檔案》光緒 11.3.6 ；23417-1

為例，嘉慶年間曾借銀給桃澗保大料崁的林景和[83]，光緒年間借銀元予中港米商兼地主的許東興家[84]。郊商之下的塹城舖戶，則較局限於竹北一保，特別是塹城鄰近地區。以同治年間在塹城開設礱戶、瓦、熟白糖生理的鄭永興號而言，與其往來貨款賬項與借款者，主要住在隙仔庄、芬園庄、泉州厝、九甲埔以及雙溪庄[85]。這個範圍大概也是鄭永興號商業活動的集散範圍。同樣地，內陸鄉街的舖戶放貸範圍也局限於地方性市場圈內。以頭份街陳春龍家為例，與其往來交易與借款者，以頭份街的商舖、寺廟、嘗會以及民人為主[86]。

　　商人所放貸的金額各有不同。上層的郊商動軋數千元至數百元，如嘉慶十一年(1806)郊商吳金興借三千一百元予東興莊大租戶潘王春；中層的街庄舖戶大多是百元之間；稍有資金的下層商人則是數十元，如販仔謝復安借洋銀四十元予萬安號夥計 (表6-9)[87]。

　　至於放貸的求償方式，主要有兩種，第一種是以田地抵押，採取若干年限的「對佃取租」或是「對租抵利」方式[88]。在放貸

83　臺灣總督府高等林野調查委員會，《不服申立書》（一），桃園廳（裁決の分），大正三年，09902號，頁24-26。

84　《淡新檔案》，22419-39號，光緒9年7月9日。

85　《淡新檔案》，22604-14號，光緒5年。

86　陳運棟，《潁川堂陳氏族譜》（頭份），依同治6年陳春龍修《頭份蟠桃大圳唇陳家族譜》修訂，臺灣分館藏微卷1391680號。

87　在村庄的放貸常常也是數十元之間。例如住鴨母坑的張阿甲，同治十年(1871)一月借四十元予劉玉堂，十月劉玉堂又再向借五十元（《淡新檔案》，23414-13號，光緒9年9月4日）。或許，在鄉村流動的高利貸資金大概在百元以內。

88　有關清代臺灣傳統金融借貸方式，王世慶先生歸納至少有八種。參見：王世慶，《清代臺灣社會經濟》（臺北：聯經，1994年8月），頁4-6。

的過程中，商人通常要求貸款對方（債務人）以地契或是鬮分書抵押，並請中人見證，寫立契約爲憑，以防對方賴賬。而在這種約定中，債務人常常出讓自己所有土地的部分大租權或是小租權予放貸的商人，商人乃得於收成時徵收部分租谷，取得「對租抵利」權[89]。如果債務人是以土地全部的大租權或是小租權向商人借款，即是「對佃取租」，亦即常見的「典」之一。商人遂成爲該土地的典主，而所收得的租谷稱爲「虛租」[90]。一旦債務人無法清償借款之時，只好將土地賣斷予商人[91]。「先典後買」是商人取得土地的方式之一。舉例而言，嘉慶十一年（1806），擁有竹北一保霧崙毛毛埔（東興莊）大租權的潘王春號，因向郊商吳振利、吳金興、王益三、羅德春、吳萬德等借銀4,250元，而將收租權立約交由吳振利等掌管，嘉慶十三年（1808）因無力清償，以7,400元賣斷予吳益春（吳金興一房）[92]。

除了以土地抵押取租之外，第二種求償方式自然是屆期以現

89　例如光緒年間蔡啓記（塹商）二房蔡丁（泥水匠），祖遺小租谷九十石，向魏安借銀五百元，以小租八十石對租抵利，餘十餘石（《淡新檔案》，22703-16號，光緒4年2月11日）。

90　以「典」手段取得的租谷稱為虛租，典權所有者稱為「典主」。自己具有所有權的土地招佃贌耕之收益，稱為實租（〈三房金記鬮分公簿〉，《銀江李氏家乘》；鄭維藩，《鄭氏家譜》（鄭卿記），同治10年撰，「祀田考」）。

91　例如同治二年（1863）蘆竹湳庄張永成等將自置的蘆竹湳庄水田兩段，以價銀180元出典予中港街米商許春記號，當時議定田業交由「銀主前去掌管，起耕別贌，收租納課，……，不拘年限，到仲冬，聽備銀贖回原契字，送還銀主，不得刁難」（《淡新檔案》，22408-20號，同治2年7月）。由此可見，在這種「對佃取租」的「典」地過程中，常是不拘年限的託管。

92　臨時臺灣土地調查局，《大租取調書附屬參考書》（中），頁273-274。

金償還本金利息。當時利息似乎並不低，最高時達30%[93]。

此外，傳統社會資金的融通，也可能透過民間的各種互助會、嘗會、神明會進行。舉例而言，上述南門街鄭永興號，光緒四、五年(1878-79)之間有「父母會一陣」，喪葬之日收銀三十元；又「合夥神明會五陣，每陣存會銀一百元」[94]。又如，光緒十一年(1885)住在新埔街的商人蔡輝合(蔡興隆號？)，經管廣和宮和興嘗的放貸事務，借范東元150元(表6-9)。

(二)以資金預貸方式包買商品

資金預貸制事實上即是清代文獻資料中所謂的「青」。《新竹縣志初稿》記載：

> 所謂「青」者，乃穀未熟而先糶、物未收而先售也；有粟青、糖青、油青之類。先時給銀完價，俟熟，收而還之[95]。

換言之，所謂「青」即是由商人，特別是郊商以粟青(米)、糖青、油青等方式，向農人預付價款，以確保其商品的取得，亦即以資金預貸方式包買商品。

清代竹塹地區除了上述的粟青、糖青以及油青之外，尚有茶青[96]。此外，塹城的魚行也會預貸資金予漁夫，以取得魚貨[97]。

---

93 例如，同治元年(1862)鄭常振(鄭恆升號支房)向林瑞源號收近30%的高利(《淡新檔案》，22603-18號，同治7年9月22日)。又如，同治三年黃德源、郭裕觀向郊商益和號借銀一百元，年利亦高達30%(表6-9)。

94 《淡新檔案》，22604-14、15號。

95 鄭鵬雲、曾逢辰，《新竹縣志初稿》(1897)，文叢61種，頁177。

96 臨時臺灣舊慣調查會，《臺灣私法附錄參考書》，三卷(上)，頁246。

97 〈漁業經濟〉，《臺灣協會會報》，4卷23號(明治33年)，頁443-444。

而這些包買商品的商人除了在地商人之外，茶則有大稻埕郊商
參與[98]，糖甚至有遠從臺南的糖郊商人來到中港、頭份地區定
買[99]。或許，對於非竹塹地區的商人而言，在沒有實際擁有土地
所有權、地主又大多是在地商人或兼營商業的情況之下，透過資
金預貸制向無產小農取得剩餘商品，是他們與在地商人競爭的最
重要管道。

　　總之，商人兼營放貸業，除了尋找剩餘商業資金出路、現金
增值之外，透過胎借或典可以直接獲得部分出口商品，「先典後
買」也可以進一步取得土地所有權，而資金預貸包買制更可以確
保商品的獲得，對於商業營運的本業均有一定助益。另一方面，
雖然經營放貸業，不免有重利剝削之嫌，但是在傳統經濟中，商
人兼營放貸業，對上自殷商、地主，下至升斗小民，扮演著民間
金融借貸與融資金主的角色，也建構出商人的社經網絡。不過，
經營放貸業，並非無往不利，也有被倒賬的風險，光緒十三年
（1887）塹城的吳生，即因債務人郭添福死亡，其子郭錦春不認
賬，而引發一場公堂訴訟[100]。

三、財富的集中化

　　商人透過各種經濟活動、擴張經濟網絡的結果，就是導致財

---

98 清末大稻埕建昌街郊商陳蔭堂即陳濯江，擔任義和洋行買辦容祺
　　年代理，於新竹、大甲等茶山放貸（臨時臺灣舊慣調查會，《臺
　　灣私法附錄參考書》，三卷（上），頁246-247）。

99 光緒六年（1880），竹南一保中港、頭份地區的蔗廍「前臺灣府糖
　　郊緣各糖戶於領本時，議定乾淨白糖」（《淡新檔案》，14102-1
　　之2號）。

100 《淡新檔案》22520-4號，光緒13年11月23日。

富的集中化。而擁有鉅大財富，往往能憑藉經濟優勢，對地域社
會各方面事務產生較大影響力，個人與家族的社會地位也隨之提
高[101]。因此，在傳統社會之中，財富雖然不是社會階層的決定性
標準，卻對不同職業團體，以及相同職業團體中個人的地位，有
某種程度的影響[102]。透過財富多寡的觀察，多少能反映商人在竹
塹地區的經濟實力與地位。

表6-10是日治初期(1900年)新竹州管內資產家的排行表[103]。在
26位資產超過五萬圓的在地資產家中，除了徐景雲以及兩位職業
不詳之外，有23位(89%)是以商業為本業或是兼營商業。其中，
至少有15位(佔58%)是塹城郊商，他們全部都擁有土地，所以兼
具商人與地主的身分[104]。如果以住居地來觀察，除了3位不詳之
外，有6位(佔23%)是來自塹城以外的街庄，有17位(65%)是來自
塹城及其鄰近鄉庄。

由此可見，經過近兩百年的發展，清末竹塹地區的財富主要

---

101 蔡淵絜，〈清代臺灣的望族——新竹北郭園鄭家〉，《第三屆亞
   州族譜學術研討會會議記錄》(臺北：國學文獻館，1987年)，頁
   552-553。
102 瞿同祖，〈中國的階層結構及其意識型態〉，收於段昌國等譯，
   《中國思想與制度論集》(臺北：聯經，1976年9月)，頁287。
103 這份資料顯然漏列竹塹地區重要商人如林恆茂、吳振利家族。這
   些家族因參加抗日行列或是家族成員避居大陸，或是日本殖民地
   統治者有意的疏忽，而未列入，使資料不盡完整，無法真正成為
   日治初期新竹管內所有資產家表，但是仍具參考價值。
104 這些郊商由於身兼地主與商人身分，因此日治時期的調查者誤指
   新竹地區的土著資產家皆為富農，其次是鴉片商與雜貨商，其資
   產僅一萬圓以下(臺灣銀行總務部計算課，《第一次臺灣金融事
   項參考書附錄：臺灣茶業視察復命書》，臺北：臺灣日日新報
   社，明治35年4月，頁245)。

表6-10　明治34年(1900)新竹管內資產家

姓　名	店　號*	住居地*	資產額	說　　明*
鄭如蘭	鄭恆利（鄭勤記）	水田街	五十萬圓	郊商兼地主(鄭用錦派下)
彭殿華	彭裕豐	樹杞林街	二十萬圓	地主兼營商業
李祖訓	李陵茂	米市街	十五萬圓	郊商兼地主
魏泉安**	魏泉安	米市街	十三萬元	郊商兼地主
柯順成**	柯順成	西門口街	十二萬圓	商人兼地主
鄭渠成	?	?	十一萬圓	?
何錦泉**	何錦泉	巡司埔街	十萬圓	郊商兼地主
周春傳	周茶泰	太爺街	十萬圓	郊商兼地主
葉際昌	葉源遠	北門大街	十萬圓	郊商兼地主
杜漢淮	杜玉記	北門大街	十萬圓	郊商兼地主；原居大稻埕，後搬至竹塹
吳希章	吳金興	崙仔庄	十萬圓	郊商兼地主
陳泉源**	陳泉源	太爺街	八萬圓	郊商兼地主，原記方姓，應為陳泉源
王和利**	王和利	太爺街	八萬圓	郊商兼地主
曾如礦	?	?	七萬圓	?可能為郊商兼地主曾昆和、曾瑞吉家
姜紹猷	新義豐	北埔街	七萬圓	地主兼營商業
魏益記**	魏益記	米市街	七萬圓	郊商兼地主，魏泉安家一支
甘惠南	甘永和	員崠子庄	六萬圓	地主兼營商業
曾雲書	?	?	六萬圓	地主？
徐景雲		新庄子庄	六萬圓	地主
林爾楨	振榮號	米市街	六萬圓	郊商兼地主
鄭祉記**	鄭恆利家	水田街	六萬圓	郊商兼地主(鄭恆利一支，用錫派下)
曾德興**	曾德興	北門大街	五萬圓	郊商兼地主
鄭常振**	鄭恆利家	水田街	五萬圓	郊商兼地主
陳朝綱	陳茂源	五份埔庄	五萬圓	地主兼營商業
彭蘭芳		樹杞林街	五萬圓	地主(與彭殿華同家族)
曾義美**	曾義美	樹林頭庄	五萬圓	商人

資料來源：臺灣銀行總務部計算課，《第一次臺灣金融事項參考書附錄：臺灣茶業視察復命書》(臺北：臺灣日日新報社，明治35年4月)，頁245。

註：*店號、住居地以及說明均為本文補註資料；**為店號，原文並未列出所有人。

集中在塹城商人，特別是郊商手中，而這些商人都是閩籍商人，他們大部分也都具有地主的身分。顯然閩籍商人長期以來在竹塹地區的經濟活動上，仍具有舉足輕重的地位。至於內陸鄉街幾個有力的粵籍墾戶，雖然以農墾爲本業，但是大都兼營商業，不但顯現商業經營在竹塹地區的重要性，而且也揭示高度農業商品化的傾向。以北埔姜家爲例，他們所擁有的土地以竹東丘陵爲主，該地區開墾之後盛產蔗糖，邊區的拓墾則有樟腦之利，因此姜家也自己經營蔗糖出口買賣、樟腦搜購販賣生意[105]。商人與地主身分之間的互置、重疊，不但是清代竹塹地區的經濟特色之一，也是清代臺灣常見的現象。

竹塹地區在地商人的經濟實力在全島的地位也不低。明治三十四年（1900），新竹鄭家鄭如蘭（鄭勤記，鄭恆利、鄭永承派下）的財產總值達66萬9000圓，其中土地有五百甲，值52萬1000圓；其他則有14萬8000圓。鄭家的財力，僅次於板橋林家的312萬元、霧峰林家的150萬元，名列全臺第三富戶[106]。新竹鄭家的例子，顯現在長期發展之後，逐漸在地化的商人也可能發展出雄厚的經濟實力。另一方面，清代臺灣在地商人與土地的糾葛極深，投資於土地的總資本也遠超過商業資本，商人身兼地主的性格極爲濃厚。

---

105 參見第四章第一節之討論。

106 〈臺灣的素封家〉，《臺灣協會會報》，38號（明治34年11月），頁361-362。霧峰林家財產的計算是將林烈堂的一百萬圓與林季商的五十萬圓合計。鄭家僅列鄭如蘭，可能該財產最多僅包含四房鄭恆利或鄭永承一系，而未包含長房鄭利源與五房鄭恆升。這些資料似乎也以臺灣中、北部地區爲主，並未包含南部如高雄陳福謙家族。但是，應具有部分參考價值。

　　上述竹塹地區的上層商人的確擁有強大的經濟實力，上層商人之下則是擁有中、下資產的中、下層商人。由於物價水準與經濟發展程度不一，清代竹塹地區不同時期，商人財富層級標準不一。不過，由表6-11，可以概括地推估出一個大約的差鉅。上層商人以郊商最多，通常每年田租在千石至萬石之間，現金萬元至數十萬元；中層商人，以內陸街庄商人最多，田租在千石至百石之間，流動現金在千元以上不及一萬元；下層商人則大部分無田租，或是數十石以內的祖遺資產，流動資金大多是數十元左右，不及一百元。

　　商人的財富實力表現在消費能力與家族排場上。塹城的上層商人，如林恆茂、鄭恆利家、李陵茂家、吳振利都在塹城興蓋園宅或大厝[107]，以展現其雄厚的經濟實力以及象徵與眾不同的社會地位。就上層商人的消費能力與家庭排場，以魏泉安家族而言，光緒年間之家族財產是田租「巨萬石」，家資十餘萬元，光緒五年(1879)魏啓榮去世，喪葬費即高達1865元，其妻魏鄭氏(鄭卿記家)在塹城三年花費2082元，平均年費694元[108]。日治初期，在魏家當差的男女傭工，共有十七人，其中，查某嫺(奴婢)五人、下男(奴僕)三人、雇人五人、乳母兩人，帳房一人以及一位出庄收

107　有關這些宅第的討論，參見：黃朝進《清代竹塹地區的家族與地域社會——以鄭林兩家為中心》，頁28、76；黃蘭翔，〈臺灣都市の文化多重性その歷史の形成過程に關する研究〉(京都：京都大學學位申請論文，1993年12月)，頁75-82。張德南、顏芳姿，〈重建中的北門大街生活史(1906-1912)〉，《竹塹文獻》，創刊號(1996年10月)，43。

108　《淡新檔案》，22608-8號，光緒8年。

表6-11　清代竹塹地區商人的田地資產

店　號	時間	家　產　來　源	田　　　租	店　屋　財　貨	資料來源
林同興（郊商）		渡臺祖林高庇乾隆35年來臺以後所創	以商業積蓄購田園七千餘石		《古賢林姓家乘》6
鄭卿記（郊商）	道光11年	第三代鄭文侯所創	實租27筆，2206.2石；虛租2338.2石		《淡新檔案》17404-68
李陵茂	道光26年	李錫金三兄弟來臺所創產業（白手起家）	共租谷年收2467.7石	現金10500元，大厝三座、店北門街、棧間三間、書房一座	《銀江李氏家乘》鬮分書
吳萬裕	咸豐10年	為吳振利第三世四房	大小租實租780.2石，虛租240石，共1020.2石。稅銀82元	現金5500元以上	《淡新檔案》22705-2鬮分書
杜瑞芳（布郊）	同治4年	渡臺祖杜章玉所創家業（白手起家）		廣置田宅不下數萬金	《淡新檔案》22406鬮分書
周茶泰（郊商）	光緒8年		年收兩千六百餘石價三萬元	貨物及債項值二萬；公店買價六千餘元，財產共值六萬元	《淡新檔案》22609-3
周茶泰（郊商）	光緒16年		道光咸豐置買田業二千餘石，以後再買一千餘石	店屋五座：在太爺街、北門街。財產共值八萬餘元	《淡新檔案》22609-14
魏泉安（郊商）	光緒8年	承父遺下，未曾分產	田租巨萬石	家資十餘萬金	《淡新檔案》22608-6
王和利（郊商）	光緒19年	第一代創始人王登雲所創（白手起家）	田租2500餘石，借銀抵利虛租2500石，共4500石		《淡新檔案》22614
蔡啓記（塹商）	光緒3年	承祖父遺下，同治3年五房均分	參與金惠成墾務	太爺街公店四座；小租90石	《淡新檔案》22703
鄭永興號（塹商）	光緒1年	渡臺祖鄭禮所創	楊梅壢水田大小租24石，新庄仔庄放貸息谷（虛租）12石	店屋三坐，產業店屋價銀五千元	《淡新檔案》22604

租的男丁[109]。

　　總之，就財富而言，不同層級的商人財富水準有顯著的差距。而長期以來，竹塹地區的財富主要集中於塹城郊商身上。這些塹城郊商不但擁有強大的經濟實力，也透過經濟實力發展出與官方、士紳、地主以及底層民眾之間的各種網絡。正因如此，清代地方官府對於塹城郊商的倚重與利用最多最深，塹城郊商的社會責任也最重。

第二節　政治活動與網絡

　　清代官方行政人員配置與管理人口的不成比例，使得國家權力主要控制到縣衙門，而那些繁雜的地方公務往往必須由民間社會來分擔[110]。位於邊陲而由草莽無文的移墾社會轉向文治社會的臺灣，國家權力的影響力更為有限。地方上的各項事務在財力與管理人員皆不足之下，也更需在地的士紳、地主以及商人之參與。商人在移墾社會中的地位，不但比大陸內地來得高[111]，而且也為官府援引，參與各項政治事務。清代竹塹地區的商人亦是如此，特別是竹塹城自雍正九年（1731）以來先後是淡水廳（1731-1875）、新竹縣（1875-1895）的縣治所在，由於地緣關係，竹塹城擁有強大經濟實力的商人與地方官府的關係不但相當密切，也必

109　張德南、顏芳姿，〈重建中的北門大街生活史（1906-1912）〉，頁81。

110　Franz Michael著，林滿紅譯，〈十九世紀中國的國家與社會〉，《食貨》，3卷6期（1973年9月），頁36-37。

111　蔡淵洯，〈清代臺灣社會領導階層的組成〉，《史聯雜誌》2期（1983年），頁26-27。

須承擔地方上大大小小的事務。另一方面,隨著土地拓墾行動的
展開,內陸市街新興的商人在地方各項行政事務上,也扮演著一
定的角色。

如前所述,商人並非指一個單一的個體,而是一個家族成員
集體的結合,家族成員的分工促使一個商人家族具有多重身分。
而在地方政治活動上,最明顯的是商人在經商有成之後,取得士
紳的頭銜,亦即展現商人士紳化現象。其次,除了實際任官之
外,無論是以商人的身分或是士紳的身分,他們與官方的關係均
相當密切,商人與官方互動與互利關係也是他們在政治舞臺上特
色之一。再者,商人對於地方行政事務往往也扮演著決策與實行
的角色。本節即由商人的士紳化、官商的關係以及商人對於街庄
自治事務的參與,來觀察竹塹地區商人透過各種政治活動所展現
的政治網絡。

一、商人的士紳化

商人士紳化事實上是一種身分轉換的過程,亦即由以商業營
生為主的商人,逐漸透過科舉正途與捐納、軍功等異途,取得士
紳的身分,甚至獲得任官機會,進入官僚階層[112]。這種士紳化的
過程,並非是個別商人絕對轉換成士紳身分,而放棄原來商人的
身分,而是以一個家庭甚至家族為單位,採取分工的策略,部分
成員繼續經營商業活動,部分成員致力於科考,或是經商有成的

---

112 實際任官,由於清代「迴避制度」使然,對於竹塹地區較少積極
的影響,然而一旦其致仕返鄉定居,這些宦紳即對地域社會發揮
影響力。

富商透過捐納、軍功取得學銜或職銜，而躋身士紳階層[113]。

　　自明清以降，社會價值系統雖然已逐漸改變，商人的地位有顯著提高，甚至出現不少「棄儒習賈」的例子[114]，然而商人階層的社會評價與實際地位仍不一致，遠不如士紳[115]。加上，擁有士紳階層的身分，不但在社會上擁有崇高地位，在法律上、經濟上享有種種特權，也與地方官府建立良好的關係[116]，有助於保障家族財富，增進商業營運的便利，因此大多數經商有成的商人仍亟思取得士紳身分。移墾社會的臺灣亦然，在移墾初期，移民固然汲汲營營於土地拓墾或是商業貿易等經濟性活動，然而一旦創業有成，或是透過捐納，或是栽培子弟致力於科舉考試以晉身士紳階層，仍是明顯傾向[117]。舉例而言，新埔街蔡合珍號創業主蔡景熙，自己不但以捐納或是軍功的方式取得職員銜，更告誡子孫：子孫有能力讀書者，必須延請塾師教讀，以能通文藝、知禮

113　黃克武，〈清季重商思想與商紳階層的興起〉，《思與言》，21卷5期（1984年1月），頁486。

114　余英時，《中國近世宗教倫理與商人精神》，頁112-113。

115　黃克武，〈清季重商思想與商紳階層的興起〉，頁486。

116　蔡淵洯，〈清代臺灣的望族——新竹北郭園鄭家〉，頁551。有關士紳（或稱紳士）所享有的特權，張仲禮曾指出以下幾項：1.受地方官吏所倚重，可以自由見官，毋須行跪禮；2.有特殊稱呼、飾物、頂戴以及服裝；3.常被推舉為各種禮儀、節慶的主持者；4.具有免受平民冒犯、遣抱告、平民不得要求士紳作證以及有功名者不能隨便被刑的法律特權；5.官方特別規定其賦稅與傜役，豁免人頭稅與勞役，免納一定限額以下的田賦（後來只能免丁稅），可以拖欠稅賦……。（張仲禮著，李榮昌譯，《中國紳士——關於其在十九世紀中國社會中作用的研究》，上海：上海社會科學出版社，1992年，頁30-39）

117　蔡淵洯，〈清代臺灣社會上升流動的兩個個案〉，《臺灣風物》，30卷2期（1980年），頁25。

法；子孫魯鈍者，則勸導他們耕商爲業，以免放蕩嬉游，沾染惡習[118]。商人家族對於科考的重視，除了常見的設私塾教導子弟以及科考時的各項津貼之外[119]，同治年間，中港米商許春記號，更於二灣創置書田，以作爲「子孫上進之資」[120]。

竹塹地區商人既然有士紳化的傾向，那麼他們士紳化的比重與趨勢究竟如何?何時開始？以何種方式取得士紳的身分最多？就商人本身而言，城市商人與街庄的商人是否有所差異？這些問題都是本節論述的重點。

一般取得士紳身分的方式分成正途與異途兩種。所謂「正途」是指經過科舉考試而成爲士紳，共分成進士、舉人、貢生以及生員等四種等級；「異途」則是透過捐納或軍功方式成爲士紳。捐納係指經由捐貲納粟而得到實職或虛銜，又分成捐監生、例貢生等科舉學銜，以及報捐任官資格兩種。軍功則指幫助政府平亂或禦敵有功，經地方官報請朝廷加以獎賞者[121]。

通常正途出身的士紳，教育水準與社會地位往往比異途出身

---

118 臺灣慣習研究會原著，劉寧顏等譯，《臺灣慣習紀事》，二卷（下），頁70-71。

119 李陵茂家即是一個最明顯的例子。道光二十六年(1846)，李家在店屋後面已有「書房一座」，是始創業的李錫金所置，並「延師課讀，俾爾曹及諸姪輩讀書成名，克振家聲」。此外，在道光二十六年的分家鬮書中，也明定會試以下每科鄉試公費支銀自三百元至八十元不等，取中者又另外加銀(〈三房金記鬮書公簿〉，〈捌房總共鬮書合的約簿〉，《銀江李氏家乘》)。由此可見，李陵茂家對於子孫科考之重視。再者，延師課讀與科舉考試之費用都是由家族來公費負擔，顯見士紳與其家族之不可分離。

120 《淡新檔案》，22405-19號，同治9年4月23日。

121 張仲禮著，李榮昌譯，《中國紳士》，頁1；黃朝進，《清代竹塹地區的家族與地域社會》，頁131；蔡淵絜，〈清代臺灣社會上升流動的兩個個案〉，頁30。

的士紳來得高[122]。特別是，功名較高的進士、舉人、貢生以及擁有官職的士紳，稱爲上層士紳[123]。在清代方志中，對於上層士紳的記載也最爲詳細。因此，首先就清末先後完成的《新竹縣采訪冊》與《新竹縣志初稿》中，有關上層科舉功名的記載作一分析，以便觀察竹塹地區商人士紳化的比重。

表6-12　清代竹塹地區貢生、舉人及進士等文科上層科舉功名

層級	乾隆年間	嘉慶年間	道光年間	咸豐年間	同治年間	光緒年間	不詳	總計	塹城郊商	鄉街舖戶
進士			2(1)			1	1	4	1	0
舉人	1	1(1)*	6(2)	3	5(2)	3(1)		19	6	0
恩貢生	1	1	2(1)	2	2(2)	3(2)	1	12	5	0
歲貢生			2		3(1)	7(5)	5	17	6	0
總計(%)		2(1)	12(4)(33%)		10(5)(50%)	14(8)(57%)		52	18	0

資料來源：《新竹縣采訪冊》，頁258-264；《新竹縣志初稿》，頁158-165。

註：( )代表商人家族出身者數量。

由表6-12可見，自乾隆五十年代以降，竹塹地區已出現上層士紳，而至光緒二十一年(1895)之間，共出現文武進士、舉人以及貢生67人[124]。先就文科而言，共有52人取得功名，其中至少有18位(佔35%)爲商人家庭出身。他們主要來自鄭恆利、李陵茂、郭

122 張仲禮著，李榮昌譯，《中國紳士》，頁1。
123 同上註，頁5。
124 這個數字基本上已扣除三種科舉功名重覆者，而以最高功名作為統計依據。例如鄭用錫嘉慶二十三年(1818)中舉，道光三年(1823)中進士，則僅統計進士這一次。以下的計算皆如此。

怡齋、吳振利、林同興、翁貞記、鄭同利、鄭卿記以及鄭和昌等
郊商家族。就時間分布而言，自嘉慶末年以降，郊商家族成員取
得上層科舉功名傾向逐漸顯著，道光至光緒年間有逐漸遞升之趨
勢。特別是貢生銜方面，在總數10位貢生中，有7位（佔70%）來自
郊商家族。其次，以地域分布情形來看，有45位已知其居住地，
其中，住竹塹城內 [125] 有35位，佔78%；城外的有10位，佔22%。
城內的士紳大多數是閩籍，城外則以粵籍為主，因此在閩、粵籍
比例上也有同樣的結果，粵籍士紳佔22%，閩籍則佔78%。

　　就武科上層學銜來看，清代竹塹地區共出現8位武科上層士
紳。其中，有4位（佔50%）是商人家族出身，仍以塹城郊商家族為
主，主要來自吳振利與鄭卿記兩家。不過，值得注意的是這些武
科學銜的取得，主要是在道光年間及其以前。

　　由以上數字顯現幾點意義：1.清代竹塹地區商人所佔的上層
士紳比例至少在三分之一以上，商紳的比重顯然不小 [126]，而且
主要來自幾個郊商家族。2.竹塹地區商人士紳化傾向，自嘉慶年
間發軔，同、光年間達於巔峰。這種趨勢與土地的拓墾、在地商
人的逐漸居於優勢地位是並行的。清中葉，竹塹地區自平原至內
陸地區的拓墾行動已大致完成，移民聚居日多，財富亦隨著對外
貿易的發達日益增加。竹塹幾個以商業起家、逐漸在地化的家
族，如林恆茂、鄭恆利、吳振利、李陵茂……等也漸嶄露頭角。

---

125 竹塹城內包括其鄰近的水田庄、苦苓腳庄、湳雅庄。因為住在這
　　些地方的士紳如林鵬霄、吳士敬、鄭程材等，事實上均來自郊商
　　家族，他們不但主要在塹城活動，而且在塹城大多有郊舖存在。

126 商紳是指商人出身的士紳。李國祁也曾指出清代臺灣商紳比重較
　　內地各省大（李國祁，〈清代臺灣社會的轉型〉，《中華學
　　報》，5卷3期，1978年，頁231）。

這些商人家族在經商有成之際，紛紛設私塾、延聘儒者教育子孫，積極求取功名。另一方面，竹塹地區的發展，也促使官方於嘉慶二十二年(1817)正式於竹塹城設立淡水廳儒學，竹塹地區文教逐漸興盛[127]。道光三年(1823)「開臺黃甲」鄭用錫即來自新竹鄭恆利家[128]。其後，隨著學額的不斷增加，商人家族成員取中科考的比例也大為提高。3.上層士紳主要集中於竹塹城，大部分為閩人；至於內陸街庄則僅佔少數，這些內陸街庄的上層士紳主要來自粵籍的地主家庭。4.竹塹地區武科上層功名的取得，雖然郊商佔大半，但主要在清中葉以前。顯然早期來塹的商人，在創業維艱、文教不興之下，又面臨邊區開墾之需要，難免具有武力豪強傾向，取得武科功名也較多。

　　除了整體觀察商人所佔科舉功名比重與趨勢之外，商人取得功名方式與分布等內部分析也是相當重要的。就現有文獻資料中，至少可以重建38位商人家族的士紳成員資料(表6-13)[129]，其

127　淡水廳雖然於雍正九年(1731)正式設治，但是初時由於文教不盛，未設專學，學額附入彰化縣學內(蔡淵絜，〈清代臺灣社會領導階層性質之轉變〉，《史聯雜誌》3期，1983年，頁43、54)。

128　所謂「開臺黃甲」是指首先利用臺灣保障名額考中的進士(尹章義，《臺灣開發史研究》，臺北：聯經，1979年，頁572)。

129　這個資料的重建，是以家族為單位，對於那些族大支繁的家族，也以始創家號與商號為依據，其他支房一概併入計算，如鄭恆利包含鄭吉利、鄭利源、鄭恆升以及他支房系。事實上在族譜之中，他們都是相互視為一體的。其次，這種重建，有部分家族因有族譜為憑，因此能完全重建其士紳成員人數。由竹塹地區來看，士紳化越徹底的家族，越有可能出現完整的族譜，如鄭恆利、郭怡齋、李陵茂、鄭卿記以及吳振利。但是大多數家族卻缺乏族譜，或是只有簡略家譜，因此只能透過其他資料部分重建。因此，在計量上，除了上述具有完整的族譜的家族之外，數字僅具有參考價值，也亟待新資料的進一步補強。

表6-13　清代竹塹地區商人家族之功名

店號	商人類型	正途出身	異途出身*	總計
王義記	舖戶	生員1		1
王和利	郊商	生員2	捐納1，軍功1	4
李陵茂	郊商	舉人2，貢生4，生員5	捐納12	23
何錦泉	郊商	生員1	捐納2	3
吳振利	郊商	進士1，舉人3，生員16	捐納15，軍功1	17
吳金興	郊商	生員3		3
吳鑾鎰	郊商		捐納並軍功1	1
周茶泰	郊商	生員1	捐納1	2
林恆茂	郊商	生員6	捐納1	7
林同興	郊商	貢生1，生員1	軍功1	3
林瑞源	塹城舖戶	生員1		1
高恆升	郊商	生員1	捐納1	2
金德美	郊商	生員1	捐納2，軍功1	4
恆吉號	郊商	生員1		1
恆隆號	郊商		軍功1	1
章波記	塹城舖戶		捐納1	1
翁貞記	郊商	貢生1	捐納2，軍功2	5
曾益吉	郊商		軍功1	1
扶生號	郊商		捐納1	1
陳和興	郊商		捐納1	1
陳協豐	郊商	生員3		3
陳泉源	郊商	生員4	捐納1	5
黃珍香	郊商	武職2，生員1	捐納2	5
郭怡齋	郊商	舉人1，貢生1，生員8		10
葉源遠	郊商	生員7	捐納1	8
鄭恆利	郊商	進士1，舉人1，貢生6，生員14	捐納33，軍功17	72

表6-13　清代竹塹地區商人家族之功名（續）

店號	商人類型	正途出身	異途出身*	總計
鄭同利	郊商	貢生1，生員1	捐納1	3
鄭卿記	郊商	舉人2，生員6	捐納6	14
鄭和昌	塹城舖戶或郊商	貢生1，生員2		3
魏泉安	郊商	生員1	捐納1	2
蔡啓記	塹城舖戶		捐納1	1
彭裕豐	樹杞林地主、舖戶		捐納5，軍功1	6
甘永和	員崠子舖戶		捐納3	3
蔡興隆	新埔街舖戶		軍功1	1
潘金和	新埔街舖戶		軍功1	1
何源泰	紅毛港舖戶	生員1		1
新義豐	北埔地主、舖戶	生員1	捐納6，軍功2	9
？	月眉舖戶（陳拔運）		捐納2	2

資料來源：以林玉茹，〈清代竹塹地區的在地商人及其活動網絡〉，附
　　　　　表8-1、8-2作成。
註：*異途出身人數扣除具有科舉功名者。

中，有26戶是郊商，12戶爲塹城或是街庄舖戶[130]。以下作進一步
的分析比較。

1.就商人取得士紳身分途徑來比較[131]：同時以正途與異途方

---

[130] 資料又分成正途與異途兩表，見林玉茹，〈清代竹塹地區的在地
商人及其活動網絡〉，附表8-1與附表8-2。

[131] 以個人計算爲單位時，仍可能產生同時具有正途學銜與異途捐
銜、贈銜的現象，例如林汝梅曾參加科舉考試，獲得生員學銜，
其後林汝梅也因多次軍功或捐款，最高獲得道銜（附表8-1）。爲
了避免以個人多次計算，因此以正途爲主、異途爲輔。例如，林
汝梅以正途出身計算。

式成爲士紳的家族有20戶，佔53%。僅以正途或是異途方式者有
18戶，佔47%，其中，單以正途方式有6戶，異途方式有12戶。以
正途與異途兩種方式比較，正途出身有26戶，異途出身則稍高，
有31戶。在31戶具有異途功名的家族中，同時採用捐納與軍功的
有9位，單獨採用捐納方式的有16位(52%)，採軍功方式的有5
位。

　　顯然，竹塹地區的商人有一半以上，採取正途與異途並進的
方式取得士紳身分。整體而言，商人具有異途功名則比具有科舉
功名來得多。而在異途方面，商人大多採用捐納方式取得身分。
以吳振利家爲例，家族成員中有16位具有異途功名，其中以捐納
方式取得者，有15位[132]，高達94%。其次，這些商人所取得的正
途功名主要是位居下層學銜的生員[133]，因此清代竹塹地區的商紳
仍以下層士紳居多。

　　2.就城市商人與內陸街庄商人來比較：由表6-13可見，塹城
郊商同時擁有正途與異途功名者，顯然高過於內陸街庄的商人。
塹城郊商中，家族成員有十位以上具有士紳身分的至少有6戶。其
中，鄭恆利、吳振利、李陵茂等家族成員中，擁有士紳身分者更
在二十人以上，是士紳化最徹底的商人世家。反觀內陸鄉街以北
埔姜家與樹杞林彭家最多家族成員擁有功名與職銜，然而均不足
十位。其次，內陸鄉街主要以捐納和軍功等異途方式取得士紳身

---

132 蔡淵絜，〈清代臺灣社會上升流動的兩個個案〉，頁31。
133 所謂「下層學銜」即指貢生以下的生員，亦即在州(縣)學或府學
　　裡的學生，包括廩生、增生、附生等(張仲禮著，李榮昌譯，
　　《中國紳士——關於其在十九世紀中國社會中作用的研究》，頁
　　2)。

分，而且捐納仍佔多數[134]。正途方式則以武科生員爲主，例如姜家的兩位生員均是武生員[135]。

　　相較之下，無論是士紳化的質或量，上層士紳皆以塹城郊商爲主，內陸鄉街商人則幾乎都是下層士紳，郊商士紳化傾向遠高於內陸鄉街商人。郊商與內陸街庄舖戶取向的不同，自然與其所面臨的環境與文教設施有關。內陸街庄不但文教設施相對較少，以土地拓墾爲優先的草莽氣息更使他們傾向武質化，大多以捐納和軍功方式取得士紳身分，對於科舉考試則缺乏積極意願。

　　3.就時間演變情形來看：在20位郊商家族中，雖然乾隆末年，已有郊商家族取得正途士紳資格，如吳振利號，但僅是鳳毛麟角，微不足道。嘉慶、道光年間，已有近30%的郊商家族成員獲得科舉功名，而在同治、光緒年間才取得正途士紳資格的家族則高達60%[136]。由此可見，清中葉以降是郊商家族士紳化的發軔期，清末則是郊商家族士紳化的巔峰期。至於內陸街庄商人則似乎略晚，大概自道光初年起始，然仍以武生員爲主，同治、光緒年間始出現文生員。

　　以異途取得功名而言[137]，自從捐納制度在嘉慶初年成爲定制

---

134 由附表1可見，在內陸鄉街具有士紳身分者都是捐納得來的監生與例貢生銜。

135 林玉茹，〈清代竹塹地區的在地商人及其活動網絡〉，附表8-1。

136 在20位其家族成員獲得正途士紳身分的20位郊商中，乾隆年間1戶（5%），嘉慶年間3戶（15%），道光年間3戶（15%），咸豐年間1戶（5%），同治年間5戶（25%），光緒年間7戶（35%）。大致上呈遞增趨勢（資料來源：林玉茹，〈清代竹塹地區的在地商人及其活動網絡〉，附表8-1、8-2）。

137 商人以捐納異途方式晉身士紳階層在時間上的變化，由於大多數的資料並不記載捐納時間，而很難量化，只能推測出一個大概趨勢。

之後[138]，嘉慶年間逐漸崛起的郊商已有能力出資捐納監生、例貢生等學銜。以嘉慶十一年(1806)始成立郊舖的李陵茂號為例，兼具渡臺祖與創業者身分的李錫金，不但於道光十二年(1832)報捐國學生，道光末年以降也紛紛為未取得正途功名的諸子，捐納異途功名。其家族公款中並特別抽出捐納貢銀，以作為捐納之資[139]。由此可見，自嘉慶年間以降直至清末，竹塹商人捐納之風氣極為普遍。

　　4.就個別家族本身士紳化程度來看：在22戶取得士紳身分的郊商家族成員世代之中，大多數是由渡臺第二世、第三世代之後取得，特別是正途科舉功名更是如此。至於第一代即取得士紳身分的家族，大多數是經商創業有成，再以捐納或軍功方式取得士紳頭銜，例如李陵茂號的李錫金、王和利的王登雲[140]。其次，除了少數例外，在同一個家族中，以異途取得功名和以正途取得者，少有重覆。換言之，這些商人家族所採用的策略似乎是盡量減少資源浪費，讓家族中有更多的成員獲得士紳身分，以增進家族的士紳化色彩；另一方面越多人具有士紳身分，自然更有利於家族各項產業的經營。

　　整體而言，清代竹塹地區取得士紳身分的商人家族，實際出

138　捐納制度的進行最初是斷斷續續的，直至嘉慶五年(1800)始成為重要制度(張仲禮著，李榮昌譯，《中國紳士》，頁137)。

139　〈三房金記鬮書公簿〉，《銀江李氏家乘》。

140　在22位其家族世代的郊商中，第一世取得士紳身分者有2戶(9%)，第二世有5戶(23%)，第三世有10戶(45%)，第四世2戶(9%)，第五世3戶(14%)。顯然大多數的郊商家族，大多在二、三世取得士紳身分，這也反映郊商一旦經商有成即栽培子弟讀書，求取功名，或是以家族的財力捐官。

外任官者並不多，而所擔任的官職也以學職如訓導、教諭等職最多。除了鄭恆利等少數幾個家族之外，很少有位居顯赫高官的商紳家族。因此，具有士紳身分，特別有上層士紳身分的家族，顯然在地域社會中的地位較高。不過，林恆茂家族自林紹賢、林占梅至林汝梅在竹塹地區的活躍，官方與民眾對他們倚重之深，卻揭示：只要具有強大經濟實力，即使該家族僅獲得下層學銜的正途功名，並且以異途為晉身士紳階層的主要途徑，仍有能力滲透到上層士紳集團，並取得睥睨群雄的地方領袖地位之機會[141]。顯然，經濟實力往往比士紳頭銜來得重要。

其次，家族成員中有人致力於科舉應考，或是以捐納、軍功方式取得頭銜，均是財富的象徵與表現。因此，清代竹塹地區的士紳階層也主要來自商人或地主家庭。部分商人家庭，事實上是以商號為家族成員捐納[142]。而那些擁有學銜或官銜的士紳，如果沒有強大的經濟實力作為後盾，在地域社會中很難發揮具體影響力。清代竹塹地區五十幾位上層士紳中，只有幾個有力郊商家族出身的士紳，最受官方倚重，在社會上也最孚眾望。

商人或其家族成員取得士紳身分，不但提升家族的社會地位，而且可以透過士紳身分享有各種特權，商業經營更加如虎添翼，也更具有優勢的競爭力。商人士紳化的進行，是其由單純的

---

141 林恆茂家與鄭恆利家，並列為清代竹塹地區兩大望族。有關其家族的發展，參閱：黃朝進，《清代竹塹地區的家族與地域社會——以鄭林兩家為中心》，頁13-49。

142 例如光緒十二年(1886)，鄭恆升（鄭用鑑派下商號與公號）以捐戶名義稟請補發捐單四紙，銀九百元。官方核發捐單亦載「光緒十一年八月二十二日給捐戶鄭恒升，縣字第一百三十一號印單，計銀五十元……」(《淡新檔案》，12103-1、2、3號)。

商人家族晉身為地方望族的關鍵。而自嘉慶末葉以降，竹塹地區
具有士紳身分的郊商家族逐漸嶄露頭角，清末已由單純的商人家
族，轉換成商人、士紳以及地主等三位一體，稱雄一方的地方望
族。這些家族成員對外扮演著或是士紳、或是地主的角色，參與
地域社會的各項活動，而骨子裡卻是出身自商人家庭。家族龐大
的經濟實力才是他們參與地方活動的動力，這些成員往往也成為
官方眼中道道地地的紳商階層。因此，士紳化的商人不但與地方
官府關係越來越密切，與官方的利益也越趨於一致。而透過士紳
身分的外衣，更使這些家族得以擴展純粹商人身分無法形成的政
治與社會網絡，以下將作更深入的說明。

二、官商的互動與互利

在地商人在地域社會中的政治活動，除了透過正途與異途取
得的士紳身分之外，更表現在其與官方，特別是地方官府之間的
互動上。由於縣衙門財力與人力有限，官府往往轉嫁不少公共事
務於商人及其家族成員身上，尤其是塹城那些具有士紳身分的紳
商望族。這些公共事務可以分由政治面與經濟面來說明 143。

---

143 以行政和經濟事務來劃分，或許並不太妥當，有些活動可能兼具
兩種性質，或者不易分類。然而為了更有條理地爬梳這些繁複的
資料，只有予以簡單的劃分。其次，這些活動主要是來自於官方
的委任、勸導商人或其家族成員而進行的。再者，誠如前述，有
些參與者，表面上是士紳，事實上活動的財力來自於背後支撐他
的商人家族，因此視為紳商可能較為妥當。清末不少捐題中，這
些人也被視為「紳商」，甚至有「紳郊」出現（《新竹縣制度考》
〔1895〕，頁22；陳朝龍、鄭鵬雲，《新竹縣采訪冊》〔1894〕，頁
203）。

（一）行政事務的參與

商人因官方之委任或勸導而參與的行政事務相當繁雜，主要有保結、平亂與禦敵、公共工程等項。

1.保結

保結是清代官方對於商人，特別是城市商人的常態性統制手段之一。保結的觀念幾乎存在生活的每一個層面，參加科舉考試、借貸、買地⋯⋯，都需要某些身分的人或是店舖作保[144]。地方官府更是充分地利用保結來控制商人。

官方對於在塹城審訊的各種訟案當事人，包括原告、被告以及證人，通常都是委交塹城舖戶具領候訊[145]，或是保外就醫[146]，或是訊畢領回管教安業[147]。在《淡新檔案》中，有關這方面的保結具領事例，不勝枚舉，而負責具領與具保者[148]，除了少數例外，幾乎都是塹城商人。

---

144 楊聯陞，〈傳統中國政府對城市商人的統制〉，收於段昌國等譯，《中國思想與制度論集》（臺北：聯經，1976年9月），頁381。

145 例如，光緒七年(1881)，《淡新檔案》32205-7號：「塹城舖戶恆春號今當大老爺臺前領得梁懿德、梁阿魁二名在城候訊，不敢遠離，如有遠離，惟春是問，合具領狀是實。」

146 例如，光緒十五年(1889)，《淡新檔案》34408-30號：「塹城舖戶源發號，今當大老爺臺前，領得楊義一名，在外醫治，隨喚隨到，不敢遠離等情，如有此情倘敢不到，惟發是問，合具領狀是實。」

147 例如，光緒八年(1882)，《淡新檔案》33319-52號：「舖戶鄭恒升、陳振合具狀保領田成業回家。」

148 就司法案件而言，「保」與「領」差異並不大，而且常合稱「保領」。例如，光緒十一年(1885)塹城舖戶曾銅，即具「保領狀」，領得林燕回家，守分安業，不敢生端（《淡新檔案》，33505-64號）。

　　另一種常見的保結，是對於官方委任的街庄自治人員（包括鄉長、保長、總理、總事、庄正）[149]、稅務與稽查人員（口書、澳甲、櫃書）[150]、官方僱用的匠首（軍工匠首、灰匠首、泥匠首、夫首、銀匠首、木匠首……）[151]、承包各項專賣事業人員（如鹽務）具保結。

　　這些參與保結的商人，上自在地方上有權有勢的林恆茂、鄭恆利、何錦泉等上層商人，下至一般的舖戶，均不能倖免。特別是訟案的保領人常常委託塹城舖戶擔任。或許在不成文的規定中，塹城舖戶是按順序義務具保各件訟案的當事人。不過，大多數的例子顯現：被保人與具保人大多有一定的關係。例如，光緒七年（1881），新埔街民吳清誣告新埔街舖戶監生劉其淵開賭場，在訟案水落石出之後，誣告者吳清是由他在北門街開設　舖的表親張順福領回管教[152]。又如光緒八年（1882），新埔街商人翁東友至基隆廳保領逃妻，以「伊在新埔地方生理，須赴該處，方有熟悉店舖保認」，而向基隆廳請求回新埔街找商家具保[153]。

　　至於對那些承擔各種官給任務人員的保結，則充分顯現商人的社會網絡。被保結者與具保商人之間的關係，可能是親戚、商

149　總理、保長等都是鄉治組織的成員。這些人被舉充時的保結形式，參見戴炎輝，《清代臺灣的鄉治》（臺北：聯經，1979年）一書，第一編第二章。

150　有關口書與保甲的保結人分析，參見：林玉茹，〈清末新竹縣文口的經營──一個港口管理活動中人際脈絡的探討〉，《臺灣風物》，45卷1期（1995年3月），頁77-78。

151　例如光緒九年（1883）郊舖高恆升保結吳德承充銀匠首（《淡新檔案》，11210-2號）。

152　《淡新檔案》，35506-21號，光緒7年7月21日。

153　《淡新檔案》，11707-2號。

業上有往來的顧客，或是基於同鄉、同宗、近鄰、租佃等關係的擔保。例如光緒九年（1883），塹城郊商吳振利號即以芝芭里庄業戶的身分，保結金萬益承充許厝港澳甲一職[154]。這些商人以業戶身分對於自己墾區內或居住地鄉職人員之具保，事實上具有監控與推舉性質。推選和自己有關係的人去承充各項與地方發展息息相關的各種鄉職，對於保結者而言，一方面是對於地方公務的關懷與積極干預；另一方面奠定被保人與具保人雙方良好關係的基礎，具保人在相關事務的活動，也將比其他人獲得更多的通融與方便。而在相關的經濟事務上，這些被保者與具保者之間，是一種商業利益關係的互惠與互保。例如，在文口徵收船隻出口稅的口書，向官府承充口務時，往往必須有保人具保。而這些保結者身分主要是郊商、舖戶以及業戶，但仍以與口書有商務往來的郊商、舖戶最多[155]。

不過，對具保的商人而言，保結有負連帶責任的風險，特別是對課稅人員之具保。例如口書必須按時向縣衙門繳交包收的口費，一旦因故延欠，即由保結者代為賠繳[156]。又如原在衙門口開設協源號生理的林獅，咸豐十一年（1861）保領鄧家誣控命案事主林夢蓮在城候訊，結果因為林夢蓮越獄脫逃，導致林獅被「拏押重責封店」[157]。

2.平亂、禦敵及維護治安

清代駐臺兵力相當薄弱，一旦地方有事，除了依賴中央調兵

154　《淡新檔案》，12404-43號，光緒9年12月11日。
155　林玉茹，〈清末新竹縣文口的經營〉，頁77。
156　同上註。
157　《淡新檔案》，23308-1號，光緒7年10月23日。

遣將來臺救援之外，也需要借助於民間的自力救濟。這些被官方與民眾所委任的擔綱者，常常是兼具經濟實力與士紳身分的紳商望族。由表6-14可見，諸如分類械鬥、民變、外患，地方上的有力家族都由家族中聲望最隆、活動力最強的成員參與募勇赴援、協辦團練以及籌措軍餉等任務。這些與官方合作維護治安、平定變亂的家族，通常是當時竹塹地區的名望世家。根據表6-14，清代竹塹地區自清中葉以降直至清末，除了北埔姜家、頭份的黃南球等少數家族之外，地方重要大事的領導者主要由塹城財勢兼具的郊商家族所擔任，諸如林恆茂、鄭恆利、郭怡齋、李陵茂、吳振利、鄭卿記、王和利、翁貞記、高恆升等。自嘉慶年間以降，這些郊商陸續興起，除了經商謀利、大量購買土地之外，對於地方大小事務的介入也越來越深，特別是林恆茂與鄭恆利兩個家族，他們與官方一直有相當密切的合作關係。自道光年間以降，他們所負擔的責任與活動的範圍已是跨地域的[158]，並逐漸成為竹塹地區的兩大望族，直至清末仍屹立不倒。

　　整體而言，領導地方民眾參與每一次禦敵平亂活動者，都出身上層紳商家族。雖然每次的活動，都可能造成家族財產的嚴重失血[159]，但是這些紳商家族也因為對於清廷的極力擁戴、效忠，與官府的高度配合，而獲得軍功的褒獎和加銜，乃累積更高的社會聲望，建立地方領袖之地位。另一方面，為了籠絡這些紳商

158　例如，道光十三年(1833)，林祥麟(林恆茂)捐銀一萬五千圓賑濟嘉義地區張丙案受難災民(《軍機檔》，066488號，道光13年2月24日)。

159　同治元年(1872)，戴潮春之亂，林占梅即號稱「毀家紓難」，參與平亂，前後支出數十萬金，「產幾破」(黃朝進，《清代竹塹地區的家族與地域社會──以鄭林兩家為中心》，頁40)。

表6-14　清代竹塹地區郊商家族成員參與之行政事務活動

時　　間	參與行號或家族成員	事　　　　　蹟	資　料　來　源
道光6年	郭成金(郭怡齋)、鄭用錫、用鑑(鄭恆利)、鄭廷珪(鄭和昌)、吳國步(吳振利)、林紹賢(林恆茂)、羅秀麗、吳國治(吳左記)、曾青華(曾益吉)、逢泰、泉美、泉源泰、振吉、寧勝、瑞吉、寧茂、瑞芳、裕順、金吉、益三、德吉、隆源、湧源、集源、長盈、福泰、泉吉(陳維藻、林平侯…)	稟請建淡水廳城	《淡水廳築城案卷》1-3
道光6年	吳左記、陳振記、吳文銳(吳金興)、鄭廷珪(鄭和昌)、林祥麟(恆茂)、羅秀麗(羅德春)、曾青華…	捐建淡水廳城垣	《淡水廳築城案卷》95-114
道光7年	林平侯、鄭用錫、林紹賢、吳振利	淡水廳城城工總理出納	《淡水廳築城案卷》31
道光13年	林祥雲(林恆茂)	奉母命捐輸洋銀一萬五千圓，撫恤張丙案受累難民歸庄安業	《軍機檔》066488號
道光22年	鄭用錫(進士，鄭恆利)、林祥雲(林恆茂)、姜殿邦(新義豐號)、漁船戶蔡梓	洋船擾大安口，募勇赴援	姚瑩，《東溟奏稿》140-141
道光22年	鄭用錫(鄭恆利)	獲土地功港草鳥洋匪	《淡水廳志》270
道光24年	林占梅	募勇扼守大甲溪，阻絕分類嘉義、彰化分類械鬥之蔓延	《臺灣通史》902
咸豐3年	林占梅(林恆茂)	南部林供事件，奉旨同臺灣道辦理全臺團練，捐米三千石	同上，904
咸豐4年	鄭用錫	在籍協辦團練，勸捐津米	同上，270

表6-14　清代竹塹地區郊商家族成員參與之行政事務活動（續）

時　間	參與行號或家族成員	事　　蹟	資料來源
咸豐4年	李錫金（李陵茂）、鄭用錫	艋舺分類械鬥，勢將蔓延竹塹，聯絡諸紳。又逢歲歉平糶捐恤	《銀江李氏家乘》
咸豐4年	林占梅	艇匪黃位流竄竹塹，率勇防堵中港、香山	《潛園琴餘草》63-64
咸豐6年	鄭用錫、李聯春（李陵茂）	捐輸運津米石	《清宮月摺檔》
同治2年	花翎鹽運使銜浙江候補道林占梅、汝梅（林恆茂）、翁林萃（翁貞記）、如坤、如穀、如□、如鑄、瞻南、紀南、宅南、（鄭恆利）、李聯芳（李陵茂）、光祿寺署正銜何祥瑞（何錦泉）、生員郭襄錦（郭怡齋）、例貢鄭時霖（鄭和昌）、吳際清、王春塘（王義記）、鄭秉經、鄭希康（鄭卿記）、王登雲（王和利）、陳邦彥（陳泉源）、吳士敬（吳振利）、高廷琛（高恆升）、章如波、章傳坤、鄭如梁、姜殿邦（新義豐）	帶團練同官軍於戴潮春之亂，克復大甲土城	《清宮月摺檔》554、772-776；《治臺必告錄》430
同治5年	翁林英（翁貞記）	剿辦戴亂逆首呂梓	《治臺必告錄》521
同治10年	李聯英（李陵茂）	籌餉捐米	《銀江李氏家乘》
光緒2年	李聯英（李陵茂）	捐輸籌餉	同上
光緒7年	林汝梅（林恆茂）	大甲堤工	《臺灣通史》904
光緒7年	黃南球、姜紹基	劉銘傳初渡臺，諭墾戶黃南球、姜紹基招安番社	《劉銘傳撫臺前後檔案》38
光緒10年	紳士郎中林汝梅	中法戰爭，籌款兩月，募練勇協守新竹	《劉壯肅公奏議》182
光緒11年以前	林汝梅（林恆茂）、鄭如梁（鄭恆利）、吳士敬（吳振利）、翁林萃（翁貞記）、李聯萼（李陵茂）	新竹捐辦城工總局紳董	《淡新檔案》16305-29

表6-14　清代竹塹地區郊商家族成員參與之行政事務活動（續）

時　間	參與行號或家族成員	事　　蹟	資　料　來　源
光緒12年	林汝梅	劉銘傳札派林汝梅清查新竹、彰化兩縣隘租，取造沿山各墾隘租額數一清冊。林汝梅爲幫辦中路剿撫事宜兼理隘務盡先選用道，處理隘務	《淡新檔案》17328-1；《私法附錄參考書》一卷上456-7
光緒12年	林祥靉(林恆茂)、李聯萼(李陵茂)、張濟川、陳其德、姜紹基、黃南球	保甲局紳董委員	《清賦一斑》二章三節
光緒14年	林汝梅	劉銘傳札飭新竹知縣商同林汝梅辦理嚴禁民娼雜處，無子娶媳爲娼事	《劉銘傳撫臺前後檔案》146
光緒14年	林汝梅	監督洋匠修造頭份橋樑，勘查鐵路車路	同上，147
光緒14年	紳士陳濬芝、陳朝龍、高廷琛(高恆升)、鄭如漢(鄭吉利)、姜紹基、吳傳扶、林鵬霄(林同興)、張濟川、陳肇芳、黃南球、王春沂…	協同各清賦委員勸諭丈量	《淡新檔案》13208-33
光緒14年	紳士林汝梅(林恆茂)、李聯萼(李陵茂)、高廷琛(高恆升)、鄭如蘭(鄭恆利)、陳濬芝	稟請新竹縣轉詳寬免站兵吳端啓就地正法	《淡新檔案》12104-1　光緒20.10.28
光緒15年	鄭如蘭、林汝梅、陳濬芝、李聯萼(林維源、施士洁、李望洋…)	在臺爲沈葆楨設立專祠	《劉銘傳撫臺前後檔案》166
光緒16年	林汝梅	派辦清賦總局兼隨時分赴各屬抽查復丈	《月摺檔》光緒16.10.23
光緒17年	選用道林汝梅、舉人陳濬芝、廩生陳朝龍、州同銜高廷琛(高恆升)	清賦有功人員	《月摺檔》光緒17.6.11
光緒18年	新竹縣鄭如蘭等十八人	第七次新海防捐輸，報捐實職貢監生，共銀2902.8兩	《月摺檔》光緒19.7.7

家族，官方也可能貸借公款予其營運，或是給與各種專賣權等實質的好處。以翁貞記家族而言，同治初年戴潮春之亂發生，翁林英、翁林萃兄弟均積極地參與戴潮春亂及其餘黨的平定，從此與官方奠定良好的關係，並躋身上層紳商家族之列。光緒十一年（1885），翁林萃即獲得竹塹地區十販館的鹽專賣權 160。再者，對於以商業和土地為經濟基礎的紳商家族而言，商業的營運與土地租谷的徵收，一遇地方不靖，流通與運輸管道中斷，極可能蒙受相當大的損失 161。因此，對這些擁有廣大田業與資金的郊商而言，與官方的利害關係更趨一致，對於地方治安的維持將更加積極，甚至於參與跨地域活動。

不過，值得注意的是，相對於上層紳商家族與官方的通力合作，以及對政權的效忠、地方治安的維護；那些游離性較高、幾近無產的小販等下層商人，卻往往在動亂之際，扮演反抗政權、破壞社會秩序的角色。儘管如此，這並不意謂著郊商、舖戶等中、上層商人對於地方治安，始終扮演著正面的功能。在《淡新檔案》中，有關商人的犯罪案件不少，但是不同層級與類型的商人犯罪形態卻大不相同。由表6-15、表6-16可見，郊商、舖戶等中、上層商人的犯罪行為，偏向經濟犯罪形態，如與胥吏勾結、

---

160 《淡新檔案》，33212-9號，光緒11年5月12日。

161 例如，咸豐年間以降，臺灣北部地區地方分類械鬥連連，雖然直接波及竹塹城者不多（陳國揚，〈清代竹塹漢人社會之發展〉，臺中市：東海大學碩士論文，1995年6月，頁49），但是在整個北部地區擁有廣大田產的林占梅即曾言：「淡北連年鬥殺，田穀在泉界者，派為營費；在彰界者如之，余家遠離百里，而田產多在新、艋，租穀毫無、官徵難免，致大受厥累。」（林占梅，《潛園琴餘草簡編》，頁124）

貪污、霸占、走私、收贓等；而下層商人小則進行竊盜等勾當，大則是搶劫、殺人等傳統暴力犯罪形態。這種不同層級商人犯罪形態的差異，與其階級、社會地位以及安定性極有關聯[162]。

3.公共工程的參與

商人對於公共工程的參與，最重要的莫過於於道光六年（1826）淡水廳城的築城活動。這次的築城，淡水廳內稍有資產的商人不

表6-15　清代竹塹地區中、上層商人的犯罪案件舉隅

姓　　名	原籍	現 居 地	營　　　業	事　　　　由	資料來源*
許蒼國	同安	水田街	做生意為活、扶生號郊商	霸佔人田，毀人茶園	光緒15.4.22
邱連旺	嘉應	赤牛欄、田心仔	舖戶	販賣私鹽	光緒9.9.12；14203-13、14
林連、林山、林流、林運			萬發號	林流恃出入衙署交結抗吞	光緒10.12.28；23423-7
鄭國賜		湳仔莊	開貞吉號洋煙局	收買豬、雞鵝等贓物	光緒15.8.9；33129-1
楊和		北門街	煙舖	收買贓物	光緒19.10.3；33132-6
陳阿立		頭份街	開張合興號標館	抗欠光緒十六年錢糧，日夜聚賭	光緒17.6.6；35512-1.2之1

註：以上資料取自《淡新檔案》。

---

162 Sutherland在作美國白領階級與藍領階級的犯罪形態差異時，也有類似的結果。顯然，不同階層的犯罪形態古今皆然，而Sutherland認為這種犯罪形態的差異，是來自不同階級差異組合使然（引自：許嘉猷，《社會階層化與社會流動》，三民書局，1990年9月，頁165）。

表6-16　清代竹塹地區下層商人的犯罪案件舉隅

姓名	原籍	現住地	家室	營業	事由	資料來源*
賴阿旺	鎮平	九芎林街	無	剃頭度活	向妹夫張添才借錢不遂,夥友共三人搶劫妹夫	咸豐7.9；33305-8
趙九		後車路街		挑販為業	光緒十八年開賭場	光緒19.7；35513-2
陳萬益	同安	塹城南門街		開張紙箔店生理、傭工	因嫖妓,資本花盡,涉嫌竊盜	光緒4.；33112-8
彭文	同安	海口	無家室	賣菜為活	偷陳疇豬雞	光緒15.8.24；33129-4
李阿盛	鎮平	淡水縣高山頂		作小生理為活、私開牛灶	收買贓物	光緒8.11.9；33120-5
張旭	惠安	日北山腳	單身,二十餘歲來臺	生理為活	偷萬興號金泊紙十餘支,為慣竊	光緒2.8.16；33107-5
游阿明	同安	大安土城庄	在臺生長、無	帶銀一元以及銅錢一百文到吞霄街賣魚;父販賣茶葉	與賴乞食、郭亮等至內湖庄搶親殺人	光緒3.5；34108-10 光緒9.9.6；34108-48
□燕之子	同安	紅毛港	有妻	做小販生理	搶紅毛港大陸來船	光緒11.2.29；33505-38
陳海		牛埔仔庄	有母	要到塹城買魚脯	搶自艋舺到大甲販賣藥材的客商	光緒2.4；33402-4
蕭威	晉江	牛罵頭	有妻	販賣銀針生理	至塹城販賣銀針,夥同多人行搶藥商	光緒2.4；33402-4

註:以上資料取自《淡新檔案》。

但或多或少參與捐款,佔捐款總人數幾近半數比例[163],而且向官方稟請建城與實際擔任總理、董事等職務者,除了部分地主與淡水地區的商人之外,有不少是塹城的大郊商。在十二位捐款超過

163　戴寶村,〈新竹建城之研究〉,《教學與研究》4期(1982年6月),頁94。

二千圓的人士中，至少有五位是來自郊商家族。顯然，塹城郊商仍然扮演舉足輕重的角色。

　　除了像攸關全城安危、維護地方的築城事件，是動員到各地商家舖戶之外，與平亂禦敵相同，大部分的公共工程，特別是跨地域的公共工程，仍局限於幾個有力紳商家族的贊助。例如，清末林恆茂家參與大甲堤工，監造頭份橋樑，以及對於劉銘傳新政的全力配合（表6-14）。換言之，竹塹地區重大公共工程，通常是委由塹城有力的紳商家族擔綱；而上層紳商家族的政治活動範圍，有時甚至是超越竹塹地區的跨地域活動。這種跨地域的政治活動，不但擴展了這些家族的視野，並且得以與竹塹地區以外的紳商望族建立起聯結、合作的網絡。

　　總之，除了內陸街庄少數有力的地主（特別是隘墾區的墾戶）與商人之外，如北埔姜家、樹杞林彭家、新埔街的蔡合珍號、潘金和號及陳茂源號，官方與塹城商人，特別是具有士紳身分的郊商家族，互動關係最爲密切。

　　清代竹塹地區郊商家族成員佔官方題報孝友人數比例，也明顯的展現出郊商與官方的良好關係，以及地方官府對於郊商家族的籠絡。清代竹塹地區30位孝友之中[164]，有26位，高達90%來自北門街與水田街。這26位，除了幾位不確定其郊商身分之外，不但都是出身郊商家族，而且不少是郊舖的首創者與經商有成者[165]。至

164　扣除竹南二保後龍街的杜怡和與大甲保的陳肇芳（鄭鵬雲、曾逢辰，《新竹縣志初稿》(1897)，頁170-172）。

165　如李錫金（李陵茂）、張首芳（金德美）、陳大器（陳榮記）、鄭用鈺（鄭吉利）、鄭用謨（鄭利源）、鄭廷珪（鄭和昌）、陳吟牆（陳振合）、林文瀾（振榮號）、黃朝品（黃珍香）、陳長水（陳和興）。

於其餘四位，則是來自樹林頭的曾義美號（曾呈澤）及新埔街的潘金和號。換言之，這些爲官方題報孝友者，幾乎全部都是來自商人家族。而能夠獲得官方題報孝友，通常表示該家族與地方官府之間有良好的互動關係。舉例而言，塹城郊商金德美號渡臺創業祖是張首芳，道光二十三年（1843）去世，直至光緒十五年（1889）「因受爵帥劉公銘傳採訪題奏，蒙朝廷旌表孝友」[166]。顯然，家族成員能獲官方題報孝友，其實是透過底下的官商網絡來運作的。相形之下，竹塹地區佔最大多數的中、下層商人，則是「天高皇帝遠」，對於政治活動的參與顯得冷漠得多了。

（二）經濟事務的參與

官方在經濟事務方面，對於商人的委託與利用，在文獻資料中常見的有發商生息、包商贌辦以及勸商捐獻等項。

1.發商生息

所謂「發商生息」，是指由官方託付一筆公共款項，交由商人營運，再按時收取利息。清初以來部分地區即已實施，收取的利息通常是月息一分至二分。乾隆二十四年（1759），清廷以發商生息於政體有損，下令加以約束限制；然而，乾隆三十四年（1769），部分地方官府在公費不足之下，乃變通名稱爲「賞借項款」，繼續施行[167]。清中葉以降，發商生息制度事實上已逐漸盛行於各地。

竹塹地區發商生息政策的施行，由表6-17可見，至少始於道光九年（1829）將築城剩餘公款委交鄭恆利等六家郊舖經理生息。

---

166 張純甫，《金德美家譜輯稿》（原稿未題篇名），手寫本，張德南先生提供。
167 楊聯陞，〈傳統中國政府對城市商人的統制〉，頁394。

光緒十三年(1887)，發商生息措施已極爲常見，舉凡城工、文
廟、登雲會、培英社(學租)、官金等公款，俱交由商人經管，按
年行利。其時利息，也是年利一分至二分，但以年利一分最多，
與民間高達二分至三分的高利貸比起來，顯然合理得多了[168]。

表6-17　清代竹塹地區官方發商生息摘述表

時　　間	參與商號或家族成員	具　　　體　　　事　　　蹟	資 料 來 源
道光9年	鄭恆利、林祥麟、鄭琛(鄭卿記)、吳振利、吳金吉、羅德春、周福泰、曾益吉	輪年經理道光九年以城工餘款建造瓦房七座十一間之店租生息，以備歲修城垣之費	《新竹縣采訪冊》p.15
同治10年	鄭恆利、林恆茂、鄭恆升、李陵茂、翁貞記、吳萬吉	同治十年同知陳培桂改諭鄭恆利等六戶城工董事經理城工店租生息	《新竹縣采訪冊》p.14
光緒15年	林祥瑷(林恆茂)	留存文廟公款200元，年納息銀26元	《新竹縣誌初稿》p.90
光緒13年	葉宜記(葉源遠支房)	收培英社小課經費五百元行息，逐年行息二分，分作四季繳納。後改爲息一分，分兩季繳納	《新竹縣誌初稿》p.96
光緒15年	陳和興	收培英社小課經費五百元行息，逐年行息一分，分作兩季繳納	《新竹縣誌初稿》p.96
光緒16年	鄭穎記(鄭恆升支房)	收培英社小課經費五百元行息，逐年行息一分，分作兩季繳納	同上
光緒19-21年	李聯萼(李陵茂)、林汝梅(林恆茂)、鄭如梁(鄭恆利)、翁林萃(翁貞記)、吳士敬(吳振利)	公存登雲會公款2000元，按年利一分五厘行息	《新竹縣制度考》p.19、65-66
不詳	陳和興	收存官金三百圓，全年利息三十圓	同上，102

---

168 前述民間高利貸商人所收利息高達三分，而王世慶以十九世紀興
直保小租戶廣記爲例所得的結果指出：清代臺灣北部民間高利貸
通行利率爲二分(王世慶，《清代臺灣社會經濟》，頁63)。

因此，對於取得這些公款的商人而言，發商生息也是一種商業資金的融通，在商業經營上不無助力。然而，獲得官方青睞，存放這些公款的商人，當然不會是升斗小民，或是營業規模較小的舖戶，而是掌控進出口貿易的郊商。不過，由於發商生息的公費主要是文教公費，因此仍以那些已晉身士紳階層的上層紳商家族為主，如鄭恆利、林恆茂、吳振利、李陵茂、何錦泉、翁貞記等家族。官方對這些家族的厚愛，自然也是基於他們對於地方事務高度的配合使然。

由於發商生息必須按時向官府支付現金利息，對於商人而言，有時也是一種苦累，例如光緒二十年（1894），負責經管城工款項的翁貞記即因一時資金週轉不靈，要求延緩償息 [169]。

2.包商贌辦或經辦

包商贌辦制，是地方官府將具有營利或公益性質的公共事業，委交商人贌辦，再收取定額的稅金。其中，具有營利性質的事業，如鹽務、文口口費、釐金以及隆恩息谷的徵收等 [170]。公益

---

169 《淡新檔案》，11716-23號，光緒20年12月23日。
170 鹽務有時包商贌辦，有時有官方委專員管收（參見第三章第一節官商部分之討論）。包商贌辦則由商人自行置買鹽館器用，並備本向官方承買鹽販賣權（《新竹縣制度考》〔1895〕，文叢101種，頁123-124）。文口口費是指船隻自竹塹各港載貨出口之際，必須繳納出口費，官方徵收出口費作為知縣津貼。口費主要委由口書負責徵收，口書一職都是包商贌辦，以便獲得固定數額的稅金（林玉茹，〈清末新竹縣文口的經營——一個港口管理活動中人際脈絡的探討〉，頁86-87）。釐金也是課徵船隻出口費，釐金稅之前身是塹郊抽收的抽分稅，同、光以降竹塹釐金局成立之後，將抽分稅委由釐金局管理。釐金與鹽務相同，或官辦，或商辦，至遲在光緒中葉時，又分成腦釐、茶釐以及百貨釐金，而苗栗縣的腦釐、茶釐以及百貨釐金即各有包商贌辦（沈茂蔭，《苗栗縣志》〔1893〕，文叢159種，頁65）。新竹縣尚未見確實情況，但是大概類似。隆恩息莊租，誠如前述，是由臺南府參將所管，清末時委交太爺街郊商黃珍香經辦（《新竹縣制度考》〔1895〕，頁52）。

性質者則如經管義渡、義塾以及義倉等租穀[171]。

透過包商贌辦制，使商人有機會成為巨富[172]。例如，嘉慶年間林恆茂號的林紹賢似曾與板橋林本源家的林平侯，共同贌辦全臺鹽務[173]。林紹賢於塹城設立恆茂課館，其後因經營鹽業致富，遂大量購買田地，參與邊區的拓墾，一手創造出林恆茂號成為地方望族的地位與財富。嘉慶中葉至道光年間，由林恆茂家的幾次動輒萬圓以上大手筆的捐款可見，清中葉林家的財力在竹塹地區幾乎是首屈一指，無人匹敵。

由官方委託經管義租、義渡等公益性質事業的商人，大部分都是塹城財力雄厚的郊商。舉例而言，清末明善堂義塾租谷，曾交由高恆升號經管[174]；竹塹地區義渡田委由鄭恆利、林壽記（林恆茂家）經管[175]。義倉則自道光十七年（1837），在淡水廳同知婁雲的倡導之下，由竹塹地區各街庄進行經辦，雖然其後義倉塾大多未建，但是所捐募的租穀仍委交地方紳商、地主經管。塹城的義倉穀即由林恆茂經管，鄉街的義倉穀也多委交舖戶經管，如新埔街由陳朝綱（陳茂源號）、潘澄漢（潘金和）以及蔡景熙（蔡合珍號）辦理[176]。雖然這些商人所負擔的公益租谷或租金並不多，但是仍不無小補，也給予商人得以上下其手的機會。例如，塹城義倉交

---

171 《新竹縣制度考》（1895），頁65-66。

172 劉廣京，〈後序：近世制度與商人〉，收於余英時，《中國近世宗教倫理與商人精神》（臺北：聯經，1987年），頁28。

173 林正子，〈連橫「臺灣通史」卷三三「林占梅列傳」——道咸同北部臺灣ノ豪紳〉，頁209。

174 《新竹縣制度考》（1895），頁65-66。

175 同上註，頁66。

176 鄭鵬雲、曾逢辰，《新竹縣志初稿》（1897）；《新竹縣制度考》（1895），頁23、89-90。

由林恆茂號經辦，光緒七年(1881)林汝梅之弟林彰即趁機盜賣義
倉谷，作爲開設藥店　舖的資金[177]。

3.勸商捐獻

捐獻或稱捐輸，是資助官方軍備、公共建設以及水荒、饑
饉、兵燹等難民之救濟。由於財政不足，在國家或轄區多事之
際，官方時常要求地方上包括商人和地主等殷戶自動捐獻，報效
國家，服務桑梓。不過，應急式的巨額捐獻，富甲一方的郊商仍
是主要的勸捐對象。例如上述林恆茂家，在清中葉國家多變、兵
馬倥傯之際，曾先後捐款三、四萬圓左右(表6-14)。

除了遭逢亂事的勸捐之外，在米穀青黃不接、大軍入境之
際，官方也會以官府權威示諭地主以及商人(特別是礱戶)運載米
穀至各米市平糶，以免因缺糧導致民心騷動，危害治安。因此，
在治安優先的考量之下，名義上稱勸捐，有時卻是以「派米」的
方式進行[178]。

商人捐獻的對象與範圍，因商人層級與活動網絡而不同。上
層紳商家族的捐獻範圍不但可能超越竹塹地區，成爲全島性的
捐獻活動，甚至於對大陸內地災疫地區也以捐款、捐米等方式予
以援助。例如咸豐年間鄭恆利、李陵茂等家族捐輸運津米石(表
6-14)。至於內陸鄉街的舖戶，捐獻的範圍顯然主要局限於竹塹地
區，少有跨地域的捐獻活動。

177　《淡新檔案》，12603-1號，光緒7年1月。
178　例如，光緒十二年(1886)，因進行開山撫番，大軍入境，官方唯
　　　恐米糧不足，乃向鹹菜甕街與新埔街市場圈內的殷戶派捐米谷，
　　　其中確定開張店舖的有范承昌、蔡景熙、陳朝綱、潘澄漢以及劉
　　　廷章(《淡新檔案》，16214-13、14號)，這些舖戶兼具地主身
　　　分。

　　捐獻雖然是官方對於商人的苛索與利用，不過也因此爲商人
提供了一個獲獎加銜的機會，使這些商人展現出有別其他民眾的
經濟實力，而提升其社會聲望。例如李陵茂家的李聯英，年少時
棄儒從賈，經營家計，同治年間成爲繼李錫金之後的當家家長。
同治十年(1871)即因籌餉捐米，准以候選州同銜，光緒二年(1876)
又因捐輸籌餉經費，蒙官方加提舉銜 179。由此可見，捐輸籌餉對
於商人也有正面作用，特別是對那些創業有成卻未具備科舉功名
的商人而言，更顯得有意義，不但爲他們提供一個晉身士紳階層
的機會，也能展現出他們與普通百姓不同的實力與地位。

　　此外，光緒十三年(1887)臺灣正式建省之後，首任巡撫劉銘
傳在臺進行的近代化新政，除了倚重板橋林家與霧峰林家之外，
也委任林恆茂家的林汝梅經辦清丈、清查隘租、修造鐵路等事業
(表6-14)。顯然，在劉銘傳新政中，由於上層紳商與官方有更多共
同的利益，紳商與官方的互動越頻繁，官商關係也更緊密。

　　整體而言，官方對於商人，特別是上層紳商家族的倚重，除
了分擔繁重的行政事務之外，也由商人來分攤包括收稅等經濟事
務的風險，可以說是對商人的統制與利用。反觀，商人參與行政
事務，除了懾於官府權威之外，也可能在各項經辦的事務中，爲
他們提供了謀取經濟利益的各種機會，以及建立更寬廣的官商網
絡與社會網絡。更重要的是，透過與官方良好的關係所獲得的種
種褒獎，不但爲其經濟活動大開方便之門，更奠定其家族在地域
社會的地位與聲望。於是，當他們與官方關係越來越密切，與官
方的利益也將越來越一致，不得不與官方共同維護政權的安定，

179　李陵茂親族會編印，《銀江李氏家乘》。

甚至進一步形成一個官商利益與共的互利團體。不過,相對於上層紳商與官方關係的密切,一般舖戶,特別是下層商人與官方的關係就顯得疏離得多了,甚至加入抗官、破壞社會秩序之行列。

三、街庄自治事務的參與

　　清代竹塹地區除了以郊商為主的上層紳商家族,積極配合官方參與各種公務之外,由表6-18可見,自城市、鄉街至鄉莊的在地舖戶對於其所居住社區內(街庄總理區)大大小小的事務,並未置之不理。事實上,他們時常與各級鄉職人員、墾(業)戶、士紳以及耆老等地方頭人聯合,共同關懷與經營街莊內的各項事務[180]。這些街庄舖戶所參與的事務,大概有下列幾項:1.為地方利益而向地方官府陳情或建言,例如清丈、義倉以及放寬商品流通等事。2.對於出任街庄各項鄉職人員,如總理、董事、保長、庄正等,行使推舉、罷免、具保等權。甚至於自道光年間以降,無論是城市或是各鄉街總理,不少是由在地的郊商與舖戶擔任[181]。3.與地方頭人等訂定聯莊章程或公約,並上稟官府。4.出面矯正賭博、娼妓等社會不良風俗。5.為街庄小民,特別是同是生理為業的舖戶陳情、打抱不平,或是向官方求情、申稟冤情。

180　這個街莊總理區事實上是在地舖戶的主要生活圈,也是一個從屬於竹塹城地區性市場圈,而以各鄉街為中心所組成的地方性市場圈。

181　例如道光二十年(1840)、二十二年(1842)周邦正、周鵬程父子先後承充東門總理;鄭恆利家的鄭用鍾(鄭理記)承充北門總理,陳大彬(陳榮記)承充南門總理。同治十一年(1872),監生兼商人謝煥光承充中港頭份等庄總理。光緒四年(1878)新埔街舖戶范文華承充新埔街總理(《淡新檔案》12202-1、2,12219-2、12214-1)。不過,清末較少出現郊商充任塹城總理的具體實例。

表6-18　清代竹塹地區街庄商人對官方陳情、具稟表

具　　　　稟　　　　者	時　間	地　點	事　　　　　　　　由	資料來源
業戶2、舖戶協和號、義利號	光緒02.3.19	竹北二保大溪漧庄	為庄民搶船，彭阿輝無辜遭累，子禁母亡，父兼疾病，乞憐恩准領回	《淡新檔案》33504-17
業戶曾國興、徐國和、生員何騰鳳、例貢生2、監生2、童生2、結首1(國興□記)	光緒12.02.01	竹北二保大溪漧庄	稟請吊銷總理鍾廷英諭戳	《淡新檔案》12225-1
楊梅壢庄總理、紳耆、結首、舖戶復成號寶欽號結首吳金興	光緒03.05	竹北二保楊梅壢庄	為申肅庄規、以靖地方同立合約字	《淡新檔案》12510-3
職員4、生員1、監生2、墾佃首金廣福等3、番業主1、眾舖戶10	光緒15.10	竹北一、二保鹹菜甕街、大崩崁等五庄	准予保舉錄用例貢張濟川，以資報效事	《淡新檔案》13214-20
總理2、董事、保正、貢生4、監生2、鄉保2、眾紳士舖戶	同治03.06	竹北二保新埔街	懇請示禁賭博	《新竹采訪冊》251
新埔街監生1、生員2、族長1、九芎林舖戶16、總理1、塹城族親2？	光緒02.11.28	竹北一保新埔街	為功姪劉輝營伍出身，被庄棍劉祈誣為挑私販番事，僉懇提察	《淡新檔案》33307-22
總理2、保長1、貢生1、廩生2、監生2、生員3、舖戶36	光緒07.05.09	竹北二保新埔街	為監生劉其淵素以生理為業，因排解較鬧，被張順福誣陷開設賭場，懇請電察，以杜誣陷	《淡新檔案》35506-3
新埔街庄金廣和、貢生1、職員4、例貢2、監生6暨舖戶9、*廣和宮公記、蔡景熙、潘澄漢	光緒13閏4.5	竹北二保新埔街	稟舉新埔街職員朱廷龍為總理	《淡新檔案》12232-1
生員1、鄉耆3、舖戶11家	光緒10.4.18	竹北二保鹹菜甕街	為新埔街舖戶范如鵬誣控鹹菜甕街民蔗廍主范承昌事	《淡新檔案》23801-16

表6-18　清代竹塹地區街庄商人對官方陳情、具稟表（續）

具　　　稟　　　者	時　間	地　點	事　　　　　由	資料來源
保正1、總理1、墾戶劉維翰、監生彭殿華等3、鋪戶3（協順兌貨、金德順、萬坤劉記）（竹北一保聯庄約束公記）	同治06.01.29	竹北一保	稟舉、保結劉維蘭兼充六張犁等處閩粵總理	《淡新檔案》12207-1、2
生員1、墾戶金廣福、職員2、監生1、莊耆2、殷鋪戶人等	同治06.07.29	竹北一保九芎林莊	懇請示禁居民不許私行斬斷龍脈	《新竹采訪冊》220
生員魏讚唐、職員劉崇山、監生彭殿華等6、莊耆2（九芎林義倉、九芎林鋪戶公記）	同治06.09.21	竹北一保九芎林街	為各庄保結僉舉庄正，懇准分給諭戳，以專責成，以靖地方事	《淡新檔案》12209-1
監生1、職員2、墾戶金和興、劉子謙、童生2、甲首、結首、庄耆、佃戶、鋪戶（九芎林下山庄眾佃戶公記）	同治07.08.28	竹北一保九芎林庄	僉舉徐安邦為總理	《淡新檔案》12209-25
庄正1、保正1、保長1、董事1、暨鋪戶民等24（九芎林鋪戶公記）	光緒08.03	竹北一保九芎林庄	為合興號詹阿景、藍彤店中劫搶事，據情稟明	《淡新檔案》33319
業戶1、庄耆1、結首1、鋪戶彭阿進、賴阿昌等17家	光緒08.10.13	竹北一保九芎林街庄	為九芎林街合興號被搶案，范阿海被羇館拘押冤案，據實稟請查奪解網	《淡新檔案》33319-90
生員1、職生1、廩生2、貢生4、監生7、童生6、業戶1、總理1、暨鋪佃戶人等（鋪戶11，九芎林鋪戶公記、光緒七年九芎林眾殷紳公記、九芎林下山□□佃戶公記）	光緒09.07.03	九芎林等庄	聯合具稟有關花會賭場一事及差役吳瑞混稟哄嚇庄民等情	《淡新檔案》12513-4
廩生1、武生1、職員彭殿華、監生彭廷輝（一保團練保定局公記）	光緒09.11.25	九芎林庄	稟舉盧保安為九芎林總理	《淡新檔案》12223-1

表6-18　清代竹塹地區街庄商人對官方陳情、具稟表（續）

具　　　稟　　　者	時　　間	地　點	事　　　　　　　　由	資料來源
生員1、監生2、廩生1、舖戶劉阿亮、劉阿賓	光緒15.11	九芎林、樹杞林庄	保結范士珍承充九芎林、樹杞林等處總理	《淡新檔案》12242-2
九芎林、樹杞林等庄職員2、貢生2、童生2、鄉耆2、暨眾舖佃戶人（一保紳士、舖戶公記、九芎林下山庄眾佃戶公記、文林社公記、九芎林參拾餘庄聯約公記）	光緒16.04.01	竹北一保九芎林、樹杞林庄	為空名無補，懇恩示諭責成優紳協差稟公盤查義倉，清算造冊，妥善整頓，以期餘積，一面先行平糶事	《淡新檔案》12606-10
總理1、墾戶金惠成、管事金德興、貢生3、生員2、監生4、暨眾舖戶	光緒08.03.07	竹塹一保樹杞林庄	為詹阿建挾恨誣扳株累甘南旺等無辜，懇恩察釋事	《淡新檔案》33319-27
貢生1、生員1、監生2、舖戶1、暨眾佃舖戶（九芎林庄舖佃戶長行公記，舖戶4，佃戶4）	光緒10.04.18	竹北一保樹杞林街	為被革總理林煥榮誣陷舖民盧阿千與眾舉接充總理盧保安，懇恩察奪事	《淡新檔案》35510-11
鄉耆1、生員2、貢生2、監生10、殷紳8、舖戶20	光緒12.12.02	竹北一保大隘、北埔	僉舉何廷輝充當大隘、北埔等庄總理	《淡新檔案》12231-1
墾戶衛國賢、舉人羅萬史、總理2、暨紳殷佃舖戶	同治08.12	竹北二保鹹菜甕永興庄	為定章程、弭盜安良同立公約	《竹塹社古文書》391
閩粵總理2、保正3、暨各庄正副、舖戶等（有竹南一保中港街庄公記）	咸豐07.10	竹南一保中港街庄	遵諭議定聯庄章程	《淡新檔案》12205-2
紳士陳其德、陳紹熙、杜稟均等6人、舖戶40（中港金和順公記、利源、泉安、泉興…）	光緒12.02.13	竹南一保中港街	為庄民葉文全滋事及害宰耕牛，無知誤犯，懇請開恩免究事	《淡新檔案》12515-6

表6-18　清代竹塹地區街庄商人對官方陳情、具稟表（續）

具　　　　　稟　　　　　者	時　　間	地　點	事　　　　　　　　　　　由	資料來源
中港、頭份等庄職員1、貢生2、監生9、佃戶8、眾舖戶21	同治11.11.19	竹南一保中港、頭份庄	僉舉謝煥光接充總理（謝煥光住頭份街，生理度活）	《淡新檔案》12214-2、8
街庄總理3、貢生1、監生3、莊耆3暨舖戶等	光緒02.04.15	竹南一保頭份街	因頭份地區田少山多，人煙稠密，產谷無幾，殷戶太少懇恩津糴平糶，給示通流，以免阻撓	《淡新檔案》14101-80
廩生1、生員4、監生6、增生1、童生12、職員2、暨眾紳民舖戶（舖戶51）	光緒17.06.26	竹南一保頭份街	為清丈察核除弊定章，以蘇民命，以裕國課事	《淡新檔案》35512-6之1、6之2
總理1、庄鄰長10、舖戶永成號等5	同治10.06.13	竹南一保中港、頭份街庄	為耕農胡阿苟等為本城鑄戶蘇景昌誣控私鑄，墾恩察釋，以免誣陷，而安善良事	《淡新檔案》16506-3
通事、總理2、保長、貢生1、監生1、耆民2、業佃2、舖戶7	同治12.11.23	竹南一保中港、三灣	稟送聯庄規條合約	《淡新檔案》12301-6
墾戶2、貢生1、監生1、舖戶17、金東和	同治13.03.22	竹南一保三灣庄	為姜阿進誣控三灣在街舖戶劉石妹引賭毆搶，懇恩分別正風俗	《淡新檔案》33311-10
童生1、監生陳拔運（糖商）、陳拔壽等4、生員1、舖戶蔡和榮等2	光緒16.閏2.25	竹北一保大隘、雙溪莊	僉舉蔡文光為大隘、雙溪、月眉、南埔等處總理	《淡新檔案》12243-1

表6-19　清代竹塹地區塹城郊商對塹城外街庄事務的參與

具　　　稟　　　者	時　　間	地　　點	事　　　　　　　由	資料來源
竹南一保南隘、新城等庄業主鄭吉利、墾戶金同和即鄭如坤	光緒5.閏3.3	竹南一保南隘、新城	稟舉鄭承恩為總理	《淡新檔案》12218-21
職紳林汝梅、鄭如梁、翁林萃、李聯英、鄭維藩、陳濬芝、黃如許、郭襄繡、林鵬霄、高廷琛曁舖民	光緒09.09.25	塹城	為大溪漧庄業戶吳順記(郊商、舉人吳士敬)及赤牛椆舖戶邱海被誣走私私鹽事，懇飭縣查明，摘懲定配認銷，以全善良	《淡新檔案》14203-39
墾戶金和成等3、職員2、監生1、生員2、童生2、佃戶7、舖戶7(吳振利記)	光緒14.11.23	竹南二保大湖	稟請恩准吳定綱承充大湖總理	《淡新檔案》12239-1
業戶郭龍文、吳萬裕、庄耆結首10、舖戶10	光緒14.08.06	竹北二保芝芭里庄大坵園街	僉舉林青雲為總理，懇乞恩准給發諭戳	《淡新檔案》12237-1

　　上述這些事務中，商人參與最多的是第二項與第五項，亦即推選鄉職人員以及為街庄舖民陳情兩項，各佔商人參與次數的三分之一[182]。顯然，商人對於街莊事務的關懷，除了鄉莊自治事務之外，特別重視為同業商人陳情，甚至是以同街為單位共同出面伸援。例如，光緒十年(1884)新埔街商人范如鵬與鹹菜甕街商人范承昌的爭控案，鹹菜甕眾舖戶即聯合向地方官府為范承昌申冤。由此可見，這些街庄舖戶似乎各自以其鄉街形成一個休戚與共、守望相助的命運共同體，相互支援。同街舖戶彼此之間的相

182　由表6-18可見，自咸豐七年(1857)至光緒十七年(1891)商人向官方陳情、具稟事件共32件，其中第一項佔3件，第二項佔10件，第三項佔5件，第四項佔4件,第五項佔10件。

互聯結，極可能促使他們進一步組成在地商人團體，共同爭取商業利益，甚至排斥非在地商人。

不過，除了在地舖戶對於自己所屬街庄事務的參與之外，塹城的商人也會因為在某些鄉庄擁有地主的身分，特別是墾戶與大租戶身分，而主導、或參與、或干預這些地區的鄉庄自治事務。例如，鄭吉利與吳振利分別監控南隘莊與竹北二保芝芭里庄的總理人選(表6-19)。鄭吉利甚至於極力排斥與其毫無淵源的黃文繡出任南隘莊總理，並極盡詆毀對方之能事[183]。

總之，各街庄的舖戶與士紳、各級鄉職人員、墾戶、佃戶(小租戶)等都位居街庄內的社會領導階層，他們共同承擔街庄各項自治公務的決策與實行。特別是在具有市集、街肆的鄉街中，在地舖戶的影響力更大。

第三節　社會活動與網絡

余英時先生曾經指出：十六至十八世紀，傳統商人的社會地位已有重大的變化，商人的「睦淵任卹之風」已使他們掌握一大部分屬於士大夫的社會功能[184]。清代竹塹地區的在地商人更是如此，他們與士紳、地主[185] 常常共同負擔地域社會中的各種社會活

---

183 《淡新檔案》，12218號全案，光緒5年。

184 余英時，《中國近世宗教倫理與商人精神》，頁161。

185 誠如前述，竹塹地區至少分成三種土地拓墾制，而屬於地主身分的主要是漢墾區的業戶、保留區的佃戶(小租戶)以及隘墾區的墾戶。在街庄積極活動的地主，除了擁有田骨權的墾戶與業戶之外，文獻中也常常出現佃戶，這裡的佃戶其實是擁有田面權的小租戶。

動。特別是身兼士紳與地主身分的家族，族中具有士紳身分的成員往往主動參與地方各種社會公益事業或文教活動，另一方面也可能以地主身分應付來自墾區內的任卹、助葬等公益事業。這些成員的活動，事實上是以其家族的經濟實力為後盾。因此，不論商人本身是以地主、士紳等其他身分參與社會活動，或是家族中的特定成員獨自參與社會活動，透過各種活動，不但可以提升家族的社會聲望與地位，而其所形成的社會網絡，有時也能增進商業經營或其他活動運作之便利。

　　商人及其成員參與的社會活動主要有社會公益慈善事業、文教活動以及宗教活動等三項。此外，商人的婚姻圈也展現其家族的社會網絡，對於商人各種活動亦具有某種程度的影響。本節即從公益慈善事業、文教活動、宗教活動以及婚姻圈等四項來討論商人所參與的社會活動及所形成的社會網絡。

一、公益慈善事業

　　在官方的勸導之下，自清中葉以降，在地商人自城市郊商至街庄的舖戶，時常與地主、士紳等地方有力人士，共同參與義渡、義倉等社會事業（表6-20、表6-22）。以義倉而言，道光十七年（1837），淡水廳同知婁雲議設義倉，諭飭殷戶捐穀建倉，最後義倉雖未建，各地捐穀卻委託部分捐戶收儲。同治六年（1867），在淡水廳同知嚴金清大力提倡之下，舉凡地主、商人、士紳等地方殷戶望族都在捐穀之列，自塹城至鄉街與較大村莊皆紛紛成立義倉[186]。

---

186 地主、士紳以及商人在各自街庄的捐穀情形，詳見：《新竹縣采訪冊》，頁65-68。

表6-20　清代竹塹地區郊商家族成員所參與的善舉

時　　間	參與商號或家族成員	具　　體　　事　　蹟	資　料　來　源
乾嘉年間	林恆茂	獻建中港南門外山仔坪庄山仔坪義塚	《新竹縣誌初稿》37
嘉慶16年	林紹賢、益川號、吳振利、陳建興、吳金興、王益三、金和祥、金逢泰、羅德春	捐銀買北庄崙仔尾水田四甲七分充入大眾廟，付首事輪流掌管，贌佃耕種，按年收租	《新竹縣采訪冊》187
嘉慶20年	鄭崇和(鄭恆利)	歲欠發粟平價	《浯江鄭氏家乘》176
嘉慶25年	鄭崇和	施藥活命不少，助葬	《浯江鄭氏家乘》176
嘉慶年間	鄭用鍾(鄭理記、鄭永承)	置縣城東土墼窟口義塚	《新竹縣采訪冊》134
道光1年	監生林紹賢、廪生3、生員4、監生3、舖戶吳振利、茂興、德春、益三、金和號等5號、耆老8	為葬身無地，請示禁毀塚圖利	《淡新檔案》17301-42
道光8年	塹城舖戶郭逢茂即郭棠棣	將郭、陳、蘇公共開墾南勢山一帶界內埔地捐為義塚	《新竹縣采訪冊》134
道光16年	舖戶吳振利、逢泰號、陵茂號、源泰號、益三號、翁貞記、鎰泰號、協裕號、德隆號	捐獻香山南勢山義塚	《新竹縣采訪冊》213-4
道光18年	淡水廳內士紳、舖戶(郊舖)、民人	捐款建設義渡	《新竹縣采訪冊》197
道光18年	陳玉珍號、胡振德號、職員鄭用鍾(鄭恆利)、監生鄭用哺(鄭利源)	修理老衢崎舊官路	《新竹縣采訪冊》243
咸豐2年	塹城舖戶陳泉源、鄭恆利、張順發、吳振利、林泉興、羅德春	乾隆41年置員仔山番仔湖崁頂埔一所為各佃埕葬之地懇請勒石禁私墾	《新竹縣采訪冊》217

表6-20　清代竹塹地區郊商家族成員所參與的善舉(續)

時　　間	參與商號或家族成員	具　體　事　蹟	資　料　來　源
同治6年	業戶林恆茂、鄭永承、紳董吳順記、李陵茂、鄭恆升、鄭吉利、翁貞記、陳振合、何錦泉、陳沙記、鄭利源、恆隆號	於新竹南門購金姓舊屋，改建義倉。附設義塾。林恆茂為倉正	《新竹縣誌初稿》16
同治11年	林恆茂、鄭穎記、魏泉安	建聯接中港、後龍五福橋	《新竹縣采訪冊》242
同治13年	林恆茂	建縣城適雙溪各莊之永安橋	《新竹縣采訪冊》116
光緒初年	鄭如椿(鄭理記、鄭永承)	置縣城東土墼窩內義塚	《新竹縣采訪冊》134
光緒1年	陳三省(陳振合)、李祖琛(李陵茂)	發起創設收留行旅病人並施醫藥之回春院	〈清代新竹地區的社會事業〉*34
光緒2年	林壽記等	捐獻九芎林祀典埔一所	《北部碑文集成》184
光緒7年	翁貞記	為養濟院董事	《淡新檔案》22506-84
光緒10年	吳希唐(吳金興)、鄭養齋(鄭恆利)、顏振崑、鄭守恭、高世元	創設施醫藥並設宣講堂宣揚教化團體	〈清代新竹地區的社會事業〉*34
光緒11年	李陵茂、吳萬吉、鄭永承、鄭恆升、鄭吉利、黃珍香、魏泉安、曾昆和、高恆升、陳振合	為義塚事具稟	《淡新檔案》22514-37
光緒13年	鄭如蘭(鄭恆利)、吳逢沅(吳振利？)	鳩捐重建萬年橋	《新竹縣采訪冊》
光緒15年	李陵茂	憐恤鄭林氏，以天井地基銀一元作為年節祭祀費	《淡新檔案》23501-14
光緒17年	林汝梅(林恆茂)	捐修東門城	《新竹縣采訪冊》14

註：陳金田譯，〈清代新竹地區的社會事業〉，《臺灣風物》，29卷2期，1979年6月。

其時，塹城郊商吳順記(吳振利)認捐米穀多達四千六百餘石，林恆茂號則捐穀二千七百餘石，鄭永承號捐一千八百餘石，三戶所捐幾佔塹城預定捐穀總數的四分之一 [187]。顯然，塹城仍以具有地主身分的郊商為主要的捐戶，郊商的社會責任也最重。其後，城市與部分鄉街的義倉穀仍交由商人管理，例如塹城義倉由林恆茂號經理，新埔街主要由蔡興隆號、潘金和號以及陳朝綱(茂源號)等收儲義倉穀。

　　除了地方官府的勸誘之外，城市的郊商與舖戶往往也會主動捐建義渡、義塚、橋梁，或是鋪路、助葬、撫卹等工作，甚至於像陳朝綱一般捐建茶亭。其中，由於道路交通攸關商品的運輸與行銷，因此商人也特別致力於修橋、鋪路以及捐設義渡等事務。不過，商人所參與的公益慈善活動往往與他們有濃厚的地緣關係。換言之，商人主動參與的公益慈善活動範圍大部分局限於自己所居住的街庄內，而少有超越地方性市場圈的活動。舉例而言，由表6-20可見，塹城郊商所鋪設的橋樑、助葬的對象，大部分局限於於竹塹城內及其鄰近地區。只有少數幾個具有大租戶身分的郊商，如林恆茂、鄭恆利以及吳振利家族，所參與的活動才是跨地域的。以林恆茂號而言，自嘉慶、道光年間以來，林家的社會活動範圍並非僅限於竹塹城，例如嘉慶年間，林紹賢在中港山仔坪庄設置義塚。同治年間以降，林家的活動不但遠及於內陸粵人鄉街，如捐獻九芎林祀典埔，甚至是超越竹塹地區的跨地域

187　《淡新檔案》，12602-2號，光緒9年。不過，這些捐戶後來並未
　　捐足，僅捐三千五百餘石(《新竹縣采訪冊》，頁64-65；黃朝進，
　　《清代竹塹地區的家族與地域社會——以鄭林兩家為中心》，頁
　　152-153)。

活動。例如，同治六年(1867)、同治十三年(1874)，林家先後以林恆茂名義捐置海山堡沛舍波、三塊厝莊(今臺北縣土城鄉)通往樹林的太平橋[188]。

此外，塹城郊商也比內陸鄉街商人扮演更複雜的公益慈善角色。同、光年間陸續在塹城設立的養濟院、育嬰堂、回春院以及福長社等慈善機構[189]，或是由郊商發起創設，或由郊商參與捐款(表6-20)，在在顯示郊商對於竹塹城育嬰、卹貧弱、施醫藥等公益活動的著力。即使由高恆升與林恆茂等紳商先後經理的塹城明善堂義倉，其社會功能也比街庄義倉來得複雜。明善堂事實上是以義倉為中心，兼辦文廟祭祀、收字紙、修理道路、設置義塚以及施藥等慈善事業的機構[190]。

不過，主導塹城各項社會公益活動的郊商，不像劉銘傳新政一般，僅是鄭恆利或是林恆茂家等少數望族的專利，而包含吳金興、李陵茂、陳振合……等郊商家族。咸豐八年(1859)，包括塹城郊商與舖戶共72戶商舖聯名向官方陳情，具稟棍惡巧萬珍霸吞明善堂大甲德化社番租，更是塹城中、上層商人的一次大聯結[191]。

總之，商人在發起或參與這些慈善公益活動之際，不但促使商人之間彼此形成聯合的團體，聲氣相通，而且也使他們必須與同時出力的地主、士紳相互援引。透過這些活動的聯繫，使得他

188　王世慶，〈海山史話〉，《臺北文獻》直37期(1976年)，頁71。
189　有關這些慈善機構的設立及其性質，參見：陳金田，〈清代新竹地區的社會事業〉，頁33-34(《臺灣風物》，29卷2期，1979年6月)。
190　黃朝進，《清代竹塹地區的家族與地域社會——以鄭林兩家為中心》，頁153。
191　《淡新檔案》，17409-47號，咸豐8年8月19日。

們彼此熟識，進而有更深入的接觸與合作，另一方面也爲商人帶來服務桑梓、造福民眾的社會聲望。

二、文教活動

自嘉慶中葉以降，商人對於文教活動的參與或贊助，除了前述存放書院、登雲會等公款生息之外，不少商人或是直接以商號，或是由家族中具有士紳身分的成員，參與諸如捐建文廟、試院(考棚)，或是捐獻學田、儒學公款、義塾倉穀，以及隨時向官方建言塹城與文教活動或設施有關的各種事務(表6-21)。

參與這些文教活動者，以塹城的商人，特別是幾個重要的郊商及其家族成員爲主。嘉、道年間，如林恆茂、鄭恆利、吳振利、郭怡齋、羅德春、吳金吉(吳金興一房)以及陳建興等郊舖；清末同、光年間，除了上述的鄭、林以及兩吳等家族之外，李陵茂、鄭卿記、何錦泉、高恆升、翁貞記等家族也極爲活躍。這些熱心參與文教活動的塹城郊商，大部分是已逐漸士紳化的紳商家族，他們與官方的關係也最良好。加上，塹城是作爲文教中心的廳(縣)治所在，郊商家族中具有士紳身分的成員，自然必須出面主導文教設施的捐建，或帶動各項文教活動。

主導塹城文教活動的紳商家族，彼此之間也常互相酬酢，或以詩社相交游，或是集體向官方陳情維護詩教傳統，勸人敬惜字紙[192]，這些都是士紳份子維護與奠定其地位的常見舉動。而透過這些活動，不但使得商人家族脫胎換骨，逐漸變成地方上的紳商望族，樹立其文化權威；另一方面也可以交結官吏、文人雅士，

---

192 《淡新檔案》，12503-12、13號，光緒8年。

表6-21 清代竹塹地區郊商家族成員參與的文教活動

時　　間	參與商號或家族成員	具　體　事　蹟	資　料　來　源
嘉慶21年至道光4年	林璽、林紹賢(林恆茂)、鄭用錫(鄭恆利)、郭成金(郭怡齋)、吳振利、羅秀麗、陳建興、吳金吉	捐建文廟	陳培桂，《淡水廳志》374
	鄭永承	獻充尖山仔頂庄租穀為文廟租息	《新竹縣誌初稿》90
	鄭恆升	獻充番仔陂腳小租穀20石為學田	《新竹縣誌初稿》92
	潘金和(新埔街舖戶)	獻充學田太平窩小租穀20石	《新竹縣誌初稿》93
道光11年	貢生林祥雲(林恆茂)	補建學宮牲所	《新竹縣誌初稿》89
道光20年	林祥雲	應姚瑩之請，捐銀萬圓為儒學公項	《東溟奏稿》142
光緒10年	廩生鄭以典(鄭恆升)、吳尚恭(吳金興)、鄭步梯、鄭如礀(鄭利源)、生員鄭守藩(鄭卿記)、劉廷璧…	具稟生謝媽愿、林萬興號抗欠明志書院經費	《淡新檔案》22513-13
光緒13年	林恆茂、李陵茂、何錦泉、王瑤記、杜漢淮(杜玉記)、鄭如蘭(鄭恆利)、鄭以典(鄭恆升)、高廷琛(高恆升)、何錦泉、蔡景熙(新埔街舖戶蔡合珍)	創建試院	《臺灣私法附錄參考書》(一)下，255；《新竹縣采訪冊》177-179
光緒15年	何錦泉、林祥靉(林恆茂)	捐充培英社小課銀四百元	《新竹縣誌初稿》90
光緒15年	吳振利	捐銀三百元繳縣發交舖戶陳和興生息，作為遞年修理考棚經費	《新竹縣采訪冊》144
光緒15年	林恆茂	明善堂經理	《淡新檔案》22710-3
光緒15年	陳和興	收吳振力捐銀三百員生息，為修理考棚經費	《新竹縣采訪冊》144-145
光緒18年	邑紳高廷琛(高恆升)、陳朝龍	重修明志書院	《新竹縣采訪冊》180
光緒20年	考棚經理紳董林汝梅(林恆茂)、李聯萼(李陵茂)、高廷琛(高恆升)、鄭如蘭(鄭恆利)、陳濬芝、陳朝龍	為考棚損壞，召匠議估，稟請撥款修緝事	《淡新檔案》12104-1

表6-22　清代竹塹地區街庄商人參與的社會文教活動

時　間	參與商號或家族成員	具　體　事　蹟	資料來源
光緒13年	舖戶洪合春	重修為南北往來孔道、舊社庄適新社各庄之舊社橋	《新竹縣采訪冊》116
道光22年	新榮和號、順茂號、陵茂號、錦源號、捷興號、大春號、永興號…	捐建新埔文昌祠	《新竹縣采訪冊》246
同治2年	榮和號、金和號、陳朝綱（陳茂源）、塹城林占梅）	重建新埔街廣和宮	《新竹縣采訪冊》249
同治6年	潘金和號、蔡興隆號、陳朝綱（陳茂源號）	捐穀建新埔、鹹菜甕等庄義倉，倉穀未建，分儲穀	《新竹縣采訪冊》66-7
同治年間	商民潘梅源	創建新埔石頭坑廣安渡	《新竹縣誌初稿》28
光緒7年	長勝號、藍彤、張濟川（張興隆）、蔡景熙（蔡興隆）、劉廷章、陳朝綱、潘澄漢（潘金和）	重建新埔街文昌祠	《新竹縣采訪冊》248
光緒10年	彭殿華	置員崠子義塚	《新竹縣采訪冊》134
光緒10年	墾戶姜紹基	置北埔義塚	《新竹縣采訪冊》134
光緒13年	蔡景熙（蔡興隆）	與塹城郊商創建試院	《新竹縣采訪冊》177-9
同治6年至光緒末年	蔡景熙（蔡興隆）、潘澄漢（潘金和）、陳朝綱（陳茂源）、張德淵	收存新埔街義倉穀	《新竹縣制度考》90
同治6年至光緒末年	姜紹祖	收存北埔街義倉穀	《新竹縣制度考》90
光緒16年	陳朝綱（陳茂源）	在新埔街往鹹菜甕通道梨頭山嘴建茶亭	《北部碑文集成》131
同治2年	中港街紳商	捐修為南北往來孔道、鹹水港適中港街之所的中港北門橋	《新竹縣采訪冊》119
同治11年	中港洽成號、恆安號，後龍益勝號、益興號，吞霄湯川盛	建連接中港、後龍的五福橋	《新竹縣采訪冊》242
光緒17年	中港街紳商	捐修為南北往來孔道、鹹水港適中港街之所的中港南門橋	《新竹縣采訪冊》119
乾嘉年間	陳榮發號、陳復興號、杜德豐號、葉萬德號	鳩資公購獻充中港北門竹圍庄大眾媽山塚	《新竹縣誌初稿》37
光緒12年	頭份街舖戶陳義發	建尖山腳莊適頭份各庄之新車路橋	《新竹縣采訪冊》120

擴大其人際網絡，增進其所屬家族在地域社會中的影響力。舉例而言，道光末年左右，林占梅（林恆茂家）創設「潛園吟社」時的盛況是：

> 逐月命題，所有竹中士人，群皆類聚一堂，風晨月夕，雪後燈前，鬥酒賦詩，指不勝屈，一時海內名公，掛航東渡者均主其家，文酒過從[193]。

光緒六、七年（1880-1881），林同興號的林鵬霄招集同好，復組「竹梅吟社」，當時往來酬酢的文人雅士主要來自李陵茂、鄭恆利、鄭卿記、陳泉源、吳振利、鄭同利等紳商家族[194]。

此外，誠如前述，同光年間以降，郊商家族成員士紳化程度大為提高，透過科舉考試取得上層功名者也主要來自郊商家族。因此，清末在竹塹地區的書院、義塾執教者，大部分出自這些紳商家族[195]。這些在學堂私塾執教的士紳，透過師生關係或賓客與僱主的關係，無形中也為所屬的紳商家族建立重要的人脈，進而擴大其家族的社會網絡。

至於，內陸鄉街則除了新埔街舖戶曾參與道光二十二年（1842）和光緒七年（1881）新埔文昌祠捐建活動之外（表6-22），僅有潘金和號與蔡興隆號參與塹城的文教活動。顯然，大多數內陸街庄商人除了栽培子弟讀書科考之外，對於公共的文教活動較為漠視。

---

193 《臺灣新報》，354號（一），明治30年11月12日。
194 同上註；《臺灣新報》，359（一）號，明治30年11月18日。
195 根據黃旺成，《臺灣省新竹縣志稿》，頁31-34（新竹：新竹縣文獻委員會，1955年9月）。光緒年間在竹塹城及其鄰近鄉庄私塾執教者共18人，其中至少10人（佔50%以上）出身塹城商人家族。

三、宗教活動

宗教活動一直是上自官紳殷戶,下至市井小民皆會參與的社會活動。特別是由移墾社會轉化為文治社會的過程中,移民常常面臨來自天災人禍的各種挑戰,神祇的崇拜與信仰顯得更為重要。為了祈求生意興隆、神明保祐生命財產的安全,商人更是不遺餘力地參與各項宗教活動。

宗教活動的具體表現莫過於建廟活動。在雍正末年竹塹城正式成為淡水廳治以前,正值竹塹地區初墾之際,所建立的寺廟都是墾民合建的土地公廟[196]。乾隆初年至末年之間,竹塹城首先出現由官方主導興建的官廟與香火廟,如外天后宮(長和宮)、城隍廟、五穀廟、內天后宮、武廟等[197]。乾隆四十六年(1781),塹城南門外竹蓮寺的興建,是由民間主導興建香火廟之嚆矢。嘉慶年間以降,竹塹城陸續出現的新廟,或是舊廟的重修,已經是由官方諭民興建,或是由民間自動獨資建廟。因此,商人也於嘉慶至道光年間,開始主導竹塹城及其鄰近廟宇的興建。或是以地主身分捐獻廟地,例如嘉慶年間郊商林泉興號捐獻地藏王廟廟地;或是獨資興建與捐修廟宇,如道光六年(1826)、道光九年(1829)林恆茂的林紹賢與林祥雲分別主導捐修竹蓮寺(附表3)。同治、光緒年間,商人主導寺廟的興建與重修,達到高峰,此時竹塹地區至少有十座廟是由塹城郊商主導修

---

196 李亦園,《新竹市民宗教行為研究》(臺中:臺灣省政府民政廳,1987年7月),頁257-258。

197 鄭鵬雲、曾逢辰,《新竹縣志初稿》(1897),頁107-110。

建 [198]。顯然，隨著竹塹地區經濟的繁榮、商業的發達，商人也越來越踴躍捐建廟宇。

　　由於竹塹城開發較早，財富聚集也最多，因此清代竹塹地區的寺廟一直有集中於竹塹城的趨勢 [199]。然而自同治、光緒年間以降，內陸街庄也開始興起興建廟宇之風潮。而在這些地區開店、拓墾，身兼地主身分的商人，往往主導寺廟的興建。例如員崠子（今竹東鎮）的甘永和號，新埔街的蔡合珍號、陳茂源以及潘金和號即是如此，特別是甘永和號，員崠子有三座廟皆是甘家於同、光年間所建（附表3）。因此，同、光年間也是內陸商人參與建廟的高峰。

　　主動捐廟地與主導建廟活動的商人，往往在廟宇建成完工之後，取得廟宇管理權，或是推舉管理人的權利。由附表3可見，清末振榮號、吳振利、李陵茂、林恆茂、鄭恆利、曾益吉、吳金興、吳鑾鎰、郭怡齋、黃珍香等郊商及其家族成員，都是塹城或竹北一保部分廟宇的管理人。其中，吳振利號家族所管理的廟宇，至少有大帝爺、天公廟、長和宮、保生大帝等四座。這些郊商所管理的廟宇幾乎都在竹塹城及鄰近地區。不過，由於土地初步墾成之際，墾戶往往捐地或與佃戶醵資建廟，因此鄭吉利（鄭恆利之支系）、林恆茂、黃珍香以及蔡啓記等少數塹城商人都因為參與邊區拓墾的關係，而於墾地捐建寺廟，進而成為該廟宇的管理人。例如，鄭吉利亦即南隘庄墾戶金同和，清末成為南隘庄福德

---

198 由附表3可見，自乾隆末年至光緒年間，塹城郊商主導興建的廟宇，至少有18座，其中乾隆年間1座，嘉慶年間1座，道光年間5座，咸豐年間1座，同治年間4座，光緒年間6座。
199 戴寶村，〈新竹建城之研究〉，頁99。

祠的管理人。

宗教崇拜對於住在清代竹塹地區各階層的人，都是相當重要
的活動。人們也習慣在廟前聚集，特別是在街庄的主廟之前，或
買賣、或相互交遊、或集會嬉戲娛樂、或商談地方公務，寺廟可
以說是地方大大小小事務的集會場所。特別是每逢地方重要寺廟
的祭典活動，更是各階層民眾、官紳同聚歡慶的時刻。1897年割
臺之初，《臺灣新報》報導新竹南門外竹蓮寺佛祖聖誕的情形
是：

> 九月十九為觀音大士之佛誕日也，新竹南門外竹蓮寺夙稱
> 靈應，每逢生日，滿城紳商釀資演劇表慶賀，所有善男信
> 女，供獻香花茶果，入寺叩祝者，肩摩擦踵，絡繹不絕，
> 真覺異常熱鬧也[200]。

顯然，寺廟實質上是移墾社會的社會文化活動中心，不但為
街庄民眾提供一個娛樂、交遊場所，在精神上也是移墾群體心靈寄
託之所[201]，長期以來具有宗教、政治、經濟以及社會文化功能。
因此，對寺廟具有管理財產、代表寺廟行使權利的管理人[202]，不
但在地方上擁有一定的社會地位與聲望，而且他更可以透過寺廟
管理活動或祭祀活動，與地方上各階層的居民有一定的聯結關
係。特別是為上層紳商家族提供一個與下層民眾上下溝通的管
道。其次，由附表4可見，大部分寺廟都購置廟產，寺廟管理人自
然也因處置廟產以及香油錢而獲利，某些寺廟甚至帶有濃厚的私

---

200 《臺灣新報》，332號（一），明治30年10月16日。

201 潘朝陽，〈新竹縣地區通俗宗教的分布〉，《臺灣風物》，31卷
4期（1981年12月），頁28。

202 戴炎輝，《清代臺灣的鄉治》，頁198。

產色彩。擔任寺廟管理人既然有種種好處，又是社會地位的象徵之一，無論是城市或是鄉街的商人都有興趣擔任管理人，甚至於產生爭奪寺廟管理權的現象[203]。再者，不少寺廟是委任多人管理的，合夥經理寺廟也提供商人與其他地方頭人聯繫、合作的機會。

　　除了主導興修廟宇之外，在竹塹地區大大小小寺廟的捐題碑中，商人、地主以及地方其他頭人經常共同位居捐題之列。目前文獻所見，竹塹地區商人最早於乾隆四十二年(1777)參與武廟興建之捐款。在這次的建廟活動中，早期來到竹塹地區經商或開墾的商人和地主都參與捐款，甚至於遠在新莊、艋舺、桃園等地的商人和墾戶也參與此次活動[204]。一般而言，這些捐獻建廟活動，往往局限於自己居住地的祭祀圈內，不過少數活動力特別強的商人或其家族成員，則超越祭祀圈，甚至於跨越竹塹地區。林恆茂號即是一個典型的例子。道光五年(1825)，林紹賢已出資興修竹南二保山仔頂庄的上帝廟[205]；咸豐五年(1855)，林占梅似乎也捐款興建臺灣府(臺南)天公壇[206]；同治二年(1863)，林占梅(林恆茂)與新埔街庄紳商民眾共同重修廣和宮[207]；同治七年(1868)，林恆茂號與新莊、艋舺地區的官宦、士紳、商民，共同捐款重修

203 例如，光緒十三年(1887)，鄭如蘭(鄭恆利家)因與許炳丁、柯目(柯順成)清丈爭界，而爭取南門外福德爺管理權(《土地申告書》，塹城南門外)。

204 〈乾隆四十二年(1777)塹城武廟捐題碑〉，現藏於該廟右牆。

205 沈茂蔭，《苗栗縣志》(1893)，文叢159種，頁163。

206 黃典權，《臺灣南部碑文集成》，文叢218種，頁665。

207 陳朝龍、鄭鵬雲，《新竹縣采訪冊》(1894)，頁249。

新莊武聖公廟 [208]；光緒七年(1881)，又以林壽記名義捐修新埔
文昌祠 [209]。在每一次的建廟捐款行動中，皆提供這些參與捐獻的
商人與有權勢財力的地方頭人交結合作的機會。而跨越竹塹地區
的捐獻活動，也隱含著這些商人活動範圍的廣大，交游之廣闊。

此外，部分商人也控制神明會或其他社會性結社 [210]。例如，
塹城郊商振榮號的林爾禎，清末除了擔任南門大眾廟管理人之
外，也是保安社、金長興社以及銀同(同安)聖母會的管理人；王
和利號的王定國則是晉江天上聖母會的管理人；陳和興號是武榮
(南安)天上聖母會的管理人(附表4)。這些商人以祭祀祖籍神的神
明會爲手段，達到維繫與同鄉移民之間凝聚團結、資金互助之目
的。另一方面，透過各種社會結社，也擴展了這些商人在地域社
會的網絡，並擁有一群相互支援的會員，儼然成爲地方上的次團
體。

部分內陸鄉街的商人也主控各種嘗會。舉例而言，新埔街蔡
合珍號的蔡緝光即爲蓮燈嘗與集義亭(祠廟)的管理人；新埔街潘
金和號則管理梅源嘗、長安嘗、太陽嘗、建昌嘗、復興嘗(表6-23)。
「嘗」是粵籍人氏慣用的組織，它可能是由同血緣或同宗的家族

---

208 〈同治七年重修新莊武聖公廟碑〉，現藏於該廟後廂。
209 陳朝龍、鄭鵬雲，《新竹縣采訪冊》(1894)，頁248。
210 事實上，由於移墾社會的特殊環境使然，無論是地緣社團、宗族
   社團以及職業社團，都與酬神祭祀活動有密切關係，因此上述這
   些社團也常被統稱神明會。神明會的名稱，因地因族群而異，有
   「會」、「社」、「堂」、「季」、「嘗」……之稱。而且每個
   社團也因結社成員需要不同，而有不同的功能，可能是祭祀祖
   先、婚喪喜慶、自衛與防禦……等互助團體。有關這方面討論，
   參見：陳惠芬，〈清代臺灣的移墾與民間結社的發展〉，頁117-
   128(《教學與研究》4期，1982年6月)。

表6-23　清代竹塹地區商人管理嘗會、宗祠表

嘗　　會	管　理　人	住　　所	所　有　之　土　地
昌盛祀	劉如棟	九芎林街	九芎林庄
育秀祀、義盛祀	劉如棟	九芎林街	九芎林
隆昌嘗、興隆嘗	劉如棟	赤柯坪	中坑
賜福祀	劉如棟	赤柯坪	中坑
太陽嘗	蘇阿珍、姜紹清	九芎林街	九芎林店地基（同治2年）
復興嘗	劉如棟	九芎林街	
顯眉祠外五祠	劉如棟		水坑庄
復興嘗	姜義豐（北埔姜家公號）	北埔	大坪庄
重蓮社	莊明月、蔡喜	暗街、鼓倉口街	下員山庄
王爺嘗	姜振乾	北埔街	三重埔庄
復盛嘗	范德昌	月眉街	月眉庄
彭志遺	彭殿華、蘭芳	樹杞林街	上公館庄
國王嘗	彭殿華		上公館庄
金合記	郭鏡瀛（郭怡齋）	太爺街	上公館庄
福孫公嘗	林石養外四人	新埔街	下員山庄
萬善嘗	彭殿華、黃鼎三	樹杞林街、南門大街	上坪庄
梅源嘗	潘成鑑、炳琅、作霖	新埔街、石頭坑	石頭坑、下山庄
長安嘗	潘成鑑、成元	新埔街	石頭坑
太陽嘗	潘成鑑、藍棋壽、劉火亮	新埔街、四座屋	石頭坑
建昌嘗	潘成鑑、成元（金和）	新埔街	打鐵坑庄
復興嘗	潘成鑑（金和號）	新埔街	竹北二保茅仔埔
蓮燈嘗	蔡緝光（興隆號）	新埔街	新埔街
集義亭（祠廟）	蔡緝光	新埔街	新埔街
三界嘗	胡崇山、藍華峰、陳煥琳	新埔街	新埔街
陳家祠	陳朝綱	五份埔庄，祠在五份埔街	新埔街

資料來源：《土地申告書》。

成員組成的祭祀公業，也可能是與無血緣關係但同族群的人所組成的神明會[211]。因此，嘗會的組成並非一定具有血緣關係，有的可能只是基於投資需要，合夥創設具有營利性質的嘗會。例如新埔街的商人胡崇山、藍華峰以及陳煥琳等三人即曾合置三界嘗，並購置店宇一間，再按股份分紅[212]。又如咸豐四年(1854)，鹹菜甕街的舖戶范日旺為夥計范興盛創置興盛嘗，是以店主的身分將夥計的薪資放貸獲利，再成立祭祀該夥計的嘗會[213]。顯然，內陸鄉街嘗會的性質頗為複雜，可能是祭祀公業，也可能是一種營利性或宗教性的結社。事實上，客家人也常以嘗為單位組成開墾組織[214]。無論如何，祭祀公業性質的嘗會是凝聚家族成員的象徵，控制嘗會隱含著在家族中擁有舉足輕重的地位，因此嘗會管理人通常是家族中最孚眾望、社會地位較高的成員。其次，透過這些嘗會，商人得以與家族成員或是共組嘗會的成員，有一聯繫的管道，形成商人的社會網絡，甚至以嘗會達到合夥經商、土地拓墾以及資金融通的效果。

---

211 臨時臺灣土地調查局，《臺灣土地慣行一斑》，第三卷(臺北：臺灣日日新報社，明治38年3月)，頁36-37。

212 《土地申告書》，竹北二保新埔街。

213 《淡新檔案》，23801-7號，光緒10年3月。

214 莊英章與陳運棟指出，「嘗」特別是「合約字嘗」，表面上是以祭祀共同祖先為目的，事實上相當於現今「土地利用合作社」，亦即客家人透過蒸嘗組織醵資購置田產，再由派下人承耕，每年租谷收入除祭祀之外，即按股份分紅，結果蒸嘗往往成為地方上大地主(莊英章、陳運棟，〈清代頭份的宗族與社會發展史〉，《師大歷史學報》，10期，1982年6月，頁168)。有關「嘗」與土地開墾實例，可參見：陳運棟編，《頭份鎮志初稿》(頭份：頭份鎮志編纂委員會，1979年)，頁181-196。

四、婚姻圈

　　清代竹塹地區的商人透過各種政治、經濟以及社會活動，而相互接觸，互相熟絡，最後往往透過聯姻來強化彼此的關係。因此，由商人及其家族成員聯姻對象所構成的婚姻圈，也象徵其家族的人際網絡。有關竹塹地區商人聯姻對象，僅能透過幾本族譜以及《淡新檔案》等有限資料來討論，而且這些資料的來源都是竹塹城的郊商。

　　由表6-24可見，自清中葉以降，這些塹城郊商聯姻的對象包含地主、商人、官僚等。以族譜對於婚姻關係記載最為清楚的鄭恆利、李陵茂以及郭怡齋三個郊商家族再作深入的觀察。首先，就鄭恆利家而言，各支系的聯姻對象至少包含38個官宦、紳商家族[215]，其中至少有17家是塹城郊商。鄭家是在第三代之後，才登上與地方望族聯姻之列，其家族聯姻範圍大部分在竹塹城附近，少數來自同為淡水廳的艋舺、後龍、苑裡、大甲等地，甚至於超越淡水廳範圍，遠及於臺中、鹿港、嘉義各地。家族中少數成員也納大陸內地的女子為姜，但這些女子並非世家出身[216]。換言之，鄭家聯姻的對象仍以臺灣本島的世家大族為主，特別是竹塹城內的紳商望族。以李陵茂家為例，李家第一代創業者李錫金於嘉慶七年(1802)渡臺，經商有成之後，即娶塹城郊商陳泉源號家女子，而締造李家與塹城商人聯姻之嚆矢。經過近百年的發展，

---

215 蔡淵絜，〈清代臺灣的望族——新竹北郭園鄭家〉，頁552。

216 鄭家與大陸內地聯姻的地區，包括泉州的惠安、晉江、同安等縣以及福州、廈門、浙江等地(鄭鵬雲，《浯江鄭氏家乘》〔1914〕，臺中：臺灣省文獻會，1978年)。

李陵茂家至少與22家官宦紳商家族聯姻，其中至少有10家為郊商出身。李家與官宦紳商的通婚範圍主要集中於塹城及其鄰近鄉庄，僅有一次遠及於臺中牛罵頭街。顯然，李陵茂家的聯姻範圍比鄭家小得多，更集中於竹塹城，與塹城郊商之間的相互聯姻傾向更為顯著。再以郭怡齋號為例，自乾隆末年郭恭亭來臺，第三代開始與紳商望族聯姻。至割臺以前，至少與7家紳商望族聯姻，這7家全部具有郊商身分。顯然郭怡齋號通婚的地域屬性更為強烈，更局限於與塹城紳商聯姻。

表6-24　清代竹塹地區塹城郊商婚姻網絡

店號	聯姻商號 *
王和利	林恆茂
王義記	鄭卿記(7)
李陵茂	(1)：陳泉源(1)；(2)：鄭恆利、林恆茂、林同興、吳振利？、吳鑾鎰；(3)：鄭恆升、林恆茂、鄭卿記？、鄭恆利、何昌記？；(4)：章波記、何錦泉、鄭恆升、魏泉安、陳恆吉
曾國興	鄭吉利
林恆茂	(1)：高恆升？
郭怡齋	(3)：陳泉源、曾益吉、鄭恆利；(4)鄭卿記、吳金興；(1)何順記？、鄭卿記、葉源遠
鄭恆利	(3)：羅德春、翁貞記；(4)：李陵茂、吳振利、陳悅記、林恆茂、高恆升？、何錦泉、郭怡齋；(5)：陳悅記、李陵茂、林永隆、陳泉源、吳振利、林同興、黃珍香、魏泉安、曾昆和、高恆升、翁貞記
黃貞香	(2)周茶春、(3)葉源遠
魏泉安	鄭卿記

資料來源：根據林玉茹，《清代竹塹地區的在地商人及其活動網絡》，附表10作成。

* 表示世代。

　　鄭恆利、李陵茂以及郭怡齋的例子均顯現，清代竹塹地區在由草莽變成文治社會的發展過程中，也逐漸重視「門當戶對」的聯姻形式。清中葉以降，上層紳商家族之間的相互聯姻已是一種常態。這些來塹定居營商的家族，大部分在第二、三代家族經濟發展順利，逐漸成爲爲有財有勢的地方望族之後，也會採取相互聯姻的策略，以維繫家族的優勢地位。甚至於，這些紳商家族也有固定聯姻家族傾向。例如，鄭恆利家與李陵茂家至少聯姻五次，與大龍峒陳悅記家至少五次。其次，財勢越大，聲望越高，在地域社會的影響力越強，活動的範圍越廣，通婚圈也越廣。鄭恆利家的婚姻圈可以說是超地區性的，而李陵茂與郭怡齋則較局限於竹塹城。李、郭兩家的聯姻現象應是塹城商人，特別是郊商最常見的通婚形態。進言之，清代塹城紳商望族之間彼此的通婚是極爲頻繁的，通婚的範圍也集中於竹塹閩人地區，較少與內陸街庄的粵籍名門世家聯姻。

　　至於內陸街庄商人，由於以粵籍爲主，其聯姻對象大部分以其地方性市場圈內同是粵籍的地主或商人聯姻，而很少與竹塹城商人聯姻[217]。以北埔姜家爲例，姜榮華娶石井庄胡趙之女圓妹，姜金發娶月眉庄的王添富之女春昭[218]。又如樹杞林彭家彭武才娶鹿寮坑庄羅展科之女新昭，彭龍生娶山豬湖庄吳坤之女昭妹[219]。兩家聯姻的對象，主要局限於內陸鄉街市場圈內粵籍的地主或是

217　塹城商人與內陸鄉街粵籍商人之聯姻，例如李聯超（李陵茂號）之　　　女嫁新埔街（李陵茂親族會編印，《銀江李氏家乘》）。
218　林百川、林學源，《樹杞林志》（1898），文叢63種，頁95、　　　125。
219　同上註，頁93。

商人，地域與族群的限制相當明顯。

　　無論如何，透過婚姻網絡的聯結，不只能維持或提升家族地位，擴大其社交網絡 220，而且聯姻的家族之間可能有進一步的合作關係，諸如合夥營商 221、合資買地或共同參與邊區的拓墾 222、資金的融通 223、聯合向官方陳情具稟，甚至於當家族內部產生紛爭之時，姻親也成為調解的公親 224。透過聯姻，甚至於可以打破竹塹地區的閩粵藩籬，例如林恆茂家的林占梅娶苗栗進士黃驤雲之女為妻，不但提高其家族的地位，而且開啓了林家跨越客雅溪，往竹南一保中港、頭份等地拓墾、置地的契機 225。顯然透過聯姻，在地商人與地主、士紳，特別是商人之間，有更多的合作機會，並以竹塹地區為中心，形成互利共存的團體。舉例而言，光緒年間，吳振利家在大溪墘庄發生事故，即由林汝梅、

220　黃朝進，《清代竹塹地區的家族與地域社會》，頁140-141。

221　商人因姻親關係而合夥經商的例子，數見不鮮。例如，道光二十一年（1841）曾朝宗（業戶名曾國興，店舖曾益吉）與姻親鄭吉利合夥在塹城開張店舖（《淡新檔案》，22410-5號，光緒1年5月3日）。

222　因婚姻關係合夥買地，如上述嘉慶年間，吳振利號與姻親王益三號合買竹北二保大溪墘庄墾區庄大租權。

223　例如道光十三年（1833）以前，榮陞記借銀元若干予姻親姜秀鑾（〈北埔姜家文書〉，《臺灣古文書集》（一），13冊，1404號）。又如，同治年間吳士敬（吳振利）以地契向其姻親李陵茂號與鄭恆升號質借（《淡新檔案》，22222-45號）。

224　例如光緒八年（1882），翁貞記號的翁林萃與高恆升號的高廷琛，以公親的身分處理大甲街王采記王鴻藻兄弟爭產糾紛（《淡新檔案》，22422-2號）。

225　黃朝進，《清代竹塹地區的家族與地域社會》，頁141；張炎憲，〈漢人移民與中港溪流域的拓墾〉，頁55。

鄭如蘭等紳商出面代爲向官方陳情[226]。

　　總之，清中葉以降，當竹塹地區土地拓墾大有進展、商業發達、經濟繁榮之際，在地商人參與社會活動已是一種社會責任與地位的象徵。無論是城市郊商或是街庄舖戶，對於生活圈內的各項社會活動均有一定程度的參與，即使這些商人家族是以士紳、墾戶或其他身分出面擔綱，對於整個家族的社會地位仍有正面的作用。特別是上層紳商家族經過長期的發展，逐漸成爲兼具士紳、地主、商人三位一體的地方望族，這些家族在地域社會中擁有強大的經濟、政治以及社會網絡實力，而更增進其商業經營的便利。反觀大陸商人除了天后宮等與航海有關的寺廟，或是捐建少數幾條重要的橋樑之外[227]，很少參與竹塹地區的各種社會活動。

　　其次，商人的社會活動範圍與其主要經濟活動範圍也有相當大的關係。經濟實力越強的家族活動範圍越大，像鄭、林兩家的活動有時是跨地域的，他們的社會網絡也遍及北部地區，甚至及於中、南部的紳商及官僚。不過大多數的商人還是習慣於參與自己所住街庄內的各項活動，畢竟他們的聲望、地位主要源於這個與他們切身的生活圈內。

---

226 《淡新檔案》，14203-39號，光緒9年9月25日。上層紳商家族之間的相互合作，幾乎在生活的各層面皆可見。又如，光緒六年（1880），舉人吳士敬（吳順記號）、職員林福祥（恆隆號）調解魏泉安號與地基主之間的店租借款糾紛（《淡新檔案》，23601-16號，光緒6年11月）。

227 如同治十一年（1872）自塹城至中港、後龍等地紳民，共同興建中港通後龍之五福橋，廈門商人葉文瀾也捐銀八百共襄盛舉（《新竹縣采訪冊》，頁119）。

　　綜合上述，無論是經濟活動、政治活動，或是社會文化活動，都為商人提供與地域社會各種階層、各種身分的人一個相互交遊與聯結的網絡，這個網絡對於某些財盛勢大的紳商家族而言，甚至於是超越竹塹地區的社經網絡。從種種跡象顯示，自嘉慶、道光年間以降，在地商人對於地域社會各種活動的參與越來越積極，彼此之間的聯結關係也越趨緊密，而形成一個利益與共的互助互利團體。這些長期累積經營而成的網絡，對於商人而言，不但促使他們與地域社會的糾結越來越深，逐漸在地化，而且對於商業活動的經營，無疑的大部分是具有正面效用的。

第七章
結　論

　　本書探究清代臺灣的一個傳統地區性市場圈——竹塹地區的商業形態與商人活動。採取「商人與地域社會」的研究取徑，論述自康熙五十年竹塹始墾之後至光緒二十一年割臺之間(1711-1895)，竹塹地區的在地商人經由各種活動與網絡，在傳統地域社會中取得優勢地位的過程。

　　首先，竹塹地區長期以來是一個既從屬於淡水—艋舺區域性市場圈，又直接與大陸地區貿易的傳統地區性市場圈，受到世界市場與洋商資本的影響較小。對外出口的商品始終以米、糖以及雜貨爲出口大宗。至於清末臺灣首要出口商品茶，在竹塹地區則直至光緒中葉始漸嶄露頭角，而出口量也微不足道，直至日治初期才大爲興盛。

　　由竹塹地區的例子可知，茶的栽植事實上始終以淡水河流域爲主，茶的產量在竹塹地區也不大，顯然即使同樣是臺灣北部地區，出口商品也有地區性差異。另一方面，過去以爲糖主要生產於北港溪以南地區，然而竹塹地區顯然提出另一個事實：竹塹內陸丘陵地盛產糖，清中葉移民積極進入丘陵地拓墾，除了樟腦的

誘惑之外，糖是更重要誘因。內陸粵籍地主與商人，事實上主要控制糖的生產與經銷，並因而崛起。

第二，相較於艋舺區域性市場圈，竹塹地區性市場圈內商人的行業種類顯然簡單得多，營業種類不但較少，而且並未完全分化。竹塹地區中產以上商人，通常採取多角化經營方式，同時經營多項進出口商品，因此可能兼具米商、布商、油商、雜貨商等多重身分。竹塹地區自城市至鄉街、村莊的行業分布也不太相同。竹塹城為竹塹地區的首要城市，商人的行業別最多樣化，專業化的現象也最明顯；位於第二層級的鄉街，通常有幾家米店、藥舖、雜貨店，清末則大多有染坊和洋煙館(鴉片煙館)存在；至於最下層級的庄店則以雜貨店和藥舖最多。

清代曾經來到竹塹地區的商人形形色色，主要分成五類：番漢交易商(番割和通事)、進出口貿易商(船戶、水客以及郊商)、街庄的坐賈(舖戶)以及行走負販的商人(販仔、小販、客商)。這些商人，除了在邊區進行番漢交易的商人與在地開張店舖的商人之外，有些是來自大陸地區或臺灣沿岸港口的船戶，有些是來自鹿港至基隆之間的區域性或地區性商人，甚至於有大陸內地的商人暫時來到此地行販。

特別值得注意的是，過去一直強調郊商在兩岸貿易中的角色，卻忽略了清代自泉州地區時常往來竹塹地區遊弋的船戶。這些船戶事實上是兩岸貿易的主要仲介者，也使得竹塹地區的郊商形成一種主要經營「配運生理」的坐賈形態，而不一定像區域性大城市一般，是擁有大資本與船隻的大陸郊商。因此，竹塹地區仍以在地的郊商與街庄的坐賈數量最多，對於竹塹地區的影響也

最大。

　　第三，清代竹塹地區商業資本的來源主要有大陸資本、臺灣本土資本以及洋商資本。其中，臺灣本土資本又分成竹塹在地資本與本島近鄰資本。清初最先來竹塹地區經商的是大陸商人，並形成早期大陸資本獨大局面。不過，來到竹塹地區的大陸商人一旦「稍有活計」，即逐漸在地化，原來的大陸資本經過幾代的發展，開始以竹塹在地資本的形態出現。另一方面，由於土地拓墾的進展、商業的發達，由土地資本、傭工資本、高利貸資本轉換成的竹塹在地商業資本逐漸興起。清末竹塹在地商人透過大量購買土地或積極參與土地拓墾活動，逐漸控制商品的生產與運銷，竹塹在地資本乃漸取得優勢地位。這種在地資本的構成形式，除了傳統的獨資與合夥方式之外，更重要的是以族系資本的形態出現。

　　第四，清代竹塹地區的商人組織有兩種，一種是清末在中港、香山以及九芎林等鄉街出現的同街舖戶公記；另一種則是進出口貿易商人所組成的郊。清中葉竹塹城首先出現在地的商人團體塹郊金長和，光緒年間又陸續出現船戶團體金濟順與腦郊，顯現竹塹地區郊出現分化現象。但是，相對於區域性大港市，竹塹郊的分化，不但極晚才產生，而且郊數不多，分化較不顯著。

　　塹郊金長和長期以來是竹塹地區最重要的商人組織，其成員雖然也有大陸商人參與，但是在地商人仍是塹郊成員的主體。加上，原籍同鄉結社並不明顯，大致上可以視為在地的同業公會。清中葉以降，塹郊金長和也以組織的力量參與竹塹地區的政治、經濟、宗教以及社會公益慈善活動。不過，同治末年塹郊抽分權改歸釐金局辦理之後，塹郊功能產生明顯的轉變。塹郊金長和在

社會公益活動的空間縮小後,其運作更集中於與郊本身或與郊商有關的經濟或宗教事務,而更為專業化、更像一個商業組織,繼續發揮其仲裁商業糾紛與維護郊商利益的功能。至於原來的社會公益事業,則轉由地方上有權有勢的紳商負擔。

最後,透過經濟、政治以及社會文化活動三方面,來觀察在地商人的活動及其網絡。就經濟活動而言,在地商人除了參與商業貿易活動之外,一方面在竹塹地區大肆搜購熟田或是參與邊區的開墾,另一方面則經營放貸業。清中葉左右,竹塹地區的土地已出現集中化傾向,郊商擁有的土地範圍最廣,郊商中有力的家族甚至跨越竹塹地區性市場圈,並扮演諸如大租戶、小租戶、水租戶以及地基主等複雜的角色,充分展現上層商人土地投資與經營的特色,以及廣大的空間網絡。竹塹地區的財富長期以來也主要集中在塹城郊商身上。相對的,城市與內陸街庄的舖戶,除了少數例外,大多數投資住居地鄰近土地的拓墾或購買水田化土地,充分展現中層商人在土地經營上的在地性格以及活動力之局限於街庄地方性市場圈。

就政治活動而言,自嘉慶末葉以降,竹塹地區具有士紳身分的郊商家族逐漸嶄露頭角,至清末已由單純的商人家族,轉換成商人、士紳以及地主等三位一體,稱雄一方的紳商望族。他們不但與地方官府關係越來越密切,而且與官方的利益也越趨於一致。因此,積極地參與保結、平亂禦敵、公共工程建設、捐獻、存放公款以及贌辦經濟性事務等各種公共事務。此外,上自郊舖下至街庄舖戶等中、上層商人,也與地方上的士紳、各級鄉職人員、墾戶、佃戶(小租戶)等同時位居街庄的社會領導階層,共同

承擔街庄各項自治事務的決策與實行。

就社會活動而言，清中葉以降，當竹塹地區土地拓墾大有進展、商業繁榮之際，在地商人參與社會活動已是一種社會責任與地位的象徵。無論是城市郊商或是街庄舖戶，對於生活圈內的各項社會活動均有一定程度的參與。不過，除了少數上層紳商望族之外，大多數的商人還是習慣於參與自己所住街庄內的各項活動，畢竟他們的聲望、地位主要源於這個與他們切身利害相關的生活圈內。

透過前述的討論，可以將竹塹地區在地商人與地域社會之間的互動關係分成三個階段來說明。

第一階段是清初竹塹初墾與大陸商人的出現。自康熙五十年竹塹始墾至乾隆末年之間，竹塹地區仍處於初墾時期，由沿海平原至各溪流的河谷平原地帶逐漸開發，竹塹城與南邊的中港街因位置優越、又具有港口機能，最先成立市街，並各自成立一個地方性的市場圈。不過，雍正末年竹塹築城之前，市場圈尚未形成，來到竹塹地區的商人也以番漢貿易商人為主。乾隆初年，隨著土地拓墾的初步完成，平原地區盛產的米穀正符合大陸華南市場的需要，逐漸有大陸商人來到竹塹城與中港街設店經商。此時期，一方面地域社會僅具雛型，墾戶與墾民才是地域社會活動主體；另一方面，來到竹塹地區的商人又僅是中、下資產的商人，因此並不積極參與地域社會的活動。

第二階段是清中葉地區性市場圈的形成與在地商人的崛起。清中葉，以竹塹城為首要城市、竹塹港為首要吞吐口的地區性市場圈逐漸形成，南部的中港地方性市場圈也納入竹塹城市場圈。

另外,自竹塹城至內陸街庄之間也出現幾個以鄉街為中心的地方性市場圈。此時土地拓墾方向逐漸由平原轉向內陸的丘陵、臺地地區。隨著土地拓墾的進展、水田化的普及,米穀的生產量不但大增,內陸丘陵地的糖、麻、樟腦以及藍靛等商品產量也漸增,使得竹塹地區逐漸具有與大陸直接貿易的條件。嘉慶末年至道光初年之間,竹塹地區更產生以在地商人為主體所組成的商人團體——塹郊金長和。

事實上,自乾隆末年以降,早期來到竹塹城發展的商人,隨著商業貿易的發展,已逐漸有能力購買水田化的熟田或是積極參與邊區土地的開墾;另一方面他們也開始參與地方上的各種活動。對於土地的投資與社經網絡的展開,都促使這些商人與地域社會的糾結越來越深,而逐漸在地化。除了大陸商人在地化之外,內陸鄉街也新興不少地主型商人。他們通常是隨著土地拓墾逐步完成,以土地資本投資經營商業。不過,他們的活動範圍主要在地方性市場圈內,活動力遠不如塹城郊商。

清中葉,在地商人階層化已極為明顯,上層商人也於此時出現。嘉慶中葉左右,竹塹地區漢墾區土地已大半落入塹城郊商手中,財富也漸集中於少數有力郊商身上。在雄厚經濟實力作為後盾之下,他們開始積極栽培子弟求取科舉功名,或透過捐納、軍功等異途方式逐漸取得士紳身分,而日益士紳化。另一方面,這些郊商積極參與地域社會的各項活動,如建廟、築城、助葬、捐義塚、修橋、鋪路、平亂禦敵等。透過士紳身分與各種活動的聯結,更擴展了他們的社經網絡,不但與官方建立良好關係,累積更高的社會聲望與地位,而且進一步採取相互聯姻方式來維繫彼

此優勢地位，形成互利團體。

　　第三階段是清末在地紳商望族的活躍與優勢。同、光年間以降，竹塹地區無論是城市或街庄的商人士紳化的傾向更爲普遍。然而，自清中葉以來，上層士紳功名卻主要由少數有力郊商家族所取得。他們經過近百年以上的發展，逐漸成爲兼具士紳、地主、商人三位一體的紳商望族，也以在地紳商望族的身分積極參與地域社會的各種活動。他們不但與官方的關係最佳，所負擔的社會責任也最重，甚至於清末塹郊功能轉變、逐漸縮小其社會活動的空間之後，塹城紳商取代其地位，成爲地域社會中最具影響力的集團。清末的竹塹地區，除了內陸鄉街少數有力的地主型商人之外，塹城的紳商望族主導竹塹地區的政治、經濟以及社會文化活動。在地紳商望族對於地域社會各種活動的參與，不但爲他們提供與地域社會各種階層、各種身分的人一個相互交遊與聯結的網絡，而且促使商人彼此之間的聯結更趨緊密，而形成一個利益與共的互助互利團體。這些長期累積經營而成的網絡，對於商人而言，不但促使他們與地域社會的糾結越來越深，而且對於商業活動的經營，無疑的大部分是具有正面效用的。

　　總之，歷經清代近兩百年的發展，竹塹地區逐漸產生一群在地商人。對於這些在地商人而言，竹塹地區不僅是他們的經濟活動空間，也是生活空間，因此他們積極參與地域社會，以爲個人或家族爭取最大的商機和最高的社會地位。他們的聲望、財富以及地位，主要來自竹塹地區這個地域社會中，因此他們與地域社會的糾結也最深。特別是那些塹城郊商，以聯姻、士紳化、投資土地、放貸以及參與地方各種公共活動等策略，使得他們與官

方、地主、士紳以及底層民眾建立起的各種網絡,皆有利於控制商品的生產與運銷。上述這種在地的網絡,卻是暫時來到竹塹地區行販的大陸商人或艋舺等區域性大城市商人較缺乏的。

　　清代竹塹地區畢竟是一個傳統地區性市場圈,出口商品長期以來以米、糖、雜貨等傳統商品為主,這些商品也一直控制在本地商人手中。至於清末成為國際性商品、躍居臺灣出口大宗茶的生產量卻不多。因此,不論就商品的種類與數量,竹塹地區都缺乏足夠吸引財勢雄厚的大陸商人與洋商來此發展的條件,而由竹塹在地商人長期主導竹塹地區的商業貿易活動。然而像「一府、二鹿、三艋舺」等區域性大城市,特別是清末受到西方資本嚴重衝擊的淡水、臺南等地,在地商人究竟處境如何,他們與大陸商人、洋商之間的關係又是如何,應是今後可以發展的研究課題。

　　其次,透過《淡新檔案》、《土地申告書》、日治初期的報紙和檔案以及族譜資料,本書重建了竹塹地區商人家族系譜,大概釐清了商人與土地的關係,這是過去前近代中國史或臺灣史研究較缺乏的一部分。另外,前近代中國史的研究大多強調士紳的地主身分,甚至隱含「地主支配地域社會」的意涵。然而,透過竹塹地區的研究成果卻展現了不同的現象:竹塹地區的士紳相當大的比例來自於商人家庭。由此可見,在商業發達的地區,或許士紳仍主要來自商人家庭。因此,也許明清以降中國華南地區那些展現外向型經濟形態的地區,應針對士紳的出身以及在地商人的作用再作進一步的探究。

參考文獻

一、中文資料

(一)史料

甲　方志（依著作年代先後排列）

蔣毓英

　　1685　《臺灣府志》（北京：中華書局，1985年5月）。

高拱乾

　　1696　《臺灣府志》（北京：中華書局，1985年5月）。

周元文

　　1710　《重修臺灣府志》（臺北：臺灣銀行經濟研究室，臺灣文獻叢刊
　　　　　　66種，以下簡稱文叢）。

周鍾瑄

　　1719　《諸羅縣志》（文叢141種）。

劉良璧

　　1741　《重修臺灣府志》（臺中：臺灣省文獻會，1977年2月）。

范　咸

　　1747　《續修臺灣府志》（北京：中華書局，1985年5月）。

余文儀
　　1762　《續修臺灣府志》（文叢121種）。
孫爾準、陳壽祺
　　1829　《重纂福建通志臺灣府》（文叢84種）。
《臺灣采訪冊》
　　1829-1830　文叢55種。
薩　廉、陳淑均
　　1832　《臺灣府噶瑪蘭廳志稿》（成文本第22號）。
鄭用錫
　　1834　《淡水廳志》（臺灣分館藏本，徐慧鈺小姐提供）。
周　璽
　　1835　《彰化縣志》（文叢156種）。
李元春
　　1835　《臺灣志略》（文叢18種）。
柯培元
　　1835-1837　《噶瑪蘭志略》（文叢92種）。
周　凱
　　1839刊本　《廈門志》（文叢95種）。
薩　廉、陳淑均
　　1852　《臺灣府噶瑪蘭廳志》（文叢160種）。
陳培桂
　　1871　《淡水廳志》（文叢172種）。
沈茂蔭
　　1893　《苗栗縣志》（文叢159種）。
陳朝龍、鄭鵬雲
　　1894　《新竹縣采訪冊》（文叢145種）。
薛紹元、王國瑞
　　1894　《光緒臺灣通志》（文叢130種）。
《新竹縣制度考》

　　　　1895　文叢101種。

鄭鵬雲、曾逢辰

　　　　1897　《新竹縣志初稿》（文叢61種）。

蔡振豐

　　　　1897　《苑裡志》（文叢48種）。

林百川、林學源

　　　　1898　《樹杞林志》（文叢63種）。

連　橫

　　　　1920　《臺灣通史》（臺中：臺灣省文獻委員會，1976年5月）。

乙　輿圖

〈康熙臺灣輿圖〉

　　　　1704前　臺灣省立博物館典藏，收於王國璠，《臺灣三百年》（臺北：
　　　　　　　　戶外生活圖書股份有限公司，1986年5月）。

《清初海疆圖說》

　　　　1723　文叢155種。

〈雍正臺灣輿圖〉

　　　　1727-1734　國立故宮博物院典藏。

〈乾隆臺灣輿圖〉

　　　　1756-1759　國立中央圖書館典藏。

〈道光福建通志臺灣海口大小港道總圖〉

　　　　1829　陳壽祺，《福建通志》（同治10年刊本，華文書局印行）。

〈道光臺灣輿圖〉

　　　　1830　國立中央圖書館臺灣分館典藏。

《臺灣府輿圖纂要》

　　　　1862　成文本，58號。

胡林翼等撰

　　　　1863　《皇朝中外壹統輿圖》（湖北撫署景植樓刊本）。

夏獻綸

1880　《臺灣輿圖並說》（成文本，59號）。

《臺灣地輿總圖》

1888後　成文本，60號。

洪敏麟、陳漢光、廖漢臣

1904　《臺灣堡圖集》（臺北，臺灣省文獻會，1969年6月）。

陳漢光、賴永祥

1957年10月　《北臺古輿圖集》（臺北：臺北文獻委員會）。

《臺灣堡圖》（臺灣大學地質系藏）。

丙　檔案、奏摺、碑文、契據

《月摺檔》（藏於故宮博物院）。

沈景鴻等編

1994　《清宮月摺檔臺灣資料》（臺北：故宮博物院）。

《宮中檔》（國立故宮博物院印行）。

《淡新檔案》（藏於臺大特藏組）。

淡新檔案校註出版編輯委員會

1995　《淡新檔案》㈠、㈡、㈢、㈣（臺北：國立臺灣大學）。

《軍機檔》（藏於故宮博物院）。

國學文獻館主編

1993　《臺灣研究資料彙編》（臺北：聯經）。

《清聖祖實錄選輯》（文叢165種）。

《清世宗實錄選輯》（文叢167種）。

《雍正硃批奏摺選輯》（文叢300種）。

《清高宗實錄選輯》（文叢186種）。

《清仁宗實錄選輯》（文叢187種）。

《清宣宗實錄選輯》（文叢188種）。

《臺案彙錄甲集》（文叢31種）。

《臺案彙錄丙集》（文叢176種）。

《臺案彙錄庚集》（文叢200種）。

《臺案彙錄辛集》（文叢205種）。

《臺案彙錄壬集》（文叢227種）。

《淡水廳築城案卷》（文叢171種）。

《清會典臺灣事例》（文叢226種）。

《福建省例》〔1752-1872〕（文叢199種）。

《述報法兵侵臺紀事殘輯》〔1884-1885〕（文叢253種）。

《清季申報臺灣紀事輯錄》（文叢247種）。

劉銘傳

　　《劉銘傳撫臺前後檔案》（文叢276種）。

　　《劉壯肅公奏議》（文叢27種）。

三田裕次藏，張炎憲編

　　1988　《臺灣古文書集》（臺北：南天）。

王世慶編

　　《臺灣公私藏古文書彙編影本》（中央研究院傅斯年圖書館藏影本）。

王世慶、張炎憲、李季樺

　　1991-1993　〈竹塹地區拓墾文書解題〉㈠至㈧，《臺灣史田野研究通訊》19期至26期（1991年6月、9月、12月，1992年3月、6月、9月、12月，1993年3月）。

〈北埔姜氏文書〉，《臺灣古文書㈠》（中研院臺灣史研究所籌備處臺灣資料室藏本）。

《老抽分會三十三單位公業號及諸先烈名冊》（長和宮楊主委提供）。

張炎憲、王世慶、李季樺等編

　　1993　《臺灣平埔族族文獻資料選集——竹塹社（上）（下）》（臺北：中央研究院臺灣史田野研究室）。

林衡道

　　1980　《明清臺灣碑碣選集》（臺中：臺灣省文獻會）。

何培夫

　　1992　《碑林圖誌・臺南市篇》（臺北：中央圖書館臺灣分館）。

邱秀堂

1986 《臺灣北部碑文集成》（臺北：臺北市文獻委員會）。
〈乾隆四十二年武廟碑〉（現存於新竹市武廟）。
黃典權
《臺灣南部碑文集成》（文叢218種）。
〈道光十五年長和宮殘碑〉（現存於新竹市長和宮）。

丁　文集、雜著

丁曰健
1867 《治臺必告錄》（文叢17種）。
丁紹儀
《東瀛識略》（1848書成，1873付梓，文叢2種）。
不著撰人
《淡水廳築城案卷》（文叢171種）。
朱士玠
1763-1765 《小琉球漫誌》（文叢3種）。
朱景英
1773 《海東札記》（文叢19種）。
吳子光
1875 《臺灣紀事》（文叢36種）。
吳大廷
《小酉腴山館主人自著年譜》（文叢47種）。
林　豪
1862-1870 《東瀛紀事》（文叢8種）。
林占梅
《潛園琴餘草簡編》（文叢202種）。
洪棄生
1895 《瀛海偕亡記》（文叢59種）。
恘我氏著，林美容校注
1996 《百年見聞肚皮集》（新竹：新竹文化中心）。

郁永河

  1700　《裨海紀遊》（文叢44種）。

施士洁

  1900　《後蘇龕合集》（文叢215種）。

施　琅

  《靖海紀事》（文叢13種）。

姚　瑩

  1821-1841　《中復堂選集》（文叢83種）。

  1829　《東槎紀略》（文叢7種）。

  《東溟奏稿》（文叢49種）。

徐宗幹

  1841-1856　《斯未信齋雜錄》（文叢93種）。

  1841-1856　《斯未信齋文編》（文叢87種）。

唐贊袞

  1891　《臺陽見聞錄》（文叢30種）。

陳盛韶

  1833　《問俗錄》（北京：書目文獻出版社，1983年12月）。

陳　璸

  《陳清端公文選》（文叢116種）。

  《欽定平定臺灣紀略》（文叢102種）。

黃叔璥

  1722　《臺海使槎錄》（文叢4種）。

翟　灝

  1793-1808　《臺陽筆記》（文叢20種）。

劉　璈

  《巡臺退思錄》（文叢21種）。

  《臺灣兵備手抄》〔1872〕（文叢222種）。

  《臺灣遊記》（文叢89種）。

  《臺灣輿地彙鈔》（文叢216種）。

《臺灣雜詠合刻》（文叢28種）。

鄧傳安

《蠡測彙鈔》（文叢9種）。

蔡青筠

《戴案紀略》（文叢206種）。

藍鼎元

《平臺紀略》（文叢14種）。

1721　《東征集》（文叢12種）。

戊　族譜

不著撰人

1975　《開拓竹塹始祖王世傑派系歷代考妣名簿》（手寫本，張德南先生提供）。

王國琛等

1922　《錦江三槐堂王氏族譜》（臺灣分館藏微卷1085472號，手寫本）。

古賢林姓族親聯誼會

1961　《古賢林姓家乘》〔林同興〕（新竹：作者發行，張德南先生提供）。

甘照淡

1971　《渡臺始祖茂泰公派下族譜》。

朱盛田

1968　《沛國堂朱昆泰族譜》〔石崗子、新埔〕（臺灣分館藏微卷1307121號）。

何仁生

1972　《何氏大歷代族譜》〔寶山〕（臺灣分館藏微卷1211001號，手寫本）。

〈何錦泉派下〉，《何氏大族譜》（張德南先生提供）。

《吳氏族譜》〔中港、桃園〕（臺灣分館藏微卷1390181號）。

吳　銅編

1973　《吳氏大族譜》〔吳金興、吳振利〕（臺中：新聲文化出版社，張德南先生提供）。

李祥甫

　　1932　《臺灣新竹州苗栗郡銅鑼庄澗窩李氏族譜》〔斐成堂商會〕（臺灣
　　　　　　分館藏微卷1130624、1390478號）。

李進星

　　1971　《李氏家譜》（臺灣分館藏微卷1365475號，手寫本）。

李陵茂親族會編印

　　1952　《銀江李氏家乘》（新竹：作者印行）。

《周邦正家族譜》

　　1878　（手寫本，張德南先生提供）。

〈林恆茂家族譜稿〉

　　1994　收於徐慧鈺編，《林占梅資料彙編㈡》（新竹：新竹市立文化中
　　　　　　心）。

林葆萱

　　1982　《西河林氏六屋大族譜》（臺灣分館藏微卷1390050號）。

范氏大族譜編輯委員會

　　1970　《范氏大族譜》（中壢：創譯出版社）。

陳君顯

　　1809　《陳氏草族譜》（竹北：臺灣分館藏微卷1411464號，手寫本）。

陳廷桂

　　1813　《陳協豐系家譜》（稿本，張德南先生提供）。

陳琳全

　　1971　《陳氏大宗譜》（臺灣分館藏微卷1307117號）。

　　　　　《鰲城陳氏五房東房族譜》〔關西〕（臺灣分館藏微卷1356881號）。

陳煌霖

　　1973　《陳姓族譜》〔月眉〕（臺灣分館藏微卷1365472號，手寫本）。

陳運棟

　　　　　《穎川堂陳氏族譜》〔頭份〕，依陳春龍，同治6年修《頭份蟠桃大圳唇
　　　　　　陳家族譜》修訂（臺灣分館藏微卷1391680號）。

　　　　　《頭份黃義盛號發跡史》（手寫本，臺灣分館藏微卷1391682號）。

張文軒

　　1971　　《張氏族譜》（國學文獻館微卷1365169號）。

張純甫

　　　　《金德美家譜輯稿》〔新竹市〕（原稿未題篇名，手寫本，張德南先生提供）。

郭韻鑫

　　1952　　《怡齋堂郭氏族譜》〔新竹市〕（臺灣分館藏微卷1211339號）。

《祭祀公業資料》〔李而富、吳振利、高華、林泉興、陳協豐、鄭元記、鄭廷餘、鄭卿記、鄭同利〕（藏於中研院臺灣史研究所籌備處，張德南先生提供）。

黃作仁

　　1924　　《黃氏族譜》〔湖口〕（手寫本，臺灣分館藏微卷1213392號）。

黃用端

　　1921　　《感慨履歷譚》〔南門黃利記、黃珍香〕（手寫本，張德南先生提供）。

《曾氏族譜》〔頭份田寮〕（臺灣分館藏微卷1356999號）。

彭氏大族譜編輯委員會

　　1980　　《彭氏大族譜》（新竹：作者印行）。

彭港松編，彭進欽續修

　　1972　　《彭氏世系譜》（國學文獻館微卷1211352號）。

彭瑞豐抄

　　1922　　《彭氏龍生公派支譜》〔竹東〕（手寫本，臺灣分館藏微卷1211352號）。

溫宏記

　　　　《三灣銅鑼圈頭份田寮里溫家溫氏族譜》（臺灣分館藏微卷1391682號）。

新竹縣劉姓宗親會

　　1986　　《彭城堂劉氏大宗譜》（新竹：作者印行）。

《葉氏歷代一部家譜》〔塹城葉源遠〕（手寫本，張德南先生提供）。

劉仲南

1953　《劉氏族譜》。

劉碧源

1969　《大旱坑劉氏佳城德支派下宗譜及事蹟》（臺灣分館藏微卷，手寫本）。

劉阿增抄

1976　《彭城劉氏族譜》（國學文獻館微卷1390350號，抄本）。

鄭程材輯

1871年首撰，1991年補　《鄭氏家譜》〔水田鄭同利〕（手寫本，張德南先生提供）。

鄭鵬雲

1978　《浯江鄭氏家乘》〔1914〕（臺中：臺灣省文獻會）。

鄭家珍等

1920　〈誥封宜人黃母陳、周太宜人墓誌銘〉〔黃珍香〕（張德南先生提供）。

鄭維藩

1871　《鄭氏家譜》〔鄭卿記〕（張德南先生提供）。

《頭份街鴻興號林氏族譜》

年代不詳　（手寫本，藏於臺灣分館）。

賴阿榮

　《頭份蟠桃賴家史話》（手寫本，臺灣分館藏微卷1390428號）。

賴金盛

1965　《南斗公派下賴家族譜》〔芎林〕（臺灣分館藏微卷1365472號，手寫本）。

蕭國光、蕭石光修

1912　《松源蕭氏族譜九世特揚公徙臺支派》（國學文獻館微卷1214578號）。

(二)近人專著

尹章義

1979　《臺灣開發史研究》（臺北：聯經）。

王世慶

1994　《清代臺灣社會經濟》（臺北：聯經）。

方　豪

1974　《六十至六十四自選待定稿》（臺北：作者發行）。

何　烈

1972　《釐金制度新探》（臺北：東吳大學中國學術著作獎助委員會，初版）。

李正萍

1991　《從竹塹到新竹：一個行政、軍事、商業中心的空間發展》（臺北：師大地理研究所）。

李亦園

1987　《新竹市民宗教行為研究》（臺中市：臺灣省政府民政廳）。

李祖基

1986　《近代臺灣地方對外貿易》（南昌：江西人民出版社）。

余英時

1987　《中國近世宗教倫理與商人精神》（臺北：聯經）。

吳學明

1986　《金廣福墾隘與新竹東南山區的開發(1835-1895)》（臺北：臺灣師範大學歷史研究所）。

卓克華

1990　《清代臺灣的商戰集團》（臺北：臺原出版社）。

林玉茹

1996　《清代臺灣港口的空間結構》（臺北：知書房）。

林滿紅

1978　《茶、糖、樟腦業與晚清臺灣》（臺北：臺灣銀行經濟研究室編印，臺灣研究叢刊〔以下稱研叢〕第115種）。

邱澎生

1990　《十八、十九世紀蘇州城的新興工商業團體》（臺北：臺灣大學

出版委員會）。

查里斯・裴洛著，周鴻玲譯

　　1988　《組織社會學》（臺北：桂冠）。

施添福

　　1982　《臺灣的人口移動與雙元性服務部門》（臺北：國立臺灣師範大學地理系）。

　　1987　《清代在臺漢人的祖籍分佈和原鄉生活方式》（臺北：師大地理系）。

夏黎明

　　1992　《臺灣文獻書目解題──地圖類㈠》（臺北：中央圖書館臺灣分館）。

唐力行

　　1993　《商人與中國近世社會》（杭州：浙江人民出版社）。

許雪姬

　　1987　《清代臺灣的綠營》（臺北：中研院近史所）。

許嘉猷

　　1990　《社會階層化與社會流動》（臺北：三民書局）。

張仲禮著，李榮昌譯

　　1992　《中國紳士──關於其在十九世紀中國社會中作用的研究》（上海：上海社會科出版社）。

張谷誠

　　1952　《新竹叢志》（新竹：新竹叢志編輯委員會）。

張苙雲

　　1986　《組織社會學》（臺北：三民書局）。

張維安

　　1990　《政治與經濟──中國近世兩個經濟組織之分析》（臺北：桂冠）。

陳孔立

　　1990　《清代臺灣移民社會研究》（廈門：廈門大學出版社）。

陳正祥

    1959   《新竹市誌》（臺北：敷明產業地理研究所）。

陳其南

    1991   《臺灣的傳統中國社會》（臺北：允晨）。

    1990   《家族與社會：臺灣和中國社會研究的基礎理念》（臺北：聯經）。

陳金田

    1980   《竹南鎮先賢名鑑初稿》（苗栗：竹南鎮志編輯委員會）。

陳運棟

    1994   《內外公館史話》（頭份：作者發行）。

陳運棟編

    1979   《頭份鎮志初稿》（頭份：頭份鎮志編纂委員會）。

章英華

    1986   〈清末以來臺灣都市體系之變遷〉，《臺灣社會與文化變遷》（中研院民族所專刊乙種之16）。

黃旺成

    1955   《臺灣省新竹縣志稿》（新竹：新竹縣文獻委員會）。

黃啓文

    1955   《新竹史話》（新竹：作者發行）。

黃富三主纂

    1996   《臺灣近代史——經濟篇》（南投：臺灣省文獻會）。

黃福才

    1990   《臺灣商業史》（南昌：江西人民出版社）。

黃嘉謨

    1966   《美國與臺灣》（臺北：中研院近代史研究所）。

黃朝進

    1995   《清代竹塹地區的家族與地域社會——以鄭林兩家為中心》（臺北：國史館）。

新竹文獻委員會

    1983   《新竹文獻會通訊》（1954年原刊，成文本92號）。

戴炎輝

　　1979　《清代臺灣的鄉治》（臺北：聯經）。

戴寶村

　　1984　《清季淡水開港之研究》（臺北：師大歷史研究所專刊⑴⑴）。

（三）期刊論文

方　豪

　　1974年4月　〈新竹之郊〉，《六十至六十四自選待定稿》（臺北：作者
　　　　　　　發行）。

王世慶

　　1958年3月　〈清代臺灣的米產與外銷〉，《臺灣文獻》9卷1期。

　　1976　〈海山史話〉，《臺北文獻》直37期。

王世慶、李季樺

　　1995年6月　〈竹塹社七姓公祭祀公業與采田福地〉，收於潘英海、詹
　　　　　　　素娟主編，《平埔族研究論文集》（臺北：中研院臺灣史研
　　　　　　　究所籌備處）。

王泰升等

　　1995年6月　〈評M. Allee 著 *Law and Local Society in Late Imperialchina:
　　　　　　　Northern Taiwan in the Nineteenth Century* 〉，《臺灣史研
　　　　　　　究》2卷1期。

王長雲

　　1987　〈從臺米運銷看臺灣經濟中心之北移〉，《臺灣研究集刊》1987
　　　　　年2期。

王業鍵

　　1973年2月　〈清代經濟芻論〉，《食貨月刊》復刊2卷11期。

石萬壽

　　1980年12月　〈臺南府城的行郊特產點心──私修臺南市志稿經濟
　　　　　　　篇〉，《臺灣文獻》31卷4期，。

李文良

1996年6月　〈日治時期臺灣林野整理事業之研究——以桃園大溪地區
　　　　　　　為中心〉（臺北：臺灣大學歷史學研究所碩士論文）。

李宜洵
1988年3月　〈「土地申告書」內容要項介紹〉，《臺灣風物》38卷1期。

李國祁
1978　　　〈清代臺灣社會的轉型〉，《中華學報》5卷3期。

李瑞麟
1973年9月　〈臺灣都市之形成與發展〉，《臺灣銀行季刊》24卷3期。

吳育臻
1988年6月　〈新竹縣大隘三鄉聚落與生活方式的變遷〉（臺北：臺灣師
　　　　　　　範大學地理研究所碩士論文）。

吳學明
1984年1月　〈金廣福的組成及其資金〉，《史聯》4期。

巫仁恕
1991年6月　〈明清湖南市鎮的經濟發展與社會變遷〉（臺北：臺大歷史
　　　　　　　所碩士論文）。

卓克華
1978年2月　〈行郊考〉，《臺北文獻》直字第45、46期合刊。
1978年3月　〈艋舺行郊初探〉，《臺灣文獻》29卷1期。
1983　　　〈新竹行郊初探〉，《臺北文獻》直字第63、64期合刊。
1985　　　〈臺灣行郊之組織功能及貢獻〉，《臺北文獻》直字71期。
1985　　　〈新竹塹郊金長和剳記三則〉，《臺北文獻》直字74期。
1985　　　〈試釋全臺首次發現艋舺「北郊新訂抽分條約」〉，《臺北文
　　　　　　　獻》直字73期。
1986　　　〈清代澎湖臺廈郊考〉，《臺灣文獻》37卷2期。

林子候
1976年12月　〈臺灣開港後對外貿易的發展〉，《臺灣文獻》27卷4期。

林正子
1982年9月　〈連橫《臺灣通史》卷三三〈林占梅列傳〉——道咸同北

部臺灣の一豪紳〉，《東洋文化研究紀要》第91號。

林玉茹

1993年12月　〈清代臺灣港口的發展與等級劃分〉，《臺灣文獻》44卷
　　　　　　4期。

1994年3月　〈清代臺灣港口的互動與系統的形成〉，《臺灣風物》44
　　　　　　卷1期。

1994年9月　〈清初與中葉臺灣港口系統的演變：擴張期與穩定期(1683-
　　　　　　1860)〉，《臺灣文獻》45卷3期。

1995年3月　〈清末臺灣港口系統的演變：巔峰期的轉型(1861-1895)〉，
　　　　　　《臺灣文獻》46卷1期。

1995年3月　〈清末新竹縣文口的經營——一個港口管理活動中人際脈絡
　　　　　　的探討〉，《臺灣風物》45卷1期。

1995年3月　〈清代臺灣中港與後龍港港口市鎮之發展與比較〉，《臺
　　　　　　北文獻》111期。

1996　〈李著「近代臺灣地方對外貿易」評介〉，《臺灣史研究》2卷1
　　　　期。

1997年3月　〈清代竹塹地區的在地商人及其活動網絡〉(臺北：國立臺
　　　　　　灣大學歷史學研究所博士論文)。

林滿紅

1978年5月　〈清末臺灣與中國大陸之貿易型態比較，1860-1894〉，
　　　　　　《師大歷史學報》6期，。

1980　〈貿易與清末臺灣的經濟社會變遷〉，收於曹永和、黃富三主
　　　　編，《臺灣史論叢》第一輯(臺北：眾文書局)。

1985年12月　〈光復以前臺灣對外貿易之演變〉，《臺灣文獻》36卷
　　　　　　3、4合期。

1993年10月　〈臺灣資本與兩岸經貿關係(1895-1945)——臺商拓展外貿
　　　　　　經驗之一重要篇章〉，收於宋光宇主編，《臺灣經驗㈠·
　　　　　　歷史經濟篇》(臺北：東大)。

1994年7月　〈清末大陸來臺郊商的興衰——臺灣史、中國史、世界史

之一結合思考〉，《國家科學委員會研究彙刊：人文及社會科學》4卷2期。

林衡道

1972年9月　　〈參加調查新竹鄭氏宗族記〉，《臺灣文獻》23卷3期。

邱澎生

1994年8月　　〈由「會館、公所」到「商會」：試論清代蘇州商人團體中的同鄉關係〉，《「商人與地方文化」研討會論文》（香港：香港科技大學）。

1995年6月　　〈商人團體與社會變遷：清代蘇州的會館公所與商會〉（臺北：國立臺灣大學歷史學研究所博士論文）。

邱純惠

1989年6月　　〈十九世紀臺灣北部的犯罪現象——以淡新檔案刑事類為例〉（臺北：臺灣大學歷史所碩士論文）。

洪美齡

1978年6月　　〈清代臺灣對福建供輸米穀關係之研究〉（臺北：臺大歷史所碩士論文）。

施添福

1989-1990　　〈清代臺灣市街的分化與成長：行政、軍事和規模的相關分析〉（上）（中），《臺灣風物》39卷2期、40卷1期（1989年6月、1990年3月）。

1989年12月　　〈臺灣歷史地理劄記㈡：竹塹、竹塹埔和「鹿場半被流民開」〉，《臺灣風物》39卷4期。

1989年12月　　〈清代竹塹地區的「墾區莊」：萃豐莊的設立和演變〉，《臺灣風物》39卷4期。

1990年6月　　〈清代臺灣「番黎不諳耕作」的緣由：以竹塹地區為例〉，《中研院民族學研究所集刊》69期。

1990年12月　　〈清代竹塹地區的土牛溝和區域發展〉，《臺灣風物》40卷4期。

1991年3月　　〈臺灣竹塹地區傳統稻作農村的民宅：一個人文生態學的

詮釋〉,《師大地理研究報告》17期。

1992年12月　〈清代竹塹地區的聚落發展和分布形態〉,收於陳秋坤、
　　　　　　許雪姬主編,《臺灣歷史上的土地問題》(臺北:中研院
　　　　　　臺灣史田野研究室)。

1995　〈區域地理的歷史研究途徑:以清代岸裡地域為例〉,收於黃應
　　　貴編,《空間、力與社會》(臺北:中研院民族所)。

夏黎明
1996年12月　〈一個在地區域研究構想的提出與實踐〉,《東臺灣研
　　　　　　究》創刊號。

高志彬
1994年6月　〈淡新檔案史料價值舉隅〉,收於國立臺灣大學編,《臺
　　　　　　灣史料國際學術研討會論文集》(臺北:臺大歷史系)。

陳秋坤
1975年6月　〈十八世紀上半葉臺灣地區的開發〉(臺北:臺大歷史所碩
　　　　　　士論文)。

陳國揚
1995年6月　〈清代竹塹漢人社會之發展〉(臺中:東海大學碩士論文)。

張秋寶
1975年5月　〈中地理論的發展與中國之研究〉,《思與言》13卷1期。

張炎憲
1986　〈臺灣新竹鄭氏家族的發展型態〉,《中國海洋發展史論文集
　　　㈡》(臺北:中研院三民所)。

1988年12月　〈漢人移民與中港溪流域的拓墾〉,《中國海洋發展史論
　　　　　　文集》第三輯(臺北:中研院三研所)。

1989年12月　〈清代竹塹地區聚落發展與土地租佃關係〉,《臺灣史研
　　　　　　究通訊》13期。

張炎憲、李季樺
1995年6月　〈竹塹社勢力衰退之探討——以衛姓和錢姓為例〉,收於
　　　　　　潘英海、詹素娟主編,《平埔族研究論文集》(臺北:中研

院臺灣史研究所籌備處）。

張家銘

1985年12月　〈農產品外貿與城鎮繁興——以清末臺灣北部地區的發展
　　　　　　　為例〉，《東海歷史學報》7期。

張德南、顏芳姿

1996年10月　〈重建中的北門大街生活史（1906-1912）〉，《竹塹文
　　　　　　　獻》創刊號。

盛清沂

1980-1981　〈新竹、桃園、苗栗三縣地區開闢史〉（上）（下），《臺灣
　　　　　　　文獻》31卷4期、32卷1期（1980年12月、1981年3月）。

莊英章

1985年3月　〈日據時期「土地申告書」檔案資料評介〉，《臺灣風物》
　　　　　　　35卷1期。

莊英章、陳運棟

1982年6月　〈清代頭份的宗族與社會發展史〉，《師大歷史學報》10
　　　　　　　期。

1983年秋季　〈清末臺灣北部中港溪流域的糖廍經營與社會發展：頭份
　　　　　　　陳家的個案研究〉，《中研院民族所研究集刊》56期。

1986年6月　〈晚清臺灣北部漢人拓墾型態的演變——以北埔姜家的墾
　　　　　　　闢事業為例〉，《中研院民族所研究專刊》乙種16。

陳金田

1979年6月　〈清代新竹地區的社會事業〉，《臺灣風物》29卷2期。

陳秋坤

1980　　　　〈清初臺灣土地的開發〉，收於黃富三、曹永和編，《臺灣史論
　　　　　　　叢》第一輯（臺北，眾文書局）。

1995年6月　〈晚清法律與地方社會——以十九世紀臺灣北部為例〉，
　　　　　　　《臺灣史研究》2卷1期。

陳惠芬

1982年6月　〈清代臺灣的移墾與民間結社的發展〉，《教學與研究》4

期。

陳國棟

1982年10月　〈懋遷化居——商人與商業活動〉，收於劉石吉主編，
　　　　　　　《中國文化新論經濟篇：民生的開拓》（臺北：聯經）。

1994年6月　　〈清代中葉臺灣與大陸之間的帆船貿易〉，《臺灣史研
　　　　　　　究》1卷1期。

1995年3月　　〈「軍工匠首」與清李領時期臺灣的伐木問題〉，《人文
　　　　　　　及社會科學集刊》7卷1期。

陳運棟

1988年12月　〈三灣墾戶張肇基考〉，《史聯》13期。

1987年8月　　〈黃祈英事蹟探討〉，《臺灣史研究暨史料發掘研討會論
　　　　　　　文集》（臺北：臺灣史蹟研究中心）。

黃克武

1984年1月　　〈清季重商思想與商紳階層的興起〉，《思與言》21卷5
　　　　　　　期。

黃富三

1982-1984　　〈清代臺灣外商之研究——美利士洋行〉（上）（下）（續補），
　　　　　　　《臺灣風物》32卷4期、33卷1期、34卷1期（1982年12月、
　　　　　　　1983年3月、1984年3月）。

1984年12月　〈清季臺灣外商的經營問題——以美利士洋行為例〉，
　　　　　　　《中國海洋發展史論文集》第三輯（臺北：中研院三民
　　　　　　　所）。

1994年7月　　〈臺灣的商業傳統——自荷治至清代〉，收於謝雲生等
　　　　　　　編，《吳大猷院長榮退學術研討會論文集》（臺北：中央
　　　　　　　研究院）。

1995年12月　〈試論臺灣兩大家族之性格與族運——板橋林家與霧峰林
　　　　　　　家〉，《臺灣風物》45卷4期。

黃卓權

1988　　〈黃南球先生年譜初稿〉㈡㈢㈤，《臺灣風物》38卷1期、38卷2

期、38卷4期(1988年3月、6月、12月)。

1987年8月　〈臺灣裁隘後的著名墾隘——「廣泰成墾號」初探〉，《臺灣史研究暨史料發掘研討會論文集》（臺北：臺灣史蹟研究中心）。

楊聯陞

1976年9月　〈傳統中國政府對城市商人的統制〉，收於段昌國等譯，《中國思想與制度論集》（臺北：聯經）。

溫振華

1978年5月　〈淡水開港與大稻埕中心的形成〉，《師大歷史學報》6期。

1982年6月　〈清代臺灣漢人的企業精神〉，《師大歷史學報》9期。

1990　〈清代後期臺北盆地士人階層的成長〉，《臺北文獻》直字90期。

魯傳鼎

1983年5月　〈清代政府發展商業的措施〉，《國立政治大學學報》47期。

潘朝陽

1981　〈新竹縣地區通俗宗教的分佈〉，《臺灣風物》31卷4期。

劉育東、張德南

1996　〈北門大街與竹塹城的開發〉（新竹：新竹文化中心，未刊稿）。

劉　淼

1985年10月　〈從徽州明清建築看徽商利潤的轉移〉，《徽商研究論文集》（合肥：安徽人民出版社）。

劉廣京

1987　〈後序：近世制度與商人〉，收於余英時，《中國近世宗教倫理與商人精神》（臺北：聯經）。

蔡淵絜

1980　〈清代臺灣的社會領導階層〉（師大歷史碩士論文）。

1980　〈清代臺灣社會上升流動的兩個個案〉，《臺灣風物》30卷2

期。

1983　〈清代臺灣社會領導階層的組成〉，《史聯雜誌》2期。

1983　〈清代臺灣社會領導階層性質之轉變〉，《史聯雜誌》3期。

1983　〈清代臺灣基層政治體係中非正式結構之發展〉，《師大歷史學報》11期。

1985　〈清代臺灣行郊的發展與地方權力結構之變遷〉，《師大歷史學報》14期。

1985年12月　〈清代臺灣移墾社會的商業〉，《史聯》7期。

1989年6月　〈清代臺灣的移墾社會〉，《臺灣社會與文化變遷》（臺北：中研院民族所，中研院民族所專刊乙種之16）。

1987　〈清代臺灣的望族──新竹北郭園鄭家〉，《第三屆亞州族譜學術研討會會議記錄》（臺北：國學文獻館）。

賴子清

1969　〈清代北臺之考選〉（上）（下），《臺北文獻》直字第9、10期合刊；11、12期合刊。

盧嘉興

1956年2月　〈臺灣清季鹽制與鹽專賣〉，《臺南文化》5卷1期。

1958年10月　〈清季臺灣北部之鹽務〉，《臺北文物》7卷3期。

薛化元

1983年12月　〈開港貿易與清末臺灣經濟社會變遷的探討(1860-1895)〉，《臺灣風物》33卷4期。

薛宗正

1985年10月　〈明代徽商及其商業經營〉，《徽商研究論文集》（合肥：安徽人民出版社）。

謝文華

1994年6月　〈「買辦研究」之回顧與展望〉，《師大歷史學報》22期。

戴炎輝

1953年8月　〈清代淡新檔案整理序說〉，《臺北文物》2卷2期。

戴寶村

1982年6月　〈新竹建城之研究〉，《教學與研究》4期。

1988年6月　〈近代臺灣港口市鎮之發展——清末至日據時期〉（臺北：
　　　　　　師大歷史所博士論文）。

瞿同祖

1976年9月　〈中國的階層結構及其意識型態〉，收於段昌國等譯，
　　　　　　《中國思想與制度論集》（臺北：聯經）。

蘇雲峰

1982　　　〈民初之商人，1912-1928〉，《中研院近史所集刊》11期。

二、日文資料

(一)史料

大藏省理財局

1899　　《臺灣經濟事情視察復命書》（東京：忠愛社）。

大園市藏

1916　　《臺灣人物志》（臺北廳：谷澤書店）。

上野專一

1894　　《臺灣視察復命》（成文本103號）。

水稅關編纂

1898　　《明治三十年淡水港外四港外國貿易景況報告》（神戶：明輝社）。

水路部

1895　　《臺灣水路紀要》（臺北：作者印行）。

《史料稿本》，原藏於臺大歷史系第二研究室。

石阪莊作

1899　　《臺嶋踏查實記》（大阪：同社大阪出張所，明治32年3月初
　　　　　版）。

安東不二雄

1896　　《臺灣實業地誌》（大阪：吉崗寶文軒）。

村上玉吉

　　1899　《臺灣紀要》（成文本118號）。

岩永六一等

　　1895-1898　《臺灣地誌彙編》（成文本117號）。

岩崎潔治

　　1912　《臺灣實業家名鑑》（臺北：臺灣雜誌社）。

波越重之

　　1907　《新竹廳志》（新竹：新竹廳總務課）。

板橋街役場

　　1933　〈板橋街志〉，收於淀川喜代治輯，《臺北州街庄志彙編》㈠，
　　　　　　成文本222⑴號。

花岡伊之

　　1902　《南部臺灣誌》（成文本302號）。

參謀本部

　　1895　《臺灣誌》（成文本105號）。

富永編

　　1944　〈大溪志〉（大溪郡役所，成文本234號）。

新竹街役所

　　1926　《新竹街要覽》（新竹：作者印行）。

新竹縣文獻委員會譯

　　1903　《鹹菜棚地方沿革史》。

農商務大臣官房文書課

　　1895　《臺灣產業略誌》（京橋）。

《臺灣地誌草稿》〔1874〕（明治7年，成文本157號）。

臺灣銀行總務部計算課

　　1902　《第一次臺灣金融事項參考書附錄：臺灣茶業視察復命書》（臺
　　　　　　北：臺灣日日新報社）。

臺灣總督府

　　　　《臺灣總督府公文類纂》（藏於臺灣省文獻委員會，微捲）。

    1993　《臺灣總督府檔案》第一至四輯(臺中：臺灣省文獻委員會)。

    1916　《臺灣列紳傳》(臺北：臺灣日日新報社)。

臺灣總督府民政局殖產部

    1896　《臺灣產業調查錄》(東京：金城書院)。

    1896　《殖產報文》第一卷一冊〈水產之部〉(東京：大日本水產會)。

    1897　《殖產報文》第二卷一冊(臺北縣：臺北活版社)。

臺灣總督府民政部殖產課

    1899　《殖產報文》第二卷一冊、第二卷二冊(東京：忠愛社)。

臺灣總督府交通局道路港灣課

    1938　《臺灣の港灣》(臺北：作者發行)。

臺灣總督府茶樹栽培試驗場

    1911　《臺灣茶葉一斑》(臺北：株式會社臺南新報社臺北支局)。

臺灣總督府高等林野調查委員會

    《不服申立書㈠‧桃園廳(裁決の分)》(大正3年，09902號)。

臺灣總督府專賣局

    1926　《臺灣鹽專賣志》(臺北：臺灣日日新報)。

臺灣總督府殖產局

    1915　《臺灣之魚菜市場》(臺北：臺灣總督府殖產局)。

臺灣總督府農事試驗場

    1906　《臺灣重要農作物調查‧普通作物》(臺北：作者印行)。

臺灣慣習研究會原著，劉寧顏等譯

    1986　《臺灣慣習紀事》(臺中：臺灣省文獻會)。

臨時臺灣土地調查局

    《土地申告書》(藏於臺灣分館、中研院民族學研究所、臺灣省文獻會)。

    1904　《大租取調書附屬參考書》(上)(中)(下)(臺北：臺灣日日新報社)。

    1905　《臺灣土地慣行一斑》第一卷、第二卷、第三卷(臺北：臺灣日日新報社)。

    1901　《臺灣舊慣制度調查一斑》(臺北：臺灣日日新報社)。

臨時臺灣舊慣調查會

　　1905　《調查經濟資料報告》(上)(下)(東京：作者發行)。

　　1910　《臺灣私法》第三卷(上)(下)(臺北：作者發行)。

　　1910　《臺灣私法附錄參考書》第一至三卷(臺北：作者發行)。

《臺灣新報》〔1896-1898〕(藏於臺灣分館，微卷)。

《臺灣商報》〔1898〕(藏於臺灣分館)。

〈漁業經濟〉，《臺灣協會會報》4卷23號(明治33年)。

〈臺北臺中縣下に於ける茶葉實況〉，《臺灣協會會報》4卷21號(明治33年
　　6月)。

〈臺灣的素封家〉，《臺灣協會會報》38號(明治34年11月)。

布施謙太郎

　　〈對岸に於ける戎克船〉〔調查〕，《財海》4號(明治39年)。

黑谷了太郎

　　〈戎克船に關する調查〉，《財海》36號(明治42年5月)。

荻田平三

　　〈水產商業情況〉，《臺灣產業雜誌》4號(明治32年1月)。

新竹南澳漁夫

　　〈新竹附近船舶舊慣〉，《臺灣產業雜誌》7號(明治32年2月)。

(二)專書與論文

クリスチャン.ダニエルス

　　1983年3月　〈清末臺灣南部製糖業と商人資本──一八七〇～一八九
　　　　　　　　五年〉，《東洋學報》64卷3、4號。

　　1984年12月　〈清代臺灣南部における製糖業の構造──とくに一八六〇
　　　　　　　　年以前を中心として〉，《臺灣近現代史研究》第5號。

上內恆三郎

　　〈合股の舊慣〉，《法院月報》3卷2號、3卷6號、3卷9號(明治42年2
　　　月、6月、9月)。

小林里平
　　〈合股字を紹介〉，《法院月報》3卷11號（明治42年11月）。
山根幸夫著，吳密察譯
　　1982年3月　〈臨時臺灣舊慣調查會的成果〉，《臺灣風物》32卷1期。
伊能嘉矩
　　1909　《大日本地名辭書續編》（東京：富山房）。
伊能嘉矩著，江慶林等譯
　　1991年6月　《臺灣文化志》（臺中：臺灣省文獻會）。
安倍明義
　　1937　《臺灣地名研究》（臺北：蕃語研究會，昭和12年12月）。
東京大學文學部內史學會編
　　1979年4月　〈1978年の歷史學界回顧と展望〉88編第5號；
　　1980年4月　〈1979年の歷史學界回顧と展望〉89編第5號；
　　1981年4月　〈1980年の歷史學界回顧と展望〉90編第5號；
　　1982年4月　〈1981年の歷史學界回顧と展望〉91編第5號；
　　1983年4月　〈1982年の歷史學界回顧と展望〉92編第5號；
　　1986年4月　〈1985年の歷史學界回顧と展望〉95編第5號；
　　1990年4月　〈1989年の歷史學界回顧と展望〉99編第5號；
　　1991年4月　〈1990年の歷史學界回顧と展望〉100編第5號；
　　1992年4月　〈1991年の歷史學界回顧と展望〉101編第5號；
　　1993年5月　〈1992年の歷史學界回顧と展望〉102編第5號；
　　1994年4月　〈1993年の歷史學界回顧と展望〉103編第5號。
東嘉生著，周憲文譯
　　1985年8月　《臺灣經濟史概說》（中和市：帕米爾書店，1944年原刊）。
林東辰
　　1932　《臺灣貿易史》（臺北：日本開國社臺灣支局）。
岩井茂樹
　　1993　〈明清時期商品生產問題的爭論〉，收於劉俊文主編，《日本學
　　　　　者研究中國史論著選譯》（北京：中華書局）。

城南外史

〈臺灣市場大觀〉,《法院月報》3卷7號、3卷11號(明治42年7月、11月)。

涂照彥著,李明俊譯

1992 《日本帝國主義下的臺灣》〔1975〕(臺北:人間出版社)。

栗原純

1984年12月 〈清代臺灣における米穀移出郊商人〉,《臺灣近現代史研究》第5號。

黃蘭翔

1993年12月 《臺灣都市の文化多重性とその歷史的形成過程に關する研究》(京都:京都大學學位申請論文)。

富田芳郎

1932年8月 〈臺灣街の研究〉,《東亞學》第六輯。

1954-1955 〈臺灣鄉鎮之地理學研究〉,《臺灣風物》4卷10期、5卷1期、5卷6期。

1955年6月 〈臺灣鄉鎮之研究〉,《臺灣銀行季刊》7卷3期。

森正夫

1982 〈中國前近代史研究における地域社會の視點〉,《名古屋大學文學部研究論集》史學28號。

滋賀秀三

1992年7月 〈清代州縣衙門訴訟的若干研究心得〉,收於劉俊文主編,《日本學者研究中國史論著選譯》〔第八卷・法律制度〕(北京:中華書局)。

檀上寬

1993年10月 〈明清鄉紳論〉,收於劉俊文主編,《日本學者研究中國史論著選譯》〔第二卷・專論〕(北京:中華書局)。

藤井宏著,傅衣凌、黃煥宗譯

1985年10月 〈新安商人的研究〉,《徽商研究論文集》(合肥:安徽人民出版社)。

三、西文資料

(一)史料、專書

廈門市志編纂委員會等譯

　　1990年6月　《近代廈門社會經濟概況》〔廈門海關報告〕(廈門：鷺江出
　　　　　　版社)。

Allee, Mark

　　1994　*Law and Local Society in Late Imperial China: Northern Taiwan in
　　　　the Nineteenth Century* (Stanford: Stanford University Press).

British Parliamentary Papers: Essays and Consular Commercial Reports (Irish
　　University Press, 1971). Area Studies Series, China. 本文簡稱作：B.P.P.。

Chinese Imperial Maritime Customs Publications 1860-1948 (Shanghai Chinese
　　Maritime Customs). 本書簡稱作：C.M.C.P.。

Davidson, James W. 著，蔡啓恒譯

　　《臺灣之過去與現在》(*The Island of Formosa: Past and Present*，研叢
　　　107種)。

Garnot, E. 著，黎烈文譯

　　《法軍侵臺始末》(*L'Expedition Francaise De Formose*，研叢73種)。

Imbault-Huart, C. 著，黎烈文譯

　　《臺灣島之歷史與地誌》〔1885年〕(*L'ile Formosa, Histoire et Description*，
　　　研叢56種)。

Le Gendre, C. W. 著，周學普譯

　　1961年3月　〈廈門與臺灣〉(Reports on Amoy and the Island of Formosa
　　　　　　　1868-1869)，《臺灣銀行季刊》12卷1期。

Mackay, G. L. 著，周學普譯

　　《臺灣六記》(*From Far Formosa*，研叢69種)。

Mailla 著，吳明遠譯

〈臺灣訪問記〉〔1715〕，《臺灣經濟史》五集(研44種)。

Michael, Franz 著，林滿紅譯

　　1973年9月　〈十九世紀中國的國家與社會〉，《食貨》3卷6期。

Montgomery, P. H. S.著，謙祥譯

　　1957年6月　〈1882-1891年臺灣臺南海關報告書〉，《臺灣銀行季刊》
　　　　　　　　9卷1期。

Morrill, Richard L. 著，薛益忠譯

　　1990年3月　《社會的空間組織》(*The Spatial Organization of Society*，
　　　　　　　　臺北：幼獅文化事業公司)。

Morse, H. B. 著，謙祥譯

　　1957年6月　〈1882-1891年臺灣淡水海關報告書〉，《臺灣銀行季刊》
　　　　　　　　9卷1期。

Myers, R. H. 著，陳其南、陳秋坤等譯

　　1979　《臺灣農村社會經濟發展》(臺北：牧童出版社)。

Pickering, W. A. 著，吳明遠譯

　　《老臺灣》(*Pioneering in Formosa*，研叢60種)。

Skinner, G. W. 著，王旭等譯

　　1989　《中國封建社會晚期城市研究》(長春：吉林教育出版社)。

Wirth, Albrecht 著，謙祥譯

　　〈臺灣之歷史〉(A Geschite Formosa's bis Anfang 1898)，《臺灣經濟史
　　六集》(研叢54種)。

(二)論文

Chang Han-Yu and R. H. Myers

　　1963　"Japanese Colonial Development Policy in Taiwan, 1895-1906: A case
　　　　　of Bureaucratic Enterpreneurship", *Journal of Asian Studies*, No. 22.

Crissman, L. W. 著，夏黎明、隋麗雲譯

　　1984　〈彰化平原的交易活動〉(Marketing on the Changhua Plain)，
　　　　　《師大地理教育》10期。

DeGlopper, Donald R.

　　1988　"Lukang: A City and Its Trading System", in Ronald G. Knapp ed., *China's Island Frontier: Studies in the Historical Geography of Taiwan* (Honolulu: The University Press of Hawaii).

Knapp, R. G.

　　1971　"Marketing and Social Patterns in Rural Taiwan", *Annals of the Association of American Geographers*, 61(1).

Lamely, Harry J. 著，李永展譯

　　1987年9月　〈城市的形成：臺灣三個城市營建的推動力及動機〉（The Formation of Cities: Initiative and Movitation in Building Three Walled Cities in Taiwan），《國立臺灣大學建築與城鄉研究學報》3卷1期。

Sangren, Steven

　　1985 July　"Social Space and the Periodization of Economic History: A Case from Taiwan", *Comparative Studies in Society and History*, Vol. 27, No. 3.

Skinner, G. W.

　　1964　"Maketing and Social Structure in Rural China", *Journal of Asian Studies*, No. 24: 1.

Wheeler, James O. and Clifton W. Pannell

　　1973 May　"A Teaching Model of Network Diffusion: The Taiwan Example", *The Journal of Geography*, Vol. 72, No. 5.

附 表

姓名	年齡/功名	原籍	在臺住地	排行或家室	營業狀況	資本來源	田業財產	資料來源
王珠	51	同安	雍正4年來府城，乾隆5年遷塹城	次子	乾隆5年在塹城開張麵店			《臺灣研究資料彙編》23冊，頁9818-9828
郭恭亭		南安	塹城大爺街，乾隆35年來臺	長子	在大爺街開張怡齋堂生理（乾隆35年）			《怡齋堂郭氏族譜》2
郭鏡蓉 (1773-1810)	34	南安		在臺生長	道光年間開張蔡逢蔡號生理：郭治觀為掌櫃	郭怡興與孫鏡容、鏡昇合夥		淡光緒17.3：33903-2、7
蔡國卿（蔡殿臣）	32／監生	惠安	大爺街	長大渡塹依親分產	在大爺街做金店生意、北鼓樓街開小麥店	同治3年分產	祖父蔡啟有小租90石；現存30石。有公店四坎做祭祀公業、五房輪流掌	光緒3年～4年：22703
王登雲（王梯）(1821-1879)	職員	晉江	大爺街，咸豐5年前渡臺	長子，娶妻三人；子五人	咸豐元年開設和利號北生理、僱王號九辛勞	向鄰人借銀兩百元來塹開店	置有田租兩千五百餘石：借銀抵利虛租二千五百石	光緒19.2.23：22614-4、20、33
鄭寶樹（杜章王表弟）	54	同安	竹塹城大爺街	有妻	自少在街開張皮店生理	表兄杜章王備本付作生理	同治五年與吳盛記合夥杜家監口庄田	同治9.10.18：22406-5、18
李旺			塹城大爺街		開乾果店：催辛勞販粝			光緒4：33112-8
楊快	44	晉江	塹城大爺街		與人夥開油車生理	合夥、血本不多		光緒4.12.27：22213-13

姓名	編號	籍貫	住址		事業	資本	置產	資料來源
曾烓	28	同安	太爺街	有父母妻子	開張貨舖及販賣果子什貨生理；光緒9年春因被際欠賬倒閉，改途肩挑販賣果子			光緒9.7.13：34304-4
蔡承・莊承發		同安	太爺街	在臺生長	屠戶	祖遺粟二十石，兄弟合夥	十餘年建居置業，有銀一萬員	光緒17.10.18：22442-1
李錫金		晉江	塹城米市街；嘉慶11年來臺	有子十	嘉慶17年在北門街開張陵茂號生理；嘉慶中葉與舖李騰桂於貓裡街合夥萬興號生理	在臺備工所得		《銀江李氏家乘》；《臺灣新竹州苗栗郡銅鑼庄高李氏族譜》
周友諒（?-1848）		安溪	北門街，道光年間攜子渡臺	有子四人，長子嬰齡	道光年間與冬福來斬開張雜貨茶生理，舖生理，道光28年由子冬福繼承，咸豐9年轉由二、三、四子繼承	大陸資本	後置店屋五座，田業二座、田業二千石，子買田租一千餘石	《淡新》22609
周家修（周友諒之孫）		安溪	太爺街		開張茶戊號生貨理	祖遺資本		《臺灣實業家名鑑》
曾兜			北門街?		開張萬戊號布商、配運樟耙			《土地申告書》14301-6；《淡新》7.4.17
林清腸	27	同安	北門街	在臺生長	承祖瑞源公號（道光年間?）		與曾益昌合夥置舊渡社永承遺溪洲仔埔船頭渡業種菁	光緒4.8.9：22414-18

姓名	年齡/功名	原籍	在臺住宅	排行或家室	營業狀況	資本來源	田業財產	資料來源
林碧(映奎)	17/童生	同安	塹城暗街		父開張瑞源源號生理		九甲埔有田	同治7.4.13：22603-1
林景祥(即林獅)	監生	同安	北門街	在臺生長	咸豐1年在署口開張協源源號布店生理	原係林恆茂管事	先人遺管水田一所，小租谷20石，座落海口莊，祖父遺西勢庄田	光緒7.10.23：23308-1、3：22513
林冶(林獅姪)		同安	衙門口		生理挑販渡活			光緒10年：22513-22
林留(冶弟)		同安	北門街外		生理渡活			22513-43
陳耀		泉州/同安	北門街咸豐年間來臺	子陳信齋肄生	開張恆吉號米舖生理	大陸資本		《臺灣省新竹志稿》45
鄭維璜	38/武生	南安	塹城北門街	在臺生長	同治12年來城開張萬安號生意	兄維藩贊助資本		光緒9.8.24：22608-20
吳清			北門街		開張恆安號生理			光緒7.7.21：35506-21
杜章玉(杜文瑤)(?:1866?)		同安	十八歲渡臺住北門街，道光年間來臺	娶妻育有五子；一子讀書為業	開張瑞芳號染房生理	大陸資本	隘口軟坎埔園；番仔陂水圳一條；廣置埔園宅不數萬金	同治4.5：22406-14、18、19
杜吉(杜瑞吉)(杜文瑤孫)	36/童生	同安	北門街	在臺生長第三世	杜瑞芳號		九芎林五塊厝溪埔業，同治12年賣與北門街石匠黃金	光緒10.2.16：22406-41，22512-25
曾雲壇	50	同安	塹城北門街		賣豆腐乾生理		有北門街房屋一座稅出	光緒5.11.8：22163-11

姓名		籍貫	住址		營業	備註	資料來源
潘江泉	35	同安	塹城北門街		卯書胥吏，販賣木料生理	陳阿妹向之借銀以支工價	光緒7.6.18：23601-4
蕭萬	23	晉江	塹城		開挑夫店度活		光緒7.10.11：11207-5
蔡進發	45	同安	北門口	有妻	開客店為業		光緒7.10：11207-5
林全			塹城		開客店(自鬻店)為業		光緒10.6：11207-23
曾諒	25	惠安	塹城北門街光緒6年渡臺		永發號設舖生理：光緒6年渡臺，店夥兩人與料長陳阿妹交關木料木料48件價銀五千餘元	光緒7年7月入內山收賬，在北門街與人備工，與人夥開設舖生理　店被潘元縱火	光緒7.5.18：23601-1；光緒8.3.10：23601-13；光緒8：23601-19
彭長生記、王勝興、吳為、蔡承發、吳際仁		同安	北門街		開張金泉興豬戶設舖生理(光緒6-8年)宰畜京果生理為業	五人合夥，乏本向鄭吉記等借款519元，光緒7年陳登山承彭長生股份，陳原為苦勞	店面兩間	光緒8.4.18：23410-1、4、11、2
王勝興即王錠	60	晉江	北門大街		開張王勝興號		光緒8.10.3：23410-10、39
吳為記	29	同安	北門街		京果生意：原為金泉興家長		光緒8.9.5：23410-11、39

姓名	年齡／職功名	原籍	在臺住地	排行或家室	營業狀況	資本來源	田業財產	資料來源
陳源泰即陳澄波（陳和興）	48／職員	泉州南安	塹城北門街		開張和興號布店生理、鋪戶	僱辛勞陳芝蘭一人		光緒17年：22107-4、26
王光冊（王明記）			北門大街	娶二妻一妾	藥材巨商，光緒中葉左右年歇本			《臺灣新報》230號（一）、明治30.6.16
莊俊榮			塹城北門街		崑茂號布料雜貨商（1880年左右）			《臺灣寶鑑家名鑑》270
翁林萃（?-1885）		晉江	水田街		光緒10年贌鹽局新埔等處十販館（竹塹全部）	與口畫金穗順即職員蔡慶合夥		光緒11.5：33212-9
翁林煌（林萃子）	貢生	晉江	水田街		光緒19年私設翁員記腦棧	父遺資本		光緒20.4.8：14312-2
翁林英		晉江	塹城水田街	二兄弟，在臺生長	經營樟腦業			《臺灣省新竹縣志稿》28
周冬福（?-1871）		安溪	暗街	隨父來臺生理	咸豐9年開張茶源號生理。同治11年，子經營不善，13年倒閉。子售草改至艦邪吳吉記布行當辛勞	父遺資本，分家得180元		光緒8.12.18：22609-5
蘇景昌	55	永定	塹城暗街	有妻	嘉慶元年開張永金號鋪戶為藥店、開張藥店	世襲行業		光緒9.2.11：16511-9、16505-1

姓名	編號	籍貫	街道					資料來源
賴中和	37		暗街		開張振興號啟鋪生理			光緒9.11.26：33403-58
馬玉華（1837-?）		福建	暗街	隨父來臺	開張馬榮記號	父務農：北門右營廚吏薪資		《臺灣列紳傳》124
鄭傳		永春	塹城	生四子，第童二代，將童養媳嫁辛勞	乾隆年間來臺開店，瑞源號錫店		嘉慶年間同顏振昌、林玉兔、李永生等十人建法祖公會嘗	光緒16.5：23501-14
鄭陪美（鄭傳祖孫）	58	永春	塹城		經商淡漁		祖遺北門街地基；祖遺法祖公會嘗田	光緒15.11.13
曾朝宗（曾國興）	57	同安	塹城		道光21年至28年在塹城生理	與鄭吉利合夥	來豐莊薬戶會國興	光緒1.5.3：22410-5
協豐號			塹城		協豐號當舖			光緒13.8：14105-2
何印			塹城		章義號當舖，乾隆年間開張，光緒7年乙本倒閉	乾隆年間布字28號布司當帖		14105-32：光緒6.10.5：24301-1、7
林彰（林汝梅弟）			塹城衙門口？		薬店改舖生理	將塹城義會穀私行變耀，作為資本		光緒7.1：12603-1
潘汝舟	32	同安	塹城		開張順發好號生理	兄弟合夥		光緒4.2.29：35301-3
許簪國	42	同安	水田街		做生意感活，扶生號郊商	祖父遺產道光初年	在三湖庄有田園三甲	光緒15.4.22：22521-89

姓名	年齡/功名	原籍	在臺住地	排行或家室	營業狀況	資本來源	田業財產	資料來源
鄭禮(?-1875)		永春	南門街	娶二妻、生子四、抱養二子	開張永興雜貨員生意、糶戶、熟白糖、瓦四種生理	渡臺營商(咸豐年間?)	產業店屋五千元，店三、楊梅壢水田一段大租、小租田24石。新莊仔住園，放貸利息合12石	光緒1.9：22604-6、13
鄭明源(鄭禮子)		同安	南門街		做芛、磁生理，同治11年開張、13年關閉	父遺店資本		光緒5.12.3：22604-13
陳萬益	25	同安	塹城南門街	有妻子	開張紙洽店生理	資本花盡，與人備工		光緒4：33112-8
?			南門街		振春號芛麻行			光緒12.12.19：13506-5
鄒自清	47	長樂	南門街		生理為活		自置何合興員船	光緒15.4.22：22521-89
鄒陳平		廣東	塹城南門街		開店			光緒16.10.5：23603-3
周樹勳(周東興)	26/童生	永春	塹城		乾隆來臺經商		經商有成，於新社買田一、子買奮社園二、新社田四四元	光緒4.5：22703-33
王海	41		塹城	有妻子	藥舖生理	為海隆號備工		光緒5.11.26：22607-3、5
黃德源、郭裕觀			塹城		同治三年兩人夥開合成號生理，光緒六年欲賣店	向北門外益和號黃巧觀借銀臺百元		光緒6.12.23：23408-3

姓名	年齡／功名	原籍	地址	家庭	開張鋪店	林戌祖遺西門街祀田	日期
林晏生	38	同安					光緒8.5.23：33508-15
倪連溪			西門街		開張販賣筍貨物店鋪生理。從前以來所筍係老葉、魚脯等貨員，各府縣地方各商也售員物，俗稱九八行，店號泉戌號		光緒7.11：11207-16
陳福		嘉應	西門街		振吉號，同上		光緒7.11：11207-15
張展五（張興魁）		嘉應	咸豐6年與妻兄弟人陳謙光渡臺 西門街	有妻子	同治元年開設嘉興號	原在松口鎮賣米酒雜貨；咸豐八年向嘉應州西門街天成號借資三百元，在竹南中港頭份街備工	光緒14.2：23421-4、14、13、18
張阿祥（張輝春）	40／監生	嘉應	塹城西門街		作生理為活	高利貸	光緒17年：22107-4
張阿常	45	嘉應	塹城西門街	有兄弟妻子	經商為活	為萊豐庄徐熙拱佃戶	光緒18.閏6：22221-34
張輝椿（即張阿常、張展五之子）	41／監生	嘉應	塹城西門街	有妻子，咸豐6年隨父渡臺	開張洋藥生理	父遺資本	光緒14.7：23421-22

姓名	年齡/功名	原籍	在臺住地	排行或家室	營業狀況	資本來源	田業	財產	資料來源
余盤	54	惠安	西門街	有妻子，在臺生長	開張余萬香號生理	父遺生理			光緒18.6.8：33904-6
謝復安	31	同安	西門外		作販仔生理		放貸		光緒10.5.18：33804-3
黃春菴		晉江	塹城北穀樓街		租店開張復發號什貨生理；光緒12年6月店為火燒				光緒12.7：13402-2
黃榮			塹城東門		樟腦商				《臺灣賣家名鑑》271
蘇鳴元			塹城東門		宏源號米穀雜貨商				《臺灣賣家名鑑》270
戴應時			塹城東門		建興號米商（1890年）				《臺灣賣家名鑑》269
郭忠	20	南安	後車路	在臺生長	咸豐年間開張饗戶生理				同治4.4.24：14101-16
蔡祥			香山街		開張福源號。米穀配哥。光緒19年與劉阿秀合夥建昌號買腦生理？	異姓合夥			同治4.4.24：14101-18；光緒20.4.4：14312-9
柳路	54	惠安	後車路		賣花生度活				光緒8.7.14：12511-4
鄭吞			香山頂寮街		開張什貨洋煙生理				光緒10.10.18：33322-4

姓名	年齡/身分	籍貫	來臺/居住	家庭	行業	資本	資產	資料來源
吳鯱	57	頭北	香山街,道光30年來臺	有妻子,在內地	開張德利號,什貨並船隻生理(九八行)(1850年)	大陸資本		光緒9.10:15215-6
蕭揚馨	43/監生	惠安	香山街		光緒12年開張德盛號生理、買賣糖、油、米、苧配運船隻			光緒14.9.30:33329-1
林高庇(1736-1802)(同興公)		同安	槺榔庄,子振基苦苓腳聚遷居定居	乾隆年間來臺,35歲娶中港黃氏,生五子,五子振與振長子起恭聚長子起恭商業。起恭三子鵬背歲賣	初居舊港船頭庄,經售陶器業、後遷槺榔庄創同興行、經營船務買賣、榨油業、木材行	大陸資本,第一代即在中港置園地化	以商業積蓄購田園七千餘石	《古賢林姓家乘》同治7年:633503-2
吳永潮(1768-?)		鎮平	中港街	在臺生長第二世	乾隆51年以前開張藥材店,嘉慶5年藥商從農	父親業農商;藥儒從商		《吳氏族譜》139018l號
許時行	46	海澄	中港街	次子,有妻子	為開張許春記號糴白米度活(米商)	為淡水廳業戶許春記	道光27年買中港田,同治2年蔡莊水田,同治7年買蘆竹南莊水田	同治11.12.18:22408-17、2、2a
林登			中港	四房之二	課館寶興號	捕漁為業,原領鹽館哨丁50名,包賣館鹽		光緒7.7.10:14201-16
方球			中港		磁器商、兼賣洋煙			《臺灣新報》254號(一)

姓名	年齡/功名	原籍/在臺	住地	排行或家室	營業狀況	資本來源	田業財產	資料來源
許清文（1853-1913）			中港街		開設槁部			《竹南鎮先賢名鑑》初稿 39
蔡灶輝（1854-1922）			中港街	一子蔡金	開張錦榮號雜貨行			《竹南鎮先賢名鑑》初稿 29
林合賺（1850-1908）			中港街		開張彩昌號染織行			《竹南鎮先賢名鑑》初稿 27
李呈材（1862-1925）	生員		中港街		開設如意帛行			《竹南鎮先賢名鑑》初稿 25
魏泉安管事 李清雲	46	廣東	後龍街、塹城	有妻子	開張金銀、米、木料生意。光緒6年火災毀		租蔡觀芳店一進兩間，店稅24元	光緒6.9.6：34301-3
劉窣	57	長樂	頭份街		染坊生理			光緒6.12.5：22418-22
賴來營		陸豐	頭份街	在臺生長、長子	開張穩好信記染坊生理	父子耕作，分家至頭份開店		〈頭份蟠桃賴家史話〉光緒17：《淡新》35512-6
楊坎			頭份街		自開乾果店生理，生意很好	原與林旺生合夥販賣鹽		光緒5.11.24：33115-10
徐開當			頭份街		開張延年號米穀、糖生理、延年堂藥舖		與黃維生等五人合股製糖	《頭份鎮志》初稿 293
張桂芳	例貢生		頭份街		開張大安堂藥舖（同治11年以前）			《賴川堂陳氏族譜》12214-4

				在臺生長	經營		資料來源
陳阿立			頭份街				光緒17.6.6：35512-1.2之1
曾鄭才	31	嘉應	頭份街		做豆腐生理		光緒19.9.17：35305-11
林鴻春（1867-1937）		溫州	頭份街	在臺生長第二世，生子七	開張鴻興號、木材、苧蔴生理	棄農從商，積聚田三千餘石	《頭份街鴻興號》
陳春龍（1834-1903）	監生	鎮平	頭份罐桃	在臺生長，一子讀書	福安堂堭東；放貸、蔗廍	祖為隆恩佃戶，相師	《賴川堂陳氏族譜》1391680號
陳欽傳			頭份街		開張廣源號米穀、雜貨生理	光緒9年與陳春龍合夥於濫坑設源號、蔗部	莊英章，〈清末臺灣北部中港溪流域的糖部經營與社會發展〉，80、98
張旺興			頭份街		祖父1866年左右起經營豬販賣		《臺灣人物志》196
洪恭清			頭份街		祖父1866年左右起營布商與雜貨商	頭份豪家商	《臺灣人物志》194
黃維生			頭份街		祖傳米穀商		《臺灣人物志》150
黃承長（句二）			頭份街		開張義盛號專賣南北雜貨、鴉片；到中港海口辦貨	開張蔗廍由二十份林阿平主持	《頭份黃義盛號》1391682號
莊潮州			斬埔三灣街		在三灣街生理：老山參、新山參、衣物		光緒11.9.6：33324-2

姓名	年齡/功名	原籍	在臺住地	排行或家室	營業狀況	資本來源	田業財產	資料來源
鍾石妹		廣東梅縣	三灣街		同治三年渡臺營商	大陸資本		《臺灣省新竹志稿》49
黃昂			南庄		義和號腦戶			光緒20.2.23：14310-6
王平			大稻埕；南庄		在南庄開張建興號腦戶			同上
黃爾仰			大稻埕、南庄、米市街		在大稻埕、塹城、北埔、南庄、大湖、南湖、獅里興開設聯成號腦棧			光緒10.7.22：35306-1(7)《臺灣新報》31號、《臺灣新報》139號(二)
溫阿煌		長樂	竹南一保南庄		經商度活，光緒19年在南庄山面開設金振成號，僱工熬腦，計缸鍋152粒	防費由公泰洋行代繳		光緒20、21年：14312-6、10
姜秀鑾兄弟		陸豐	九芎林		道光12年以前開張豐源號乾果彩帛生理，12年分家由秀鑾掌開張藥鑾典舖	兄弟二人合夥、耕作所得	兄弟合夥創有七千員之業	《北埔姜家文書》11冊1297號
姜秀鑾		陸豐	九芎林街(公館街)		道光27年以前開張藥材行，恆茂堂藥材行，27年分家由居材掌			《北埔姜家文書》11冊1297號

姓名	歲	籍	街		生理		出處
姜榮華、劉仁魁等七人			北埔街		光緒6年以前開張金廣茂生理	光緒6年拆夥歸姜榮華、協順號再合夥，11年協順號退股	《北埔姜家文書》13冊1410、1412號、035-202、035-311
姜榮華等人			九芎林街(店址)		協順號做米穀、油、糖生理		《北埔姜家文書》
姜紹祖			北埔街		光緒19年於暫城私設金廣運腦棧		光緒20.4.8：14312-2
詹阿景	41	饒平	九芎林街	子藍華姜為生員	開張合興號洋酒什貨生理(1867年)，僱辛勞一人	與新埔街藍彤四六合夥	光緒8.3.1：33319-3、9
劉東進	60	長樂	九芎林街		開歇店賣什貨	二子為挑夫	光緒8.3.5：33319-9
胡裕裕	56	永定	樹杞林街		鐵店營生		光緒1.6.23：33314-1
彭慶添	55	陸豐	樹杞林街		世居竹北，藥舖營生		光緒1.11.3：33401-20
謝細番、河舍			北埔街		光緒3年開張義昌號藥舖	兩人合夥準本五十元	《北埔姜家文書》13冊1409號、035-434
林阿元			新埔街		隆勝號米店		咸豐5.4.23：33302-2
劉其端(劉阿元)	51/藍生	饒平	新埔街		開張乾果生意	店向藍秀才稅	光緒7.6.17：35506-14

姓名	年齡/功名	原籍/在臺 住地	排行或家室	營業狀況	資本來源	田業財產	資料來源
潘作霖		新埔街(住石頭坑庄)		酒生藥店			《士申》73:1
陳阿日叔		溫州 新埔街		賣藥九生理			光緒8.2.18：33118-3
蔡輝合	47	朝陽 新埔街		生理為業	高利貸		光緒10.12.18：23417-1、2
蔡合珍		潮州 新埔街	嘉慶中葉來臺	栽蔬於圃，賣瓜於市，店號蔡合珍，油車商；孫蔡金球油車商		經理廣和宮和興嘗祠	《臺灣列紳傳》144
劉步魁	43	饒平 新埔街		做生理為活		有承祖父牛埔栽種茶叢近百萬株	光緒12.1.14：22514-89
范如鵬（范日望之孫）	33	陸豐 新埔街		做籮耀生理（米商）			光緒10.3：23801-7
朱洪顥(1850-1915)	監生	潮州 新埔街	在臺第三世	咸同年間攜子姪兄弟由大旱坑街遷居到新埔街，開張染坊源：1895年移回大旱坑經營廣源號染坊	祖父、父親耕種維生		《沛國堂朱昆泰族譜》1307121
朱鑑堂（朱洪顥姪）(1855-95)	俊生	潮州 新埔街	在臺第四世五房，課子讀書	與朱洪顥同至新埔營商，1882年分居，經營染坊生理，後經藥材行、雜貨。1890年改業醫	棄儒從商		同上

姓名	人數	祖籍	地點	在臺生長	營業	備註	資料來源
范日旺		陸豐	鹹菜棚		作生意，僱范興盛為辛勞	咸豐四年為辛勞成立興盛號。初將盛薪貲八十元放興盛薪貲三百餘元而成立	光緒10.3：23801-7
范承昌	79	陸豐	鹹菜硼芎仔園		同治12年開昌戊盛記鹿部		光緒10.5.19：23801-27
曾琳發			鹹菜硼街		有店三坎，金和號，營什貨、和春號製油業、源茂號什布染業之業（道光22年存）		《土申》：《新竹縣采訪冊》246
劉廷章		潮州	竹北二保大旱坑	在臺生長，娶妻妾三	做水果買賣起家	家財數千，土地位於大旱坑、水坑、石崗子、三洽水、九芎林	《大旱坑劉氏族譜》
張阿番		鎮平	大溪墘埔頂庄	在臺生長	同治6年以前開張義隆號藥材布疋雜貨生理		光緒8.3.8：23403-6，33102-3
邱江海‧邱連旺(子)	68‧32	嘉應	竹北二保赤牛稠田心仔庄	五子十二孫，以耕商為業	開張吉源號什貨、布帛染坊等舖，開店數十年	與塹城舖戶紳士交好	光緒9.9：14203-15、40
梁如清‧羅有福羅有春三人合夥		鎮平	鹿寮坑庄		金瑞記號販賣樟腦生理，樟腦委由該號工人運至艋舺鬻行		光緒6.7.30：33211-1

姓名	年齡/功名	原籍	在臺住地	排行或家室	營業狀況	資本來源	田業財產	資料來源
林其富		饒平	六張犁庄		做生理為活			光緒12.7.9：33603-34
韓阿傳、高秋月	41		橫山		採料為活；料館			光緒8.6.3：33179-1
彭老邦	34	同安	海口庄		在內山販賣木料			光緒8.9.30：33119-6
陳登山	34	同安	麻園庄		為金泉興號辛勞(7.3-8.4)			光緒9.7.18：23410-39
陳子忠	38	陸豐	婆羅汶		開張藥店生理	兼教讀為業		光緒5.閏3：22605-15
黃樂同		平遠	水流庄	在臺生長	開張和元堂藥舖生理倒閉，將藥櫥器具出稅張阿番			光緒8：23403-15
盧堚		同安	下東店		生理為業	變賣捕心仔莊為資		光緒10.閏5.28：33122-3
楊雲嚴	22	晉江	竹北一保吉羊備		放高利貸；與妻兄鄭達源合夥開店，光緒12年8月開張瑞益號。至年5月虧本與鄭達源爭控	放貸資本六百餘元；又借黃瑞利佛銀三百五十員，本銀共九百餘元		光緒13.5.22：23704
鄭達源					與妹婿楊雲嚴合開	向妹婿借銀三百開店		光緒12.10：23704-2a

姓名		籍貫	地點	營業	備註	資料來源
鄭國瑞			滴仔莊	開員吉號洋煙局		光緒15.8.9：33129-1
黃肥（兄）	47	同安	南嵌庄	開張洽利號洋煙乾果彩帛店	與同庄陳金水合夥	光緒8.8.26：33405-4、10
黃烏（弟）	38	同安	南嵌庄	開張益芳號洋煙銀紙笈舖	與叔父黃川合夥	光緒10.8：33405-4、10
楊力		晉江	南嵌庄	作販賣貨物生理		光緒8.8.27：33405-10
林先坤家族			九芎林	嘉慶19年以前在塹坡開張協順號生理	本銀589元	王古文書8.7.338
黃朝生			竹北一保斗崙庄	聯泰號米商		《臺灣賣業名鑑》271
彭鑽初			樹杞林街	雜貨、米穀商		《臺灣賣業名鑑》269
柯吉			竹北一保客雅庄	承祖業經營日用雜貨、洋酒罐頭販賣		《臺灣賣業名鑑》267

註：資料來源出自《淡新檔案》。

附表2　清代竹塹城郊商資料表

店號	抽分	原籍	店舖或居所(h)	創始人	渡臺、遷居或清末傳嗣	出身	成立時間或文獻始見年	行業	資料來源
王和利		晉江	北門街	王禮讓（s：英傑）		郊行生理、監生	道光24年	郊商	a；d
王益三	n	晉江	太爺街	王登雲（王梯）（1821-1879）	道光十餘年渡臺	商人	咸豐元年成立	郊商：米、彩帛	a，22614、《土申》：f
王益三	o	同安	滿雅庄	王益三	嘉慶初年左右，傳四世	地主業戶、商人	嘉慶11年以前、光緒初年沒落	郊商	a，23705：r273
李陵茂	n	晉江	北門街兩座	李錫金	嘉慶7年來臺、傳三世	在商家備工	嘉慶11年成立	郊商：米	b
何錦泉	n	惠安	南門街／巡司埔街／原在石坊街、後遷北鼓樓街（北門）	何克恭	乾隆54年，何光添與子兌恭渡臺中港，嘉慶7年遷後發龍，道光初遷竹塹，傳五世	商人、至後發龍開張酒舖	嘉慶末年（道光5年）	郊商：米、樟、腦、商、酒舖	a，14312：33503：h；ae，18d：m，24
杜鑾振	o		米市街	清末管理人杜來源		乾隆42年	乾隆42年		武廟碑文：k
杜瑞芳	o	同安	北門街	杜章玉	18歲隻身渡臺，傳二世、清末管理人杜開嘴	商人	道光5年，乾隆42年？	布郊染坊	a，22406：f，208；aa：k
同興	o	同安	第一代店在壤椥庄、第二代遷苓苳腳	林高庇	乾隆年間林高庇來臺、曹港船頭庄	林高庇經營售陶器爲業、後在壤椥庄開大店	乾隆40年	郊商：樟油、木材、米穀	a，33503：p，6-7：aa，23

商號		祖籍	地點	人名	世系	身分	年代		資料
吳金興#	○	安溪	水田庄	吳世美(?-1848)	雍正末年至乾隆初左右? 父吳盛多(1700-1776)為渡臺祖	商人、地主	乾隆初年?(乾隆42年)	郊商	aa：d
吳金吉#	○	安溪	水田庄	吳光銳(1787-?)	吳金興在臺三世、光銳為世美六子	商人、地主	道光6年(嘉慶23年?)	郊商	a，23802：d；水田庄：l，20：k
金和祥#	○	安溪	水田庄	吳世美?	與吳金吉同支：清末管理人吳明池		嘉慶16年	郊商	同上
吳讚記#	○	安溪	水田	吳希文?	為吳金吉之第三代	商人、地主	清末	郊商	同上
吳金鎰記（吳金鑾鑑）	○	安溪	畬仔庄(h)	吳世波(吳凌波)	為吳金興在臺第三世		嘉慶23年	郊商	l，63：k
吳鑾勝#	○	安溪	畬仔庄(h)	吳文求、文平?	吳金鎰第二世		乾隆42年	郊商	aa：d；k：v
吳振利#	○	泉州同安	北門大街	吳嗣振(朝珪)(?-1804)、嗣煥五兄弟 清末管理人 吳雨岩	乾隆20年以前與嗣拔珪、嗣煥五兄弟遷竹塹 滿雅	商人、有五子一孫武進士二姪孫武舉人	乾隆20年	郊商	a，22222：d；p，54：v，207
吳振記#	○	同安	北門大街	吳禎談之父（國治）(1785-1839)	吳振利第二世、頂長房行二	商、捐建城工	乾隆42年	郊商	l，62：aa
吳順記（吳萬吉）	○	泉州同安	北門	吳禎蟾（國步）(1781-1827)	吳振利在臺第三世、頂四房行二	子孫入士敬	嘉慶7年	郊商	o：v
吳萬裕#	○	同安	北門街	吳禎麟、清末管理人為吳順記長子 士梅、士梅長子竟木	吳振利在臺第三世、頂四房行四、萬裕妻 頂四房行子在內地	商人	嘉慶23年	郊商	c，51：k；p，54

店號	抽分號	原籍	店舖或居所(h)	創始人	渡臺、遷居或清末傳嗣	出身	成立時間或文獻始現年	行業	資料來源
吳萬德#	o	同安		吳嗣煥(朝珪弟)	與吳朝珪兄弟三人渡臺	商人?	乾隆11年以前	郊商	r：273：v：k
金達泰(金達源)	o		北門大街、後車路街	許珠泗	在臺傳三世，清末管理人許肇福	商人	嘉慶11年以前	郊商：陶磁商	m：k：i：109
金德美#	n	同安	北門大街二棟	張首芳(1775-1843)	張首芳道光初年至艋舺，後遷舊港。長子二子初留內地；長定國道光十年渡臺依父經商。次子女邦綹死渡臺依兄	張首芳讀書亦為夏門富商；蘇水之帳房；首芳姜曾氏在臺積表孝福；定國積產二萬餘元，營製粉業	道光中葉	郊商：麵粉業、食品行、金德美亦經營德隆號藥材行	j：m：24：x
金德隆#	o	北門大街	同上、清末管理人盧招昇	與金德美同族?			道光16年(嘉慶23年?)	藥材行?	j：213：c
周茶春#	o	安溪	北門街	周烈才(同嘉旺?)	與周茶泰同族		道光9年(嘉慶23年?)	郊商	a：109：m：24
周茶泰#	o	安溪	北門街	周友諒	道光末年渡臺，咸豐9年變賣大陸財，第二世定居臺灣	大陸有產者、商人	道光15年	郊商：乾果舖生理	a：22609、33705-14：ab
林泉興	o		米市街	林圓；林媽諒之父	父林樓軒於乾隆末年來臺，在臺第二世	商人；林圓入彰化縣學	乾隆11年	郊商	d：r
林苞茂#		同安	衙門口街	林紹賢(1761-1829)	父勤文乾隆中葉由彰化遷居竹塹	經營鹽館；父勤文業農	嘉慶10年?	鹽、米、樟腦	d：h

假藥#		同安	北門街	林祥發?	乾隆中葉渡臺?傳四世	商人?	光緒6年	郊商	a
林萬興	o	同安		林萬興(林獅祖父)		商人?	乾隆42年	商	aa
恆隆號	n	漳浦		林福祥或其父		林福祥為職員	道光末年	郊商：糖、藥材	a，22607、22603
振榮號	n	同安	米市街	林文瀾(字注生)	傳三世	商人	咸豐年間	郊商：布、料雜貨、米商兼製造花生油。船金順安	q，171：ac，265
翁貴記		晉江	水田街	翁敏	在臺傳四世	商人	道光8年(嘉慶年間)	子林英、林煌經營臘棧、鹽業	a，14312：j，213；d：c，28
高茂陞		安溪	南門鼓倉街	高指一(高葉)，父高鍾崗?	在臺傳三世	商人、官紳；子高福即職員高廷琛(葵甫)	嘉慶末年(道光9年)	郊商	i，110
益和號			北門口街	黃巧?	清末傳三世	?	道光9年	郊商：米	i，112：a，33503
許扶生號		同安	水田街	許扶生	道光初年	商?	道光末年?	郊商：米、木料、光緒年有茶園	a，22521：33204
范殖興	o	同安	米市街	范天貴?范克恭先人		商人	同治5年(嘉慶23年?)	郊商	k

店　號	抽分	原籍	店舖或居所(h)	創　始　人	渡臺、遷居或清末傳嗣	出身	成立時間或文獻始現年	行　業	資　料　來源
黃珍香／黃利記		泉州晉江	由塹城北門移南門大街	黃朝品(1829-92)	父黃廷勳以武職守備渡臺、長子朝元乾隆四十二年已來塹、三子朝品為塹城守營把總	溫陵望族、經商及開墾土地	黃利記嘉慶11年已出現，為黃朝元所創；黃珍香大概咸豐年間為朝品所創	二世朝元經營惟惟腦行、組金惠成、三世鼎三開蘖五指山：郊商：米、樟腦、鴉片	n：z
陳和興(陳源泰)	n	泉州南安	北門街	陳長水(陳清淮)	傳三世	商人	乾隆42年	郊商：布店、磧戶、米商	a，14101：d：j，213
恆吉	n	泉州同安	北門大街	陳耀(陳清光?)、長水之弟?	道光年間?	染料業商人	道光9年	染舖郊商	i，111
怡順號	n		米市街	陳講理?	清末在臺傳三世以上		乾隆33年	郊商：彩帛行	ab：ad：42
陳泉源		晉江	太爺街／石坊腳?	陳世德?	在臺傳四世以上		乾隆30年	錢莊?	a，34202
陳振合	o		米市街二間店屋	陳源應與陳駿龍合資	傳三世	商人	嘉慶10年	郊商：米商	d米市街
陳恆裕(陳恆豐、陳和裕)			北門街	陳梯先人	嘉慶年間渡臺、住中港街、清末遷北門街	中商人	嘉慶年間	郊商：木料	m，24

商號	標記	籍貫	店址	先人	備註	身份	年代	行業	出處
陳振記／陳榮記			南門大街	陳大彬		商人	道光6年	郊商？	q，170
陳建興	o	惠安	後布埔街二間店	陳鶯飛之先人		商人	嘉慶11年		《族譜》
陳協豐	o m	同安	崙仔庄	陳廷桂（蒞）（1794-1869）；清末管理人陳鯀池	嘉慶18年陳廷桂來臺；清末在臺傳三世	商人	嘉慶18年？	郊商；自置商船	o：k：《族譜》
金瑞吉#	o	同安	後車路街	曾奇之父；清末管理人曾崑兜	與曾崑和同支	商人、地主；曾崑和	嘉慶15年；曾益吉乾隆42年已出現	染布業；自置商船	aa：k
德興號#	n		北門大街	曾德興	曾崑和、曾國興同族		同治3年	郊商：米	a，33306-1：d
郭怡齋	n	南安	大銃街	郭恭亭	乾隆35年來臺	小商人	乾隆35年	郊商	《族譜》2
集源號	n		米市街	陳一新之先人；清末管理人曾呈謙		商人	嘉慶25年	郊商：米、染布業	d：i，20：ad，42
集順號	n		米市街	潘雀福三兄弟合股	在臺傳二世	商人？	道光9年	郊商	i，112：d
萬成號	n		米市街	咸豐年間為曾兜		家資十餘萬	道光年間	染坊、木料	a，14301-6：d
源發號	o		米市街	楊忠良？楊君璇先人		商人？	道光9年	郊商	i，112：k
葉源遠		同安	北門口街（原在崙仔庄）	葉騰（美厚）（1799-1858）	渡臺祖尚賢雍正年間來中港，道光初年孫葉騰遷居竹塹	祖父尚賢初在中港經營雜貨業	道光初年	揚帆通販於各海口、雜貨商	n：c

店號	抽分	原籍	店舖或居所(h)	創始人	渡臺、遷居或晉末傳嗣	出身	成立時間或文獻始現年	行業	資料來源
鄭阪利井	n	同安	水田街	鄭國唐?(1706-85)	乾隆40年來後龍，為第三房	商人	乾隆41年	郊商	a，14311：j
鄭永承井		同安	水田街	鄭崇和(1756-1827)	乾隆40年隨父來臺，第二世三房	父國唐經商	嘉慶中葉?	郊商	a：j
鄭阪升井	n	同安	水田街	鄭用鑑(1781-1857)	鄭家第三世五房次子	父崇科在後龍開張阪利號	道光中葉?	郊商	a：j
鄭吉利井	n	同安	水田街	鄭用鈺(1794-1857)	鄭家第三世三房長支		道光中葉?	郊商	a：j
鄭利源井	n	同安	水田街	鄭用讓(1782-1854)例貢生	鄭家第三世長房次支		道光中葉?	布商、苧商、樟腦商。置船19。光緒年設腦棧	a：j
鄭同利	n	同安	水田街	鄭尤生(1758-1824)	鄭尤生嘉慶年間渡臺，分成四大房	商人?三世程材恩貢	道光15年(嘉慶末年?)	郊商	y：ab
鄭合順		同安	田寮庄、北門街	鄭龍與鄭龍瑞	傳四世?		道光16年	郊商、米、腦	a，22440
鄭卿記井		南安	滴准庄、米市街、東勢庄	鄭文尚(鄭公侯)(1771-1823)	祖父廷餘雍正年間來紅毛港，乾隆初叔志德饗頂埔，擁厚資，乾隆51年林亂積貨數百石，糶米致富。	祖父、父親務農	嘉慶5年以前	文尚初以雙戶經商致富，八年致金數千金，鄭希康運腦內地、米商	a，22601：r，27；af：o

商號		籍貫	地址	姓名	與樂卿記同族?	商人	年代	郊商類別	編號
鄭榮錦		南安	北門大街	鄭思椿	與樂卿記同族?	商人：維藩為舉人	乾隆42年	郊商：陶；磁商雜貨	m、24：aa
魏泉安		安溪	後龍街、大爺街	魏紹蘭、魏紹華?	原住後龍街，紹華注漸城		道光18年	米、紙、木料、放貸	a、22608
羅德春			水田街	羅正春?			乾隆41年		j、263
姜華舍		陸豐	塹城?北埔	姜榮華	始祖朝鳳乾隆2年來臺	始祖務農，二世姜秀巒道光6年耕商	同治7年	郊商：糖；金廣運腦棧（光緒19年）	ag、13；a、14312
興利蔡記			大爺街	蔡文夥／	在臺傳三世	在新埔也有店舖?	光緒10年	郊商	a、33705-14
德和				林?	在臺傳三世			郊商	a
勝興號	n	晉江	北門街	王亮	在臺傳三世?		同治5年	郊商	a、33705

註1：其他老抽分：吳萬隆（吳清淮）、陳振榮（乾隆42年）、郭振芳（郭維烈）、郭振德（郭維能）（乾隆42年）、金東興（吳東）、曾振吉（曾瑞岱）、吳榮芳（吳星所）、杜協豐（謝賽興（林來）、曾協吉（曾品三）、王元順、振盛（老抽分大多嘉慶23年已存在）

新抽分：吳源美、吳福美、義榮、魏振振（魏泉安?）、茂盛號、泉泰號、恆益號（道光15年）、義和號、柯興隆、茂泰福記（在太爺街）、成豐2、3年成立）、振益號

中抽分（在船戶）：（陳協豐）、金勝號、金洽吉、曾振發、林德興、曾瑞吉、曾復吉、曾復興、金順順、金慶順、金慶順吉、金盛發、曾盛發、張永和興、陳益隆、金吉盛、許泉順、曾順興、曾順吉（金益勝、金振吉、金泉順、曾成順、金成興、金順安、陳捷順、金成發、金成興、金順發（道光8年成立）

隆42年?）：義隆棧、桂益號、金福益、金福美

其他郊商：新抽分老抽分、郊中抽分、n表示暫郊新抽分、#表示同族、?表示推測或無資料

註2：0表示暫郊老抽分，m表示暫郊郊中抽分，n表示暫郊新抽分，#表示同族，?表示推測或無資料

資料來源：a：《淡新檔案》；b：《銀江李氏家乘》；c：《臺灣省新竹縣志稿》；d：《土地申告書》；e：《北部碑文集成》；f：王世慶等編，《臺灣平埔族文獻資料選集——竹塹社》；g：《錦江三槐堂王氏族譜》；h：《臺灣新報》；i：《淡水廳築城案卷》；j：《新竹縣采訪冊》；k：《老抽分會三十三單位公業號及諸先烈名冊》；l：吳學明，《金廣福》；m：《臺灣列紳傳》；n：《臺灣人物志》；o：《祭祀公業》；p：《新竹縣志初稿》；q：《大祖附屬公考書》；r：張德南，〈北門大街與竹塹城的開發〉；s：《吳金氏歷代一部家譜》；t：陳純甫，《金協豐系家譜》；u：《古賢林姓家乘》；v：吳銅編，《吳氏大族譜》；w：（吳金興、吳振利）；x：張純甫，《感恩院履歷譜》；y：鄭程材輯稿；z：（水田鄭同利）；aa：《新竹縣志》；ab：〈乾隆四十二年武廟碑〉；ac：《鄭氏年長和堂殘碑》；ad：《臺灣實業家名鑑》；ae：〈何錦泉派下〉，《何氏大族譜》；af：鄭維藩，《鄭氏家譜》；ag：《北埔姜家文書》

附表3　清代竹塹地區商人參與寺廟、神明會興建管理表

廟名	所在地	管理人	成立時間	田產/地基主
上帝廟		蔡莊懿(竹蔦啇街)	道光10年曾祖蔡三營祀獻廟地	西門外
千家祠	南門外	張南(西門口街)	道光年間金中庸喜獻廟地	西門外
大眾廟		林爾頑(米市街)(振榮號)		枕頭山腳
大眾廟(南壇廟)		林成(東門街)	嘉慶年間王世傑獻地，嘉慶21年建	東門街
保安社		林爾頑(振榮號)		牛埔庄
大帝爺		吳信琛(北門街)(振利號)		水田庄
五穀廟	巡司埔街	周興	道光9年建，紳商糾祖父周合爲管理人。王世傑獻地	南門大街
天公廟	東門內	吳墻、楊賜(後圳溝街)(吳左記)	嘉慶年間王世傑獻地大眾廟，後大眾廟轉獻。同治6年建	東門街、東門外
內天后宮	西門內太爺街	鄒海澄(太爺街)	乾隆13年同知東王友建，57年同知袁秉義捐建，道光8年同知李慎彝率舖民重修	下後車路街、西門中巷街、媽祖宮口街、書院街、西門大街、鼓樓內街、米市街、虎仔山庄
白府王爺	南門爾雅家街	張田(爾雅家街)	道光20年何求安喜獻地基，民眾捐建	
池府王爺	南門爾雅家街	王九(爾雅家街)	道光年間何求安喜獻地基，民眾捐建	

廟名	所在地	管理人	成立時間	田產／地基主
竹蓮寺	南門外巡司埔街		乾隆46年莊德建、王世傑獻地、林祥雲父子（林恆茂）先後捐修。同治5年陳長水（和興）等重修。陳和興年給油四砣	蜈蚣窟公坑、土地公坑、南勢庄、出粟湖
永春媽祖宮	大爺街	洪山	道光10年買地	大爺街
天上聖母水仙宮	北門大街	吳希文（水田庄）/吳希文、曾祥、吳酒持（吳金興、吳振利、曾昆和）	乾隆7年同知褚年建，嘉慶24年眾郊重建。吳天后宮。水仙宮同治2年舖戶捐建	北門大街、下員山庄、楝榔庄、番仔坡庄、番仔湖庄、泉州厝庄、鳳鼻尾庄、浸水庄、米市街、大堤庄
天上聖母		吳信旺（吳振利）		竹北草漯庄
保生大帝／且生大帝		吳信深/吳酒持 吳信斗（吳振利）		滿雅庄、新庄仔庄
北門聖媽廟		曾聯新（崙仔庄）（曾益吉）		前埔埔街
西門土地公廟	後圳溝街	蔡程（下後車路街）	光緒1年林恆茂喜獻廟地，同年蔡程就附近入家建成	
地藏王廟		林成（後圳溝街）	嘉慶年間林泉興喜獻、道光8年紳商建。紳商集成仁安社支付開行費用。（鄭用錫、林紹賢）	
保儀尊王		高敦仁、挺淵（景尾下街、北皮寮街）		
長和宮	北門口街	蕭焙章		崙仔街
長義宮		湯萬泉（後車路街）		前埔埔街
水仙宮	北門口街	蕭焙章		

廟名	地點	捐建者	沿革	街區
城隍廟		吳金（城隍廟後街）、鄭海燈	乾隆13年同知曾曰瑛建。陳泉源獻瓦西門內瓦店一間半。西畔瓦店一間。王世傑獻瓦北門內地基一百間	南門大街、城隍廟後街、衙門街、大爺街、大墾街、城隍廟後街、北門大街、後街、埔街、米市街
郭聖王廟	北門外	郭鏡瀛（大爺街）（郭怡齋）		北門外、前布埔街、苗栗二保房裡庄
水田福德祠	水田街	鄭世丞		水田前街、水田後街
福德祠	西門外	莊青山（店仔街）	乾隆28年稅喜蘭廟地，紳商民人捐建	西門外
福德祠	西門外	魏航府（西門口街）	光緒11年請維，民人捐建、逐年詵定爐主	西門外
福德祠	東門外	鄭正祥（城隍廟後街）	乾隆年間民人捐地基	暗街、後圳溝街、米街、打鐵巷街
福德祠		李雪樵（李陵茂）		鹽水港庄
福德爺	南門外	柯目（柯順成）、許炳丁（扶生號?）、鄭如蘭（鄭永承）	柯目先人先年與許日合賣南門外溪仔底田園一所，作爲福德爺祭祀之資。光緒13年清文爭界，添鄭如蘭一人爲經理人	南門外溪仔底
真武地	古奇峰		道光年間林荷祥雲（林丙茂）等捐建	
文昌宮		鄭如蘭（鄭恆利）		竹北二保水尾庄
興郡天上聖母	爾雅家街			大爺街
晉江媽祖會		王定國（穀樓內街）、江德新（後車路街）、林雲溪（西門鼓會口）、吳祥（大爺街）、吳金、許吉成（大爺街）、洪季秋（北門大街）、王英傑（f.禮讓）（王利利號）		倒別牛庄
晉江天上聖母	鼓樓內街			大爺街

廟名	所在地	管理人	成立時間	田產／地基
惠安天上聖母（南安人）	南門大街			大爺街
武榮聖母（武榮天上聖母）	米市街	陳學溪（陳和興）	同治9年買地	水田庄、雞油林庄
銀同聖母會（同安）	南門外街	林爾頑（米市街）（振榮）	咸豐年間買地	
聖媽廟	前布埔街	曾豚新（埔仔庄）（曾益吉）	祖父曾青華道光年間獻地	
聖母祀		蘇蓮基（西門大街）（藥商）		打鐵巷街
聖母祀		林爾頑（振榮號）		埔頂庄、赤土崎庄（咸11）、東勢庄
金長興・順安社		林爾頑		赤土崎庄、東勢庄
乾德宮	水田庄	鄭寶（水田庄）（鄭吉利）	咸豐8年父親哺蘭獻地，建廟（鄭吉利）	
聖媽廟	崙仔街	吳欽銘（水田庄）（吳鑾鎰）	道光30年業主蔡秋鵰獻地基	崙仔庄
清王爺廟	崙仔街	吳欽銘（吳鑾鎰）	道光25年業主蔡秋鵰獻地基	
關帝廟		吳滏（城隍廟後街）	乾隆41年同知王兩建	爾雅家街、南門內、內灣、三灣庄
廣澤尊王	西門鐵巷街	林蔣饗（衙門街）（林垉茂）		
廣澤尊王	北門外崙仔街	林亮（崙仔街）	光緒3年水田鄭添籌喜獻地基	
清明府廟	南門外街	劉心（南門外街）	光緒7年陳朝英喜獻（陳榮記）	
證善堂（齋堂）	竹篙厝街	周宗綵（同右）	光緒19年林爾頑槙營廟地，林爾頑舉舉同宗繁管理（振榮號）	西門外

寺廟名	地點	董事（發起人）	沿革	田產
六公祠		林祥靉、高福（林恒茂、高升）		瘋園圧庄（典）
境福宮	樹林頭庄		光緒3年暫城王義記（王世傑家）捐銀1500元建	
敬善堂	樹林頭庄		咸豐11年建，光緒9年鄭如蘭妻與鄭萬妻捐資重修	
靈泉寺	金山面冷水坑		咸豐3年編茅為廟宇，同治年間紳民改建，光緒15年職員林汝梅重建	新埔街
有應公廟	二重埔庄	鄭阿傳	林同興，莊辰發開墾之初建立	新埔街
聖母祠	九芎林街	劉如棟（九芎林街）		隘口庄
國王廟	九芎林街	姜阿山、劉仁超	乾隆53年建九芎林街，姜勝智抽出廟地	
文昌祠	新埔街	陳朝綱、潘成鑑、蔡緝光（陳茂源、潘金和、蔡合珍）		新埔街
廣和宮	新埔街	潘成鑑、成元（金和號）	同治2年金和號、榮和號、陳朝綱等重建	新埔街
國王宮	上公館庄	員梅澄、彭梅滋（樹杞林街）		上公館庄
有應公	上公館庄	黃鼎三（南門大街）、蔡清溪（大爺街）（黃珍香、蔡啟記）		上公館庄
師華寺	員嵌子	甘阿斗（甘永和）	咸豐10年甘阿斗開山，祀觀音像，光緒14年甘惠南重修	
三元宮	員嵌仔庄	甘惠南（員嵌仔庄）（甘永和號）	同治2年彭殿華捐地，光緒14年甘惠南、范阿光等重修。為製腦料銀民會所	
觀音娘	員嵌仔庄	甘惠南、曾法源（員嵌任庄）	同治年間甘廷漢捐地	
觀音廟	頭份林庄	鍾石妹		
萬善公	樹杞林庄	彭殿華、樹滋		

廟名	所在地	管理人	成立時	田產／基地
敬聖亭	中興庄	姜紹猷、振乾(北埔街)	姜榮華倡首就本處殷戶捐金	
六將爺	豆仔埔庄	莊媽亮(原管理人林恆茂)		樹林頭庄、吉羊崙
大眾爺廟	香山	吳讓記(吳土敬一覽霖)		
一善堂			光緒年間鄭如蘭、林汝梅、周其華(周茶泰?)等捐建	
玉皇大帝			光緒11年金協和買湳雅庄年為祀田	湳雅庄
天上聖母		張昇平(北門大街)(金德美)	金協和祀為天上聖母之會名	新庄仔庄
天上聖母	南隘庄	潘金治	同治年間鄭吉利獻地	
福德爺	南隘庄	萬養(中隘庄)、鄭寶(水田)(鄭吉利)	同治元年鄭吉利捐建	
福德祠	南隘庄	鄭如蘭(鄭勤記、恆利)	嘉慶年間溫元三獻地	
天上聖母	中港街	陳汝厚		中港街
三聖尊王	中港街	陳安瀾、汝厚	嘉慶14年林思來等26人買建	中港街

資料來源：《土地申告書》；《新竹縣制度稿》，文叢101種，頁109-112；《新竹縣志初稿》，頁108-110；鄭用錫，《淡水廳志》，頁131；《新竹文獻會通訊》，頁301-305。

附表4　清代竹塹地區已知商人家族系譜

公號/店號（成立時間）	居　　地	第一代 曾祖(d)	第二代 祖父(g)	第三代 父(f)	第四代 子(s)	第五代 孫
王泉記	大爺街			王訓	王錫金、來成	
王義記(g)	暗街		3王鳴猷(g)(春塘)(1823-78)	1君選(1846-78)/4君寶	王國楷、國才/國瑞	
王壽記(f)*1				4 王君寶(1872-1919)	王國瑞	
王信記(s)*a				王君選(王福記)	2王國才(1877-1932)(s)	
王益三(d)*b	湳雅庄	王益三	王儉記	王邦(王文記)、王淹(行記)、兩儀、王義(信記)	王麟趾	
王益三(嘉慶年間)	竹北二保草螺庄	王益三		王義(王信記)	王麟趾	
王和利(道光末年)	大爺街、北鼓樓			王登雲(王梯)(1821-79)	王經邦、桃、奇、南、苧頭、梅	王國善、定國、詩敦、國載(友竹、松)
	北門大街		王如珪		王萬枝	
	後車路街		王文英		王欽	
王明記(f)(c)	北門大街			王光冊	王煥彩、天成、貴林	
賓淵源(g)	下後車路街		江光祐		江德新、友梅	

公號／店號（成立時間）	居　　地	第一代 會祖(d)	第二代 祖父(g)	第三代 父(f)	第四代 子(s)	第五代 孫
王勝興（與王和利同族）	北門大街		王亮	王錠	王福、王媽任?	
何順記／昌記（嘉慶11年）	南門大街		何其昌（允藏、何勝?）	何文漢	何慶煇（鹿場主）?	何樹滋（鹿場主）?
	公館埕街	何求安(?-道10)	何陳寶	何廷寶、際芬	何啟	
何鎬泉(d)（嘉慶年間）*c	巡司埔街	1何克恭(d)(1789-1840)	2何祥瑞(1819-79)（永福）1永佐 3永來(1830-61)	1焦甫（培英）2汀甫 3新甫 1何喜隆 3清炎 1何爾藏（壽南）	1何宅五 3何壽全 1何煒士	爾藏 何漢津
	公館埕街	朱觀鳳	朱朝暘		朱煇	朱良
何益元(g)	書院街		何宜生		何智興	何粉、添旺
李利興	崙仔庄			李勝	李勝	
李陵茂 李陵德(g)（嘉慶11年）／李金記（道光26年)*d	米市街		李錫金（尚?、寧志）（李三記）（李四記）(1786-1865)	1聯超(1813-77)（李一記）2聯城(1815-47)（李二記）3聯芳(?-1869)4聯春(1826-57)5李華苑（李五記、參前、聯英）(1830-49)6聯青(1830-49)（李六記）	2祖琛(1838-1900)1祖恩(1835-92)2祖仁(1839-70)4祖述(1855-93)1祖惠(1847-73)4文樵（祖模，1868-1918）1祖訓（八，1849-1908）2祖澤(1849-75)	1希曾(1861-1914)2師曾(1868-1921)2宗曾(1863-90)1季曾（茲河，1865- ）1玆哲(1878-1930)

字號	地址	祖先	第一代	第二代	第三代	第四代
李合記(八房)			李合／李添／李某	8聯選(淵前)(1833-83)(李八記)／10聯莩(十爺、珍前，1843-98)(李十記)	李八合／李添業／定基	1祖詔(隱樵，1853-1909)／2祖諾(恒業，1860-1914)／8治樵(1878-1902)／3季雪樵(祖黃，1878-1944) 楜業
李穡記			李祖迨			
李豐記(五房)			李聯英			
李六記		李聯青(s)	李祖訓	李濟臣、少福、良臣		
李金和	北門大街		李春	李濟俊、清泉、先知		
余萬香			余萬香	余貳、盤、眼		
杜瑞芳(道光年間)	北門街		杜章玉(文瑤)(-1866?)	杜禎英、清坤、三元、清標、清成	杜清吉(1848-)、清嘴、闊嘴、慶福	
金德美(道光中葉)	北門大街(同安)	張首芳(1775-1843)(瑞山)	1張定國(耀耀)(1817-1882)	張英聲(仲挺)、金聲(迪吉，大德)、昇聲(清卿)、仁聲(士哲)、時雨聲、張金聲(1853-1920)	純甫、名臣／純甫／純甫	

表末（李合記）延伸世代：3茲起(良臣，1882-)／1濟臣(1875-1936)

公號/店號（成立時間）	居　地	第一代 曾祖(d)	第二代 祖父(g)	第三代 父(f)	第四代 子(s)	第五代 孫
合成號	後車路街		謝來		謝陳氏池	
吳財記	米市街		吳合利	吳樓	吳宇	
吳崗記#（福建同安）	北門大街		吳東榮		吳森茂	
	滿雅庄			吳士堅	4吳玉屏、5玉檀	吳信改/信濬
吳振利/吳振鎰#e	滿雅庄	吳嗣振（朝珪）(?-1816)	1吳續偕（廷左）(1761-1816)　3吳續沛　4吳續仍	2吳禎諡（關侃）（國治）(1785-1839)（吳振鎰）　3吳禎論(1779-1832)　1吳禎弼（安邦）1禎愛　2禎嬙（吳萬吉、吳趣記）3禎道　4禎麟（吳萬裕）6禎全（吳趣記）	1恭聰→光排→信旺　2恭駒→1覽澤→3遁持、2滿儀→3恭璉→1覽竹→2信昌　→2吳士堅→4玉屏、5玉檀（出）→1恭詠、揚→1同岩	
吳左記#*f	浦雅庄	吳朝珪(乾20年)	吳廷因(吳廷左)	1吳番（禎記）2國治（禎談）	吳修六、揚	吳遁持、滿儀、信益、信和
吳順記/吳萬吉(g)	北門街		2吳禎嬙(g)（吳國步）(1781-1827)	吳有來1、土梅2、土畝3(1826-86)	覽木（樹梁）2.2、覽顯2.4、覽敏3.1、覽霖3.2	吳炳／百鶴、永福、子欽、今宏、信和　木／倍篤

店號	地址				吳士敬（儀禮）	吳寬霖	
吳讓記(f)							
吳秀吉(f)	北門街				吳士梅（友信）	2吳覓木、4覓顯	
吳萬裕(d)*g	北門街		2吳頑麟(d)	1吳德水 4恭芊 5正端	1吳寬意	3信斗、吳恭詠、恭茶	
吳趣記(s)				吳頑麟		吳恭詠、恭茶(s)	
吳萬德(g)*h	湳雅			3吳嗣煥	吳續汇、續誇、續盛/續金	1吳頑榮/2頑梓/頑滾頑嚴*	
金瑞隆*i	北門大街		5吳嗣昭	2吳嗣培	1吳頑雄（殿邦、武華人）	1吳電 2恭志 3恭東	寬海→吳森茂（恭灶）3寬澤（入）3深淵（鏡如）
吳源利(f)	爾雅家街				吳正良（添二）	春成、錦川、松、江/山	
吳金興/金盛記(t)*j	水田庄	吳盛多(1700-1776)	5吳世美(g)(?-1848)		吳光銳（文黎?）	吳希章、希唐、希敏、希文、希謙	明池、蔭培
吳金吉(f)*k					6吳光銳（文黎）(1787-?)	1武博 2希敬（尚恭）3希章（尚糟）、4希唐（尚堯）、5希敏文（尚文）、6希澄（謙光）、7希澄、8希謙	1明池、2蔭培（出）1蔭培、2穎臣、3金培

公號／店號 (成立時間)	居地	第一代 曾祖(d)	第二代 祖父(g)	第三代 父(f)	第四代 子(s)	第五代 孫
吳合興*1	水田庄			1文博→武西→ 仕宗→朝昌→ 仕欲→朝曉 2文球→武賢→ 朝曉	吳希章、吳尚恭	
吳金鎰(d) (吳金鎰)*m	崙仔庄	4吳世芳(d) (金鎰、鑾鎰)	3吳文球(凌波)	1吳武裁→仕慈 2吳武桃→仕懶	1吳建邦、2達邦 1吳金火(鍊和)	進益／欽銘； 廷希、朝唐、 朝榮／樑銘； 樑希*、樑榮
吳鑑勝(d)／吳鑑 振(嘉慶11年)*n	崙仔庄	3吳文球(永豐) 2吳永平	1吳武裁(武球) 2吳武桃 1吳武軫	1吳仕慈 2吳仕懶 1吳仕盞	1吳建邦 2吳達邦 1吳鍊和(金火) 吳樑卿	1進益 1欽銘、3榮榮 1廷希
宋天城	米市街		吳禹	吳合利	吳樓	
	鼓樓內街			宋炳華	宋松、煥奎／成 家、得祿	
周文記	崙仔埔街	周梅	周頭、周景		周洪、和尚	
周崗記(f)	後布埔街	周梅	周烈才		周國珍	
周茶春#	米市街		周雙合	周清祥／清泉		
周茶泰# (道光年間)	樹林頭庄／ 太爺街*					
周茶泰#	北門街		周友諒(?-1848)	周冬福(娘?-1872) ／玉華(其華(玉樹) (1837-?)／其昌(五 娘)(1841-?)	周春草(娘)、達 春、國香／春博、香 渠	

商號	地址				周家修(s)	
周應記(s)	大爺街				周家修	
周廷記(f)(周庭記)	北門大街		周玉行	周其昌	周春溪、香溪	
	書院街		周永承/周景晨		周自金、宜輝、宜權	
			周牛			
	武廟後街		周良		周霖、炎	
	塹城(安溪)		周邦正(貞厚)(1781-1847)	周鵬程、如珪(風、穆餘)(1832-71)	周希銷《淡新檔案》22703-33	
周東興	塹城		周樹勳(乾隆年間)	周國魁	林家齊	
林永隆	北門大街		林印卿	林光前	林榮	
	南門外街			林滾	林元、漳、洲	
林豐發(g)	田頂街		林烏坤	林烏波	林安	
林瑞源*o(嘉慶10年)	北門大街	林圓?(林泰)	林烏沱	林滾?	林碑、國柱、接(來)光遠	林清賜（進來?)
林泉興*p(乾隆11年)	米市街		林媽亮(俊傑)/豐漢		林爾頓、復智、復老、復才	林鶴(1882-1955)
林綸記/林星記/林育記(g)(同安人)	南門大街/西門		林邦舍			
振榮號	米市街			林文瀾	林文瀾	林在輝

公號／店號（成立時間）	居　　　地	第一代 曾祖(d)	第二代 祖父(g)	第三代 父(f)	第四代 子(s)(?-1883)	第五代 孫
林萬興*q			林萬興		林獅(?-1883)	林榮、林治、林留
林恆茂(g)／林祥記	後車路街／衙門街／石坊腳	林紹賢(1761-1829)(大有、萬生)	2祥瑞	1占梅(1821-68) 2佇梅 3汝梅(1833-94) 調梅	林達夫 / 林思義 林義煥 / 林義勳	榮初、屏侯 / 林傳燈
			3祥麟(橫仁,1809-32) 4祥之 5祥雲(霞亭1814-46) 6祥華 7祥輝 8祥毅(林秋亭)	品梅 / 1鼎梅(晴村) / 1修梅(雨村) 蘗梅紅梅／侗梅／仲梅清海／洞梅、錦村	林義烈(章義) 林知義 / 林由義(經義) / 林義新 / 林義銓	
林壽記(f)	後車路街			1林清江(占梅)	2林達夫(尚義)	榮初、屏侯、傳燈／火(林振記)
林晴記	大稻埕新街			林晴村(鼎梅)	林知義(林日記)	
林楊芳	巡司埔街				林來後外三人(6:8:1)	
林德記(d)	巡司埔街	林俊德				
	苧仔園街		林功成	林瑞茂、祖愿	林水發蔡火爐	官德燕
林振記	香山庄		林成	林連水		官德燕

字號	街庄	林高庄(1736-1825)	5林振聚(修記)(1790-1824)	1林鵬雲(輝宗,1835-71) 2林鵬飛(1838-1905) 3林鵬霄(1849-1904)	朝樞、薇卿
林同興(g)*T	苦苓腳庄				
倪裕升	大爺街		倪莫玉	倪闊嘴、九、贛香	
	石坊腳街		倪廷吉	倪筆基	
官九和	芎棚邊		官其惠/其秀/發/茂 其勇/其登/其恭 其玉/其棻/其業	祥嘉/祥標/祥康 祥鏡/祥慈/祥禮/祥仁	
柯順戌	西門口街			柯維珍、目、求 福、王奎	
高詩記(f)/高阪升(f)(道光12年)	南門穀倉口街		高指一(高築、高華) 寅水、高華?	1高紹基(本水、廷瑞) 2高福(廷琛,1825-1913)	高銘彝
	巡司埔街	倪愚	倪盧	倪生	
福興號	米市街		張協泉	張立世	
	北門街		范源青/月香(阿貴)	范克昌/定明	
范殖興	米市街		范天貴	范克昌、克恭? 許祥樵	
	石坊腳街	許祥洙			

— 423 —

公號／店號（成立時間）	居地	第一代 曾祖(d)	第二代 祖父(g)	第三代 父(f)	第四代 子(s)	第五代 孫(s)
許泉記（嘉慶年間）	北門大街		許卻		許田、義、江河	許柄丁？
許泰茂／金達泰	後車路街／後車路街		許珠泗／許金柱	許經黃	許墉／許璧／許稻、金山、壽	
恩補記	公館埕街			許慶鐘	許鍵	
扶生號（嘉慶末年）	水田街		許扶生	許日陞	許蒼國（文枝）	
翁員記*s（嘉慶年間）	米市街	翁敏	翁林福	翁林萃、林英	翁林煌、林瑈／林陞、林慶	
黃利記／珍香（嘉慶11年）*t	南門大街（晉江）		黃芬（黃廷勳）	3黃朝品（鑽堂）(1829-92)／1朝元（朝高）／2朝濤	4黃鼎三(1863-1930)／6丕三、8戒三(1880-1925)／5蘊三（維玉）／黃榮	用端(1891-)
黃珍記	鼓樓內街		黃志	黃心正	黃錦三、黃濱源	
黃錦記	武營頭街			2黃朝濤	黃榮與鼎三同一家）	
黃瑞利	衙門街				黃良順、良發／良明	
黃益和	崙仔街／南門大街／南門大街		黃巧／黃應祥／莊三才		黃世元、黃清淵／天賞、丙丁	

商號	地址					
陳和興／陳源泰（道光16年）	米市街			陳長水（清准）伯祖父：陳和興	陳學溪、松、式濱、武昌、清勤、大安、陳貳濱、貳昌	陳克敦、克欣、蒼龍（伯父陳學溪）
恆吉(f)	北門大街 米市街			陳耀（清光?）	陳信齋（1868-?）	
陳進益(g)（光緒8年）	崙仔街		陳進益	陳沃	陳清玉、炳烈	陳松
陳泉源（乾隆30年）*u	大爺街		陳世德（仕德）／陳仕德	陳贊襄（克家?）（道光30年）陳克家	陳基、陳奎、肇基、疇；陳邦彥（1835-?）、邦慶	
陳泉源（舊記）				陳邦達	陳對山	
陳理記(g)／怡順號			陳謙理		陳以恭	
陳恆德	米市街 米市街	陳獅		陳清簫	陳泉、陳敦化	
陳振和*v	米市街		陳源應／陳畋龍	1陳吟墻（呈祥）2陳吟世3陳吾為；陳敬曾（三省）	陳廷襄（明治29.6）(d)、定／敬曾	忠藝、秀學、禮學、會國、明敏、烏番、集隹
陳振記*w	南門大街	陳長茂	陳菁獅	陳朝英、南山	陳煥桐、俊園、菁錢、聯登	
陳榮記(g)	南門大街		陳大彬(g)	陳大彬(g)	陳煥桐	

公號/店號(成立時間)	居地	第一代 曾祖(d)	第二代 祖父(g)	第三代 父(f)	第四代 子(s)	第五代 孫
陳協豐(嘉慶18年)	崙仔庄(同安)		陳廷桂(1794-17869)(陳添)	2啟心(1829-79) 3天錫(1833-97) 4捷三(1836-79) 5明福(1839-80)	1陳滿江(1849-87)、2進治(1853-95) 3陳順山(景行、仰高，1860-1910) 1陳滿源(隆輝、澄清、1865-89) 2陳霖池(1864-1902)	
曾義美(同安)*x	北門街口		曾雲呂	曾祐	曾瑞清、進傳、瑞火、渭臣、再發、歸枝	
	北門街口		曾雲幼、雲品、雲佑	？	曾瑞清、進傳	
曾益吉?	崙仔庄	*→祖特盛(乾隆中)	曾菁華(1772-?)		曾聯新	
	富興庄		曾理綱	曾雲獅	曾乾秀、坤秀	
集順號	米市街			潘瑤、浪、秀	潘甲、新興、協	
新同發	米市街			呂傳	呂頭	
彭珍美號(g)(道光13年)	北門大街		彭鍾留	彭振添	彭王	
葉源遠(f)(道光初年)*y	北門街	葉伯賢(1706-85)	5葉團圓(明輝)(1750-1809)	葉勝(其厚)(f)(由五房過繼四房)(1799-1858)	1葉瑞陽*/2瑞宜/3瑞覺	葉文暉*
葉陽記(f)	北門口街			葉瑞陽(葉宏)(f)	葉文暉/文榜	

— 426 —

店號	街道			葉瑞宜(祥字)(f)(1827-1887)	葉際昌(壽亭、克家)(1860-1913)	
葉宜記(f)*z	北門大街					
葉春記	石坊腳街			葉春波	葉清華	
葉恭記						
魏泉安*a'	米市街	魏紹蘭(國俊?)	魏啓光3 魏啓陞1(應瑞) 魏啓榮2(?-1879)	魏賢昉(1886.12)絕嗣 魏慶壽* 葆謙2、葆貴(賢中)3 魏賢森1、賢溪2	魏榮桂、添、相	
魏振記(f)				魏晏、魏哲、魏郅合	魏經邦、經德、經和	
魏覺記(g)	米市街		魏啓榮	魏賢森、賢溪	經慧	
魏益記	水田街		魏貽穀	魏添丁	魏篤生、金城 魏思義	
劉金聯記	鼓倉口街	蔡長正正道光30年	劉聯輝		蔡程	
劉有源(g)	水田街		鄭世輝	1國周(1701-62) 2國唐(1706-85) 5國慶(1720-83)	劉榮華、榮貴 4崇華(1731-81) 1崇聰(1733-1803) 4崇和(1756-1827) 2崇科(1771-1853) 3崇務(1775-1811)	2文讓(用讓) 1文晡(用鈺) 用鍾、用錫、用佰? 錦、用鑑(漢亭) 1用鑑(漢亭) 3文玖→如幹 1文琳(用鏢) 2文富(用鋒)

公號/店號 (成立時間)	居地	第 一 代 第曾祖(d)	第 二 代 第祖父(g)	第 三 代 父(f)	第 四 代 子(s)	第 五 代 孫
鄭永裕利/源	水田街		5鄭用謨(文晡-1854)	2如鑄(1823-81) 3如醇(1834-64) 4如磻(1842-99)	安返、連生(捷南)、杞生(梓南)、准屯、鎮生(守南)、坤生、進泗、安王、安庚	邦綵、邦鉷、邦敏、邦露、邦記、邦澤、邦統、邦丁、邦培、邦森
鄭吉利*b'	水田街		5鄭用鈺(文甫、榮亭)(1794-1852)	1如恭(1843-67、墻) 2如玗(1827-48、麟) 5如漢(1847-1907) 6如坤(1850-91)	步桝(安次、1823-90) 化南(安寬、1848-87) 陔南(鋕若、1865-?)(實) 睿南(哲臣、1873-1903)	邦墾·邦藊 邦綵 邦袷/邦基 邦統
鄭忠記(g)			鄭德墻		鄭邦瀚	
鄭益記(f)				鄭劍波(如漢)	鄭寶	
鄭恆利	水田街	鄭國唐	崇聰/崇志/崇吉/崇和		鄭北、拱辰、卓然、坤生、准泗、王生、庚生、鎮生、邦露、金讚、景齋、邦彩、邦	

店號	地點	鄭崇吉	鄭文哲	德象	道南	邦榜
					景、邦爐、返生、煥章、邦港、更生、沛、俊齋、江生、杞生、以轉、鄭喜	如筠（德竹）、如崗（德山）、如椿（德廉）、如金（德錢）、如松（德榕）、如梁（德棟） 如蘭 如雲、如霑
鄭永承*c'	水田街	鄭崇吉	鄭文哲			
			鄭崇和（1756-1827）	1文理（用鐘） 2文衍（用錫） 3文順（用錦） 4文靜（用?）		
鄭理記(g) （道光26年）	後車路街		鄭用鐘（理亭） 1785-1843	1如筠（1809-36） 2如崗（1811-60） 3如椿（1833-81） 4如金（1840-74）	安彩、安嶼、維岳、維嚴、榜樹、寶南、薦南、啓南、憲南、榜南	鄭滌生
鄭振豐	田頂街/水田街		鄭如金	鄭憲南/榜南	鄭海國、邦基、邦讓邦炮	
鄭荷記(f)				鄭憲南	鄭海國、邦讓	

公號/店號 （成立時間）(g)	居　地	第　一　代 曾祖(d)	第　二　代 祖父(g)	第　三　代 父(f)	第　四　代 子(s)	第　五　代 孫
鄭瑞記(g)	水田街		2鄭用錫(祉亭，1788-1858)	1如松(蔭波，1816-60) 2如梁(1823-86)	鄭景南/白南 圖南/北/立臣/鳳臣(1849-77)	邦隆/改煙 啟巅/添生/邦樵/邦棚
鄭勤記(g)	水田街		3鄭用鉊(勤亭，1799-1844)	2如蘭(德桂，香谷)(1835-1911)	安柱(拱辰，樹南，1860-?) 蚰寶(珍甫，1880-?)	肇基/大明 邦瑞
鄭穎記(g)	水田街		4鄭用*(穎亭，1802-47)	1如雲(1845-92) 2如鍇(1833-1908)	振文/六石 京玉/燦南	
鄭恆升(g)	水田街		鄭用鑑(漢亭，1789-1867) （鄭益愷）	1如淇(泉，1824-) 2如城(基，1827-83) 3如坤(1829-76) 4如琛(珪，1834-81) 5如陶(堯，1837-63) 6如期(遇，1845-76) 7如登(紹，1849-74)	以臨/以稚/以文 以澤/以濟/以典/以徵 觀齋/俊齋/以鑑(1873-?)/景齋 以敬/以庠/安泰 以斌 安轉 安禧	邦本、邦固 邦權、邦端、邦紀 邦樞、邦漢 邦球、邦泗、邦熙 邦沛

商號			(鄭常美)鄭崇榜(1775-1811)	(鄭常振)用讓(1795-1837)用鋒(1816-65)	如璧(德珍・1816-46)	正南
鄭義記	水田街				准屯*、邦瀚、子還	
鄭榮豐	水田街				鄭邦景(s)	
鄭衡記	水田後街				鄭竹村、景齋、觀齋、禧、以轉、邦璪、邦沛	
鄭貽記／鄭隆記		鄭貽記		鄭應夢、貽堂		
鄭義記(f')					鄭邦良	
鄭和昌／鄭澤記*d'	米市街(金門)	鄭宇(奇龍)	鄭廷珪(君達)(道光6年)	鄭覽(時桼、派)	鄭兆璜(葦卿)(1855-1921)	鄭雲梯、雲欽
鄭和順	北門後車路街		鄭顯		鄭慈	
鄭合順	北門街?	鄭龍珠、龍瑞		鄭仕麟	鄭騰登添	
鄭永興	南門街			鄭禮	鄭明賜、明地、明源、明蘭、明成、明貴	
鄭同利(嘉慶末年?)*e'	水田街(同安)	鄭允生(1758-1824)	1鄭當貴(1797-1824) 2鄭俊(1801-52) 3釣(宅南)(1303-82)		1鄭程材(國英)(1822-77) 2鄭聯亭(程嘉)(1845-79)	2鄭滑濱→南、昌(1861-92)

公號/店號 (成立時間)	居地	第一代 曾祖(d)	第二代 祖父(g)	第三代 父(f)	第四代 子(s)	第五代 孫
鄭卿記(嘉慶5年以前)*f	下東店庄/東勢庄/涌雅庄	鄭文尚(用賓)(1771-1823) 3鄭仲顯(志德)	1鄭章琭(鄭元記) 2章琪(章琛) 3章玲(章環) 4鄭琨(章珊)(1798-1845) 1鄭文緯	2華昌(大本) 1華迪(希康)(入) 3希康(1830-?)/3 大經(章、華邦) 4鄭希哲(頓)、希捷(華捷、捷元) 1鄭章璜→1鄭華欽	守藩(國重) 鄭作藩/守藩 鄭國興 1鄭國柱(維藩、1841-?) 2鄭國靂(維頂、1846-?)	鄭源詩 鄭雅詩、云詩 鄭旭東
鄭德發	水田庄				鄭煇、文、扶生、國珍	
鄭永利(f)(c)	涌雅庄			鄭維清	鄭得玉、丹桂	
永茂(s)	涌雅庄/金門厝庄(s)			鄭華和(淡水廳訓導)	鄭鵬雲、有源(s)	
羅德春?	水田庄		羅正春	羅秀麗(1788-?)		羅炯南
蔡啟記(d)(乾隆33年)蔡致記	後車路街/大爺街	蔡允(乾隆31年)	?	蔡國/洽國(國炎)、國師(殿五)(輕)國師(殿五)*(同治3年五房分家)	蔡祖欣/蔡棟蔡清溪、清海*	

			蔡文豹／蔡文南	蔡珠	蔡鏡如	
蔡興利	大爺街					
福源號(f)	新埔街	朱秀成(1760-1846)	朱蘭香(1806-79)	朱洪顯(懷淵)(1850-1915)	5朱鑑堂(緒光)(1855-95)	
潘金和(d)	新埔街	潘世賢		潘澄漢／潘清漢	成鑑、成元／炳琅	
蔡合珍	新埔街		蔡景熙	蔡興隆	蔡緒光、金球、昆崙、振	
胡永興(d)	新埔街	胡六		胡崇山	胡盛、振	
合和號(g)	新埔街		邱和順	邱阿生	邱方文圍	
	新埔街		范日望(成章、俊立)		范如鵬	
	新埔街			范河清	范慶霖、德泉、德尚、德發	
	新埔街		藍業琮	藍茂菁	藍祺壽	
	新埔街	曾成暢		曾如川、雄英	曾欽鳳	曾林達
	滴雅庄		吳智承		吳君水	
童義記	南勢庄／石坊腳街	童高秀(演清?)	童金海		童堯*、廉、來城	
童泉隆			童陛			
永金鍋	樹林頭庄／暗街	蘇景昌				
蘇森盛	下後車路街			蘇德	蘇商、蘇深	蘇萬榮、孟賢
豐源／金廣茂／金廣運	北埔街		姜秀鑾	姜榮華	姜振乾、姜紹猷	
	新城庄			姜秀興	姜殿元	
蔡苑記	苑裡街	蔡克己	?	蔡振豐	蔡烈	

公號/店號（成立時間）	居　地	第一代 曾祖(d)	第二代 祖父(g)	第三代 父(f)	第四代 子(s)	第五代 孫
彭世和(g)*g'	樹杞林街			陳九思	陳名春	
	樹杞林街	彭乾和	3彭龍生	彭蘭香1、蘭芳2	彭石榮、達麟、達璧1	
	樹杞林街		1彭天佑 2彭天祿	彭俊傑、榮昌 彭星慶 彭慶添、慶鐘	彭錦祥、文連、文科 彭正杞、正德 彭榮堅、榮城	
彭裕豐(f)	樹杞林街		彭武材	彭殿華（榮添） 樹滋（殿珍）		
錦和號、振吉號、慶和號、集芳號	九芎林街	？	李昌運	李明炎明瑞	李文海文秀	
陳茂源(c)	五份埔			陳超舉	陳朝綱	
陳采記？	中港街	陳朝合	陳錫疇	陳柏樹	陳隆熙	陳汝厚
黃	中港街	黃隱	黃尾	黃璧	黃兌昌	
童義記	南勢庄		童金海		童義皆*	
甘永和(g)	員嵊仔庄		甘清佳	甘廷漢(1826-88)	甘惠南(1866-1914)、南南愍	
	紅毛港庄	徐啟順	徐立鵬	徐熙拱	徐國禎	
何源泰號	紅毛港庄			何登泰、舉泰、庚泰	添才、騰龍、庚泰	
張瑞號	溪州庄		彭讚	彭長生	彭容	
	溪州庄				彭雲梯	

	苦苓腳庄(同安)	林高庄(1736-1802)(同興公)(d)	5林振聚(1790-1824)(修記公)(號肇禮)	1林起恭(號起敬)(1812-1851)	1林鵬臺(輝宗，1835-71) 2林鵬飛(輝科，1838-1905) 3林鵬霄(世弼，1849-1904)	徽卿、朝樞
林同興/(d)國興	苦苓腳庄(同安)					
曾□□	貓兒碇庄	曾璧材乾10年來臺	曾呈案	曾啓昌	曾火	曾渭臣
潘金和號(道光年間)	新埔街	潘廷賢	潘榮光、榮輝	潘雷生(清漢)、順生(澄漢)、和	炳琅?、成元、成鑑	
蔡協益	盧竹湳六家	劉可佑	劉朝珍(1716-?)	蔡長安朝陽	蔡金乃	
蘇泉吉	米市街			蘇陞(榮輝)	蘇再添、進賢	

備註：

※(f)表示繼承親父，(g)繼承祖父，(d)繼承曾祖父，(b)繼承自兄弟，(s)繼承自己號，(c)代表商號，成員前之數字代表排行、房。

*a 王義記、王壽記、王信吉均為王世傑家六、七、八世家號。(《王世傑派下祖譜》)

*b 王義記原居內地，後來臺經商王益三原產業由王邦、王滋經理(《淡新檔案》23705案)光緒15年王義兄弟救坡爭產互控。

*c 何克恭父為添光，即錦泉。(《何錦泉派下》、《何氏大族譜》)何錦泉為何克恭所立店號。何錦泉公號由克恭三個兒子分三房繼承，其中，次房何祥瑞(永福)較發達。三公號又繼承大公號。

*d 李陵戊道光26年，三大房圖分。

*e 吳振利(朝珪)孫輩，又分出吳振鎰、吳萬裕、吳萬吉三公號，三公號由朝珪父中誠。

*f 朝珪父中誠。

*g 吳萬裕咸豐10年四房鬮分；吳萬裕及吳振利；清末吳覺承或是王益三產業。

*h 吳嗣煥為吳朝珪(吳振利)之三弟。

*i 金福隆為吳振利五弟朝昭一支，為吳殿邦店號。

*j 吳金興即世美即設吳金興公號。吳廷來有四子，第三子盛豹可能為臺祖。盛豹*有五子，四子世芳即吳金鎰，五子世美創設吳金興公號。吳金吾為世美之子吳光銳所創。(吳銅編，《吳氏大族譜》《土地申告書水田庄、笨碑庄》)

*k 吳金興即吳金吾，吳金吾為吳世美所創公號，世美生吳博等六子，道光28年六房分家。(《淡新》，23802)
六房文黎(光銳)一支較發展。

*l 吳合興為吳金興第一世唐山祖吳興德之祭祀公號。(吳銅編，《吳氏大族譜》)

*m 吳金鎰為吳廷來(金興)第三代吳世芳(譜系第八世)公號。吳金鎰似乎獨立在崙仔庄發展，並未繼承吳金公號與產業。

*n 吳鑾勝為吳金鎰第二代吳文平、文球公號。

*o 《淡新檔案》光緒4，22414-18。

*p 清末林泉來分成五大房。

*q 林萬興號於咸豐9豐年分家。

*r 古賢林姓族親聯誼會，《古賢林姓家乘》(林同興)。

*s 曾祖母招翁敏即翁員記為夫，生林雙姓時分翁林兩姓。以接兩家煙祀。林雙振振道光年買地。(《土地申告書》)

*t 黃芬以武職渡臺，並經商，戰死於太平天國之役，生育三子，遷竹塹，黃利記為朝元所創，朝品創維記。朝元絕嗣，由朝品五子續入嗣。珍香可能為朝品所創，朝品時大為發展。黃招招有三位妻妾，子九人，惟四、五、六、八子傳嗣。

*u 《銀江李氏家乘》，李錫金修：《淡新檔案》，34202。

*v 《土地申告書》，12202-7；陳長茂之父為安箖、祖父榮顯。

*w 《淡新檔案》，康熙雅、正年間至鎰兒竣居開鑿，七子，第五子曾篇、傳奎月，竹北一堡北門市街。

*x 渡臺祖曾曾義為商鋪，日治初期資本達五萬圓。(《曾義奉祀公業》)
遠居樹林頭，創設曾曾義商鋪，第五子曾篇、傳奎月，奎月子一。第二子曾璧業

*y 葉鼎記為業共厚七兄弟所創祭祀公業。葉瑞陽三兄弟公號為厚記。(《葉氏歷代一部家譜》)

*z 葉瑞宜聚一妻三妾、際旨聚一妻二妾。(《葉氏歷代一部家譜》)

*a' 魏註氏順夫賢印、棕賢溪、棕謙、賢印等魏泰安三大房於光緒19年分家，立鬮書福蔭嘗。(《土地申告書》)竹北一保亦本土崎庄。

*b' 同治7年，五房鄭如漢(子鄭賓)與六房共分鄭吉利田業、五房南隘庄。(《土地申告書》76：1)

*c' 鄭阪利至少為國唐派下崇聰等四房公業，鄭永承與孫永豐則為四子崇和派下公業。鄭吉利為崇聰派下公業。(《土地申告書》)

*d' 渡臺祖鄭奇龍，以商業起家，張育南〈北門大街與竹塹城的開發〉，頁26；范土話，《後蘇龍合集》(1900)，文表215楻，頁428-429。

*e' 鄭同利先生所創公業，博萬當等四大房，第一房出愿貢等最發達，二、三房則出國學生和廳庠生。(《鄭同利祭祀公業》)

*f' 乾隆年間鄭行有(廷餘，1701-1767)偕兄弟廷語、廷從三人渡臺初居紅毛港，至其子鄭志德(仲顯)時率姪子文尚文仲棕居浦雅庄，鄭文尚始經商。鄭卿記由仲顯與仲棕子文溪所創，二房系亦最盛。(鄭維潘《鄭氏家譜》同治10年撰)道光22年鄭溪恭，希康、希捷分家，康同兄弟四房輪值公業。(《土地申告書》水田庄、《淡新檔案》，17404全案)咸豐6年四房產以互爭產。

*g' 彭乾和下分三大房，咸豐6年孫本以又三大房圖分天地人三個字號，地天有天字號為彭右記。(《土地申告書》竹北一保下公館庄)

資料來源：《土地申告書》二卷下冊；陳培桂，《淡水廳志》，p. 242；《淡新檔案》；《淡水廳築城案卷》，p. 95-106；《臺灣慣習記事》二卷上，p. 21；《臺灣列紳傳》；《怡蘭堂鄭氏族譜》；劉仲南《劉氏族譜》；《臺灣省新竹縣志》。

臺灣研究叢刊

清代竹塹地區的在地商人及其活動網絡

2000年5月初版 　　　　　　　　　　定價：新臺幣500元
有著作權・翻印必究
Printed in Taiwan.

著　　　者	林　玉　茹
發　行　人	劉　國　瑞

出版者　聯經出版事業公司　　　　　責任編輯　鄭　秀　蓮
臺北市忠孝東路四段555號
電　話：23620308・27627429
發行所：台北縣汐止市大同路一段367號
發行電話：2　6　4　1　8　6　6　1
郵政劃撥帳戶第0100559-3號
郵撥電話：2　6　4　1　8　6　6　2
印刷者　世和印製企業有限公司

行政院新聞局出版事業登記證局版臺業字第0130號

本書如有缺頁，破損，倒裝請寄回發行所更換。　　ISBN　957-08-2091-8（精裝）
http://www.udngroup.com.tw/linkingp
e-mail:linkingp@ms9.hinet.net

國家圖書館出版品預行編目資料

清代竹塹地區的在地商人及其活動網絡／
　林玉茹著．--初版．--臺北市：　聯經，2000年
　　面；　　公分．（臺灣研究叢刊）
　　參考書目：　　　面

　ISBN　957-08-2091-8(精裝)

　　1.商業-臺灣-清領時期（1683-1895）

490.9232　　　　　　　　　　　　　　　89005580